长北低渗透砂岩气藏高效开发系列丛书

长北低渗透砂岩气藏
高效开发技术

长庆油田公司长北作业分公司　编

中国石化出版社

图书在版编目（CIP）数据

长北低渗透砂岩气藏高效开发技术 / 长庆油田公司长北作业分公司编 . -- 北京：中国石化出版社，2022.11

ISBN 978-7-5114-6938-0

Ⅰ. ①长… Ⅱ. ①长… Ⅲ. ①鄂尔多斯盆地 - 砂岩油气藏 - 低渗透油气藏 - 油气田开发 Ⅳ. ① TE343

中国版本图书馆 CIP 数据核字（2022）第 220875 号

中国石化出版社出版发行

地址：北京市东城区安定门外大街 58 号

邮编：100011 电话：（010）57512500

发行部电话：（010）57512575

http：//www.sinopec-press.com

E-mail：press@sinopec.com

北京富泰印刷有限责任公司印刷

全国各地新华书店经销

*

787 × 1092 毫米 16 开本 21 印张 528 千字

2022 年 12 月第 1 版 2022 年 12 月第 1 次印刷

定价：218.00 元

《长北低渗透砂岩气藏高效开发技术》

编 委 会

INTRODUCTION

前 言

2020 年 9 月 22 日，习近平总书记在第 75 届联合国大会上宣布中国将增加自主减排贡献，力争二氧化碳（CO_2）排放 2030 年前达到峰值，2060 年前实现碳中和。鉴于超过 85% 的 CO_2 排放量来自能源活动，碳中和战略将深刻改变我国能源的消费结构，必须加快向绿色低碳能源转型的步伐。天然气是最为清洁的化石能源，未来的 15–20 年我国的天然气市场仍将处于稳定增长期，预计到 2025 年天然气对外依存度接近 45%，因此，大力发展天然气产业对我国的能源安全及完成碳中和目标具有至关重要的意义。

低渗透砂岩气藏在世界各大含油气盆地广泛分布，是重要的非常规气类型之一，且储层改造技术的突破与开发成本的下降助推了低渗透砂岩气藏的规模化与工业化开发。我国低渗透砂岩气藏资源较为丰富，约占全球资源量的 10%，2020 年低渗透砂岩气年产量已达 $470\times10^8m^3$。截至 2020 年年底，我国天然气累计探明地质储量 $17.2\times10^{12}m^3$，其中低渗透砂岩气探明储量 $5.49\times10^{12}m^3$，占总探明储量的 32%。近 10 年来，低渗透砂岩气占天然气总探明储量的比例不断增加，但与低渗透砂岩气资源量相比探明率仍然偏低，仍具有较大的增长潜力与空间。

“能源的饭碗必须端在自己手里。”习近平总书记在胜利油田的讲话，振聋发聩，令石油人热血沸腾，这是对历史经验的深刻总结，是着眼现实的深刻洞察，更是面向未来的深刻昭示。因此，提高低渗透砂岩气藏开发水平，实现规模有效开发，是习近平新时代中国特色社会主义思想的重要体现，是落实科学发展观的具体举措，也是实现天然气业务持续有效协调发展的重要保障。目前，我国低渗透砂岩气藏开发在技术、设备、管理等诸多方面较国际先进水平仍有一定的距离，引进国外石油公司先进的开发、管理技术，是提高我国低渗透砂岩气藏开发、管理水平行之有效的方法之一，是实现我国低渗透气藏高效平稳开发，缓解我国天然气供需矛盾的可行之路。

在天然气勘探开发领域，目前我国天然气已经形成的气区主要集中在海上和西部地区。其资源探明储量低，但资源潜力大，同时勘探开发难度也很大、技术水平要求高。加快天然气勘探开发不仅需要加大资金投入，也需要加快引进国外先进的勘探开发技术和先进的管理经验。实际上，对于我国努力保障的能源供应安全而言，利用跨国公司的先进技术和雄厚资金也是不可或缺的手段之一。由于开采技术薄弱，陆上天然气资源不能很好发掘，目前仅靠国内企业自身已经不能满足天然气的供应。利用国外先进的技术，不但有利于降低开采成本，提高资源利用而且有利于降低下游气价。

1999 年，受国内资金、技术等多方面的条件限制，在对长北区块天然气一时无法实现有效开采的情况下，借助国家改革开放的好政策，中国石油应用世界先进的地质建模技术，对气藏进行精细描述，深化了对储层的进一步认识。2004 年开始，通过双分支水平井技术拉开长北区块开发的序幕。在此后完成的所有双分支水平井中，初始日均产气高达 $80\times10^4m^3$，有 20 多口井日产气超过百万立方米，最高单井日产量超过 $220\times10^4m^3$。截至 2021 年年底，长北区块在年产天然气商品量 $30\times10^8m^3$ 的规模上已连续稳产 13 年，投产气井中平均单井累产气量突破 $6\times10^8m^3$，其中 96% 的气井累产超过 $1\times10^8m^3$。分支水平井技术根据砂体的空间及平面展布设计井眼轨迹，能够实现单口井控制多个砂体，有效扩大储层的裸露面积，提高单井控制储量和产量，降低开发成本，在开发长北这类透镜体多层叠置致密砂岩气藏方面具有得天独厚的技术优势。

作为中国石油最大、长庆油田最早的对外合作项目，长北区块的勘探开发充分利用长庆油田及其中外承包商等的行业技术优势，引进和采用一批世界领先的新技术、新工艺，在天然气勘探开发上实现先进技术和适用技术、创新技术的集成配套应用，开创了中国陆上石油大规模应用“大位移双分支水平井”高效开发低渗透气田的先例，先后创出中国陆上油气田单井水平井段长度、水平井段总长度、单只钻头水平井段最长进尺等十多项新纪录。长北区块大位移双分支水平井的成功实施，实现了互利双赢的目标，起到了很好的示范和引导作用，成为中国石油对外合作的典范，也成为长庆油田绿色发展及 HSE 管理的样板。而且为中国石油“引进来”做强做精国内油气勘探开发业务、“走出去”勘探开发国际油气业务，提供了宝贵的经验和启示，是中国石油工业顺应改革开放大潮、快速发展壮大的一个里程碑，是中国石油与天然气发展工业史上的一个“地标”式工程。

作为参与长北区块国际合作开发的“一分子”，作为长北逐步成长的“见证人”，我们深感有必要通过梳理长北的合作开发技术，系统、翔实地总结长北取得的主要开发技术与研究特色，为中国石油高效开发低渗透气田积累宝贵的经验。为此，我们组织了骨干的技术和管理人员，历经 1 年多时间，经过数十次研讨，十几稿修改，编写形成了 30 万字左右的书稿———《长北低渗透砂岩气藏高效开发技术》一书。

本书详细介绍了长北区块气藏地质特征、储层地质建模、气藏工程、双分支水平井钻（完）井工程、采气工艺、天然气集输地面工程、储层—井筒—地面一体化技术及智能化气田建设及应用等方面的特色技术。

全书由长北作业分公司组织编写，由杨勇组织指导，由赵忠军、张昆统稿、审定完成。第一章由李思园编写，第二章由张强编写，第三章由杨海飞编写，第四章由樊友宏编写，第五章由王定峰编写，第六章由刘书炳编写，第七章由董欣编写，第八章由杨亚涛编写，第九章由张瑜春编写。

本书得以出版，离不开历年来投身长北开发者的无私奉献、离不开技术人员、高校、科研院所的技术创造、离不开行业合作伙伴的支持和参与。本书编写过程中，得到了中国石油长庆油田分公司各级领导的关心和支持，得到了相关院校、科研院所和中国石化出版社专家的帮助和指导，在此表示诚挚的感谢！

本书稿在编写过程中，我们虽然查阅了大量资料，进行了广泛而细致的调查和研讨，但由于水平有限，仅仅是对长北区块的合作开发技术进行了总结和提炼，难免存在遗漏疏误，敬请广大读者批评指正！

本书编写组

目录

CONTENTS

第一章

开发历程及成果

第一节 概 况

长北区块位于陕西省榆林市西北部和内蒙古自治区鄂尔多斯市（原伊克昭盟东胜市）南部，苏里格气田东侧、神木气田以西。含气面积超过 $1500km^2$，提交探明储量超过 $1500 \times 10^8 m^3$。榆林为国家生态环境建设重点地区，随着人类治沙、固沙工作的全面开展，地表绿化工作日益完善，沙漠南进的速度已初步受到遏制。

长北区块地处毛乌素沙漠东南边缘，黄土高原北端，是沙漠与黄土高原的过渡带。地势由西北向东南呈波状起伏倾斜，海拔一般在 1150~1230m 之间，以沙垄（梁）为主。沙丘呈平缓波状起伏，滩地和洼地水草繁茂，形成陕北独特的风沙草滩地貌。地貌多为固定或半固定沙丘，地质表层为湖积粉细砂。

长北区块范围内主要植被类型为沙生植被和沼泽性植被，部分地区植被较好。沙生植被主要分布在活动、半固定、固定沙丘上，植物主要为沙蒿、沙蓬等，灌木高 30~90cm，总盖度 25% ~40% 不等。沼泽性植被主要分布在沙丘间滩地、沙丘边缘、低缓沙丘、海子浅滩，植物主要为沙柳、拧条、沙棘灌丛等植物。林带主要植物为砍头柳、白杨等植物。范围内河流均属黄河水系，榆溪河为境内最长河流，属无定河一级支流，全长 155km，常年平均流量 $11.75m^3/s$，最枯期流量 $3m^3/s$，最大洪水流量 $1760m^3/s$，平均年输砂量 $419 \times 10^4 t$，输砂率 137kg/s，流域面积 $5537km^2$。榆溪河的各级支流发育，主要为五道河则、圪求河、白河、二道河则、头道河则、沙河、芹河等。

长北区块气候属于温带半干旱大陆性季风气候，其特点是：春季干旱，常伴大风降温。夏季高温炎热，降雨集中，多为暴雨和雷阵雨，时有冰雹发生；秋季凉爽湿润，降雨较多，降温迅速，霜冻普遍；冬季干旱漫长，光照充足。西北风盛行。冬春季风沙严重，最大风力达 8 级，8 级以上大风达 13 次 / 年，春季沙尘暴达 38d。

地下水类型主要有第四系松散层孔隙潜水和侏罗系碎屑岩裂隙潜水。第四系松散层孔隙潜水，含水层为松散砂层，透水性好，地下水埋藏浅，水质好，储量丰富，易开采。北部风沙草滩区含水量较为丰富，潜水靠降水补给，为较好的饮用水。侏罗系碎屑岩裂隙潜水，含水层为砂岩，上部风化较强，裂隙发育，地下水埋藏较深。地下水埋深约 1.2~2.5m 不等，含水层厚度约 10~30m。区块内无大型褶皱及断层，地震活动微弱。地震基本烈度为Ⅵ度和Ⅵ度以下。

第二节 勘探开发历程

1995 年，原长庆石油勘探局在钻探 S9 井时发现上古生界山西组砂岩含气，随后在

S141 井钻探中发现了山西组砂岩储层含气性更好；1996 年对 S141 井山西组砂岩储层试气，获得无阻流量 $76.78 \times 10^4 m^3/d$ 的工业气流，就此拉开了鄂尔多斯盆地大规模勘探开发上古砂岩气藏的序幕。

长北天然气合作开发项目是目前我国陆上石油已建成的最大的油（气）国际合作项目，其钻井工程创造中国陆上水平井钻井十多项纪录，地面工程已被行业誉为“全球石油工程建设的典范”。在开发建设上，长北瞄准世界最新的前沿技术，充分利用中国石油及中外承包商的技术优势，引进和采用了一大批具有世界领先水平的新技术、新工艺，开发采取“丛式水平井组开发、稀井高产、井间接替、分区开发、定压生产”的开发模式，运用先进的技术解决了低渗透气藏高效开发的一个又一个难题，特别是其首创的“大位移双分支水平井”系列工艺技术，先后创造了中国陆上水平井钻井多项历史纪录，获得了 20 口日产上 $100 \times 10^4 m^3$ 的高产气井，气田建设的各项技术经济指标达到了国际先进水平。

其经历了勘探评价、试生产和规模开发三个阶段。

1. 勘探评价阶段（1995—2003 年）

气藏评价坚持地震、钻井、地质、测井、测试紧密结合的“五位一体”的方针，采用多学科综合进行砂岩储层含气性预测。1996—1997 年，在长北区块共部署二维地震测线 3014km，完钻探井 20 口，试气 19 口；通过勘探评价，逐步认识到长北区块山西组气藏具有砂体分布范围广、主力气层突出、储层物性相对较好、单井产能高及稳产能力较强等特点。

2. 试生产阶段（1999—2005 年）

为进一步深化认识山西组气藏储层特征，了解气井生产动态特征，落实气井生产能力，榆林气田长北区块于 1999 年 11 月投入试生产。长北区块建生产井 16 口、集气站 4 座、集配气总站 1 座，采用撬装三甘醇脱水常温分离工艺流程，形成年产 $3 \times 10^8 m^3$ 的天然气试生产能力。

根据公司要求，2000—2001 年，共完成 18 口气井的产能试井、18 井次压力恢复试井的测试工作。2001 年年底，根据长北区块两年的试生产情况，行业公司编制了《长北区块总体开发方案》，但未通过评审。2004 年，对方案进行修正，2005 年 6 月该方案获得国家发展与改革委员会批准。

试生产结果证明长北区块试生产井生产能力较强，递减率较低；但山西组砂岩储层具有气层薄和非均质性较强的特征，存在阻流带，对气藏的高效开发带来了挑战。

3. 规模开发阶段（2005 年至今）

1）上产阶段（2005—2009 年）

2005 年 8 月，长北区块第一口双分支水平井 CX1-1 井开钻，标志着区块进入正式商业开发建设阶段；2006 年 12 月，年处理量 $30\times10^8m^3$ 的长北天然气处理厂正式竣工并向陕京二线供气；2007 年 3 月，长北正式开始商业生产；2008 年 8 月 26 日，天然气日产量突破 $1000\times10^4m^3/d$；2008 年 12 月 26 日，天然气年产量突破 $30\times10^8m^3$，比设计方案提前两年达到设计目标，标志着长北区块开发建设阶段的任务圆满完成。

2）稳产阶段（2009—2018 年）

2009 年，根据更新的开发方案，建成 $33\times10^8m^3$ 的天然气生产能力，转入“年产天然气 $30\times10^8m^3$ 以上，稳产 10 年”的阶段。2009 年之后，每年投产 2~4 口双分支水平井，弥补递减，以 $33\times10^8m^3/a$ 的商品量维持至 2018 年。

2012 年，中国石油集团公司按照“两个阶段，滚动开发”策略，采用丛式井组、混合井型方式，工厂化作业模式；井间接替、分区开发。2016 年 1 月 1 日，实现了作业权移交，中方成为作业者。

3）递减阶段（2019 至今）

长北区块自 2019 年进入递减阶段，随着国家对环保要求的提高，下游用户对天然气清洁能源需求急剧增加，迫切需要开展对已开发区块的挖潜增产和未开发区域和层系的进一步认识和开发。目前长北面临已开发气田储量采出程度低、新区新层系资源劣质化、产量递减较快、剩余未开发储量采出难度大以及生态环保要求趋严等诸多挑战，在地质与气藏工程技术、钻采工艺技术以及地面集输系统建设等方面急需开展进一步的技术革新工作，从而提高已开采气田采收率。

第三节　开发成果

长北区块在勘探开发过程中存在的问题主要体现在三个方面：一是受沉积相控制，储层存在较强的非均质性，砂体横向厚度和延伸规模都存在不确定性；二是钻井所钻遇地层复杂，有坚硬的砂岩，也有松软的泥岩，还有煤层，水平井钻井过程钻速低，事故多发、钻井液与储层接触的时间长，侵入面积大，侵入的纵深更大，特别在地质导向、摩阻控制、井眼净化、井壁稳定、防漏堵漏措施及保护储层等方面的问题更为突出；三是如何降低开发投资成本，取得效益最大化。

针对上述问题，经过多年的探索与实践，长北区块已形成了以下特色技术。

1. 以“储层预测优化布井”为核心的开发地质与气藏工程配套技术

（1）地质不确定性评价技术。对静态和动态不确定因素进行综合分析，开展储量、井型—井距—井数—规模优化、开发风险评估等研究，制定了长期的地质不确定因素管理方案，保证各种可能情况出现时能适时跟踪，全面、及时、准确应对。定义合理的保守和乐观开发方案，同时对风险特征和风险分布进行示意图评价，增加项目技术和经济性方面的可信度，并且优化气田的开发。

（2）二维地震预测储层及构造技术。长北区块通过技术攻关，优选出了一整套的地震判识及储层预测方法，对不同年度采集的大量二维高分辨率地震资料进行整合、处理，有效的预测储层分布情况及构造特征，并在水平井钻井中有效地帮助预测储层厚度。

（3）三维地质建模及储层预测技术。长北区块十分重视储层综合描述，综合利用地震、钻井、测井、试井及野外露头等资料，运用三维精细建模技术建立了储层三维地质模型，运用动态油藏模拟技术精确刻画了水平和垂直方向储层渗透率、孔隙度和含气饱和度等物性参数。通过将阻流带引入静态模型中模拟流动阻碍效应，生成流动通道来模拟井间干扰，使得拟合的产量递减与实际相吻合。

（4）随钻跟踪地质导向技术。长北区块针对储层厚度差别大、井间的砂体变化大，单砂体叠合形式复杂，砂体横向延伸形态不明等很多地质不确定性，将钻井技术、测井技术及地质和油藏工程技术融合为一体，运用储层预测技术，结合随钻测量获得的数据（自然伽马、井斜等）以及相邻井数据，在水平井钻进过程中，基于精确的地质导向，采用了井眼轨迹随钻优化等措施，尽可能多的钻穿孤立砂体 / 阻流带，钻遇更多物性较好的储层，实际钻遇率达到 85% 以上，从而提高了气井的泄油面积，有效提高气井的产能。到 2008 年，仅用 15 口双分支水平井和 16 口直井就建成 $30\times10^8m^3/a$ 生产规模，实现了区块的高效开发。

（5）气藏数值模拟技术。长北区块气藏数值模拟技术严格以前期建立的三维地质模型和审查流程为基础。随着开发的不断深入，利用新井资料不断完善三维地质模型，利用生产动态资料进行历史拟和，最终综合描述和评价气藏指标准确度大为提升。

2. 以“丛式分支水平井”为主体的钻井工艺配套技术

在钻井工艺方面，钻井作业遇到了不少挑战。特别是在 2006—2007 年度，钻井施工遇到了如钻具震动剧烈、煤层坍塌、钻头失效等问题。随着对地质情况的进一步了解，通过改进和优化钻井技术和作业管理，钻井作业以“减少井下事故、提高钻井时效”为目标，全力开展双分支水平井系列工艺技术科研攻关和创新，攻克了包括“$12^1/_4$in 大斜度井段的煤层坍塌问题”“$8^1/_2$in 水平井段钻头优选”等技术难题。施工作业措施的改进以及钻井技术水平的不断提高，使钻井时效有了较大的提高，钻井技术也取得了长足的进步，逐步形成了一套适合长北区块高效钻井的配套工艺技术。

（1）井身结构优化技术。通过方案论证，长北井型采用 2000m 水平段的水平井和每分支水平段长度为 2000m 的双分支水平井，井场采用三口双分支水平井或三口水平井的布井方式。最终优选出的长北双分支水平井井身结构为：16in 钻头 ×13–$3^3/_8$in 套管

×700m+12$^1/_4$in 钻头 ×9$^5/_8$in 套管 ×3275m+8$^1/_2$in 钻头 ×5275m。采取了单圆弧、双圆弧井眼轨迹剖面，克服了长北区块地质条件复杂、地层压力系统复杂的特点，减少了井下事故的发生率，有效缩短了钻井周期、降低作业成本。

（2）井眼轨迹控制技术。长北区块科研人员从钻井装置优选、钻具组合优选、先进的井眼轨迹设计软件和监控软件的应用、钻井参数优选新型井眼轨迹控制工具的应用等方面进行攻关，实现复杂地层的井眼轨迹控制。

（3）远程协作实时钻井控制技术。在长北区块，钻井施工由现场、北京、马来西亚三地联合进行，北京提供商务支持，马来西亚米里提供技术支持，榆林现场提供决策。远程协作实时钻井控制中心总部设在马来西亚，钻井状态信息通过卫星通信进行实时传输，钻井控制中心的各个学科专家通过网络在线会诊，实现了技术共享，解决施工中遇到复杂问题，最大可能地提高了施工效率，为长北双分支水平井钻井提供了最为有效的技术支持。

（4）钻头优选技术。针对不同地层进行钻头优选和改进，使钻头牙齿更耐磨和更有攻击力，研发出来了适合长北地层的钻头，很好地解决了钻头泥包及低抗研磨的弱点，有效延长了钻头使用寿命，机械钻速同以往相比较，提高 40%。

（5）钻井液优化技术。长北区块针对地层特征在研发钻井液体系的同时进行钻井液优化，优选出适合不同井段的钻井液配方，减少了钻井液对地层的伤害，提高机械钻速并有利于环保处理。

（6）大斜度井段钻穿煤层技术。长北区块从技术和管理两方面着手，针对大斜度井段煤层可能出现的井漏和井壁垮塌等问题，制定了相应的应对措施，地质与钻井协同作业，精心设计钻具和钻进参数、实时监测钻井参数变化趋势，实时调整措施和方案，采用光滑钻井技术利用防塌性和抑制性强的 KCl 聚合物钻井液体系，确保了井下的稳定和安全，平均机械钻速提高了 20%。

（7）水平井段侧钻技术。长北区块水平段钻进中由于存在地层的不确定性，根据地质要求需要随时侧钻改变轨迹，当钻进方向的复杂地层连续时采用水平段裸眼下切技术；当钻进方向的复杂地层非连续时采用直接钻穿复杂地层技术。这两项技术的应用大大提高了储层的钻遇率，增加了水平段的有效长度，确保了水平井的产能。

（8）双分支水平井完井技术。长北区块经过科学论证，双分支水平井完井采用裸眼完井，同时采用一整套行业完井管柱配置标准进行完井，保证了双分支水平井的“安全、可控”，同时裸眼完井降低了气体流经完井段的流动阻力，提高了气井的产能。

3. 以“低压气液混输集中处理”为主导的地面工程配套技术

地面工程采用了井丛多级安全保护技术、井丛采集气液混输技术、多组合净化处理技术、生产运行集中监控技术等，在有效保证地面系统高效、安全运行的基础上，采用丛式井场，简化了流程，降低了投资和操作成本。

（1）井丛采集及多级安全保护技术。井丛主要采用“集中注醇、节流降压、远程监控调产、多级安全保护、气液混输”的采气工艺。通过自动控制系统和安全保护系统进行远程控制，实现无人值守和保障气井安全。

（2）集气管网气液混输工艺技术。长北区块采用简化布站模式，将气液由井丛混输至中央处理厂，大大简化了流程、减少了管理环节、节省了投资和操作维护成本。

（3）天然气处理厂设备多组合净化处理技术。中央处理厂灵活运用“节流制冷低温分离、丙烷制冷低温分离、增压机组＋丙烷制冷低温分离”等工艺进行生产，提高了项目抵御各种风险的能力。

4. 以“智能采集远程监控”为基础的气田数字化管理技术

长北区块广泛应用自动化测控、网络信息技术，建立了自动化、信息化、数字化系统，构建了以企业资源计划为基础的生产经营信息网和办公网络化平台，实现了气田生产经营管理的数字化、规范化，探索出一种适应长北特点的智能化、数字化管理模式。

（1）在钻井施工和生产管理中，重点应用了以“实时钻井智能监测”“实时数据采集传输”为主的信息化技术，实现了对钻井和天然气生产数据的实时分析、远程诊断及控制等功能。

（2）在天然气生产、集输和处理过程中，将工艺过程控制、仪表保护和紧急停车、火焰及气体探测、工业视频监控系统进行了有机结合，形成了一个全方位、多角度的数字化生产指挥管理系统。实现了“现场数据在线采集、逐级上传”和“无人值守、在线监视、定期巡检”的现代企业生产管理模式，提高安全操作性，达到了本质安全生产，提升了气田的管理水平。

（3）在移动办公方面，长北区块运用实时通信系统技术，实现联机状态下的即时沟通、音频／视频会议以及桌面共享等功能，无论是在办公室还是在旅途中，随时都可以保持通信畅通，进行有效的信息交流与沟通。

第二章

气藏地质特征

第一节 区域地质特征

鄂尔多斯盆地是一个多旋回演化、多沉积类型的大型沉积盆地，盆地本部面积约 $25 \times 10^4 km^2$。盆地基底为太古界和中下元古界结晶变质岩系，沉积盖层大体经历了中晚元古代坳拉谷、早古生代陆表海、晚古生代海陆过渡、中生代内陆湖盆及新生代周边断陷等五大阶段，形成了下古生界陆表海碳酸盐岩、上古生界海陆过渡相煤系碎屑岩及中新生界内陆湖盆碎屑岩沉积的三层结构。盆地主体除缺失中上奥陶统、志留系、泥盆系及下石炭统外，地层基本齐全，沉积岩厚度约 6000m。目前在盆地内发现了下古生界、上古生界及中生界三套含油气层系。

早古生代以来，加里东运动使鄂尔多斯地块整体抬升，出露地表，遭受 1.3 亿年的风化淋滤剥蚀，形成了奥陶系岩溶地貌和碳酸盐岩岩溶孔隙型储层。晚古生代区域下沉接受沉积，形成海陆交互及陆相碎屑岩为特点的沉积组合，石炭系—二叠系下部煤岩与暗色泥岩为一套优质烃源岩，发育于气源岩之间及其上的三角洲平原分流河道砂岩、三角洲前缘水下分流河道砂岩、海相滨岸砂岩及潮道砂岩等构成了上古生界的主要储集砂体。

上石炭统本溪组底部的铝土质泥岩横向分布稳定、岩性致密，为下古生界风化壳气藏的区域盖层，同时分隔上、下古生界两套含气层系。晚二叠世早期沉积的上石盒子组河漫湖相泥岩则构成了上古生界气藏的区域盖层。

地质综合研究表明：鄂尔多斯盆地古生界具有广覆型生烃，储集岩多层系发育，区域性封盖层广泛分布等诸多有利条件。尤其是上古生界位于有利生烃中心，发育大面积展布的三角洲沉积砂体，并且在地质历史时期稳定下沉，区域封盖保存条件良好，有利于大型岩性气藏的形成与富集。

一、地层简况

鄂尔多斯盆地天然气藏主要分布在古生界，长北区块钻遇的古生界地层自下而上为下古生界奥陶系马家沟组，上古生界石炭系本溪组、太原组、二叠系山西组、下石盒子组、上石盒子组和石千峰组（表 2–1）。长北区块上古生界天然气探明储量主要分布在二叠系下统山西组。

鄂尔多斯盆地上古生界石炭系—二叠系主要发育一套海陆交互相的暗色泥岩、煤层及河流—三角洲相的砂泥岩沉积。下部煤岩与暗色泥岩属优质烃源岩，发育于气源岩之间及其上的三角洲平原分流河道砂岩、三角洲前缘河口坝砂岩、海相滨岸砂岩及潮道砂岩等构成了主要储集岩体，晚二叠世早期沉积的河漫湖相泥岩是区内古生界气藏的区域盖层。

表 2-1 长北区块上古生界地层划分简表

层位				层位代号	厚度 /m	岩性岩相简述
系	统	组	段			
二叠系	上统	石千峰组	千 1~千 5	P_3q	240	以河流相沉积为主。含砾砂岩、砂质泥岩及泥岩，局部地区夹有泥灰岩钙质结核。
	中统	上石盒子组	盒 1	P_2h_1	160	以河流相沉积为主。泥岩、砂质泥岩与泥质砂岩交互沉积。
			盒 2	P_2h_2		
			盒 3	P_2h_3		
			盒 4	P_2h_4		
		下石盒子组	盒 5	P_2h_5	120~160	属河流—三角洲相沉积。以“骆驼脖砂岩”为底，以桃花页岩为顶，岩性以含砾粗砂岩、中砂岩及长石岩屑质石英砂岩或岩屑砂岩为主，夹泥岩。
			盒 6	P_2h_6		
			盒 7	P_2h_7		
			盒 8	P_2h_8		
	下统	山西组	山 1	P_1s_1	90~120	以“北岔沟砂岩”为底界，山西组以三角洲沉积为主，为一套含煤碎屑岩地层，发育石英砂岩或岩屑砂岩，夹薄层粉砂岩、泥岩和煤层。山 1 段多为三角洲平原－前缘的分流河道沉积，岩性以细－中粒岩屑砂岩、岩屑质石英砂岩和泥质岩为主。
			山 2	P_1s_2		
		太原组	太 1	P_1t_1	60~80	为一套陆表浅海相及陆相交互的沉积组合，下部太 2 为深灰色泥晶灰岩、灰黑色泥岩夹灰色细砂岩、炭质泥岩及煤层。上部太 1 段发育东大窑、斜道、毛儿沟及庙沟等四套灰岩，其间夹灰黑色泥岩、炭质泥岩及煤层。
			太 2	P_1t_2		
石炭系	上统	本溪组	本 1	C_2b_1	10~40	本 2 段为陆表海型潟湖相及风化壳残积相沉积，发育铝土质岩；本 1 段为潮下灰岩和潟湖潮坪沉积为主，砂岩发育，并夹有灰岩透镜体及薄煤层。与下伏的马家沟组成不整合接触。
			本 2	C_2b_2		

二、构造特征

鄂尔多斯盆地为一典型的叠合盆地。现今盆地的构造面貌表明地史时期虽经历了多期次构造运动的作用，但盆内广大地区的构造环境具长期、整体的稳定性。盆地的发育经历了太古代—早元古代盆地基底形成阶段、中晚元古代大陆裂谷发育阶段、早古生代克拉通盆地与边缘坳陷阶段、晚古生代—早中三叠世克拉通盆地与碰撞边缘形成阶段、晚三叠世—白垩纪大型内陆坳陷发育阶段，新生代盆地周缘断陷发育阶段等六个大的构造演化阶段，盆地现今的构造格局奠基于中燕山运动、发展完善于喜马拉雅运动。

长北区块上古生界石炭—二叠系的顶面构造特征与整个盆地的区域构造特征相吻合，为一宽缓的西倾斜坡，坡降一般 3~10m/km，其中山西组气藏呈由北东向南西方向倾斜的单斜构造，构造平缓，继承性好，幅度 5~10m/km（图 2-1）。

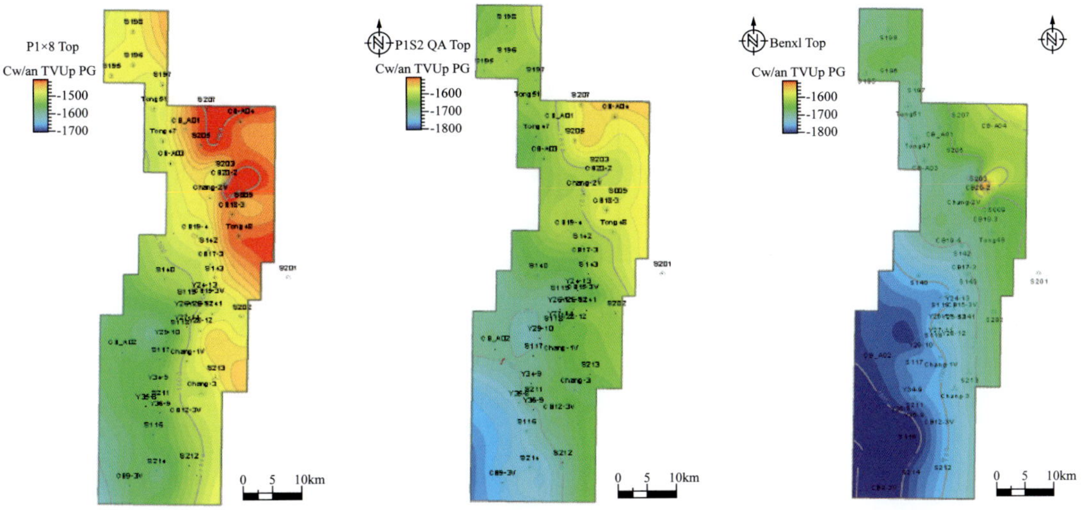

图 2-1　长北区块上古生界石炭—二叠系主要层系气藏顶面构造图

从地震 Tp9 反射层构造图上可以看出（图 2-2），在单斜背景上发育着多排近北东向的低缓鼻隆，鼻隆幅度一般在 10~20m 左右，宽度为 3~6km，长 15~20km，自北而南有多排鼻隆构造。勘探开发实践证实，这些低缓的鼻隆构造对天然气的聚集不起控制作用。

第二节　沉积及砂体展布特征

一、沉积特征

（一）沉积相标志

确定沉积体系的沉积学标志包括了沉积岩的全部特征，诸如岩石的颜色、成分、岩石类型组合、结构、沉积构造、粒度分布、剖面结构等，这些特征都是反映沉积环境和沉积相的重要标志。

1. 岩石类型及颜色

长北区块山西组主要由多种类型的陆源碎屑岩、煤层组成，主要为灰白色、浅灰色中砾岩、灰色含砾粗粒砂岩、棕红色粗粒砂岩、中—粗粒岩屑石英砂岩、细粒砂岩、粉

1

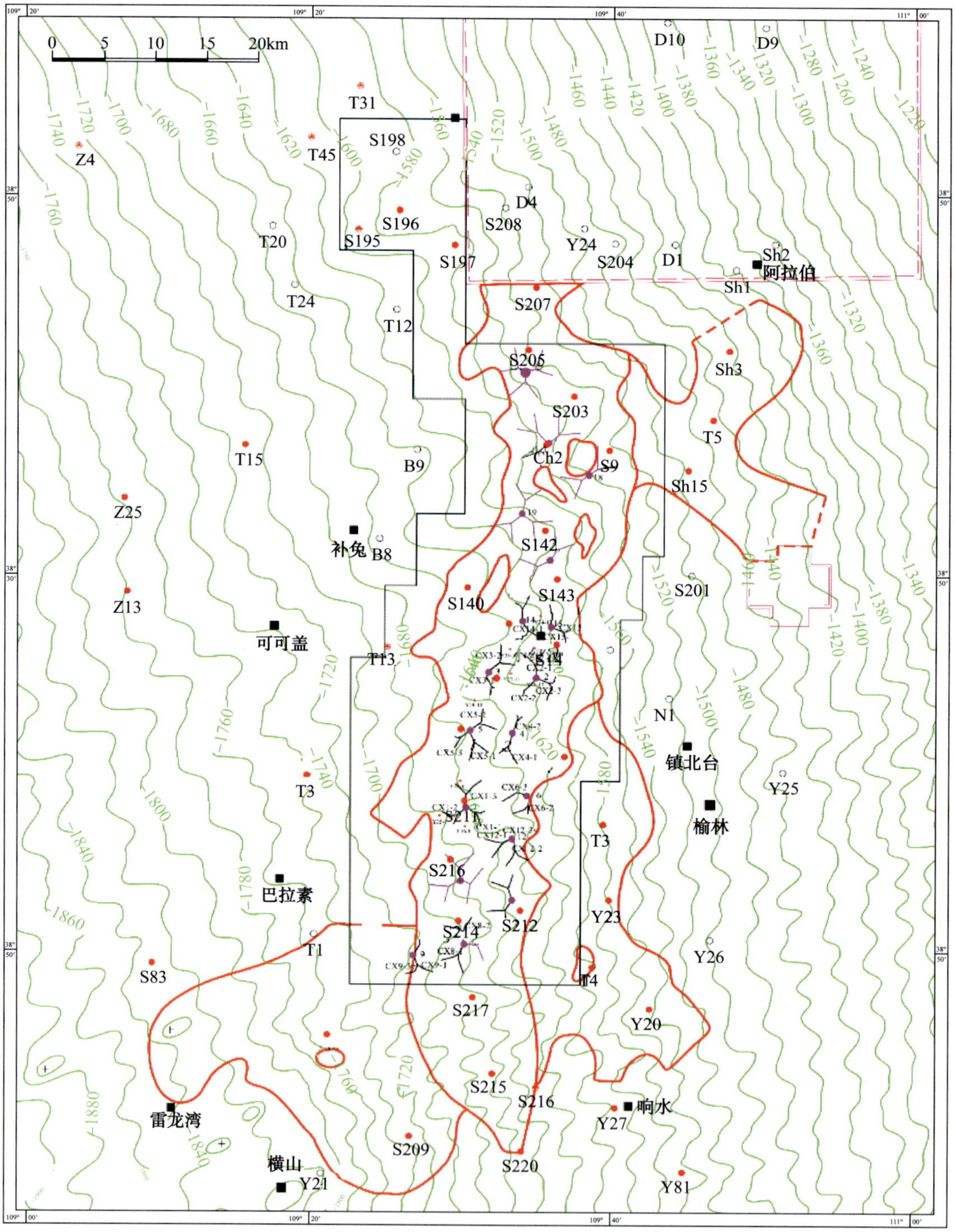

图 2-2 长北区块地震 Tp9 反射层构造图

砂岩、灰黑色粉砂质泥岩和泥质粉砂岩及泥岩构成，夹煤层或煤线（图 2-3）。由于颜色，特别是原生色是岩石形成时环境的反映：黄、棕、红、紫等颜色常常与水体较浅和氧化环境有关，而灰、黑等色调常是代表了形成于水体较深和还原的环境，因此山西组自下而上的沉积序列中岩石的原生颜色由棕、红、紫等杂色向灰和灰黑色的色调转化，反映出从三角洲平原到三角洲前缘、由浅水氧化环境向较深水还原环境转化的沉积演化过程。

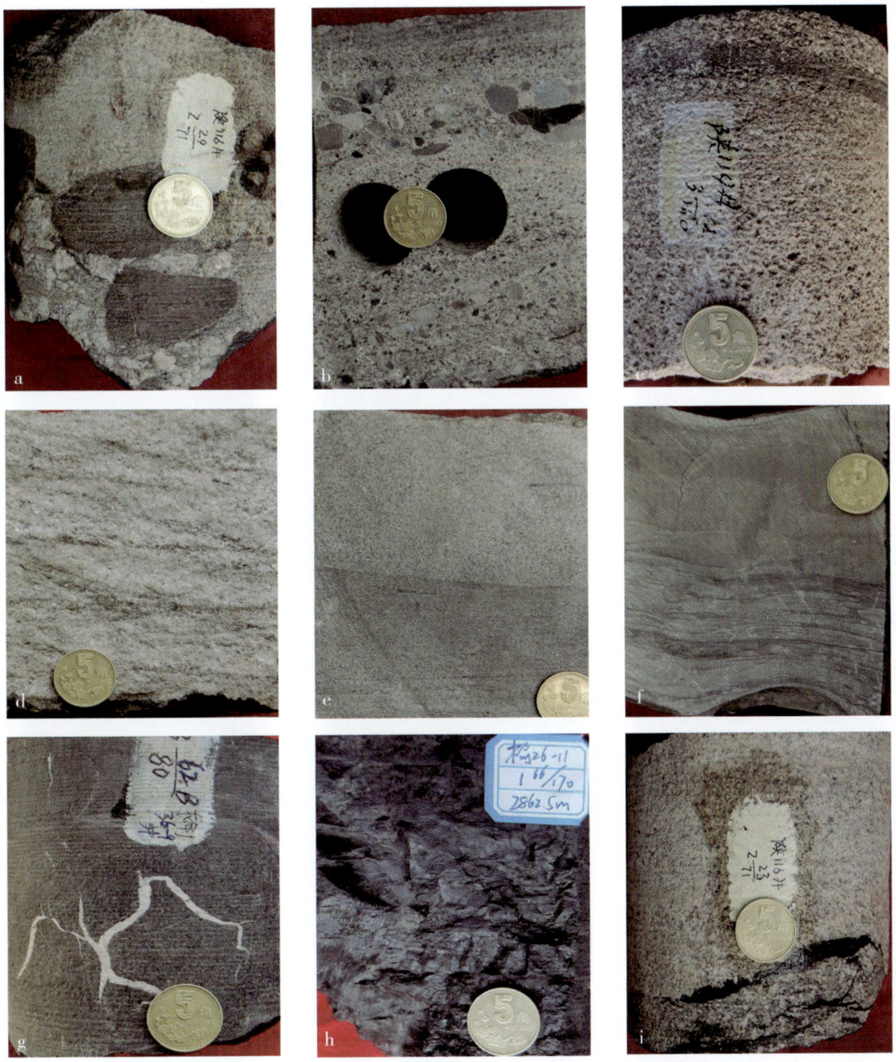

图 2-3　长北区块山西组主要的岩石类型

a.S116，2936.96m，浅灰色砾质灰色粗粒砂岩；b.S143，2795.6m，灰色含砾粗粒砂岩；c.S119，2856.6m，棕红色粗粒岩屑石英砂岩；d.Y36-9，2935m，灰白色岩屑石英中粒砂岩；e.S143，2805.3m，上部为深灰色细粒砂岩，下部为粉砂岩；f.S117，2926.15m，上部为灰色粉砂岩，下部为深灰色粉砂质泥岩；g.Y36-9，2938.4m，灰色泥质钙质粉砂岩；h.Y26-11，2862.5m，煤层；i.S116，2936.5m，棕红含砾极粗粒岩屑石英砂岩

2. 原生沉积构造标志

沉积构造是由沉积物的成分、结构、颜色等的不均一性而引起的宏观特征，其规模一般较大，在野外露头及岩心中可直接进行观察和描述。沉积物沉积时的水动力条件也可以通过沉积构造反映出来，而且沉积构造的发育状况还与沉积速度、水流作用方式和介质条件直接相关。水动力条件由强变弱的过程，在沉积构造上往往表现为规模由大变小的过程，反映湖进的沉积序列，反之则为反映水动力条件增强的湖退过程，水流作用方式不同，其形成的沉积构造也有所差别。其中原生沉积构造是指在沉积物沉积时或沉积后不久，以及在固结之前形成的那些构造，较少受沉积后各种作用的影响，它们可提供有关沉积时期的沉积介质性质和能量条件等方面的信息，是沉积物沉积时水动力条件的最直接反映，已成为判别沉积环境和进行沉积相、亚相和微相划分最重要的标志。研究区内的原生沉积构造包括层面构造和层理构造（图 2-4）。

图 2-4 长北区块山西组典型的沉积构造

图 2-4　长北区块山西组典型的沉积构造（续）

a.S118，2894.8m，上部浅灰色含砾极粗粒岩屑石英砂岩，其底发育冲刷面，下部为灰黑色碳质中－粗粒岩屑石英砂岩；b.S211，2912m，带略浅棕红色调的灰色粗—极粗粒岩屑石英砂岩，发育板状交错层理；c.S117，2925.25m，浅棕红色含细砾中—粗岩屑石英砂岩，发育有多组细层倾向相反的楔形交错层理；d.S211 井，2911.1m，浅灰色细粒砂岩，上部发育平行层理，中部和下部发育二组细层倾向相反的楔形交错层理；e.S211，2914.5m，中、下部为浅棕红色含细砾粗－极次粒岩屑石英砂岩，发育有下粗上细的递变粒序层理，上部为中粒岩屑石英砂岩，发育低角度板状交错层理；f.S116，2922.9m，深灰色泥质粉砂岩，发育有水平层理和泥质条带状构造及生物扰动与钻孔构造；g.Y26-11，2907.15m，中、上部为浅棕红色含砾钙质中—粗粒岩屑石英砂岩，底部见冲刷面，发育有 3 个由粗粒到中—细的韵律性粒序层理；h.S117，2924.9m，灰黑色条带状粉砂质泥岩，发育水平层理为主，中部夹有一较纯的泥质团块；i.S116，2922.9m，深灰色泥质粉砂岩，发育有水平层理和泥质条带状构造及生物扰动与钻孔构造

1）层面构造

对长北区块而言，层面构造在岩心上能观察到的类型较少，主要为砂体底层面上的冲刷面（图 2-4a），表现为一个起伏不平的岩性突变面，底冲刷构造的发育与水动力条件突发性地由弱变强过程有关，以冲刷面之上沉积环境的水动力条件较之下显著增强为特征，不但冲刷面发育之前堆积的沉积物在底冲刷过程中往往得到程度不同的下切侵蚀改造，而且冲刷面之上岩石粒度明显粗于下部或含有来自下伏层的泥砾。因此，冲刷面可代表一个不同程度的侵蚀间断面，通常发育在研究区三角洲平原的分流河道沉积环境中。

2）层理构造

层理构造是沉积物或沉积岩最重要的外貌特征之一，也是沉积岩区别于岩浆岩和部分变质岩的主要标志。层理是在特定的介质条件下，沉积物沉积时在层内形成的成层性构造。由沉积物的成分、结构、颜色以及层的厚度、形状等沿垂向的变化而显示出来。主要分为以下几种。

（1）交错层理：交错层理是最常见的一种层理，在岩层内部由一组倾斜的细层（前积层）与层面或层系界面相交而称之为斜层理。根据交错层理中层系的形状不同，通常分为：板状交错层理（图 2–4b、e）、楔状交错层理（图 2–4c、d）等。按层系厚度不同可分为小型、中型、大型、特大型。交错层理的形态，能很好地反映水流方向。主要发育在水下分流河道、三角洲前缘河口坝等沉积环境中。

（2）平行层理：平行层理是在高流态条件下产生的一种层理类型，代表着较强的水动力条件。它是由平坦的床沙迁移形成的，主要见于分流河道沉积微相中，岩性主要为中—细粒砂岩，沿层理面剥开可见到剥离线理构造（图 2–4d）。

（3）递变粒序层理：主要发育分流河道砂体中，其成因是在较强水动力条件下，具高流态碎屑流状态搬运的砂粒在水道床面上连续迁移产生粗细分离而显现出由粗到细粒度变化的快速堆积体，常呈中厚层状产出，主要发育于主河道沉积环境中（图 2–4e）。

（4）水平层理：水平层理是在低流态条件下由泥、粉砂质悬移沉积物均匀沉降沉积作用形成的层理类型，代表低能静滞的水动力条件。主要发育于泛滥平原、分流间湾和前三角洲等沉积微相中（图 2–4h、i）。

（5）韵律层理：韵律层理是在成分、结构与颜色方面不同的薄层作有规律的重复出现而形成的，其原因是物质搬运或产生方式有规律的发生交替变换造成的。主要发育于泥质沉积中由气候、季节变化形成的季节性韵律纹层（图 2–4g）。

（6）变形层理：变形层理发育在沉积环境有砂、泥供应，而且水流活动期和水流停滞期交替出现的环境。水流活动时期，砂呈砂波状被搬运沉积，而泥保持悬浮状态。水流停滞时期，因水动力条件的差异而分离出悬浮物质，并沉积于波谷或全面覆盖波状起伏的砂层之上。当水流作用较强，而停滞水作用相对较次时，砂质的沉积和保存比泥质有利，则形成变形层理（图 2–4i）。

3）古生物学标志

研究区在暗色泥岩中还广泛地发育有生物扰动和钻孔构造（图 2–4i），它们的存在对于识别大的沉积环境和进行地层划分与对比具有重要意义。

4）粒度分布标志

沉积岩粒度分布主要受搬运介质，搬运方式和沉积环境所控制，通过对砂岩的粒度大小与分布特征如段式、斜率大小等的研究，可以来分析流动体制（浊流、牵引流）及分选程度等沉积特征，进而判断沉积环境。因此，粒度特征是判别沉积微相的重要相标志，而粒度分析是确定粒度分布特征的重要技术方法，已广泛应用于沉积相研究中。

区块砂岩薄片的粒度概率累积曲线的粒度分布特征较为一致，均为跳跃次总体为主的三段型（图 2–5），部分为两段型，跳跃次总体含量为 70%~90%，斜率变化介于 65°~70° 之间，悬移次总体含量为 5%~10%，泥质含量中等，而推移次总体含量一般小于 5%。跳跃次总体与悬移次总体截点为交角较小的渐变型，总体显示河道为主的粒度分布特征。

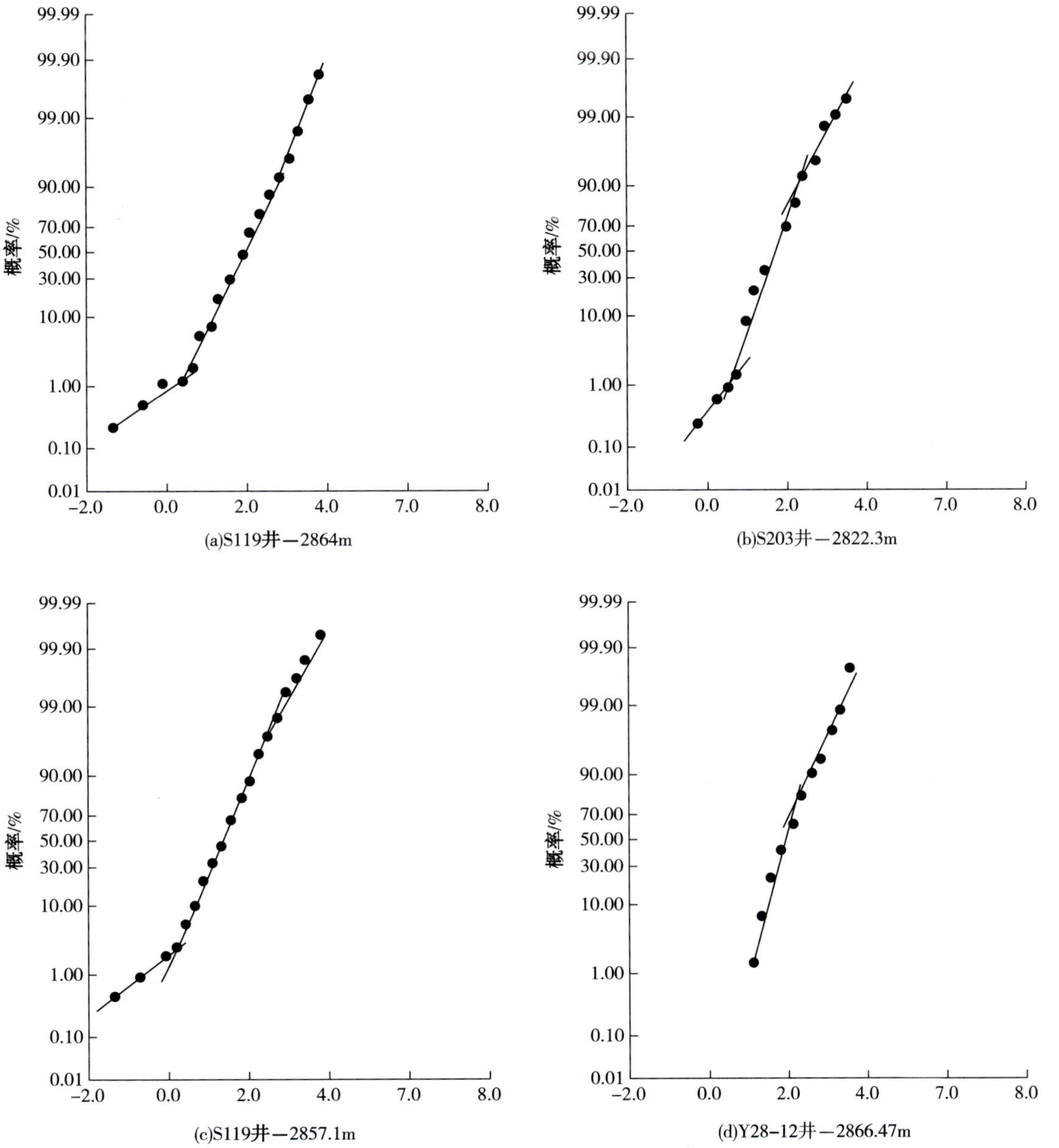

图 2-5　长北区块山西组砂岩粒度概率累积曲线图

5）测井相标志

据已有测井资料的岩—电转换对比关系分析，研究区山西组地层中，以自然伽马曲线和视电阻率曲线的测井相分析结果，与取心井段的地层岩性、岩性组合和沉积相序列的分析结果拟合性最好，对非取心井段测井曲线的岩性和沉积相解释符合率可高达 85% 以上，能满足生产和科研的需要。其中自然伽马曲线的形状和幅值大小与地层岩性有更好的对应关系，可对具有不同岩性组合的沉积相类型分析提供更为准确的信息。因而选取以自然伽马为主，视电阻率为辅的测井相与取心段沉积相分析结果拟合关系，建立沉积相类型和层序级别的测井相岩—电转换模型，用以指导非取心井段测井曲线的岩性和岩相解释。

表 2–2 为对部分钻井取心段详细的岩性和沉积相特征观察描述后，再与测井相进行比较分析建立的岩—电转换模型。其中山西组自然伽马曲线为代表的常见测井相类型有如下几种。

表 2–2　长北区块不同沉积微相的测井相和岩性相特征

岩性特征	测井相特征	岩性特征描述	沉积相解释
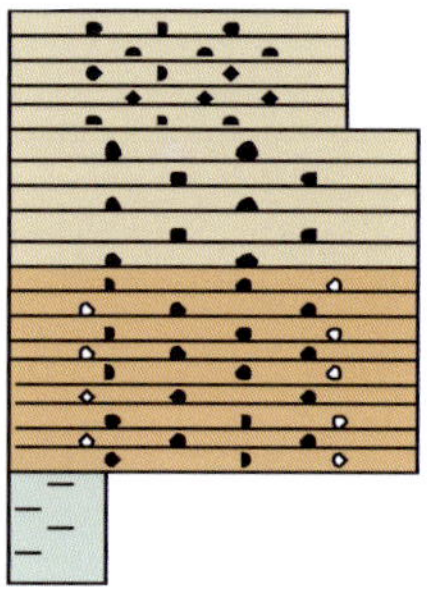	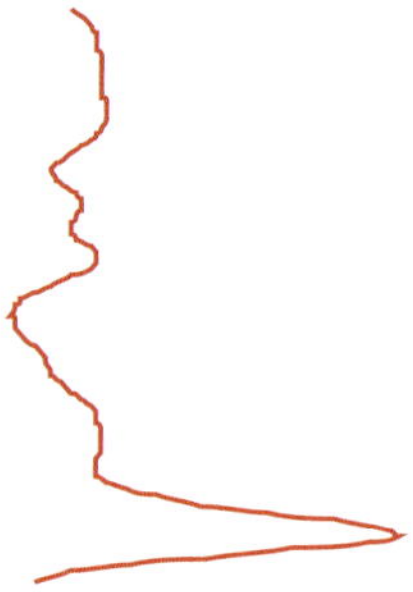	灰白色含砾粗砂岩与底部黑色泥岩层突变接触，呈正粒序结构（Y26–12 井）	水上分流河道
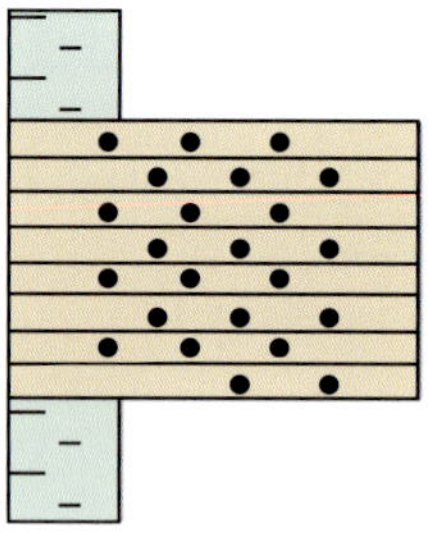	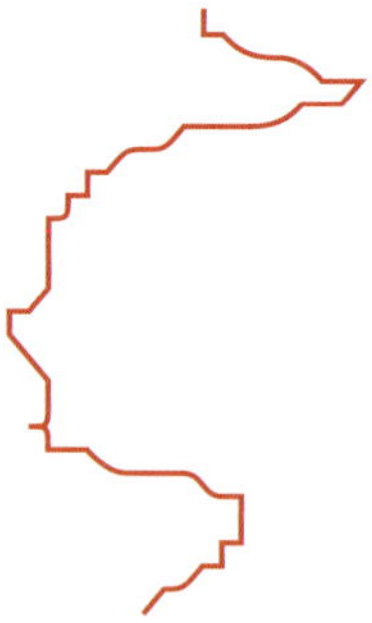	中部为灰色中粒砂岩，顶底皆为黑色泥岩，顶底均为突变（S117 井）	水下分流河道
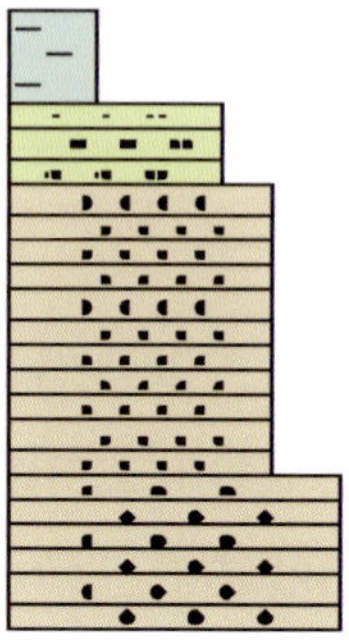	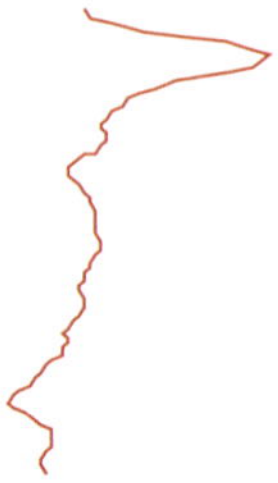	中粒砂岩→细粒砂岩→粉砂岩，向上粒度逐渐变细，正粒序结构（S212 井）	（水下）分流河道

续表

岩性特征	测井相特征	岩性特征描述	沉积相解释
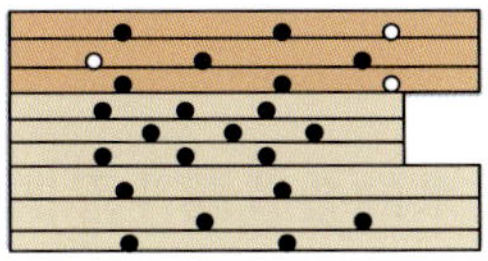	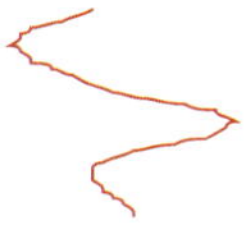	灰白色中粒砂岩，上部为灰白色含砾粗砂岩，下部为灰白色粗粒砂岩（S141 井）	废弃河道
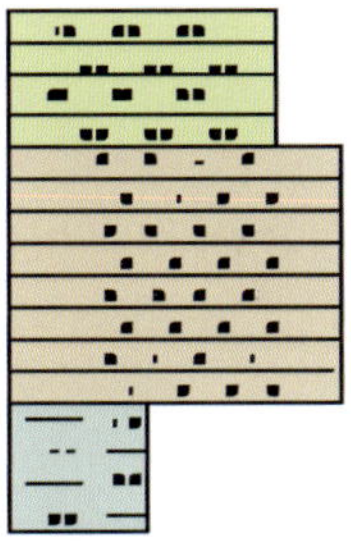	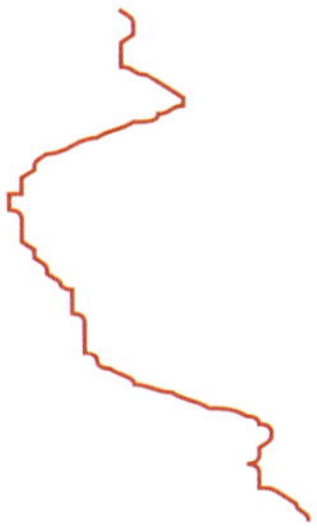	灰色细粒砂岩，与底部黑色粉砂质泥岩呈突变接触（S116 井）	河口坝
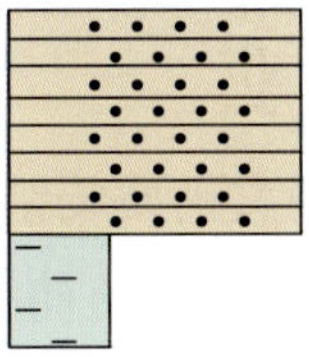	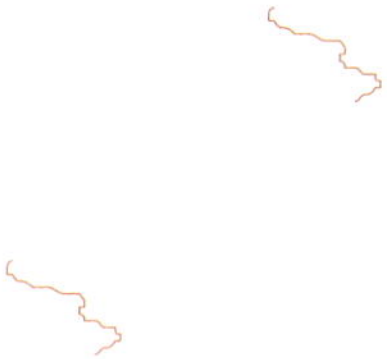	灰色细粒砂岩，厚度较大，略呈逆粒序结构（S143 井）	（水下）决口扇砂体
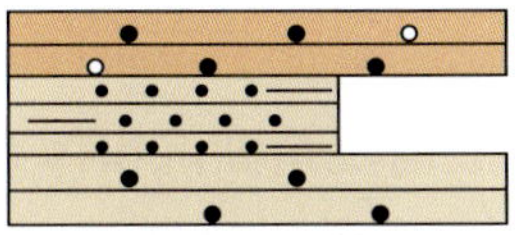	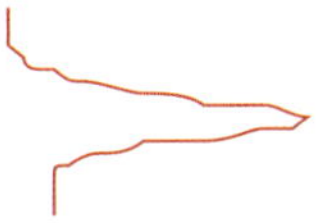	灰色泥质细砂岩，与顶部灰色含砾粗砂岩和底部粗砂岩呈突变接触（S203 井）	天然堤
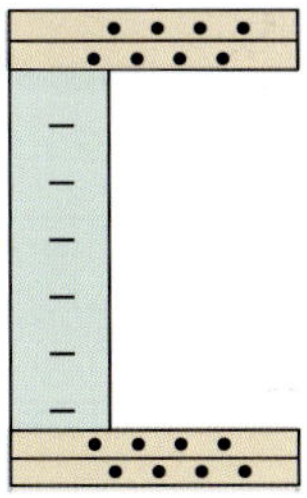	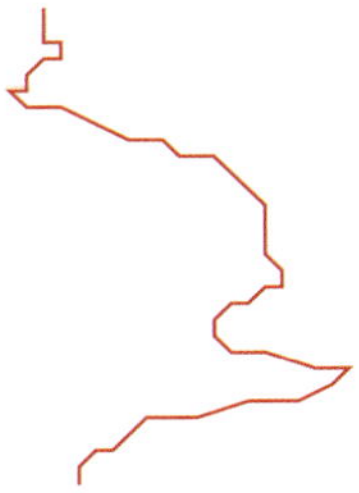	黑色泥岩，与顶部灰色细粒砂岩和底部灰色细粒砂岩呈突变接触（S117 井）	分流间湾、分流间洼地

（1）齿化箱形曲线。

底、顶部呈突变关系和略显正韵律变化特征的齿化箱形曲线，反映由较粗粒的砂岩和较细粒的砂岩组成的、具有多韵律叠置的河道砂体，砂体的内部结构不均匀，可能存在多个泥岩的薄夹层。

（2）钟形曲线。

底部呈突变和顶部呈渐变关系的钟形曲线，反映了由粗粒砂岩、中—细粒砂岩、粉—

细砂岩至粉砂岩、粉砂质泥岩组成的由粗变细的河道砂体→河道间洼地沉积特征。如由多个冲刷面、叠置河道砂体与河道间洼地薄泥质岩夹层组合在一起，因每个叠置砂体的粒级及含泥量的韵律性变化，可使钟形曲线多次叠加而呈宏观的圣诞树形。

（3）叠置漏斗形曲线。

大多数呈电测曲线幅值向下减小的底部呈渐变而顶部呈突变关系的叠置漏斗形曲线，往往对应于反韵律的薄层砂岩、粉砂岩、泥岩互层的岩性组合，砂岩主要发育于上部，反映三角洲前缘席状砂→突发性水下分流河道。

（4）平滑曲线。

平滑—较平滑的高伽马值曲线，反映较连续的炭质泥岩段沉积，因炭屑和有机质含量较高，其视电阻率值明显高于普通的泥岩。

（5）齿形曲线。

中低幅齿化漏斗形曲线及对称的齿形或分散的齿形曲线，齿中线水平到上倾、平行，反映三角洲前缘席状砂沉积，若呈微齿化平直曲线则为半深湖—深湖泥岩沉积。

（6）尖刺状指形曲线。

以箱状和钟形曲线为背景的尖刺状指形曲线，往往与河道砂体中夹有钙质胶结有关，常出现在河道砂体的底部。除上述常见的几种曲线类型外，还有很多由低伽马值曲线组合而成的多种形态的复杂曲线类型。

（二）沉积相划分方案

根据沉积相标志综合分析，将研究区山西组划归为河控浅水辫状河三角洲沉积体系，细分出三角洲平原和前缘两个亚相（图 2-6、表 2-3），研究区内前三角洲亚相不发育而不予讨论。

表 2-3 长北区块山西组沉积微相划分表

相	亚相	微相
河控浅水 辫状河三角洲	三角洲平原	分流河道
		天然堤
		分流间洼地
		河漫沼泽
		决口扇
	三角洲前缘	水下分流河道
		河口砂坝
		分支间湾
	前三角洲	

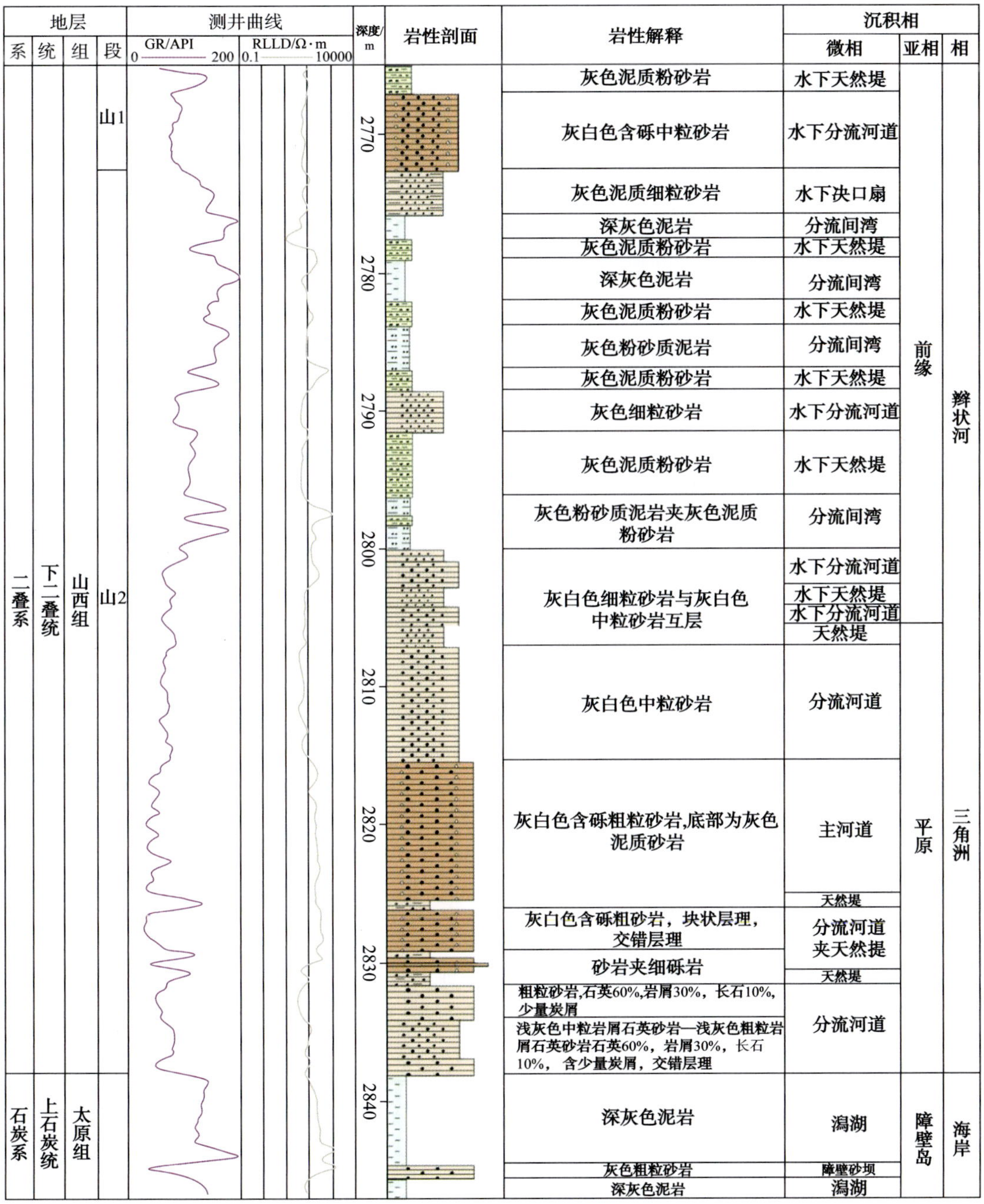

图 2-6 S205 井山西组辫状河三角洲沉积序列和剖面结构

1. 三角洲平原亚相

三角洲平原是三角洲沉积体系的水上组成部分，位于三角洲进积序列的最上部，俗称顶积层。研究区内山西组发育最广泛的沉积相类型也为三角洲平原亚相，该沉积在众多钻井不同的层段中，均可分别识别出辫状河分流河道、废弃河道、天然堤、决口扇、分流间洼地等众多微相类型（图 2–7）。

1）分流河道微相

分流河道砂体是组成长北区块山西组气藏的骨架砂体，主要由含砾岩屑粗砂岩、岩屑粗砂岩及中粒石英砂岩、岩屑石英砂岩所组成，砂岩的成分成熟度和结构成熟度都较低。砂岩中发育槽状交错层理、楔状交错层理、板状交错层理和平行层理等，砂岩底部具有明显的底冲刷构造，冲刷面之上广泛含有冲刷泥砾。砂体的剖面结构非常相似，都具有较明显的下粗上细正粒序，而且分流河道砂体往往多次反复叠加成一个厚砂体，构成复合正韵律结构，其总厚度远远大于河道深度（图 2–7）。

2）废弃河道微相

平面上废弃河道微相出现在辫状分流河道之间（图 2–7）。在垂向或纵剖面中则为两个分流河道砂体之间的暗色细碎屑岩与泥岩的薄互层组合，常夹有薄煤层和煤线。研究区废弃河道主要为含泥质和有机质较高的粉—细砂岩、粉砂岩、暗色粉砂质泥岩和炭质泥岩（或页岩）的薄互层组合，局部以富含植物化石的黑色炭质泥为主，并频繁地夹有薄煤层和煤线。

3）天然堤微相

天然堤微相形成于高水位的洪水期，是河水越过堤岸后于分流河道两侧发生悬移载荷垂加积作用的产物，因此，天然堤具有沿分流河道两侧分布的特点。研究区天然堤砂体大多数直接覆盖在分流河道砂体之上（图 2–7），平面上沿分流河道两侧呈带状分布，以粉—细砂岩与泥岩互层组合为主，单砂层厚度一般为 0.5~1m，大部分呈灰色，发育有沙纹层理、波状层理和水平层理，常含有钙质结核。

4）决口扇微相

决口扇微相也形成于高水位的洪水期，是河水越过堤岸后于分流河道外侧发生悬移载荷垂向快速加积作用的产物。因此，决口扇具有沿分流河道两侧，但距离河道较远的特征。研究区决口扇砂体直接覆盖在分流间洼地沉积的炭质泥岩和煤层之上（图 2–7），平面上沿分流河道两侧呈扇状和舌状分布，断面上也呈背向河道方向减薄变细的豆荚状或透镜状，岩性同样以粉 – 细砂岩与粉砂质泥岩互层组合为主，单砂层厚度稍厚，为 0.5~2m，局部可达 3m 以上，发育爬升沙纹层理、波状层理和水平层理，与天然堤的区别主要在于近分流河道一侧的砂体粒度较粗和较厚，往往发育有下细上粗的逆粒序。

5）分流间洼地和洪泛平原微相

分流间洼地为分流河道之间局限低洼的蓄水或湿地沉积环境，常年蓄水淹没和淤塞沼泽化的环境，而洪泛平原为分流河道之间相对高部位的旱地沉积环境，此两微相都以接受洪水期的悬移沉积为主，因而主要由泥岩组成，夹少量的薄层状粉砂质泥岩，其中分流间洼地由于受沼泽化的影响，部分泥岩的有机质含量很高，岩性主要由较单一的黑色泥岩、炭质泥岩、灰质泥岩夹煤层和煤线组成，夹纹层状和薄层状粉砂岩，发育水平层理，生物扰动构造普遍。而暴露的洪泛平原以沉积贫有机质组分的杂色泥岩为主。

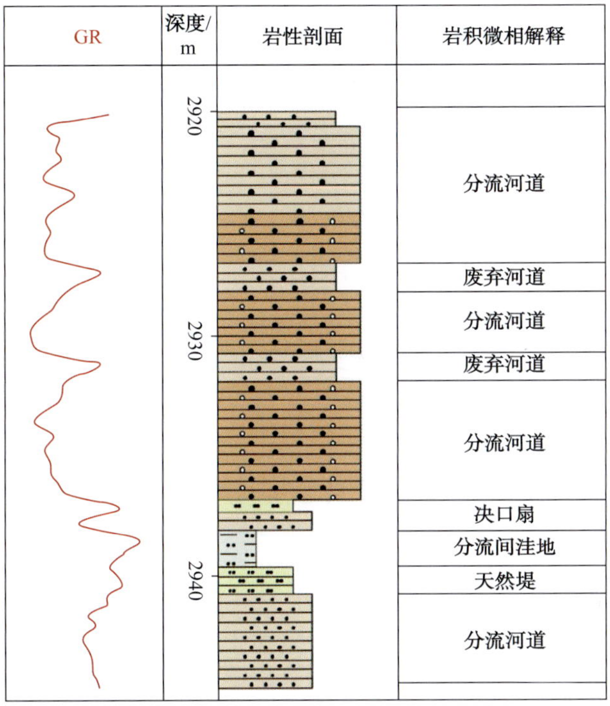

图 2–7 三角洲平原沉积特征（S116）

2. 三角洲前缘亚相

三角洲前缘沉积是三角洲分流河道进入湖盆内的水下沉积区。该亚相也是三角洲沉积体系的主体组成部分，由水下分流河道、水下天然堤、水下决口扇、河口坝、远砂坝和分流间湾等微相组成（图 2–8）。

1）水下分流河道微相

水下分流河道为三角洲平原分流河道的水下延伸部分，岩性主要为含砾粗砂岩、中粗粒砂岩、中粒砂岩所组合。沉积构造非常发育，以具有底冲刷、粒序层理、平行层理、板状层理等反映较强水动力条件的大型水下沉积构造组合为显著特征。在沉积相演化序列上，与三角洲前缘河口坝、远砂坝密切共生。粒度分布特征与三角洲平原分流河道非常相似，以跳跃次总体发育为特征，分选好，结构成熟度高，在测井曲线上所表现的特征与三角洲平原上分流河道亦非常类似，即无论是在自然电位曲线上还是在自然伽马曲线上，均表现为钟形、齿化钟形或箱形。

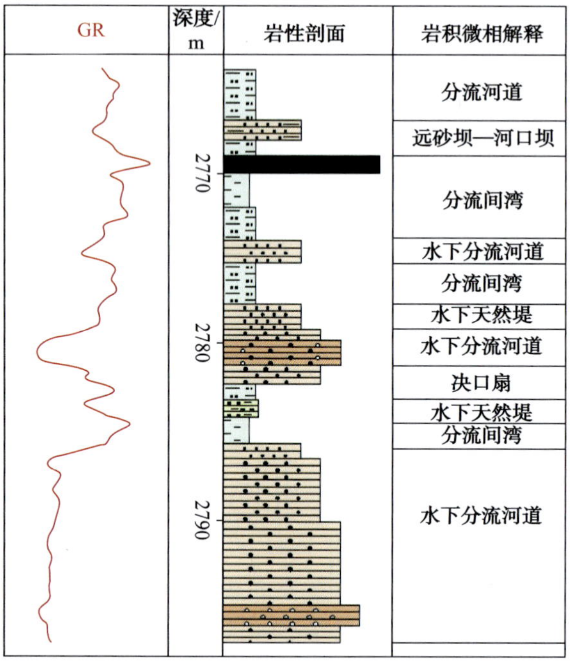

图 2–8　三角洲前缘剖面结构（S143 井）

2）水下天然堤微相

此微相与三角洲平原中的同类沉积非常相似，也都由粉—细砂岩与泥岩薄互层组成，其差别主要在于水下天然堤沉积作用主要发生在水下相对低能的还原环境中，有利于有机质保存，因此，泥岩富含有机碳组分而大多呈深灰—灰黑色，在垂向剖面上以与水下分流河道共生为特征。测井曲线表现反映水下分流河道沉积结束的高幅钟形收敛尾部。

3）水下决口扇微相

此微相与三角洲平原中的同类沉积也非常相似，也都由粉—细砂岩与粉砂质泥岩薄互层组成，其差别主要在于水下决口扇的沉积作用主要发生在水下低能闭塞还原的分流间湾环境中，有利于有机质的保存，因此，泥岩富含有机碳组分而大多呈深灰—灰黑色。在垂向剖面上以与分流间湾密切共生为特征。测井曲线也都较为相似，其中水下天然堤主要表现以反映水下分流河道沉积结束的高幅钟形收敛尾部，而水下决口扇在反映分流间湾低能沉积特征的微齿形和平滑形曲线背景中，呈中—低幅漏斗形或指形。

4）分流间湾沉积

水下分流河道之间与湖水相通的低洼地区即为分流间湾，岩性主要为一套细粒悬浮成因的薄层泥岩、粉砂质泥岩夹粉砂岩和炭质泥岩所组成，发育水平层理、透镜状层理，可见浪成波痕和生物钻孔及扰动构造，并以产有丰富的水下生物化石，如宏观藻类和螺、蚌等化石为重要特征。

5）河口坝微相

河口坝沉积是河流注入湖泊水体时，由于河口及湖水的抑制作用，流流速骤减导致河流携带的大量载荷快速堆积下来而形成的扇状砂体。该沉积是三角洲前缘沉积中最为典型的微相沉积，岩性主要为细粒岩屑石英砂岩和杂砂岩、粉砂岩与粉砂质泥岩、泥岩不等厚互层组成，通常发育有下细上粗或泥组分向上减少的逆粒序，上部和顶部近冲刷面附近的砂体分选作用较强，泥质含量低，底冲刷作用对河口坝上部和顶部的砂体有很强的分选改造作用。

6）远砂坝微相

远砂坝微相是河口坝向前三角洲方向延伸的远端部分，因此又可称之为远端砂坝和末端砂坝。其岩性主要由粉—细砂岩、粉砂质泥岩和泥岩互层组成，通常也具有下细上粗和泥组分向上略趋减少，但单层厚度较薄的逆粒序。

（三）剖面相分析

从剖面微相来看，图 2-9 为过 T12—Sh37 井北西—南东向盒 8 段—本溪组沉积相剖面，与物源方向斜交，盒 8 段沉积期，砂体在 CX_A03—Ch_2-V 和 CX18-3 井周围，表现出较强的垂向叠置现象，说明这一时期河道侧向摆动较弱，砂厚较大地区主要为辫状河三角洲平原亚相的分流河道沉积。太原、本溪期沉积时，由于水动力条件变弱，河道明显比上覆地层变窄，分流间湾微相发育。

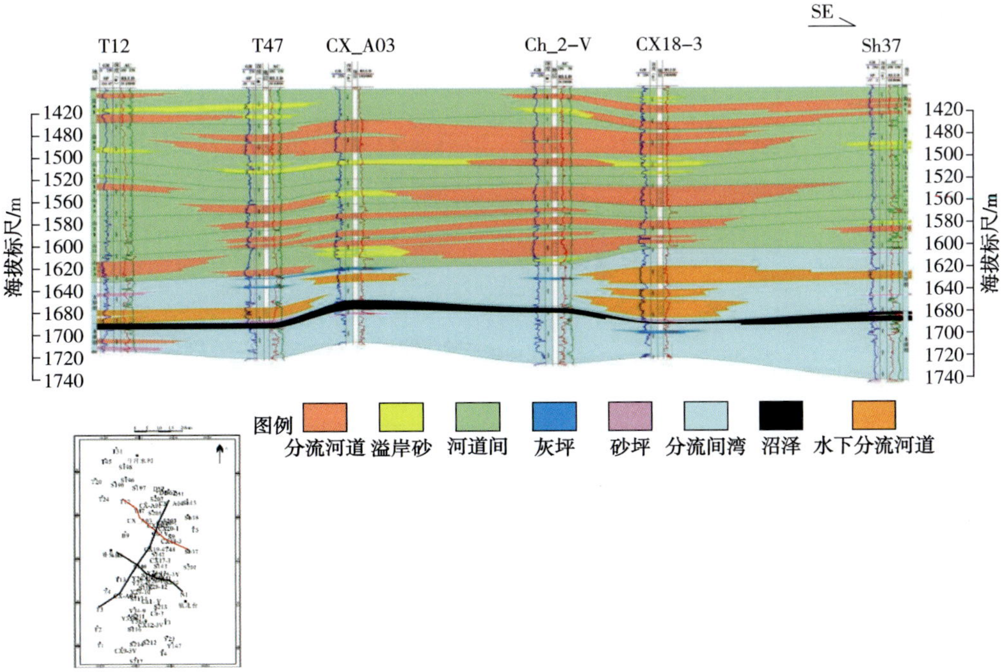

图 2-9　过 T12—Sh37 井北西—南东向沉积相剖面

图 2-10 为过 B8—N1 井北西—南东向剖面，与物源方向斜交，由于基本垂直河道方向，故河道横向展布较窄，局部可见河道的纵向切割叠置现象。

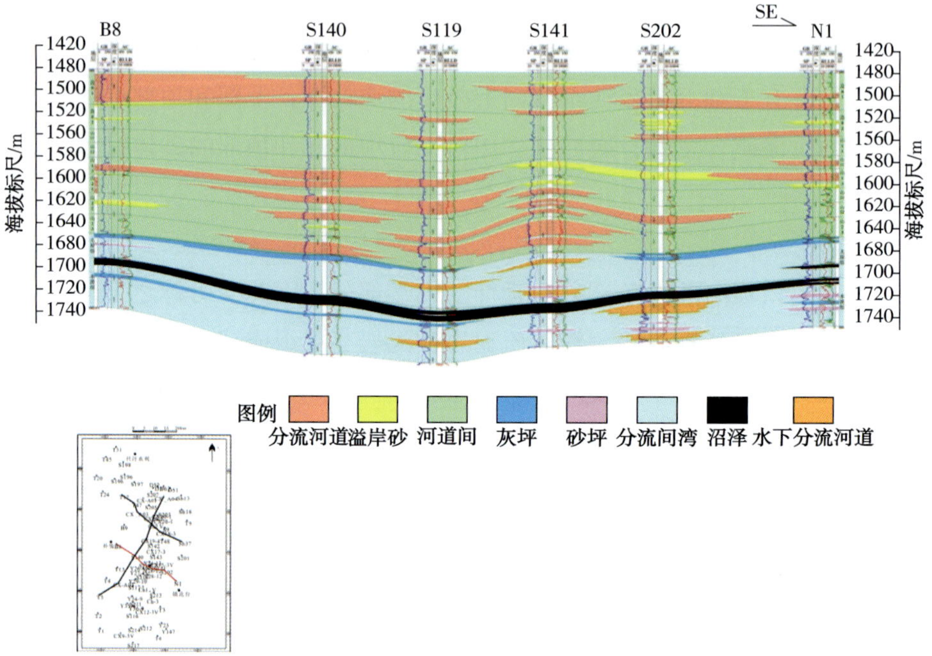

图 2-10　过 B8—N1 井北西—南东向沉积相剖面

图 2-11 为过 T3—CX_A04 井北东—西南向剖面，顺物源方向剖面，明显可见河道横向展布连续性较好，砂体连通性较好。

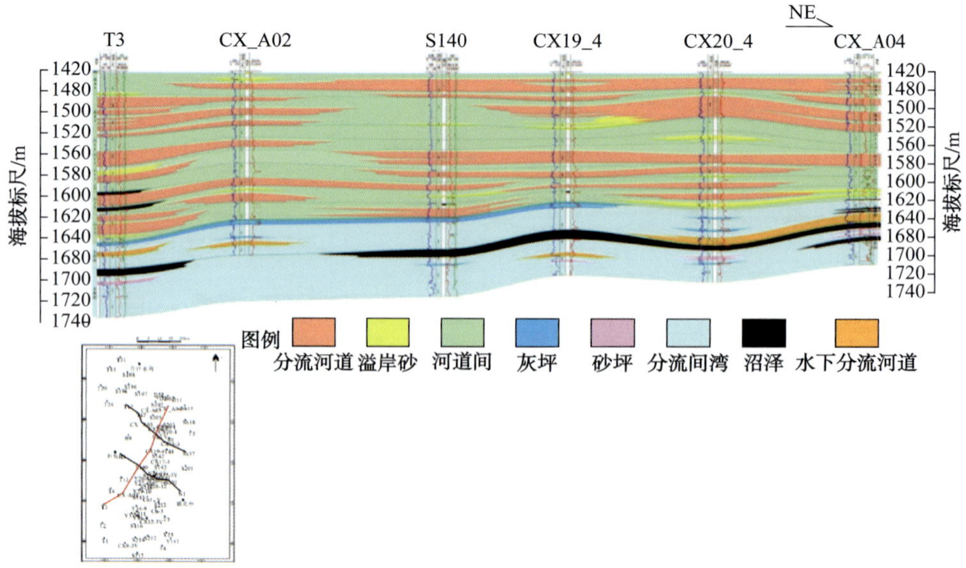

图 2-11　过 T3—CX_A04 井北东—西南向沉积相剖面

（四）沉积相平面展布特征

研究区块总体属辫状河三角洲平原沉积，该区分流河道微相发育，河道呈北东—南西向展布，沉积早期，水动力条件强，砂体沉积较厚，可达 24m，砂体钻遇率高，砂地比高。自下而上水动力条件变弱，分流河道逐渐变窄，有利沉积微相呈带状连片分布。

山西组下段：分流河道宽，连片分布，呈北东—南西向展布，河道间微相分布局限，仅在工区边部和 CX19-4 井、CX-A02 井、Sh202 井附近小范围发育，砂体连续性好，钻遇率高（图 2-12）。

山西组中段：沉积微相仍以分流河道沉积为主，沉积河道宽度较山西组下段相比变窄，砂厚相对较大，砂地比也相对较高（图 2-12）。

山西组上段：区内主要发育两条分流河道，工区西部的分流河道相对较宽，东侧的分流河道较窄，宽约 2~3km。河道呈北东—南西向展布。分流河道的宽度与山西组下段、山西组中段相比，明显变窄，说明此时水量、水动力有限（图 2-12）。

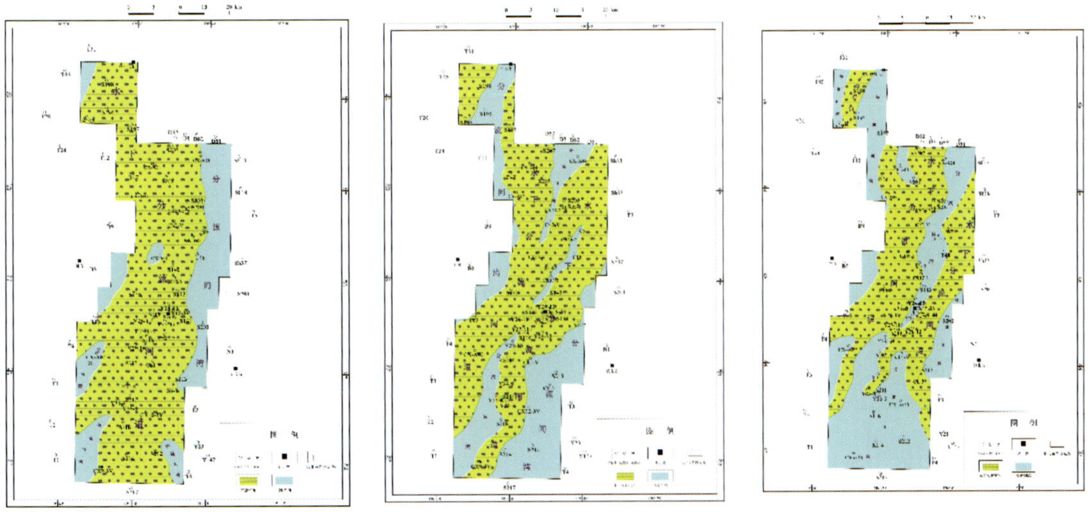

（a）山西组下段　　（b）山西组中段　　（c）山西组上段

图 2-12　长北区块山西组各小层沉积相平面图

二、砂体展布特征

长北区块山西组下段是在石炭系填平补齐的基础上沉积形成的，分布较稳定，以“北岔沟砂岩”之底为底界，与下伏太原组为区域冲刷面接触。厚度一般 50~80m，物源来自正北和北东方向的两大物源区，受物源区方向控制，相关的砂体大多数呈北北东—南南西方向延伸。

剖面上看，山西组下段单砂体呈底凸顶平的透镜状，粒度下粗上细，砂体宽度

45~125m，厚度 0.6~1.5m，宽厚比较大，分布范围 62.5~91.7km^2，在平面上呈条带状分布，条带状砂体侧向上互相叠置，形成大面积分布的连续砂层（图 2–13）。

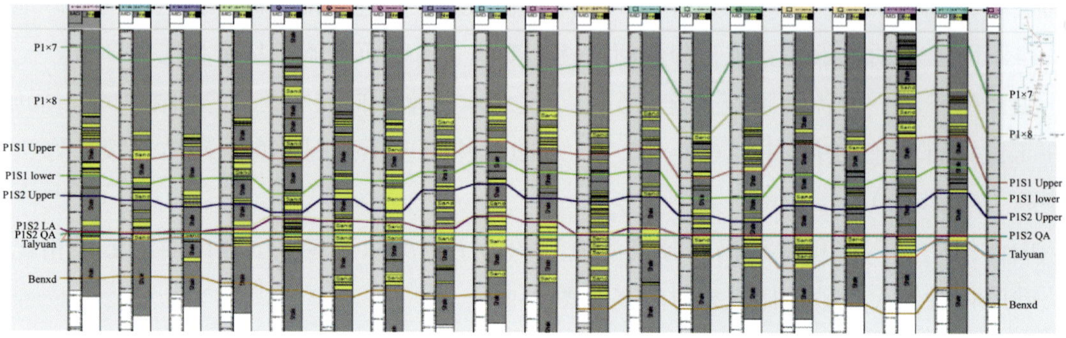

图 2–13　山西组下段储层连井剖面图

河道中心山西组下段主力储层砂体空间展布显示，主河道砂体连续性较好（图 2–13）。河道边缘山西组下段主力储层砂体空间展布特征显示，河道边缘泥砂交互，非均质性强（图 2–14）。

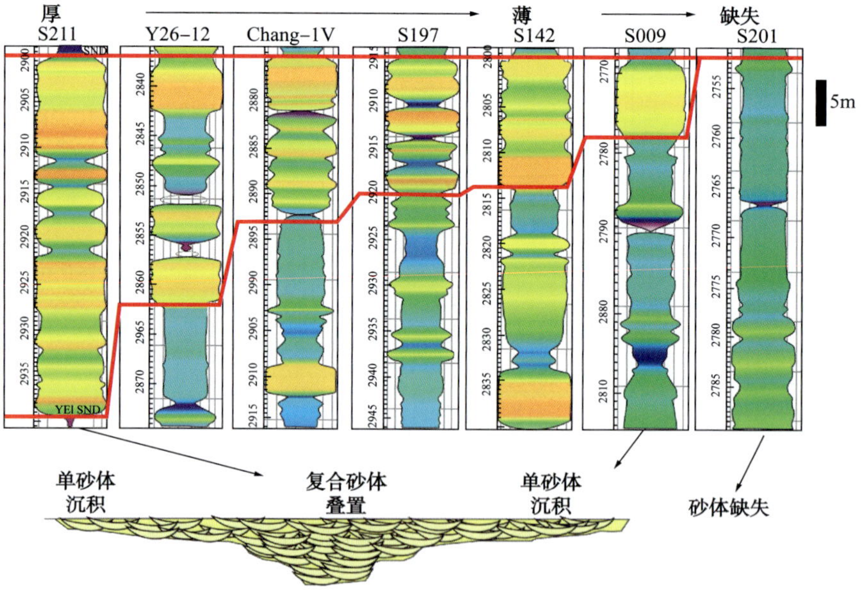

图 2–14　从河道中心到河道边缘的河道发育格架模式图

平面上砂体展布基本沿南北向呈带状分布，山西组下段主力储层砂体为辫状河道充填沉积，其物源来自北部，主河道带呈北北东—南南西向分布。在区内由北而南发育一条宽 10~20km 主体砂带，砂岩累积厚度一般在 10~20m。砂岩净厚度大于 15m 的区域主要分布在长北区块主河道内大部分区域，砂岩净厚度在 10~15m 区域主要分布在主河道两侧及西南部，砂岩净厚度小于 10m 的区域主要分布在区块边部地区（图 2–15）。

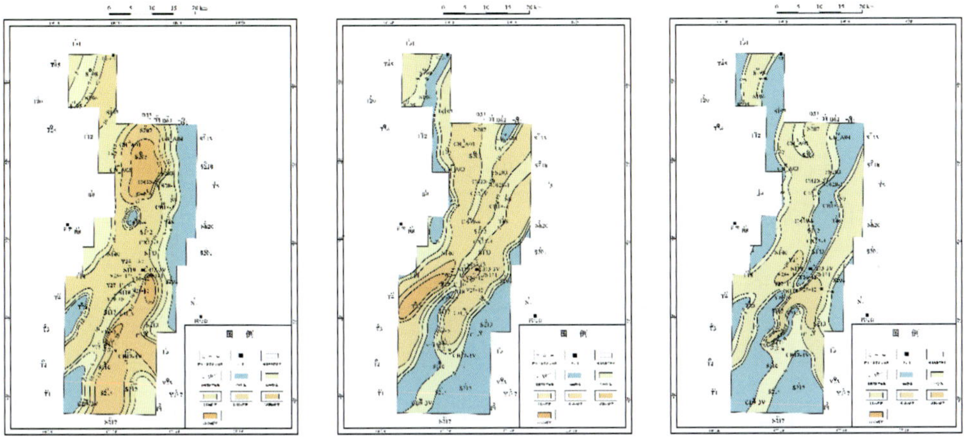

（a）山西组下段　　（b）山西组中段　　（c）山西组上段

图 2-15　长北区块山西组各小层砂体平面展布图

第三节　储层特征

一、岩石学特征

（一）岩石类型特征

根据 241 个砂岩样品的碎屑成分含量统计，采用国标三角分类图的投点定名原则，显示长北区块山西组砂岩的岩石类型主要以纯石英砂岩和岩屑石英砂岩为主，部分为含少量岩屑和长石的石英砂岩和岩屑砂岩，而长石石英砂岩和长石砂岩不发育（图 2-16）。

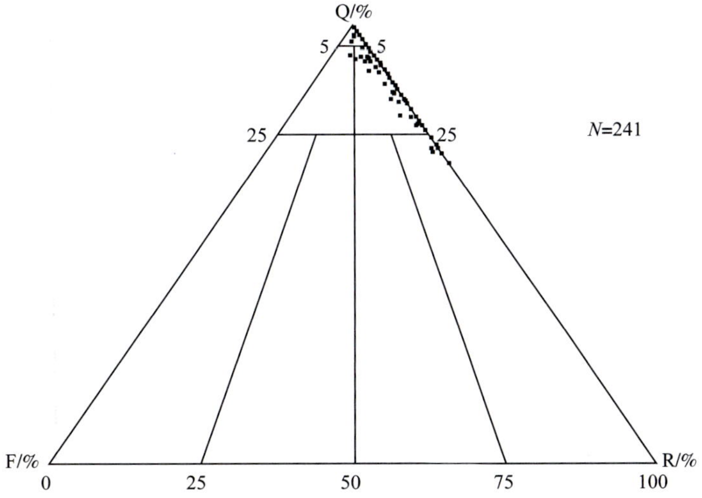

图 2-16　山西组砂岩成分—成因分类三角投点图
（采用曾允孚砂岩分类方案，1986）

（二）岩屑类型特征

岩屑在山西组段砂岩中具有平均含量偏低但分布较广泛的特点，岩屑平均含量为11.04%（表2–4、图2–17）。岩屑成分以较稳定的泥质岩，粉砂岩等沉积岩为主，平均含量为5.90%，其次为以变质石英岩和石英片岩岩屑为主的变质岩岩屑，其平均含量为5.04%，极少量的岩浆岩岩屑。

表2–4　长北区块山西组岩屑类型分布统计表

层位	岩浆岩岩屑/%			变质岩岩屑/%				沉积岩岩屑/%							总计	样品个数
	喷出岩	花岗岩	合计	石英岩	千枚岩	石英片岩	合计	泥岩	砂岩	碳酸盐岩	生物灰岩	绿泥石	云母	合计		
山西组	0.00	0.10	0.10	3.98	0.04	1.02	5.04	2.45	2.43	0.73	0.06	0.04	0.20	5.90	11.04	51

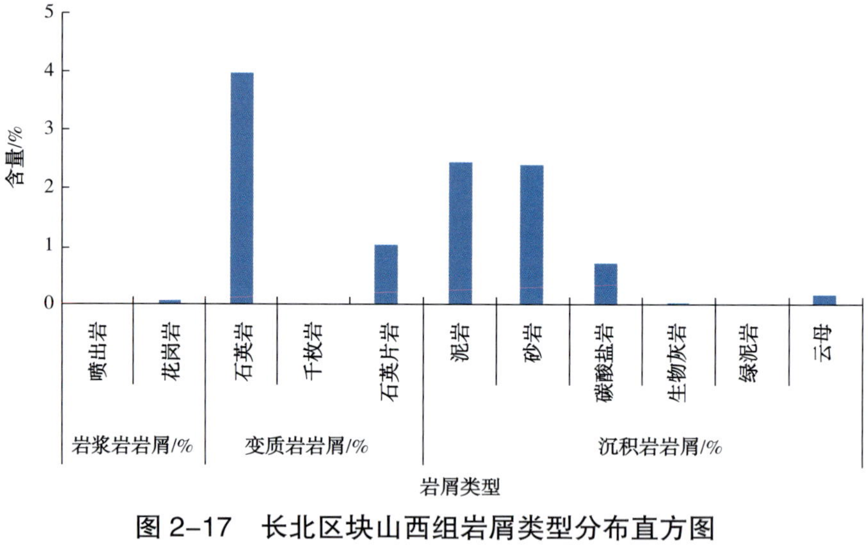

图2–17　长北区块山西组岩屑类型分布直方图

（三）填隙物组分特征

沉积学将填隙物的成因类型划分为机械成因的杂基和化学成因的胶结物二大类。杂基系指充填于碎屑之间的陆源黏土矿物和粒径小于0.0039mm的细粉砂组成，而胶结物系指成岩作用期间在各种物理化学条件下由孔隙水沉淀出来的起胶结作用的自生矿物，主要分布在碎屑颗粒之间。

1. 杂基

山西组碎屑岩中普遍具有低—中等含量的杂基，对51个岩石薄片样品鉴定结果，显示各井砂岩中的杂基主要由以伊利石黏土为主的泥级矿物组成，含量在 1.30%~13.36% 之间，但基本未见杂基含量大于 15% 的砂岩，不构成杂砂岩类。

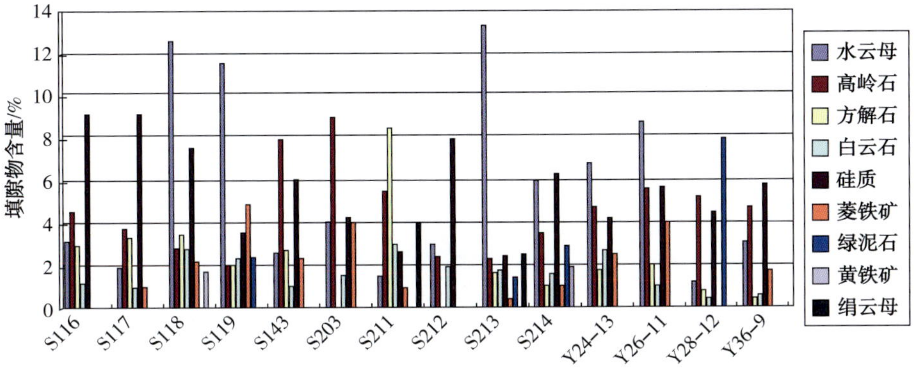

图 2–18　山西组砂岩填隙物含量分布直方图（188 件样品）

2. 胶结物

山西组砂岩中分布较广泛的胶结物矿物成分主要为方解石、白云石、菱铁矿、硅质和自生高岭石等（图 2–18），其中对碎屑颗粒起胶结物作用的物质主要为方解石、硅质和高岭石。

二、物性特征

据 26 口井 1764 件样品物性分析资料统计，长北区块山西组砂岩储层孔隙度分布范围较宽，为 0.61%~15.38%，平均值为 5.57%，在孔隙度分布直方图上主峰位于 4.0%~6.0% 之间［图 2–19（a）］。据 26 口井 1739 块样品分析结果统计，长北区块山西组砂岩储层渗透率分布范围较宽，为（0.0043~245.18）$\times 10^{-3}\mu m^2$，平均值为 $3.77 \times 10^{-3}\mu m^2$，在渗透率主峰位于（0.1~10）$\times 10^{-3}\mu m^2$ 之间［图 2–19（b）］。

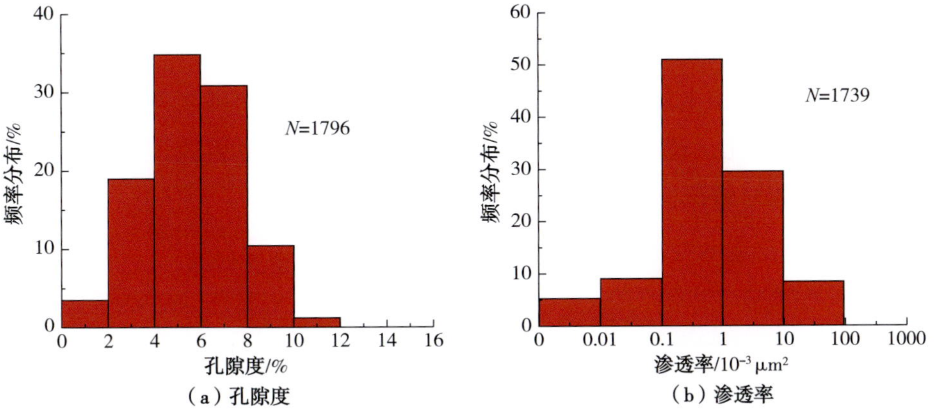

图 2–19　长北区块山西组砂岩储层物性分布直方图

从孔隙度与渗透率关系图（图 2–20）上可以看出，山西组砂岩储层孔隙度与渗透率相关性较好，存在：Φ=0.8179ln$K$+5.844 关系式，相关系数为 0.81，表明砂岩的储、渗能力主要依赖于砂岩基质孔隙与喉道。

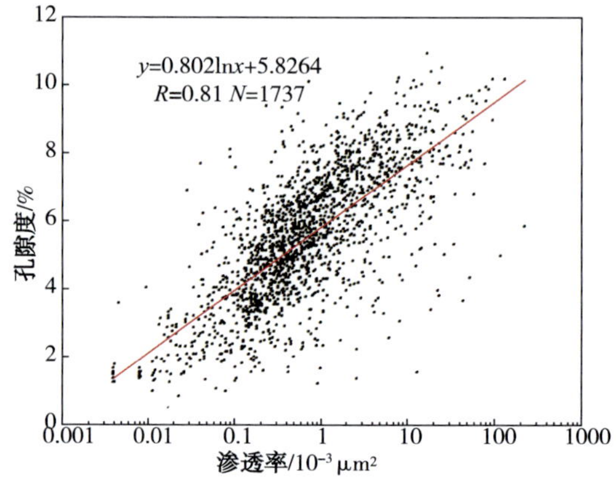

图 2–20　长北区块山西组砂岩储层孔—渗关系图

三、孔隙结构特征

孔隙结构是控制孔隙储、渗性的基本要素，也是进行储层研究的重要内容之一，因此，结合铸体薄片鉴定、扫描电镜观察和常规物性与毛细管压力曲线分析结果，描述孔隙结构的基本特征，包括喉道的形态类型、喉道大小及孔喉组合关系等内容。

（一）孔隙类型及特征

孔隙按成因可划分为原生孔隙和次生孔隙。原生孔隙主要指碎屑颗粒的粒间孔隙，也包括层间孔和气孔。次生孔隙是指在沉积岩形成后，因淋滤、溶蚀、交代、溶解及重结晶等作用在岩石中形成的孔隙和缝洞。在成岩过程中，经压实、胶结及压溶等作用，原生孔隙将逐渐减少，与此同时，可溶性碎屑颗粒和易溶胶结物随着埋深增加发生的溶解和交代作用，从而促成碎屑岩中次生孔隙的发育。

根据铸体薄片及扫描电镜观察分析，长北区块山西组储集砂岩的孔隙类型以粒间溶孔为主，其次为晶间孔，还含有少量粒间孔、粒内溶孔和微裂隙（表 2–5、图 2–21）。山西组储层面孔率相对较低，平均为 6.5%。

表 2–5　长北区块山西组储层孔隙类型统计表

层位	不同孔隙类型含量 /%					面孔率 /%	样品个数
	粒间孔	粒间溶孔	粒内溶孔	晶间孔	微裂缝		
山西组	0.4	3.9	0.3	1.3	0.7	6.5	51

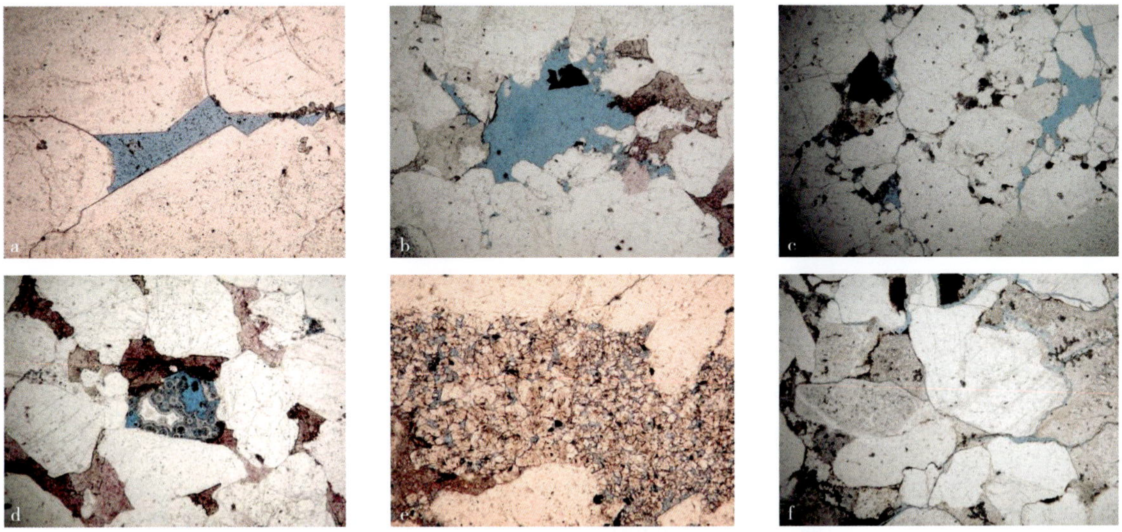

图 2-21 长北区块山西组主要的孔隙类型

a.Y28-12，2862.55m，巨粒黏土质石英砂岩中的剩余原生粒间孔。照片对角线长 1.6mm（-）；b.Sh211，2926.57m，巨粒黏土质白云质石英砂岩，中间为一超大溶孔，内充填有少量沥青。照片对角线长 4mm（-）；c.Sh116，2926.3m，中—巨粒黏土质石英砂岩，粒间溶孔较发育连通性较好，内充填有少量沥青。照片对角线长 4mm（-）；d.Sh211，2926.57m，巨粒黏土质白云质石英砂岩，中间的一颗硅质岩屑被溶蚀，发育有粒内溶孔。照片对角线长 4mm（-）；e.Sh214，2897.26m，砾质不等粒黏土质石英砂岩，粒间孔全被高岭石充填，高岭石发育有晶间孔。照片对角线长 1.6mm（-）；f.Y26-11，2875.4m，砾质粗—巨粒岩屑石英砂岩，网状粒缘缝较发育

1. 原生粒间孔隙特征

原生孔隙是指砂岩沉积后，原始孔隙在经受了压实、胶结等一系列的成岩作用后所保存下来的孔隙，它们以粒间孔的形式出现在砂岩中，称为原生粒间孔也叫剩余原生粒间孔。本区山西组砂岩储层中保留有部分此类孔隙，剩余原生孔大都呈颗粒之间的多角形孔，颗粒边缘见有石英次生加大边，孔内无或很少胶结物（图 2-21a）。

2. 次生孔隙特征

次生孔隙是指砂岩中由溶蚀作用或别的成岩作用产生的孔隙。常见的孔隙类型有粒间溶蚀孔或粒间溶蚀扩大孔、粒内溶孔、铸模孔及破裂缝和溶缝。本区山西组砂岩储层中主要的次生孔隙类型是粒间溶蚀孔，少量为粒内溶孔和微裂缝。

1）粒间溶蚀孔

粒间溶蚀孔在山西组砂岩中普遍发育，是山西组砂岩储层最主要的孔隙类型。次生粒间溶孔主要由泥质杂基被溶蚀而成，在各井中都见有分布。由泥质杂基被溶蚀可形成少量溶蚀微孔，也可形成大的次生粒间溶孔（图 2-21b、c），少数砂岩中见有杂基被彻底溶

蚀而仅保留少量泥质边的次生粒间孔。次生粒间溶孔除了由泥质杂基受溶蚀外还见有由假杂基和泥岩屑等碎屑边缘溶蚀形成的次生孔隙，这种溶蚀作用促使了剩余原生粒间孔的扩大，因此又可称之为溶扩粒间孔。

2）粒内溶孔

粒内溶孔在区内较少见，仅见有少数泥岩屑和硅质岩屑内局部被溶形成的溶蚀孔隙（图 2-21d），长北区块这类孔隙较少，仅占极小的比例，与砂岩中不稳定碎屑组分含量较低和溶蚀作用相对较弱有关。

3）晶间孔

黏土中的晶间微孔主要存在于细小的黏土矿物中，孔径一般小于 0.01mm。黏土矿物微孔主要以淀高岭石晶间微孔为主（图 2-21e），其次是伊利石黏土晶间孔，这些黏土以胶结物的形式出现，因而对原生孔隙有堵塞作用，但由于黏土矿物本身具有丰富的微孔隙，因而对储层的物性又具有积极的作用。在山西组砂岩的次生粒间孔隙较发育的情况下，黏土矿物的晶间微孔是仅次于粒间溶孔的孔隙类型，此类孔隙对储层的贡献甚为重要。

4）裂缝

裂缝是岩层在外部应力作用下形成，裂缝在地下水沿两侧溶蚀可使宽度扩大而形成裂溶缝。这两类裂缝在改善储层物性和扩容储集空间两个方面起着重要的作用（图 2-21f）。在上述各类孔隙中，以次生粒间孔和高岭石黏土晶间孔为主要孔隙类型，它们与破裂缝及粒缘缝共同组成山西组碎屑岩的储集空间。

（二）孔喉结构特征

1. 喉道类型

长北区块山西组砂岩储层喉道类型以孔隙缩小型、缩颈型、管状喉道型与粒间隙喉道型为主，而点状喉道基本未见。

2. 喉道大小

高压压汞数据表明，长北区块山西组储层最大连通孔喉半径（Rc_{10}）为 0.041~62.81μm，平均值 8.49μm；中值孔喉半径（Rc_{50}）为 0.005~2.445μm（图 2-22），平均值 0.619μm，其中 Rc_{50}<0.10μm 的样品微喉占 33.33%，0.10μm<Rc_{50}<0.5μm 占 20%，0.5μm<Rc_{50}<2μm 占 36.6%，Rc_{50} > 2μm 的粗喉占 10%，在产出规模上，多以中、细喉为主，少量微喉和粗喉。

3. 孔喉组合关系

砂岩储层的储集空间虽由多种类型的孔隙组合而成，但往往以其中一种或几种孔隙占主导地位。从铸体薄片资料来看，岩石的各种粒间孔隙虽然较发育，但孔隙之间的连通性仍然较差，其孔喉关系以中、小孔—中细喉组合为主，小孔－细、微喉型组合与小孔—微喉型组合次之，少部分为中、小孔—中粗喉组合，以及微孔－微喉型组合。

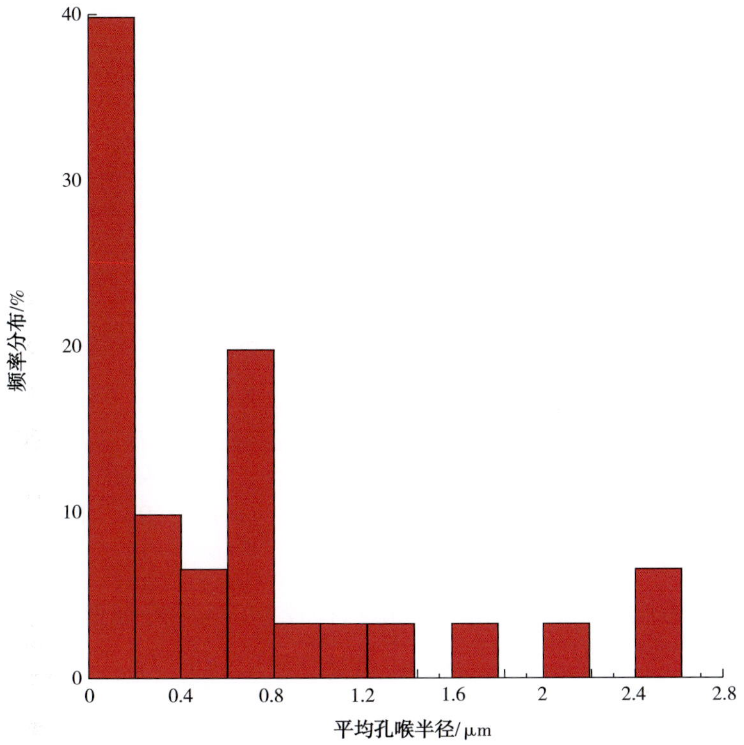

图 2–22　山西组储层孔喉半径分布直方图

4. 高压压汞特征

按毛细管压力曲线和孔隙结构参数特征，可将长北区块二叠系山西组砂岩储层的孔隙结构划分为四类。

1）Ⅰ类孔隙结构

$\Phi \geqslant 8\%$，$K \geqslant 5 \times 10^{-3} \mu m^2$，最大进汞饱和度一般大于 90%，孔隙结构好。毛管压力曲线为分选好的单峰较粗歪度，呈很平缓的左凹平台状，平台较长（图 2–23）。$Pc_{10} \leqslant 0.2$MPa，$Rc_{10}>2.0\mu m$，$Pc_{50} \leqslant 1.0$MPa，$Rc_{50} > 0.5\mu m$，属于中、小孔—中、细喉组合的典型单一介质孔隙型储层，为长北区块山西组储层最好的储层孔隙结构类型。

2）Ⅱ类孔隙结构

Φ=6%~8%，K=（0.5~5）$\times 10^{-3} \mu m^2$，最大进汞饱和度大于 70%，孔隙结构较好，为单峰较细歪度，呈较平缓的左凹平台状（图 2–24）。Pc_{10}=0.2~0.4MPa，Rc_{10}=1.5~2.0μm，Pc_{50} 介于 1.0~10MPa 间，0.1μm<Rc_{50}<0.5μm，表明孔隙细小，分选较差，属中小孔—细喉组合类型，为长北区块山西组储层较好的储层孔隙结构类型。

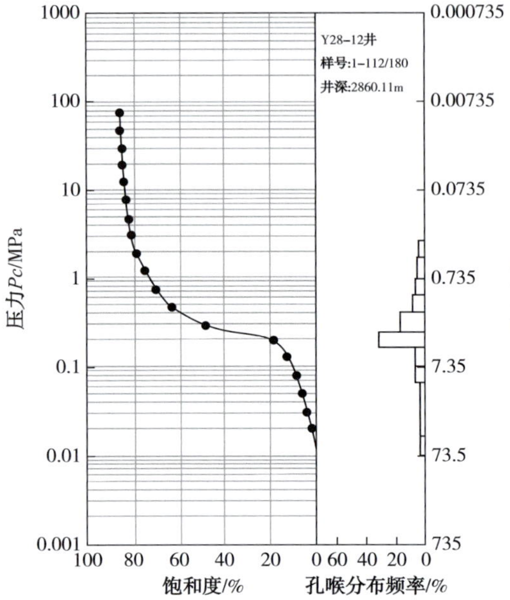

图 2-23 Ⅰ类孔喉结构特征

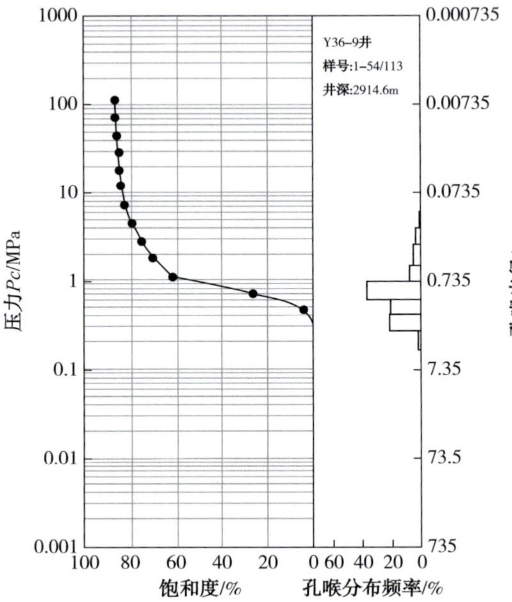

图 2-24 Ⅱ类孔喉结构特征

3）Ⅲ类孔隙结构

Φ=4%~6%，K=0.05~0.5×10^{-3}μm^2，孔隙结构较差，为单峰细歪度，也呈明显向左微凹的平台状（图 2-25），Pc_{10}=0.4~1.0MPa，Rc_{10}=0.5~1.5μm，Pc_{50}介于10.0~20.0MPa间，最大进汞量60%~70%，0.05μm<Rc_{50}<0.1μm，表明孔隙细小，分选很差，为小孔—微喉型组合，储集性能差。

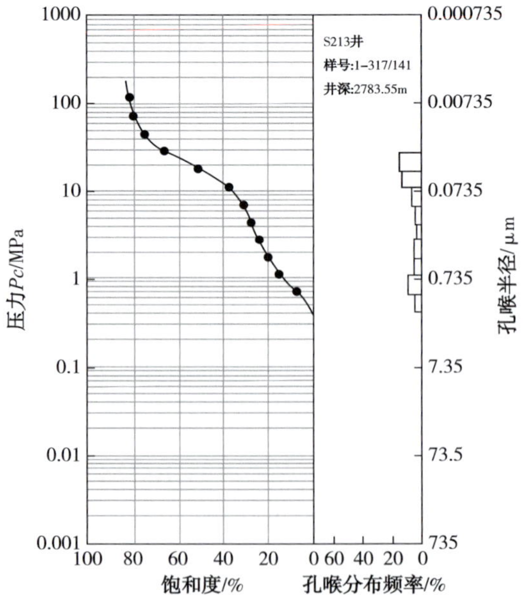

图 2-25 Ⅲ类孔喉结构特征

4）Ⅳ类孔隙结构

$\Phi<4\%$，$K<0.1\times10^{-3}\mu m^2$，孔隙结构很差，为单峰细歪度，也呈明显向左微凹的平台状（图 2-26），$Pc_{10}>1MPa$，$Rc_{10}<0.5\mu m$，Pc_{50} 一般大于 20MPa，最大进汞量一般小于 60%，$Rc_{50}<0.05\mu m$，表明孔隙特别细小，分选很差，为微孔—微喉型组合，储集性能很差，为非有效储油层。

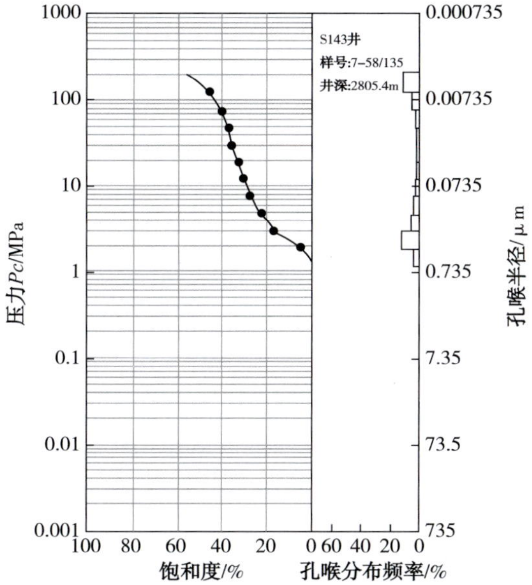

图 2-26 Ⅳ类孔喉结构特征

综上所述，长北区块山西组储层常规物性参数与孔隙结构的主要参数都有良好的相关性。在实践应用中可充分利用常规物性参数（包括测井解释成果）和孔隙结构参数对储层进行综合评价，为测试选层提供依据。

四、成岩作用

（一）成岩作用类型及特征

成岩作用是指沉积物固结后到变质前的变化，储集砂体在压实作用、胶结作用以及溶蚀作用下，其孔隙度不断发生变化。因此，成岩作用对砂岩的储集性能与孔隙演化有一定的影响。成岩作用中压实、胶结和沉积作用对储层物性进行着较强的改造和改善。成岩作用对储层孔隙的影响既有破坏性，也有建设性。破坏性主要是早期的机械压实和石英次生加大、方解石胶结、伊利石胶结，使原生孔隙大量损失；建设性主要是埋藏环境下的成岩晚期的溶蚀作用，产生了大量的溶孔，改善了储集性能。

1. 机械压实作用与压溶作用

沉积物沉积下来后，随着盆地的下沉和上覆地层增厚，砂岩经受压实作用，颗粒接触逐渐紧密，沉积物中水分排出，部分塑性碎屑组分挤压变形填入孔隙，使原生孔隙体积逐渐缩小，孔隙度降低，渗透率变差。

对山西组薄片观察表明，储集砂岩经受的压实作用已达到中等—较强压实级别。由于所处的沉积相为三角洲平原和三角洲前缘环境，因此大多数井中的岩石在原始堆积状态时普遍有较发育的原生孔隙，但在上覆地层厚度加大和静水负荷压力不断加大的过程中，碎屑颗粒逐渐趋于紧密堆积，碎屑之间的接触关系由点接触逐渐过渡为点—线接触和线接触，部分的塑性组分，如岩屑和云母类发生弯曲变形，甚至见有泥质岩的岩屑被压实边变形所形成的假杂基，颗粒之间的原始孔隙于缩小乃至消失。压实过程中，当上覆压力超过颗粒抗压强度时，颗粒沿其薄弱面发生破裂可产生微细的应力纹和微裂缝，因此，有部分石英颗粒或岩石发生成岩破裂作用。依据已有的统计数据，表明由压实作用使保留下来的原生粒间孔隙度为 10%~20% 之间（在后期受胶结作用影响可使孔隙度进一步降低），局部层段甚至被完全压实，形成无缝、无孔、无胶结物的压实致密层。按照常用的压实强度分级方案，区内砂岩为中强压实。

长北区块压溶作用的总体面貌是：石英砂岩、岩屑石英砂岩中压溶作用中等—强，刚性碎屑间以线—凹凸接触为主，缝合接触少量；由压溶作用提供的硅质为石英碎屑加大边提供了物质组分，同时压溶造成岩石致密程度增大并促使石英次生加大边的形成，从而降低储层物性（图 2-27）。

图 2-27　压实 - 压溶作用的微观特征

a.S203，2822.3m，粗—中粒黏土质岩屑砂岩，泥质岩屑压实变形呈假杂基状，黏土质杂基碳酸盐化。照片对角线长 4mm（+）；b.S116，2926.3m，中 - 巨粒黏土质石英砂岩，分选较差，颗粒凹凸线状接触，反映压实作用较为强烈。照片对角线长 4mm（+）；c.Y36-9，2914m，中—粗粒黏土质石英砂岩，颗粒缝合线接触，石英次生加大胶结，显示极强的压实、压溶作用。照片对角线长 4mm（+）

2. 胶结作用

在造成孔隙度降低的成岩因素中，胶结作用的地位是非常明显的。山西组各类碎屑岩中常见胶结物的丰度从高到低依次是：高岭石—无铁方解石—铁方解石—伊利石—石英—菱铁矿等。

表 2-6 长北区块山西组 X 衍射黏土矿物组成

井号	井深 /m	黏土矿物质量分数 /10^{-2}							混层比 / %
		伊利石（I）	伊 / 蒙（I/S_0）	绿 / 蒙（C/S_0）	蒙 / 伊（S_0/I）	蒙皂石（S）	高岭石（K）	绿泥石（C）	
S202	2764.80	49	3				36	12	10
S211	1917.10	30					70		
S211	2924.20	20					80		
S213	2793.46	52					37	11	
S213	2797.26	47					53		
Y26-11	2860.00	54					46		
Y26-11	2864.80	27	3				47	23	10
Y26-11	2865.32	42	8				50		10
Y26-11	2869.30	14					86		

注：样品由中国石油西南油气田分公司勘探开发研究院地质实验室分析。

1）自生黏土矿物胶结

X 衍射分析表明，长北区块山西组黏土矿物胶结物以高岭石、伊利石为主（表 2-6）。本区高岭石主要由泥质杂基或泥岩屑（少量长石）蚀变而来，也可以从孔隙水中沉淀出来充填在粒间孔中。淀高岭石晶形较好，呈六方板状，手风琴状，蠕虫状，手风琴状晶形，干净、透明，充填粒间孔和粒间溶孔，对孔隙有较强堵塞作用（图 2-28b）。但蚀变而来的高岭石在岩石薄片和扫描电镜下自形程度低于淀高岭石，常保存被蚀变组分的假象，因而较易与粒间孔隙内的淀高岭石区分。研究区内如此强的高岭石化说明地层内富含铝硅酸盐矿物组分，如泥质杂基和泥岩岩屑，在酸性水作用下形成高岭石；酸性水的来源根据区内沉积环境处于三角洲前缘和三角洲平原有长期提供的淡水作用有关，同时也受到埋藏后有机酸成熟造成酸性水的持续作用有关。伊利石常呈片丝状集合体、毛发状集合体附着于粒表、充填于碎屑颗粒之间（图 2-28a、c）。

图 2-28 自生黏土矿物胶结的微观特征

a.Y28-12 井，2852.88m，原生粒间孔先后被伊利石和高岭石充填，以伊利石为主，伊利石的晶间溶孔非常发育，但较晚的高岭石保存完好。SEM；b.S205，2826.7m，剩余原生粒间孔局部放大的形貌，孔隙内被高岭石充填，高岭石具有很好的假六方板状晶形和书页状、蠕虫状集合体，晶间孔隙非常发育。SEM；c.Y26−11，2872.9m，粒间孔中半充填伊利石填隙物，其晶间微孔发育。孔隙与颗粒之间的粒缘缝及溶缝连通良好。SEM

2）碳酸盐胶结

碳酸盐胶结物的沉淀对储层是一种破坏作用。研究区方解石、铁方解石、白云石、铁白云石等碳酸盐矿物的胶结都有出现，其中铁方解石相对较多。研究区约 93% 的样品含有数量不等的碳酸盐胶结物，平均含量为 47%。方解石多为细晶粒状胶结，整体呈连晶片状或斑状充填孔隙（图 2–29）。各种类型的碳酸盐胶结物均对储层的孔渗性有一定影响，结果是孔隙进一步缩小或使储层变得致密。

图 2–29 碳酸盐胶结物的微观特征

a.Y26−11，2872.9m，中—粗粒高岭石质石英砂岩，粒间被泥质、泥岩屑假杂基、高岭石和方解石充填，含少量剩余原生粒间孔。照片对角线长 4mm（−）；b.S116，2924.5m，粗—中粒钙质石英砂岩，粒间溶孔很发育，但被晚期的铁方解石完全充填胶结。照片对角线长 1.6mm（+）；c.S119，2856m，砾质粗—巨粒黏土质岩屑石英砂岩，粒间溶孔依次被、高岭石和白云石部分充填胶结。照片对角线长 1.6mm（+）

碳酸盐胶结物的形成受多方面因素影响。其化学结构影响碳酸盐岩的溶解度以致影响胶结作用，孔隙水中含有一定数量的碳酸盐是其形成的前提。同时 pH、温度、CO_2 的分压以及 Ca^{2+} 的活度对碳酸盐胶结物的形成都有重要影响。

方解石、铁方解石胶结物一般形成于成岩早期阶段，在深埋藏阶段或晚成岩阶段所形成的碳酸盐岩，主要为白云石、铁白云石，往往晶粒较大，多为微—粗晶。碳酸盐胶结物会对孔隙起堵塞作用，使有些粒度较粗、分选良好的砂岩成为低孔低渗砂岩。研究区方解石胶结物可分为早晚两期，早期胶结为泥晶方解石，晶形通常为泥晶、微晶，部分经过重结晶，呈现粒状。晚期胶结物呈晶粒状分布在粒间孔和长石、岩屑的粒内溶孔中，成分主要为铁方解石。方解石堵塞了部分的原生孔隙，降低了岩石的孔隙度和渗透率。

3）硅质胶结

山西组砂岩中不仅普遍含有硅质胶结物，而且具有含量高，分布广的特点，是研究区砂岩储层中较重要的胶结物之一，尤其是在纯石英砂岩中黏土含量较低或压实作用强烈时，硅质的沉淀作用可造成孔隙的大面积封堵。产状上，大多数硅质胶结物以围绕碎屑石英呈加大边方式存在。各岩石中加大边强弱不一致，以Ⅰ~Ⅱ级加大边为主，Ⅰ级加大多具不规则状，发育程度较低，常包有早期菱铁矿，Ⅱ级加大边较宽，有很高的自形晶面特征，可半充填或全充填满粒间孔，加大的自形晶面呈镶嵌状线接触，部分小晶体呈单晶或晶簇状沿孔周向中心生长呈六方双锥晶体生长于粒间孔中形成典型的自生石英晶体，自生石英在大多数岩石中呈半充填状分布于粒间孔中，无论是次生加大的石英还是自生石英，在储集砂岩中通常起到堵塞粒间孔的作用（图 2-30）。

图 2-30　硅质胶结物的微观特征

a.Y26-11，2897.35m，粗—中粒高岭石质石英砂岩，硅质呈完全包围石英碎屑的加大边产出。照片对角线长 1.6mm（+）；b.S118，2899.2m，巨—粗粒石英砂岩，石英加大边胶结，岩性非常致密。照片对角线长 1.6mm（+）；c.S205，2833m，巨—粗粒泥质石英砂岩，颗粒点—线接触，石英强烈次生加大而形成硅质胶结。照片对角线长 1.6mm（+）

3. 交代作用

交代是指矿物被溶解，同时被孔隙所沉淀出来的矿物所置换，新形成的矿物与被溶矿物没有相同的化学组分。交代作用是在两颗粒之间的溶液膜中进行的，溶解物质通过薄膜带出，而交代物通过它带入替代被溶物质而沉淀，其结果可以使原有孔隙被充填，也可以造成次生孔隙。研究区山西组碎屑岩的交代作用主要表现为碳酸盐矿物对不稳定组分的交代、黏土矿物交代石英颗粒和长石的伊利石、高岭石化等现象（图 2-31）。

图 2-31　交代作用的微观特征

a.S118，2863.4m，含砾中—巨粒不等粒泥质岩屑砂岩，颗粒磨园和分选都差，黏土质杂基碳酸盐化。照片对角线长 4mm（+）；b.S118，2867m，中—粗粒黏土质岩屑石英砂岩，杂基含量较高，重结晶和轻微碳酸盐化。照片对角线长 1.6mm（+）；c.S143，2794.65m，颗粒之间的缝状孔隙和次生粒间溶孔。长石颗粒向高岭石转化，保留局部的颗粒外形和顺解理发育的粒内溶孔，SEM

4. 溶蚀作用

山西组砂岩的溶蚀作用主要发生在储集砂岩的泥质杂基中，其他化学胶结物如硅质、钙质、白云质等以沉淀为主，未见明显的溶蚀现象。岩石中的易溶组分主要是黏土杂基和长石，由于长石含量普遍很低，因此，黏土杂基的溶蚀作用就显得更加重要。据铸体薄片观察，砂岩的溶解作用强度差异性很大，以杂基含量较高的泥质石英砂岩中溶解作用较强。大多数砂岩中泥质杂基及泥岩屑均不同程度发生强烈溶蚀，形成的孔隙以次生粒间溶孔、粒内溶孔及铸模孔（图 2-32）。储层孔隙组合以溶蚀次生粒间孔及高岭石晶间微孔组合为主要特征，构成溶孔—微孔型储层。

图 2-32 溶蚀作用的微观特征

a.S214，2893.8m，粗—中粒黏土质石英砂岩，粒间溶孔很发育，孔壁生长有菱铁矿晶簇和具油膜。照片对角线长 1.6mm（-）；b.S211 井，2926.57m，巨粒黏土质石英砂岩，颗粒分选和磨园较好，粒间溶孔较发育，被次生加大石英、高岭石和白云石部分充填胶结。照片对角线长照片对角线长 4mm（-）；c.S143-8，2816.1m，颗粒被完全溶解后形成的铸模孔，剩余的粒间伊利石呈网状分布，溶孔呈网眼状分布，无充填物。SEM

5. 破裂作用

破裂作用在山西组砂岩中以成岩压裂缝和压溶粒缘缝为主，而构造破裂缝相对不发育。此二类裂缝在产出规模上都属于缝宽小于 0.1mm 的微裂缝，在漫长的成岩过程中，往往进一步发育成溶蚀缝，从而形成裂溶缝—孔隙型储层。微裂缝对改善砂岩储层的孔隙性虽然很有限，但对提高储层的渗透性有重要贡献，如在 S116 井的 2926.3m 井段的砂岩中，见有岩石沿压裂缝溶蚀形成后的溶蚀裂缝和相关的溶缝—孔隙结构，由溶蚀裂缝沟通了粒间与粒内溶孔，有效地提高储层的孔渗性。

由于区内成岩压实作用较强，碎屑线接触处常见有泥质溶解后形成的压溶粒缘缝，在粒缘缝发育的砂岩中可呈网脉状分布，反映破裂作用对改善砂岩储层孔渗是非常有效性的（图 2-33）。

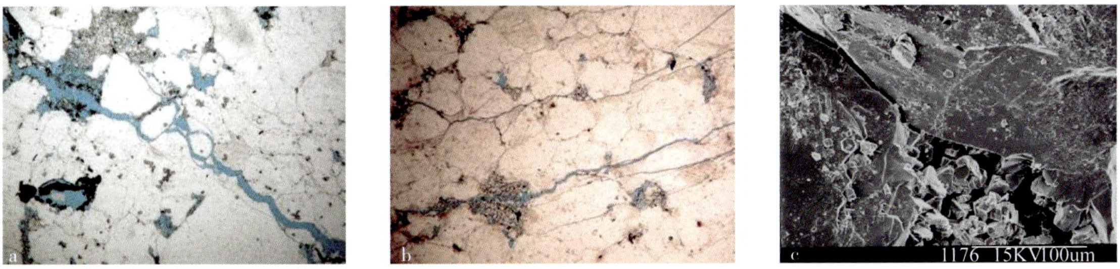

图 2-33 破裂作用的微观特征

a.Y26-11，2900.4m，中—粗粒黏土质石英砂岩，裂缝和溶蚀作用，沿裂缝和溶孔充填有沥青；照片对角线长 4mm（-）；b.Y28-12，2855.88m，中—粗粒高岭石质石英砂岩，平行发育的裂缝和裂缝切穿先发育的充填有高龄石的溶孔，照片对角线长 1.6mm（-）；c.Y36-9，2913.6m，粒间孔被高岭石集合体充填，高岭石集合体中的晶间微孔非常发育，与颗粒之间的缝隙连通良好（粒缘缝），SEM

（二）成岩阶段划分

1. 自生矿物类型及其成岩温度的判别

自生矿物是划分成岩阶段的重要标志之一，因为成岩过程中自生矿物的出现和分布有其特定的物理化学条件、成岩环境和地质历史过程，随着地层温度、压力和孔隙水化学性质的变化，在不同性质的水与岩石之间以及有机、无机之间的相互反应，就会出现不同类型自生矿物标志，如不同类型的碳酸盐矿物，不同级别的石英碎屑次生加大，充填孔隙的自生石英晶体和自生高岭石等。

根据石英次生加大程度：通常可将石英加大划分为四个级别，Ⅰ级、Ⅱ级、Ⅲ级和Ⅳ级加大，各级加大形成于不同的成岩阶段。研究区山西组储层石英次生加大现象非常发育，主要为Ⅱ~Ⅲ级加大，大多数石英碎屑经加大具自形晶面特征，且加大边较宽。砂岩次生孔隙中伴生石英小晶体的现象也极为常见。经薄片和扫描电镜分析，也已证实以加大边和石英小晶体形式出现的自生石英是砂岩储层中最重要的自生矿物。

按石英次生加大作用与成岩阶段的关系，在山西组砂岩中频繁出现的Ⅱ~Ⅲ级石英次生加大的现象，可作为相当取心段深度位置的山西组砂岩成岩作用以处于中成岩阶段 A 期至 B 期的依据。

2. 黏土矿物定量分析依据

在成岩作用研究中，I/S 混层黏土矿物的演变、黏土矿物组合及矿物中的混层比，已作为划分成岩阶段的主要依据，并且使成岩作用研究由定性向定量发展。依据 2004 年中华人民共和国石油天然气行业新的成岩阶段划分标准（编号：SY/T 5477—2004），按黏土矿物的分带特点及其与成岩阶段与有机质热成熟度的关系（表 2-7）。

表 2-7 黏土矿物分带的特点及其与成岩阶段和有机质热成熟度关系

成岩阶段	伊利石 / 蒙皂石（I/S）混层类型	混层转化带	蒙皂石（S）层在 I/S 混层中所占比例 /%	有机质成熟度
早成岩 A	无序混层	蒙皂石带	＞ 70	未成熟
早成岩 B		渐变带	50~70	半成熟
中成岩 A	部分有序混层	第一迅速转化带	35~50	低成熟—成熟
中成岩 B	有序混层	第二迅速转化带	15~35	高成熟
晚成岩	伊利石	第三转化带	<15	过成熟

黏土矿物 X 射线衍射定量分析结果山西组砂岩中的黏土矿物黏土矿物成分主要为高岭石、伊利石、伊 / 蒙混层和少量绿泥石。从几种黏土矿物分带的特点反映有机质以处于成熟阶段，属中成岩 B 期。通常在碎屑岩中蒙脱石存在两种演变途径：一是在富钾的水介质条件下向伊利石 / 蒙脱石（I/S_0）混层黏土矿物的转化，最终演变为伊利石；二是在富镁的介质条件下向绿泥石 / 蒙脱石（C/S_0）混层转化，最后演变为绿泥石。这两种演变在区内均属常见，主要出现在具碱性水介质条件的储层中，而且具有随埋藏深度加大，向伊利石转化越彻底和有序度越高的特点。除此之外，高岭石的含量明显高于其他黏土矿物，这与镜下和扫描电镜观察到的高岭石含量一致，自生高岭石的形成一般与碎屑岩成岩过程中铝硅酸盐的溶解有关。

（三）成岩模式

根据铸体薄片、扫描电镜和 X 衍射分析资料，以及自生矿物生成顺序和相互之间的穿插关系和碎屑与填隙物的组构特征，按各种矿物成岩演化的相对顺序，进行成岩演化序列的综合分析，将长北山西组碎屑岩成岩变化划分为早成岩 A 期、B 期和中成岩 A 期、B 期，部分可能达到晚成岩期的三个阶段五个期次（图 2-34）。

1. 早成岩阶段

早成岩阶段 A 期，黏土矿物以蒙皂石为主，有机质处于未成熟期。山西组砂岩随着埋藏作用开始，早期的云母等硅酸盐矿物及岩屑组分水化，并随着上覆载荷的逐渐增加，出现碎屑间为点—线接触关系，压实作用造成原生孔隙度迅速降低同时造成的局部微酸性孔隙水，先后形成早期胶结阶段的无铁碳酸盐矿物沉淀和石英碎屑的 I 级加大边，促使原生粒间孔大大降低。

2. 中成岩阶段

1）中成岩阶段 A 期

中成岩阶段 A 期是有机质由低成熟完全进入成熟期的时期，I/S_0 混层由部分有序混层—有序混层。蒙皂石间层比为 35%~50%。这个阶段的主要特点是水介质仍具强的酸性。

铝硅酸盐岩屑、杂基组分溶解加强，使孔隙的孔径变大，而喉道由于压实作用碎屑紧密线—缝合线接触而使喉道消失或变细，所以孔径大、喉道细和无喉道是山西组砂岩储层重要特点，这也是山西组砂岩储层普遍具有中孔—低渗的原因。

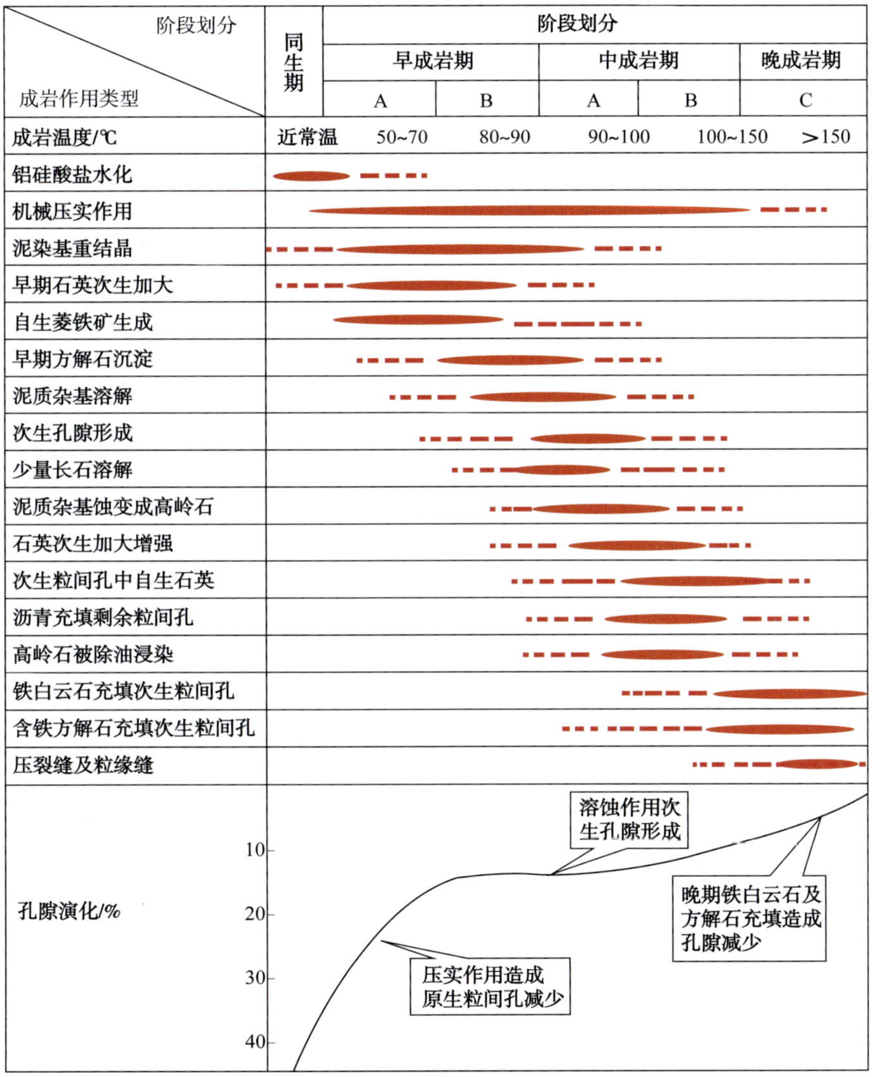

图 2-34　长北区块山西组砂岩成岩作用序列和演化模式

2）中成岩阶段 B 期

中成岩阶段 B 期有机质处于成熟—高成熟期，强酸性的介质造成部分次生溶孔中沉淀出大量淀高岭石，淀高岭石在显微镜和扫描电镜下呈干净，粗大和明亮的晶体，自形程度高，呈六方板状，蠕虫状，手风琴状晶形，并堵塞部分次生粒间孔，前期的石英次生加大边继续生长，直至形成具有较完整晶面的Ⅲ级加大边。部分硅质则在次生粒间孔中生成自形程度高的自生小石英晶体或小石英晶族。其结果是使早期形成的部分次生粒间孔或原生粒间孔堵塞，对储层起到破坏性的成岩作用。中成岩期B期研究区仍存在油气生成和运移聚集作用，可从S118井次生粒间孔中有沥青分布、S203井部分蚀变或淀高岭石被原油浸，以及沥青不同程度浸染与充填晶间微孔和裂缝得到证实。

3. 晚成岩阶段

这个阶段蒙皂石含量<10%，有机质演化由高成熟期到过成熟期，这时期烃源岩产生有机酸的能力已减弱，有机酸浓度降低，各类孔隙中赋存的是富含钙、镁、铁离子的还原性碱性水，从中析出含铁方解石、铁方解石、铁白云石等含铁碳酸盐矿物。岩石学特征是它们除充填孔隙外还交代碎屑物等方式产出。分析结果表明它们的形成与有机酸的参与有关。一切指标均表明山西组砂岩储层中的含铁碳酸盐岩矿物形成于晚成岩期，对储层主要起破坏作用。

五、储层发育的控制因素

（一）沉积微相对储层发育的控制

从表2–7中可知，长北区块山西组砂岩储层的发育严格受沉积微相和岩石类型控制，有如下几个基本特点。

（1）沉积微相对岩石类型有直接的控制（表2–8、图2–35、图2–36），特点为辫状河三角洲的分流河道和水下分流河道砂体主要由中—粗粒石英砂岩、岩屑石英砂岩组成，分选中等和泥质组分含量低。天然堤主要由灰色粉—细粒岩屑砂岩组成，粒度相对要较细，而泥质组分含量要高一些，大部分砂体的基质孔隙度低于河道砂体。决口扇主要由细—粗粒石英、岩屑石英砂岩组成，粒度分布范围较大，砂体的基质孔隙度较低，一般不利于储层发育。

表2–8 主要沉积微相和岩石类型与孔、渗性关系资料统计表

储层参数		水下分流河道	分流河道	河口坝	天然堤	决口扇
岩石类型		灰色中细粒石英砂岩	含砾粗—中粒石英砂岩、岩屑石英砂岩	灰色细—粉石英砂岩	灰色粉细粒石英砂岩	灰色细—粗粒石英砂岩，岩屑石英砂岩
中数据/个		219	427	42	25	11
孔隙度/%	范围	0.61~8.66	1.16~10.42	2.34~7.33	1.31~7.52	2.02~5.33
	均值	5.16	5.92	4.75	4.97	3.28
渗透率/$10^{-3}\mu m^2$	范围	0.01~46.9	0.01~62.73	0.14~13.54	0.20~6.73	0.04~0.84
	均值	1.40	2.71	0.97	1.59	0.32

（2）孔隙度以水上分流河道和水下分流河道为较高（图 2-35），为有利储层发育的微相。其余依次为河口坝和部分的天然堤，属相对有利储层发育的微相类型，而大部分天然堤和决口扇和河漫滩等微相孔隙度普遍较低或很低，一般不利于储层发育。

（3）渗透率以分流河道和水下分流河道砂体为相对较高（图 2-36），非均质性中等至较弱，其次为河口坝微相，而岩性变化大和孔隙度较低的决口扇、天然堤和洪泛平原的渗透率很低，部分样品的渗透率低于 $0.1\times10^{-3}\mu m^2$，为特低渗储层或无效储层。

（4）综合各微相类型的砂体孔、渗性特征，不难得出辫状河三角洲的分流砂体和水下分流河道为最有利储层发育的相带，此几类砂体组成了长北区块二叠系山西组储层的骨架砂体，应该是进行储层预测评价的主要对象。

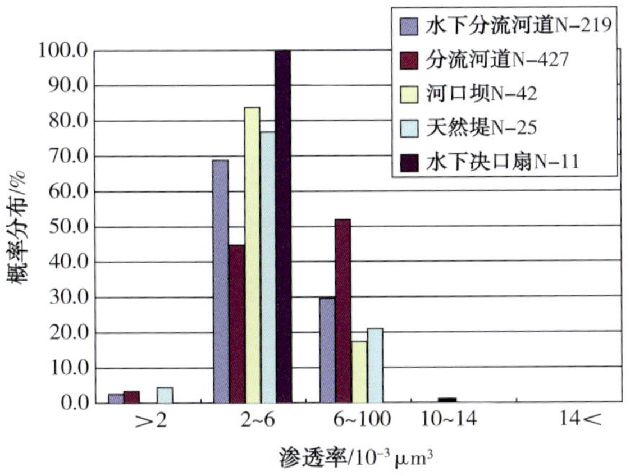

图 2-35 不同沉积微相的成因砂体孔隙度分布直方图

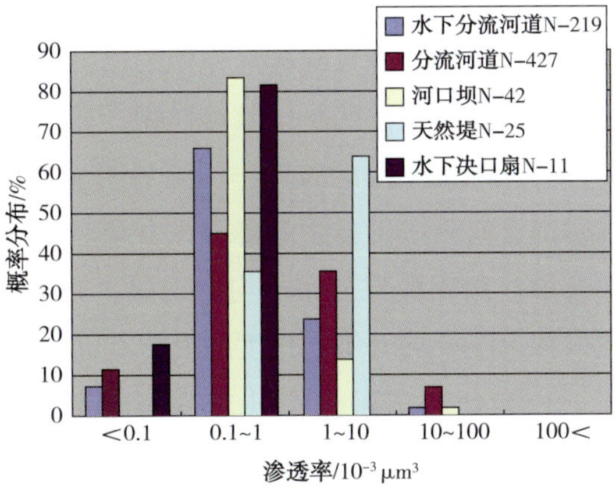

图 2-36 不同沉积微相的成因砂体渗透率分布直方图

（二）成岩作用控制因素

1. 压实作用对储层发育的控制

有如前述，压实作用造成沉积物体积收缩，孔隙度减少，使岩石向着致密化方向发展。据现有不完全资料统计，山西组地层埋藏深度在 2745.0~2947.2m 之间，受压实作用强度较大，碎屑颗粒之间以点—线接触，尤其在石英砂岩中碎屑以线接触为主，表现出压实后的粒间孔细小或粒间孔消失、填隙物少的特征。根据 Lundegard（1992）提出的计算砂岩压实作用强度的孔隙度损失量公式，可计算出由压实作用引起的减孔隙数量：

$$COPL=Pi-[(100-Pi)\times Pmc)/(100-Pmc)]$$

式中，*COPL* 为压实减孔隙数量，%；*Pi* 为砂岩原始孔隙度，%（原始孔隙度取 38%~42%）；*Pmc* 为负胶结物孔隙度（胶结物总量 + 现今孔隙度）。

根据公式计算所得该区的压实作用使原生粒间孔隙度损失一般是 20%~25%；保留下

来的原生粒间孔隙度为10%~20%。局部层段甚至被完全压实，形成无缝、无孔、无胶结物的压实致密层。此外，后期的胶结充填作用可造成剩余原生粒间孔逐渐减少至消失，除了埋深这个外界因素外，沉积物本身所含塑性碎屑组分的多少往往对机械压实作用的强度也有较大的影响。同时，碎屑颗粒和填隙物矿物成分及二者的相对含量对机械压实作用起着一定的控制作用。

2. 胶结作用对储层孔隙发育的控制

山西组砂岩储层主要经历了早成岩阶段至中成岩晚期的胶结作用改造，包括硅质、淀高岭石、无铁或含铁方解石与白云石等自生矿物在内的充填胶结作用，在薄片统计数中占面孔率1.6%~6%，其中由硅质胶结物引起孔隙缩小平均值约为5.85%，黏土杂基引起孔隙缩小平均值约5.7%，方解石胶结物引起孔隙缩小平均值约为2.5%，铁白云石引起的孔隙度降低约为1.68%，菱铁矿引起的孔隙度降低平均值2.8%。显然，山西组砂岩储层除了压实作用对孔隙发育起破坏作用外，高岭石和方解石，铁白云石以及硅质等的胶结作用也对储层起到了重要的封堵破坏作用。相比之下，高岭石和方解石胶结物分布最广，含量较高，对孔隙起主要的破坏作用更为明显，尤其是高岭石，大多数井中的2180~3000m井段普遍都含有较多的自生高岭石，含量从1.0%~5.0%不等（图2–37），致使大部分粒间孔隙被充填，出现孔隙分布不均的现象。方解石含量明显低于高岭石，但在所观察的16口钻井中从上至下均有不同程度的发育和充填孔隙（图2–38）。

3. 溶蚀作用对储层孔隙发育的控制

溶蚀作用是产生次生溶蚀孔隙使储集层孔隙结构得到改善的一种重要作用。尽管山西组砂岩有较发育的剩余原生粒间孔，但溶蚀作用形成的次生孔隙在区内仍然占有主要的地位，大多数砂岩粒间有溶蚀现象，碎屑中的被溶蚀组分主要是泥质杂基，其次是泥板岩、放射虫硅质岩等岩屑和长石碎屑等颗粒组分，以形成粒间溶孔为主，次为粒内溶孔、铸模孔和填隙物内微孔等次生孔隙类型。

据现有13口井的51个样品的铸体薄片观察统计，可确定溶蚀作用主要发生在2180.45~2929.3m的深度范围内，山西组砂岩的溶解作用中等偏强，溶蚀作用在山西组砂岩中以杂基的溶蚀最为普遍和强烈，各井储集砂岩中，碎屑、杂基和胶结物被溶蚀的现象处处可见，其中溶蚀强度与孔隙发育直接与填隙物中杂基含量的多少有关，这已在成岩溶蚀作用特征的相关内容中已详细述及，其次为泥岩屑，如果有机酸作为杂基的溶解介质。溶蚀作用大致在相当于85~140℃古地温中进行，相当于埋深在2500m以下的地层中，有机酸为低成熟—成熟，因而次生高岭石和部分石英碎屑的硅质加大边，以及次生孔隙中的自生石英沉淀作用也应出现在埋藏深度较大的地层中，其演化期次大致在中成岩阶段A–B期之后的时间段中。

又由于该埋藏深度相当于有机质热演化进入低熟阶段的强烈排液期，该时期也是机质热演化过程中最强烈的脱羧基阶段，伴随烃源岩排液，大量含羧酸的热流体中进入砂岩中可形成溶蚀作用，通常以形成次生粒间溶孔为主，粒内溶孔较少见，由溶蚀形成的黏土质微孔也较发育，沿破裂缝则以形成溶缝为主。由溶蚀作用可使平均孔隙度提高 3%~7%。并与岩石中保存下来的剩余原生粒间孔共同组合构成多种孔隙组合，包括溶孔—剩余原生粒间孔组合、溶孔—黏土质微孔组合、溶孔—微孔—裂缝（溶缝或粒缘缝）组合，例如在 Y36–9 井 2914~2929.3m 深度原生孔隙发育较少，次生孔隙较发育，黏土质微孔普遍发育，构成次生溶孔—微孔—原生孔型组合，从而有利于储层发育。

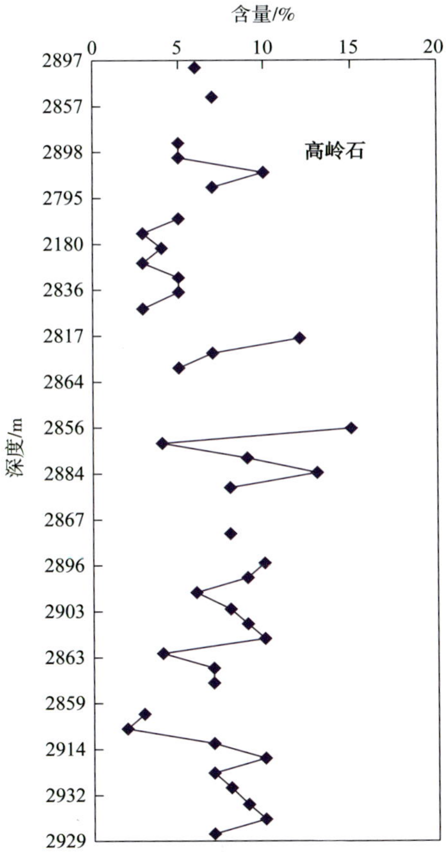

图 2–37　高岭石在不同深度含量变化趋势

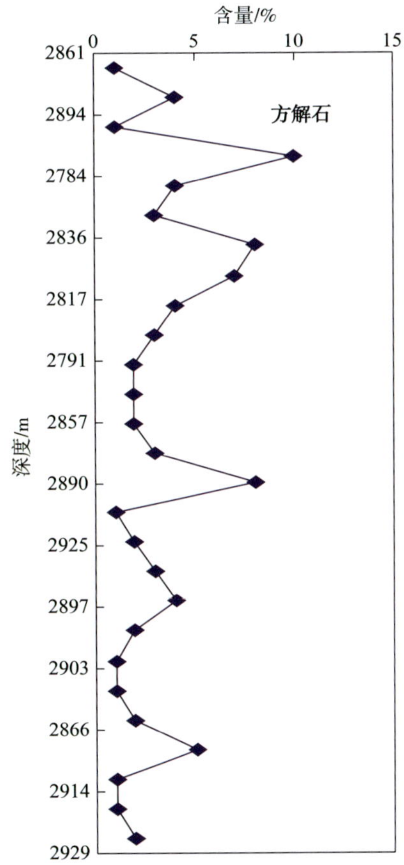

图 2–38　方解石在不同深度含量变化趋势

六、储层非均质性

（一）平面非均质性

储层平面非均质性是指储层的几何形态、连通程度、孔隙度、渗透率在平面上的变化引起的非均质性。长北区块山西组单砂体多呈现透镜状、条带状等，且砂体侧向迁移明显，复合砂体主要呈宽条带状，连续性较好，但有效砂体在平面上分布不均，因为并非所有的连片砂岩都可以形成有效储层。

（二）层间非均质性

储层物性的层间非均质性取决于垂向上储集砂体与泥岩隔层的发育关系，长北区块山西组主要发育辫状河三角洲沉积体系，研究区主体位于辫状河三角洲沉积体系的水上平原部分，就物源供给量充沛和伴随基准面的升、降，不同沉积微相和规模的河道砂体与分流间湾交替出现，形成多种砂、泥岩互层组合关系的特点。由于砂体普遍较薄，发育不均衡，砂、泥岩间物性差异较大，从而形成较强的层间非均质性（图 2-39）。

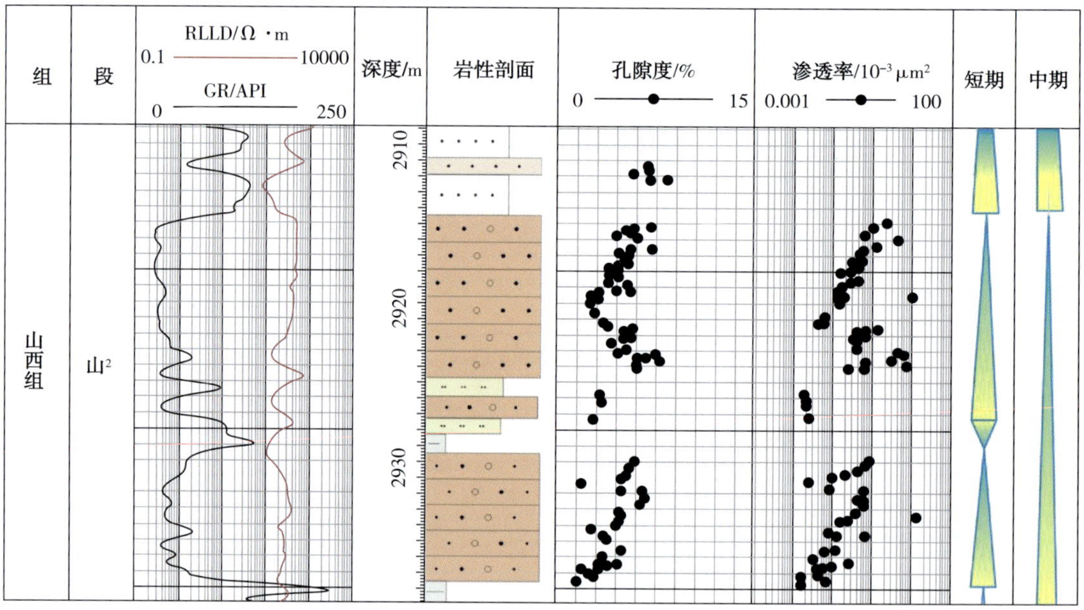

图 2-39 渗透率非均质性受泥质夹层控制特征（Y36-9 井，山西组）

1. 砂体

长北区块山西组砂体在纵向上表现出较强的非均质性，山西组下段小层砂体在纵向上呈连片状分布的厚砂体，并且厚砂体（>10m）以由北向南方向呈条带状分布，而山西组上段和山西组中段小层砂体在南北方向呈条带状分布，砂体厚度及厚砂体的规模均较山西组下段要小，且厚砂体仅呈透镜状和点状分布，横向连续性差。

2. 有效储层

山西组内三个小层储层物性差异明显，其中山西组下段的孔隙度和渗透率等储层物性分布要明显优于山西组上段和山西组中段，同时气层发育程度也是差异显著，气层最为发育的是山西组下段，并在全区由北向南连片分布，而山西组上段和山西组中段气层厚度及规模均较小，有效砂体在平面上多呈现透镜状和点状等零星分布。

（三）层内非均质性

层内非均质性，系指单砂层内由碎屑颗粒的粒度、分选性或泥质含量在垂向上变化所控制的储层物性规律性变化，它是影响单个砂体层内垂直与水平渗透率比值的重要因素，对含油气层的形成也有一定的影响。长北区块山西组的单砂体储层非均质性明显受层内碎屑粒度、分选性或泥质含量在垂向上的变化控制，一般可分为正韵律、反韵律、均质韵律和复合韵律等多种类型。

1. 物性向上变差的层内非均质模式

单层储集砂体内物性向上变差的现象，主要出现在粒度向上趋于变细的储集砂体中（图 2–40），砂体内的储集物性变化虽然有一定的幅度，但往往仍限于较好储层的有效孔、渗范围内。相对较好的储集砂岩主要位于旋回中下部较粗部分，向上物性变差，从而显示向上物性变差的非均质性特征，此类型通常为较好—好的储层非均质模式，主要发育于侧向迁移较活跃的分流水道砂体中，推测储集砂体的几何形态为纵向和横向延伸范围较大，垂向上延伸范围受限，但呈叠瓦状迁移的席状和宽带状砂体，叠置砂体之间有较好的连通性，但可能还存在斜交泥岩夹层引起的层间非均质性影响。

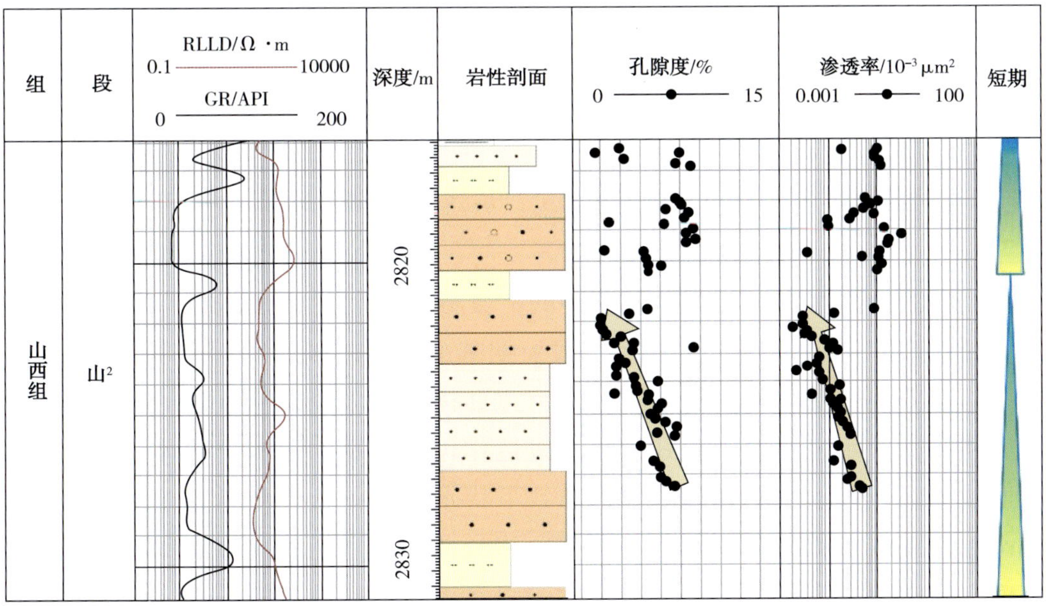

图 2–40　物性向上变差的层内非均质模式（S203 井，山西组）

2. 物性向上变好的层内非均质模式

单层储集砂体内物性向上变好的现象，主要出现在粒度向上趋于变粗的储集砂体中（图 2-41），单砂体内储集物性的变化有一定的幅度，且往往限于较差至中等储层的有效孔、渗范围内。相对较好的储集砂岩主要位于旋回中上部的较粗的部分，从而显示向上物性变好的非均质性特征。此类型通常为较差—中等储层的非均质模式，大部分中河口坝和决口扇砂体以发育此类向上物性变好的层内非均质性模式为主，推测储集砂体的几何形态为纵向和横向延伸范围较小，垂向上延伸范围受限的透镜状，或呈叠瓦状迁移的窄带状砂体，叠置砂体之间的连通性较差，非均质性严重。

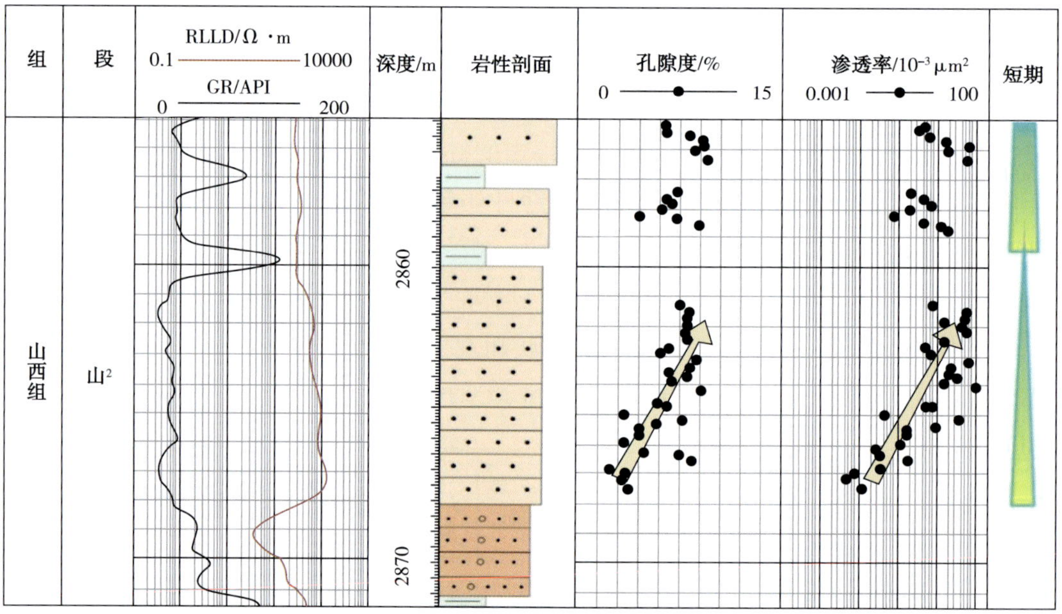

图 2-41　物性向上变好的层内非均质模式（Y28-12 井，山西组）

3. 物性变化不大的层内非均质模型

以单层储集砂体内和相邻叠置发育的储集砂体之间的物性变化小而均匀为特征（图 2-42），也主要出现在相当超短期或短期基准面旋回级别的、多个连续叠置和粒度向上略趋变细或变化不明显水下分流河道砂体中，成因与低可容纳条件下于基准面上升期发育的水道化砂体有好的分选改造作用，以及上覆水道砂体对下伏被叠置的水道砂体有较强烈冲刷改造作用，导致下伏水道砂体上部物性较差的细粒部分被侵蚀而仅保存较粗粒的部分有关。单个砂体对应的超短期或短期旋回层序主要为低可容纳空间向上“变深”非对称型。砂体之间主要被冲刷面分隔，一般以发育在近冲刷面上的砂体粒度相对较粗，分选更好，相关的物性也更好，向上粒度虽然也有变细的趋势，但物性变化不大。因此，在多个砂体连续叠置的垂向剖面上，经常出现受底冲刷面控制的物性低幅韵律性变化，由于单砂体内或相邻但砂体之间的物性变化幅度通常较小，因而多个物性较好的砂体连续叠置的结果，总体以显示物性变化较均匀的相对均质型特征。此类型通常为优质储层的非均质模式，储集砂体的几何形态为纵向和垂向连通性很好的、侧向延伸受限和向盆地方向连续延伸的宽带状砂体。

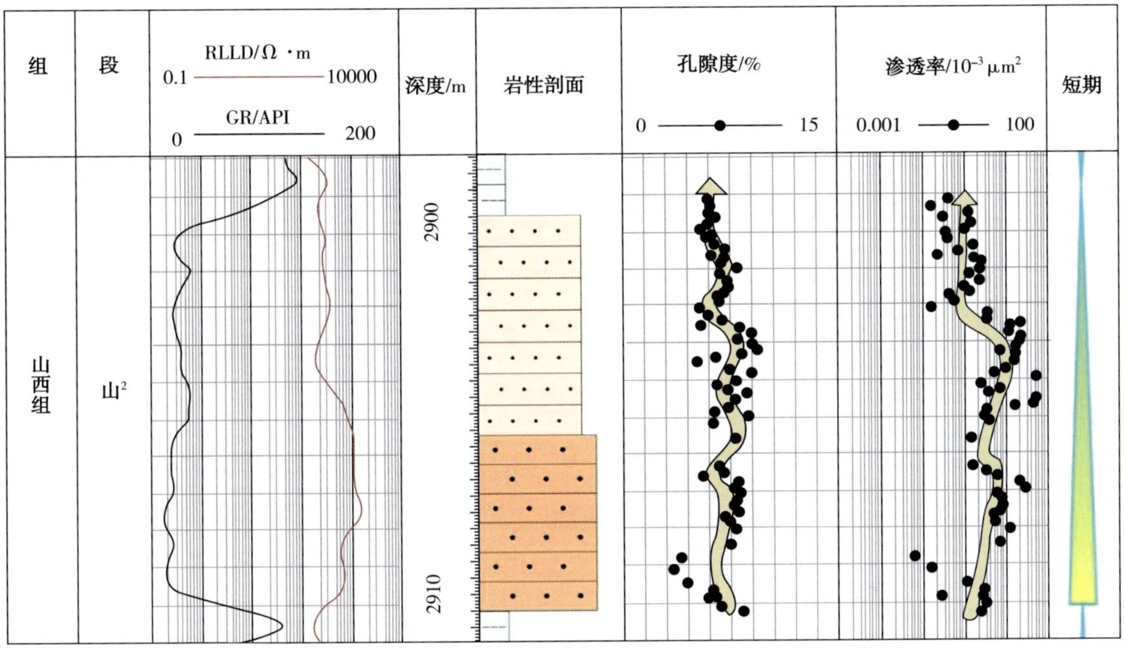

图 2-42 物性向变化不大的层内非均质模式（S211 井，山西组）

4. 物性向上变差后复变好的层内非均质模式

为单一由粗变细复变粗的、储集砂体物性向上变差后复变好的模式（图 2-43），以位于旋回下部和上部的砂体储层物性相对较好，其中发育于旋回中下部的砂体物性更好一些，而位于旋回中部的砂体物性通常是很差的，大部分为含泥质较高的隔层。以隔层为分隔界线，在同一个旋回内有时可形成多个物性向上变差后复变好的非均质性模式。此类型通常为中等—较差储层的非均质模式，往往发育分流河道的侧翼和河口坝地区，储集砂体大多数呈连通性较差的窄带状或不连通的孤立状砂体分布，存在较严重的层间和层内非均质性。

5. 物性变化复杂的层间非均质模式

此类型为上述 3 种非均质性模式在垂向剖面中以不同方式频繁交替组合的结果，通常为中等—较差储层的非均质模式（图 2-44），对应的储层结构多为砂、泥岩互层组合，推测储集砂体的几何形态为纵向、侧向和垂向延伸都受限的，连通性中等至较差的（或局部连通的）薄层状砂体，存在严重的层间和层内非均质性。

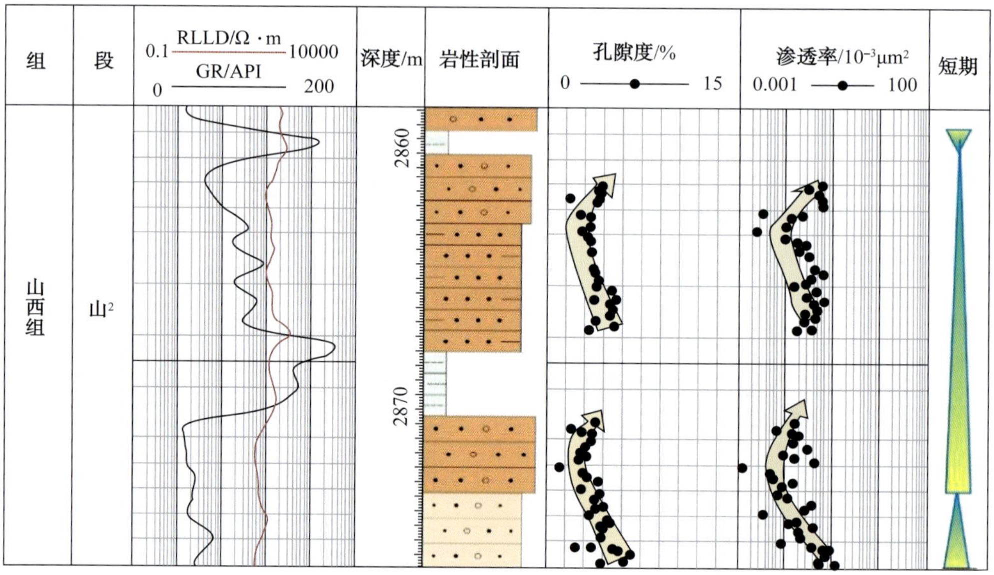

图 2-43　物性向上变差后复变好的层内非均质模式（Y26-11 井，山西组）

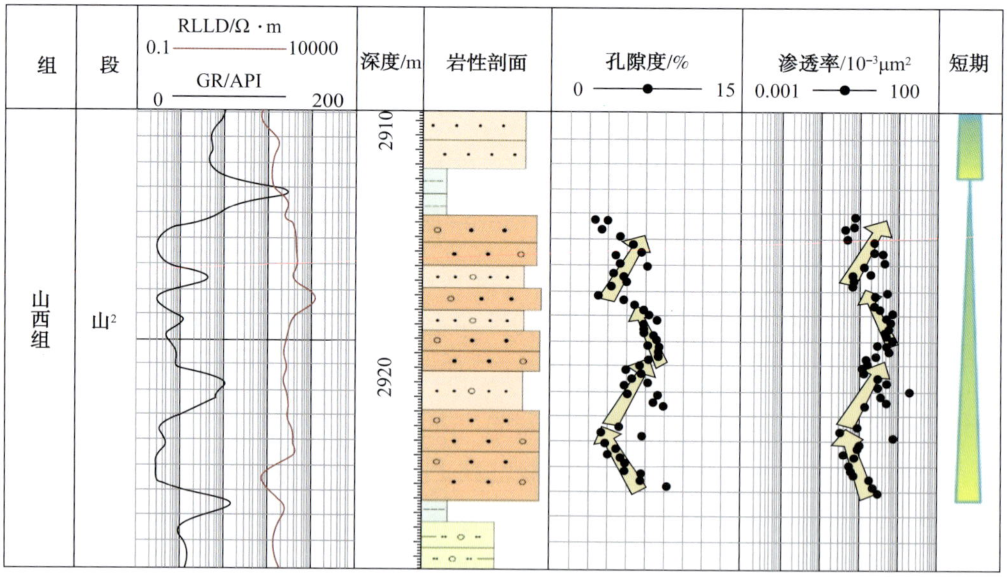

图 2-44　物性向上变化复杂的层间非均质模式（S117 井，山西组）

七、气藏及流体特征

长北区块山西组主力储层气藏的初始平均压力为 27.3MPa，平均压力系数 0.97，属正常压力系统。山西组气藏地层温度为 91.4℃，地温梯度为 2.5℃ /100m，为正常的温度系统（图 2-45）。

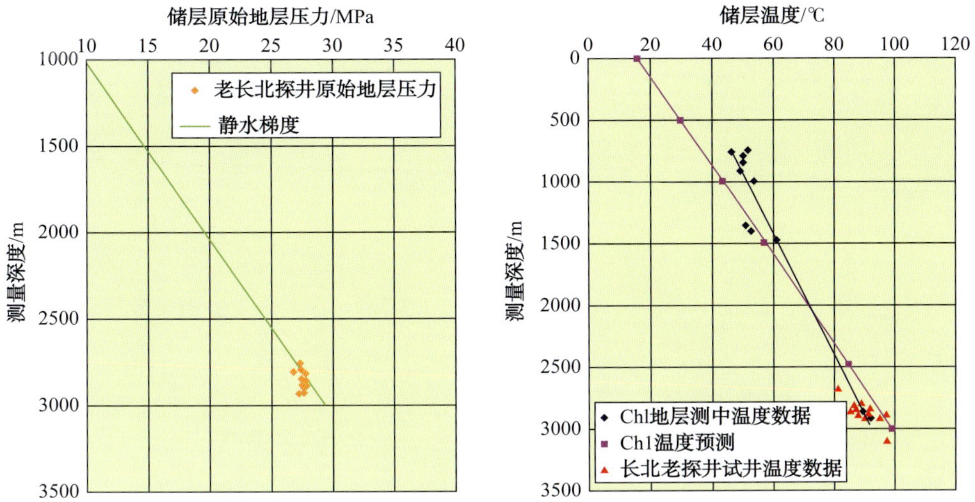

图 2-45 山西组储层原始地层压力及温度图

根据 S117 井到 Ch2 井流体分析，取得下列流体性质数据（表 2-9），其中甲烷含量约为 94%，其相对密度为 0.59，产气中不含 H_2S。根据生产实践显示，长北区块基本不产水，根据统计分析，氯离子含量在几十到几万毫克每升，平均为 504mg/L，总矿化度平均为 4761mg/L，不属于地层水的范围，且水气比稳定在 0.082$m^3/10^4m^3$ 左右，属于凝析水。

表 2-9 长北区块流体样品分析及气体组分表 （摩尔浓度，mol/L）

组分	S117	S142	S211	S141	Y27-11	Y28-12	Ch1	Ch2
取样日期	14/05/00	14/05/00	30/05/00	05/08/00	05/06/00	07/09/00	01/05/17	01/04/05
硫化氢	0	0	0	0	0	0	0	0
二氧化碳	1.44	1.86	1.84	1.88	1.85	1.87	1.668	1.935
氮气	0.29	0.3	0.29	0.28	0.27	0.29	0.267	0.313
甲烷	93.6	93.84	94.03	93.76	93.86	93.88	94.464	93.934
乙烷	3.7	3.33	3.16	3.35	3.25	3.25	2.91	3.081
丙烷	0.59	0.46	0.43	0.48	0.5	0.47	0.413	0.446
异丁烷	0.1	0.06	0.08	0.06	0.06	0.06	0.076	0.07
正丁烷	0.1	0.06	0.06	0.07	0.08	0.07	0.065	0.074
异戊烷	0.04	0.02	0.03	0.03	0.03	0.03	0.027	0.029
正戊烷	0.02	0.01	0.01	0.01	0.02	0.02	0.009	0.012
己烷	0.03	0.02	0.02	0.02	0.02	0.02	0.101	0.106
庚烷	0.04	0.02	0.03	0.03	0.02	0.03		
辛烷	0.04	0.02	0.02	0.02	0.01	0.01		
壬烷	0.01	微量	微量	0.01	0	0		
总计	100	100	100	100	100	100	100	100

第三章

储层地质建模

三维精细建模充分考虑了储层非均质性对储层评价和井位部署、井轨迹调整的影响，充分利用地震、钻井、测井和试井解释资料，利用 petrel 软件对井间山西组砂体厚度、岩性及其含气性的变化进行对比分析，建立长北山西组砂体厚度和砂体顶面构造图，完善储层三维精细地质模型。同时把地震、测井、图形和模型成果统一用软件管理起来，实现地震、测井及图形成果的一体化管理和可视化，让精细地质研究人员能够方便地查询、浏览和分析各种成果，对地震、测井、图形和模型等各种成果资料，能够“方便看、方便比、方便用”。以三维数据体为中心，从不同的角度来精细刻画砂体空间分布和连通状况；用切片图观察沉积单元某一沉积时期的砂体的平面分布；用剖面图观察砂体垂向的分布及连通情况；用透视图观察砂体多期沉积叠加效果；用砂岩分布厚度图研究砂体的宏观分布规律；用相带图研究沉积模式及沉积规律；在三维空间内，用可视化手段全面了解观察砂体空间展布；综合地震、测井、图形和模型多种成果综合对比分析。随着开发的不断深入，利用新资料不断完善三维精细地质模型，实践表明，这些技术对识别增加有效储层钻遇率，对气田开发方案的制订、开发指标的预测、水平井位部署、井轨迹设计起着重要的作用。

第一节　建模方法概述

砂体的三维建模是在三维空间内对砂体几何形态及空间展布做定量或半定量地描述，其核心是井间砂体的预测。目前三维建模方法主要包括确定性建模和随机建模两种。由于储层描述具有不确定性，导致储层预测结果具有多解性及不确定性，为了降低决策基础的风险性，目前比较多的还是应用随机建模方法对储层进行预测和模拟。随机模拟就是利用具有随机性的数学模型拟合地质现象或地质过程的区域化变量。随机建模方法很多，如序贯指示模拟法、截断高斯函数法、示性点过程法、模拟退火法等。其中序贯指示模拟（Sequential indicator simulation）是三角洲相砂岩建模的优选方法，因为它对模拟变量的要求灵活，定性或定量参数均可参与计算，使用不同类型的变量对应不同的变差函数来模拟复杂的各向异性地质现象，可用于模拟离散变量（沉积微相、岩石类型、夹层分布、裂缝等），并且模拟过程忠实于原始数据，模拟结果可信度高。但不确定性建模方法（克里金模拟和序贯模拟等）都无法刻画真实的河道特征，为了更好地反映出砂体的几何形态，精确模拟河道的空间展布，长北区块在相模型方面采用确定性建模方法—目标方法建模。同时，参考现代最大的辫状河特征，例如布拉马普特拉河、贾木纳河（孟加拉国）及雅鲁藏布江（印度）等结合露头结果来帮助刻画储层辫状河形态（图 3–1）。在属性模型方面采用不确定建模方法—序贯高斯模拟法加相控进行模拟。

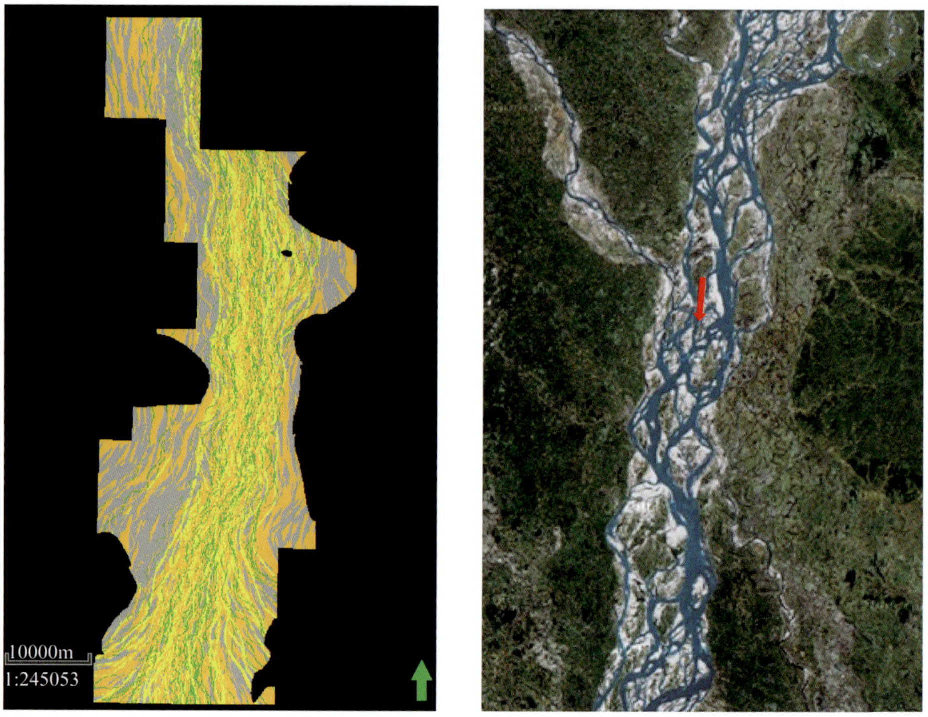

图 3-1 长北山西组沉积相模型与现代辫状河

第二节 储层地质知识库的构建

一、现代辫状河特征调研与认识

辫状河流广泛存在于世界各地。典型的有我国雅鲁藏布江宽谷河段、黄河下游特定河段，印度的布拉马普特拉河（Brahmaputra River，雅鲁藏布江下游）、孟加拉国的贾木纳河（Jamuna River，雅鲁藏布江下游）、苏格兰的费西河（Feshie River）、意大利的塔利亚门托河（Tagliamento River）、新西兰的怀马卡里里河（Waimakariri River）和加拿大的辛华达河（Sunwapta River）等。在储层相建模过程中对我国雅鲁藏布江宽谷河段查阅了相关文献，构建对辫状河流地貌特征形态，特别是搜集不同水段对河流宽度的范围，为目标建模提供了重要的参考依据。

调研文献研究区域为西藏自治区境内曲水县至乃东县雅鲁藏布江宽谷河段，经纬度范围约为 90° 44′ 16″ E~91° 51′ 32″ E，29° 14′ 46″ N~29° 19′ 40″ N。河段上游为拖夏—永达峡谷，下游为加查峡谷，雅江五大支流之一拉萨河在上游曲水县汇入（图 3-2）。研究河段河谷最宽处可达 6~7km，水面宽可达 2~3km 左右，平均坡降小于 1‰。

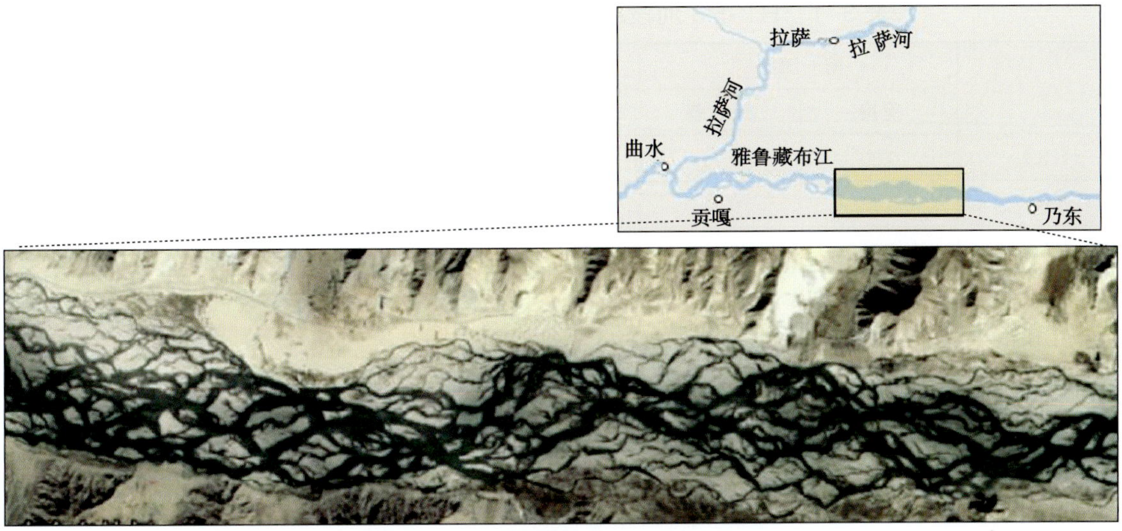

图 3-2　雅鲁藏布江河流卫星图

研究区域辫状形态发育的河段长度约 90km，其中，上游 0~30km 为峡谷—宽谷段的过渡区域，辫状形态部分发育，称为过渡段，中游 60~90km 的河段辫状形态发育充分，成为充分发展段，下游 60~90km 河段逐渐进入峡谷段，辫状形态逐渐衰减，称为收敛段。河段划分方法如图 3-3 所示。

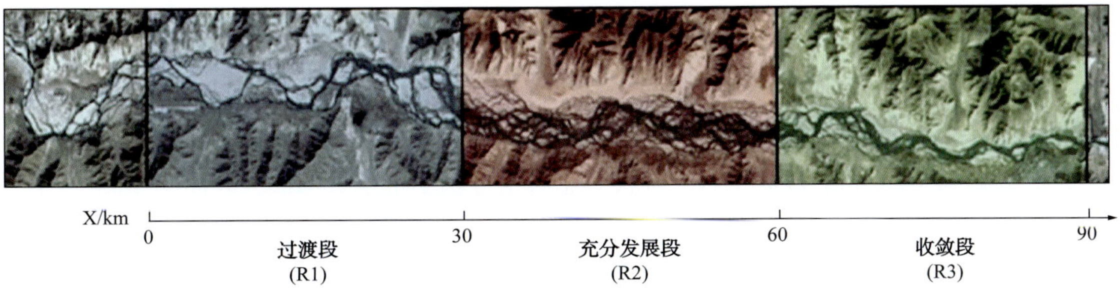

图 3-3　雅鲁藏布江河段划分图

主要流路（main channel）是指辫状河流中占据河道主体的流路。Egozi 和 Ashmore 的实验研究结果显示，辫状河流具有显著的主流，其占据了河道的大部分流量（50%~95%），在边滩切割、汊道形成等辫状形态演变过程的各个方面都起着关键性作用。主流的形成通常伴随着汊道摆动、汊道蜿蜒度增加、河面宽度增加和汊道数量增加等过程。调研文献统计了 R1—R3 河段中第一流路—第三流路宽度在所有月份下的平均值和标准差见表 3-1。可以看到，R1、R2 和 R3 河段中第一流路宽度的平均值分别约为 0.30km、0.47km 和 0.41km，标准差均约为 0.11km。调研文献可以得出现代辫状河的单河道宽度范围约为 100~470m。为静态地质建模工作提供了有利的依据。

表 3-1　R1-R3 河段所有月份流路平均宽度及标准差　（单位：km）

	第一流路		第二流路		第三流路	
	宽度	标准差	宽度	标准差	宽度	标准差
R1	0.30	0.11	0.16	0.05	0.10	0.03
R2	0.47	0.11	0.23	0.05	0.15	0.03
R3	0.41	0.11	0.12	0.06	0.06	0.04

二、野外露头考察及地质特征认识

鄂尔多斯盆地东缘上古生界露头主要沿吕梁山东西两侧及河东地区的黄河分支河谷分布。自 2004 年以来，多次野外露头考察对山西组的储层的沉积发育特征收集了大量资料，如河床底部形态、河床厚度、侧向展布、储层的净 / 毛比等，为静态地质建模工作提供了有利的依据。此外，野外露头工作也为储层裂缝发育的定量研究起到了一定的辅助作用。本文挑选了盆地东缘的部分地质露头进行描述，主要包括：

1. 府谷天生桥

该剖面位于府谷县东北的黄河岸边，其纬度与苏里格气田和榆林气田相当。该剖面山西组的岩性组合特征典型，山西组底部砂岩厚度大，横向分布稳定，复合砂体内部的单砂体叠置关系清楚，单砂体之间的岩性、沉积构造变化特征明显，砂体内部的泥岩夹层少且薄，为典型的水浅流急的辫状河沉积（图 3-4）。岩性以含砾粗砂岩和砾状砂岩为主，发育少量细砾岩，砂岩颗粒呈次圆—次棱角状，分选中等—差，结构成熟度较低，具近源短距离搬运、高能环境快速沉积特点。粒度概率曲线以两段式为主，少量三段式（图 3-5a），跳跃搬运组分占 99% 左右，推移和悬移组分均不足 1%。在 C-M 图上（图 3-5b），样品点多位于递变跳跃移动段（Q-R 段），其次为推移段（P-Q 段），进一步说明其沉积环境水动力条件较强，沉积载荷包括了推移质、跃移质和悬移质 3 种组分，但以跃移质为主，代表距离物源区较近的河道牵引流为主的沉积。

2. 保德桥头

该剖面位于山西省保德县桥头镇，著名的桥头砂岩（太原组）就命名于该地。与府谷剖面类似，该剖面的山西组的岩性组合特征典型，界线标志明显，小层划分清楚，山西组底部砂岩厚度大，横向分布稳定，复合砂体内部的单砂体叠置关系清楚，沉积构造特征典型。

保德桥头剖面山西组北岔沟砂岩属于辫状河三角洲平原沉积的主要储集砂体类型，以发育河道心滩沉积为主，心滩之下为河床滞留沉积底砾岩，槽状、楔状、板状交错层理和平行层理等高流态牵引流沉积构造发育，砂体内部的泥岩夹层少且薄，为典型的水浅流急的辫状河沉积。岩性以含砾粗砂岩和砾状砂岩为主，发育少量细砾岩，砂岩颗粒呈次圆—次棱角状，分选中等—差，结构成熟度较低，具近源短距离搬运、高能环境快速沉积特点（图 3-6）。

图 3–4　府谷天生桥剖面典型的剖面照片

a. 府谷天生桥，砂岩中次级旋回砂体呈冲刷、切割、叠置关系（横切河谷方向），每个旋回对下伏地层都有不同程度的冲刷、切割，可见多处对下伏地层冲刷但不沉积的沉积物过路现象（2 个冲刷面之间发育碳质泥岩，但下部冲刷面之上不发育砂岩沉积）。b. 府谷天生桥，山西组底部的北岔沟砂岩与本溪组的分界。c. 府谷天生桥，砂岩中次级旋回砂体呈冲刷、切割关系

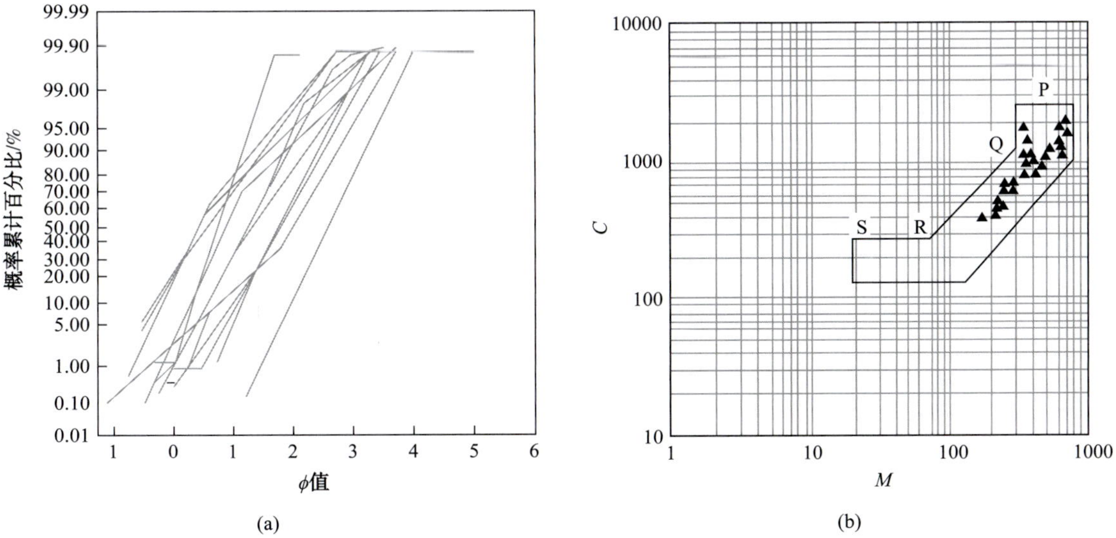

图 3–5　府谷天生桥剖面山西组北岔沟砂岩沉积粒度概率曲线与 *C–M* 图

图 3–6 保德桥头剖面典型的剖面照片

a. 保德桥头，北岔沟砂岩底砾岩，砾石成分以石英岩和燧石为主，见碳质泥岩和煤岩角砾，砾径 0.5~2cm，砾石呈次棱角状，砂、泥质等杂基胶结；b. 保德桥头，北岔沟砂岩发育底砾岩、板状交错层理及槽状交错层理；c. 保德桥头，北岔沟砂岩底砾岩与砂岩之间的过渡层，发育多个由砾岩到砂岩的正旋回，旋回底部发育下凹形冲刷面，冲刷面之上由细砾岩逐渐变为含砾砂岩，厚度较大的旋回中发育槽状交错层理；d. 保德桥头，砂岩内部发育砂纹层理、平行层理及槽状交错层理

3. 柳林成家庄

柳林成家庄剖面位于山西省柳林县城以北直线距离约 15km 的成家庄镇至孟门镇之间。该剖面曾经是鄂尔多斯盆地东部上古生界的标准剖面，但由于近十多年的矿业开发和公路建设，其主要地层出露点基本已被覆盖，但结合柳林县城附近的三川河剖面，可以大致完整地再现该地区的上古生界特征。该剖面的山西组主要发育灰色、灰白色砂岩与深灰色、灰黑色泥岩不等厚互层，夹煤层。由于多期河道的频繁摆动，砂体之间互相冲刷切割叠置明显，构成多个复合砂体，底部北岔沟砂岩层面富集白云母碎片，俗称“牛毛毡”砂岩，横向延伸大于 2500m。

成家庄的北岔沟砂岩由多期水下分流河道砂体叠置而成，复合砂体厚 10m 左右；单砂体厚度 20~80cm，宽度 50~100m。绝大部分单砂体都具有完整的粗砂岩—中砂岩—细砂岩—粉砂岩—泥岩的正粒序结构。复合砂体底部可见发育不稳定的底砾岩，常见硅化木及大型树干印模化石，发育槽状、楔状和板状交错层理；复合砂体中发育水道冲刷充填构造，砂体顶部发育粉—细砂岩和分流间湾沉积碳质泥岩（图 3–7、图 3–8）。

图 3–7　柳林成家庄剖面典型的剖面照片

a. 柳林成家庄，三角洲前缘水下分流河道沉积砂体，由中—薄层单砂体反复叠置而成，单砂体之间叠置紧密，砂体间具明显冲刷现象，单砂体具正旋回结构，发育槽状交错层理；b. 柳林成家庄，北岔沟砂岩底部大型槽状交错层理；c. 柳林成家庄，北岔沟砂岩中的板状交错层理，层系顶底面近平行，层理之间发育泥岩纹层；d. 柳林成家庄，北岔沟砂岩中的水道冲刷充填构造，水道冲蚀掉两个沉积旋回砂体，水道充填砂体具正粒序结构，水道内及下伏砂体中均可见槽状交错层理；e. 柳林成家庄，三角洲前缘席状砂岩，粉—细粒结构，由粉细砂和泥质纹层构成水平层理，砂岩层厚 1~4cm，泥质纹层厚度 1~2mm；

粒度概率曲线显示为三段式，推移组分占 70% 左右，跳跃搬运组分占 30% 左右，悬移组分均不足 1%，反映水动力较强的辫状河三角洲前缘水下分流河道沉积特征（图 3–9）。

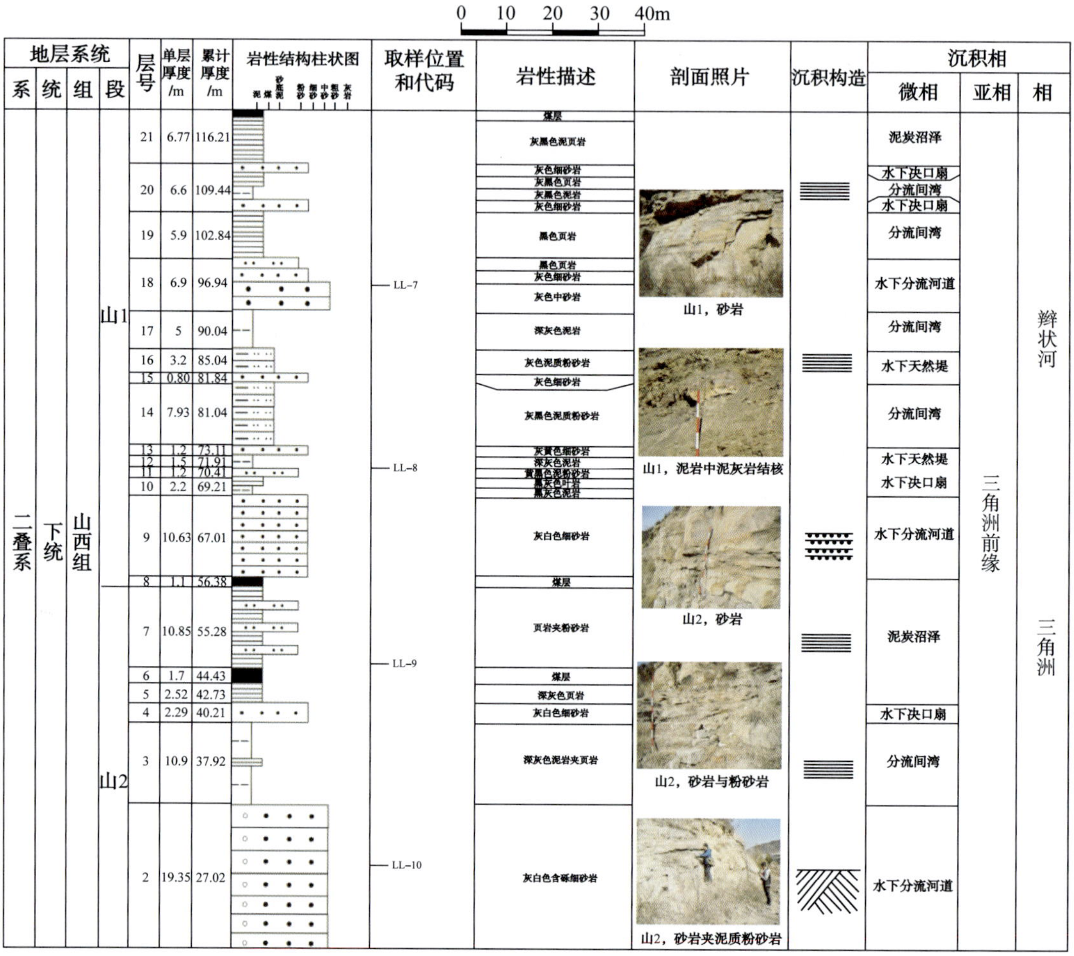

图 3–8　鄂尔多斯盆地东部柳林成家庄剖面上古生界沉积相综合柱状图

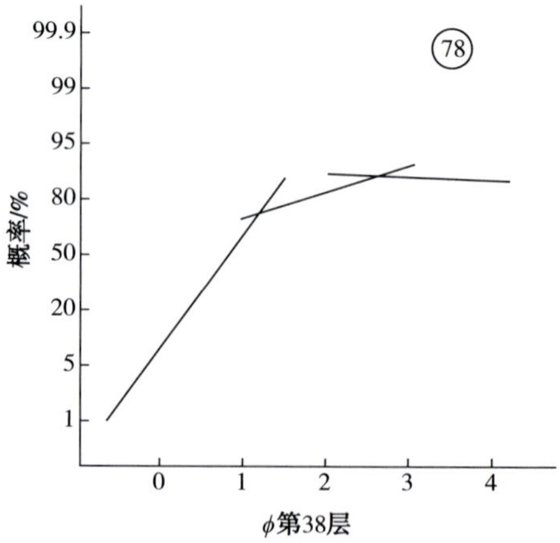

图 3–9　成家庄剖面北岔沟砂岩粒度概率曲线

三、“井震”组合精细刻画储层地质特征

长北区块针对井控程度低、井网密度不均匀，二维地震资料品质有限等特点，综合地质、地震、测井、绘图多学科一体化协同工作，形成井震联合预测储层与构造技术，构建了山西组沉积前的古构造分布和有利砂体的耦合关系，精细刻画了目标区优质储层的平面展布，指导双分支水平井井眼轨迹设计、调整和优化，确保双分支水平井水平段被部署在储层富集程度高的区域，提高井眼轨迹的设计精度。

（一）印模法古构造恢复及山西组顶面构造预测

印模法考虑了沉积前构造的影响，同时将古地貌半定量表示，因此应用比较广泛。该方法将待恢复地貌结束剥蚀并开始上覆地层沉积视为一等时面，利用上覆地层与残余古地貌之间存在的“镜像”关系，通过上覆地层的厚度半定量恢复古地貌的形态（图 3-10）。

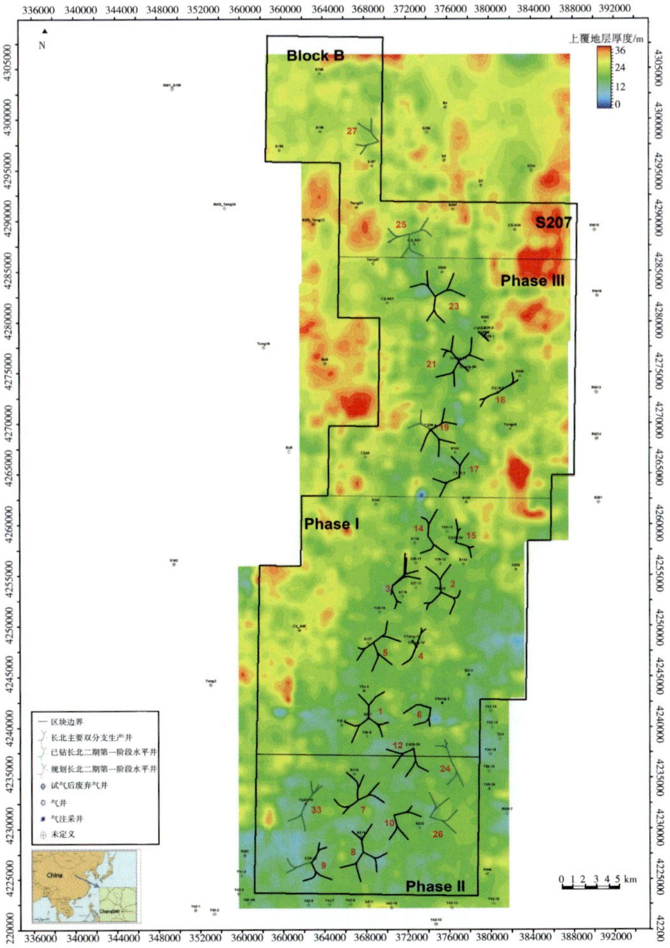

图 3-10　山西组地面古地形图

针对长北区块地震反射特征（太原主煤层反射较易全区追踪，山西组储层段储层底面反射略好于顶面反射），在地震剖面上通过拉平主煤层顶时发现，储层较发育的井大多位于层拉平剖面的储层底面构造低部位，从河道原始沉积的角度分析认为：太原煤层拉平后剖面的山西组储层底面构造形态比较接近该套储层沉积前的地面古构造形态，则古构造低凹部位比较利于河道发育，因而是砂岩储层的潜在发育区。经地震资料的解释和速度研究，作出了山西组砂体顶面构造图（图 3–11），从图中反映主要为西倾单斜，但有多个较大的鼻状构造，说明长北区块构造是有较大变化的，其对井轨迹设计是非常重要的。

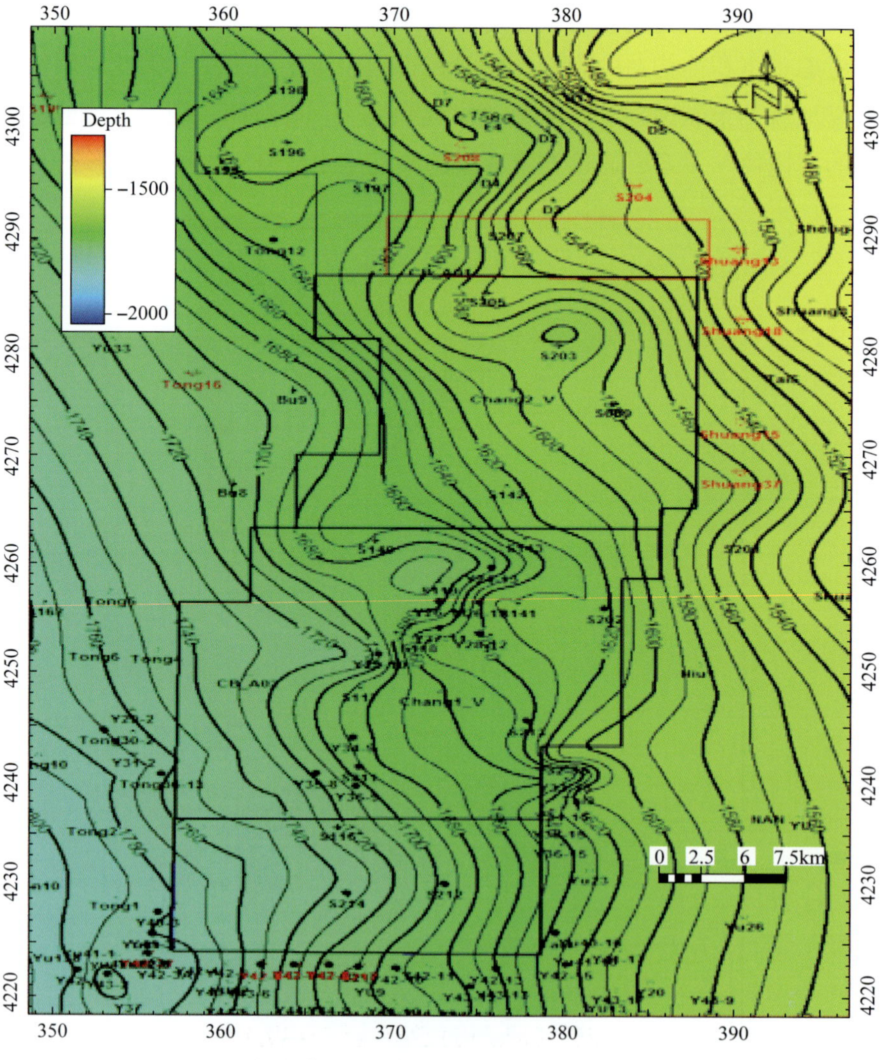

图 3–11　井约束下的地震预测山西组下段顶构造图

基于上述认识，全区解释完成了太原主煤层顶至山西组储层底的时间厚度图，该图上厚度较薄区域（即古地形低部位）与山西组储层的区域分布趋势较为一致（图 3–10）。

因此，该时间厚度图（或称山西组底面古地形图）可以作为预测主河道分布的间接信息。

（二）储层厚度预测

通过地震资料的解释，预测了长北区块中部储层厚度，该解释成果与已有井钻井结果一致（图 3-12）。南部井较少，井距大，井资料是难以反映砂岩储层的变化，地震预测的砂层厚度更精细反映砂体的分布。

进行人为修正背景下，采用克里金方法对井插值出来的厚度图是相对可靠的。在区块内未开发区域，经过人为处理的方法能够很好地保留地震资料所反映出的地质特征。

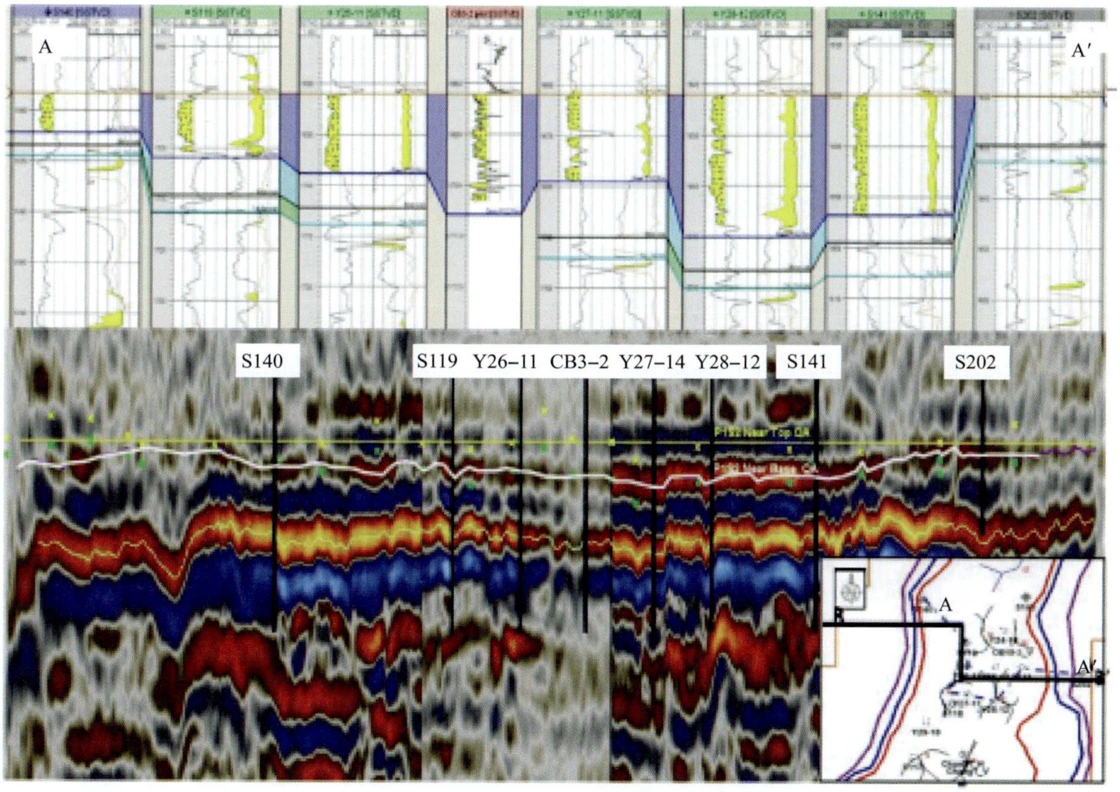

图 3-12　井—震联合预测储层厚度

（三）主河道发育特征预测

在地震资料品质相对比较好的地方，可以依据地震解释结果识别出主河道砂体变薄和尖灭的区域。在地震剖面上，多数河道边界的控制点都经过了相应井资料的校正，以增加预测的准确性。依据河道边缘尖灭控制点描绘出的河道边界应当符合厚度等值线的取值范围。使用该厚度等值线图绘制河道边界线，用于地质建模。基本上，这一过程是基于地震和厚度网格的指导，对主河道的边界进行界定的（图 3-13）。

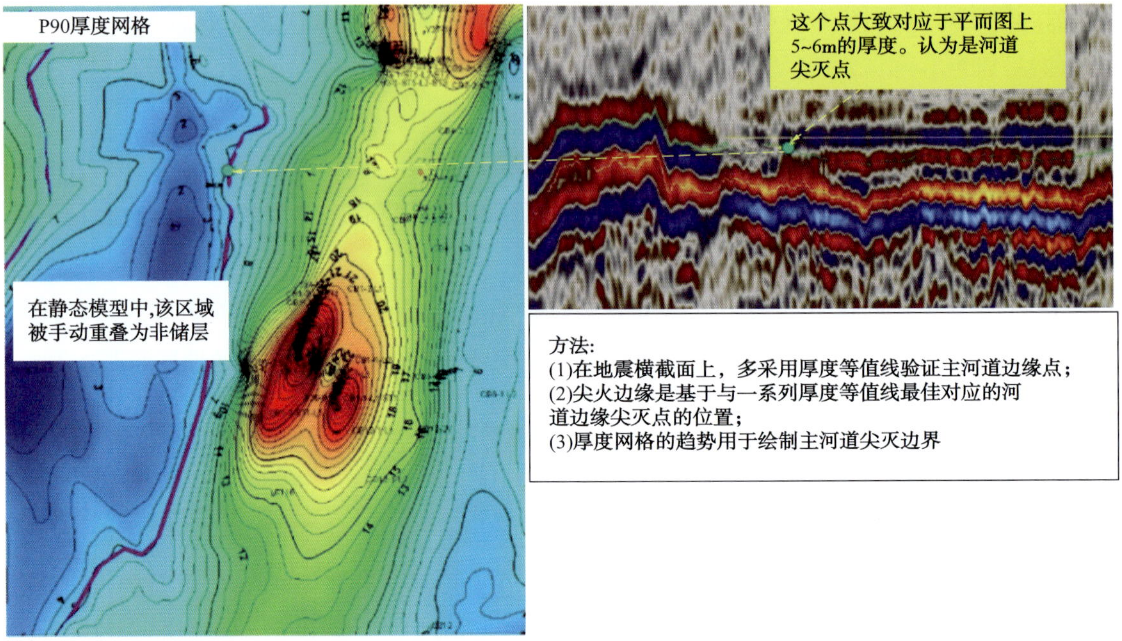

图 3-13　井一震联合主河道预测储层厚度

（四）山西组砂体内切河谷的边界预测

在对地震资料砂层的解释和沉积相研究的基础上，预测了长北山西组砂体内切河谷的边界（图 3-14），西边界比较清晰可靠，东边界在中北部比较清晰可靠，南部已超出长北地区的范围。据此，可以确定长北气藏砂体的边界。

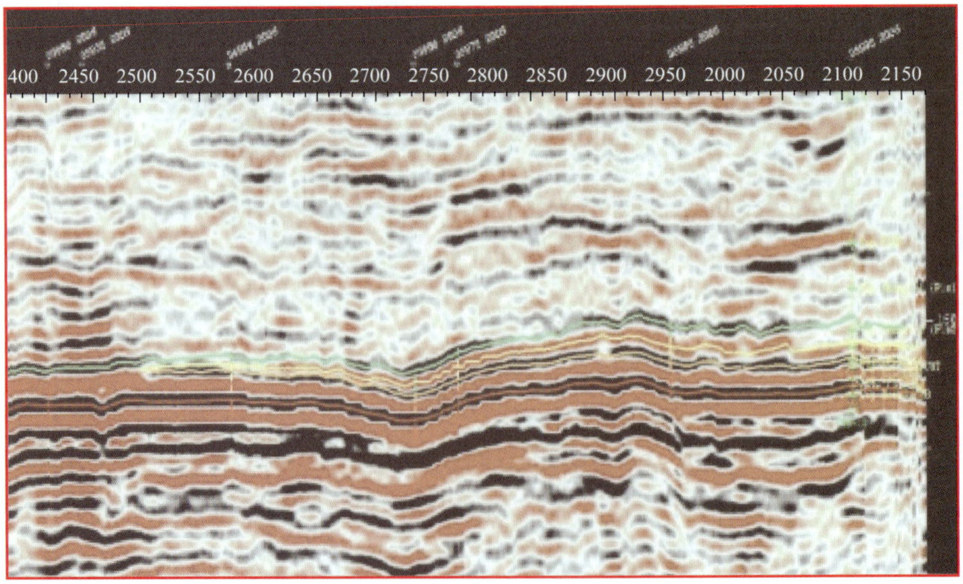

图 3-14　内切河谷的边界解释图

建立河道边界的砂体叠置模型，并根据实钻结果表明，河道边界单砂体分散分布的特征模型更符合实际（图 3–15）。

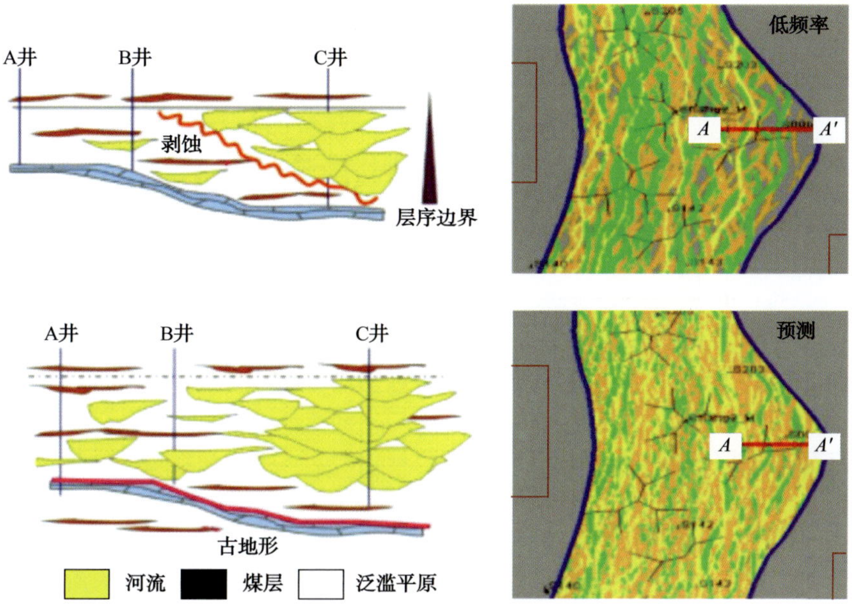

图 3–15　河道边界特征模型

四、沉积单元的划分

基于最新沉积学研究成果，山西组的石英砂岩储层分为四个沉积单元。这四个沉积单元主要包括：①高能环境下的粗粒砂岩河道充填沉积；②中等能量环境下的中－粗粒砂岩河道充填沉积；③低能环境下的细粒砂岩河道充填沉积；④废弃河道环境下的泥岩沉积（非储层）。

其划分依据主要依靠单井的岩心资料，并外推至缺乏岩心资料的单井，为储层相建模提供基本的框架。对于缺乏岩心资料的单井，其电测曲线的特征不足以用于沉积相划分，对四个沉积相的单独解释工作必须综合解释过的孔隙度、渗透率曲线及自然伽马曲线特征以及录井资料得以实现。依据电测曲线解释的渗透率越高，代表河道充填的沉积环境能量越高。

四个沉积单元反映出不同的孔—渗关系（图 3–16）。在孔隙度基本一致的情况下，高能环境沉积的粗粒砂岩沉积相具有较大的孔喉半径、其渗透率也高于中等和低能环境下沉积的河道充填相。岩心薄片常规分析结果显示，高渗透率（大于 $2\times10^{-3}\mu m^2$）样品的粒度主要以粗—更粗或砾石级为主，证实了颗粒大小对储层物性发育的影响。尽管山西组石英砂岩中石英颗粒中胶结作用较为普遍，但不足以影响储层的物性发育。

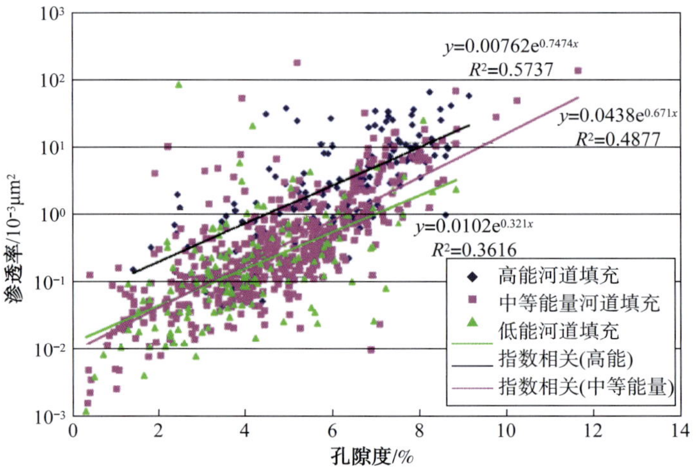

图 3–16　沉积背景下的孔隙度—渗透率对应关系所划分的沉积相类型

五、阻流带的识别及其特征

山西组石英砂岩主要形成侧向迅速迁移的辫状河沉积环境。如细砂岩含量较低的席状砂体（粉砂、泥岩及煤层的含量少于 5%），而且由断层 / 裂缝形成的流体分隔单元不发育，这种席状砂体是相对比较典型的连续型气藏。然而，生产井测试资料及其产量数据（1999—2004 年）说明了山西组石英砂岩储层中发育部分边界发生着流体侧向流动的夹层（但该夹层并非真正意义上的阻流带）。

（一）阻流带的识别

为了更好地摸清气藏的动态情况，长北区块下入井下压力计进行了 9 口井的试井作业，所得的动态数据（表 3–2）对气藏情况有了更深入的认识，结果证明长北区块山西组碎屑储层在横向广泛连续分布，但是具有气层薄、非均质、低孔隙度、低渗透率的特点（图 3–17、图 3–18）。

表 3–2　9 口井试井数据

井号	渗透率 / $10^{-3}\mu m^2$	有效厚度 / m	渗透率 × 厚度 $10^{-3}\mu m^2 \cdot m$	裂缝半长 / m	裂缝表皮系数	拟径向表皮系数	距离第一个边界 /m	距离第二个边界 /m	产量压力恢复前 / (m^3/d)	压差 @ 压力恢复末 /psi	产能指数 / [m^3(d·psi)]
S141	3.45	24.75	85.28	45.0	0.21	−5.2	205	205	363000	397	914
Y28−12	1.05	26.25	27.56	87.2	0.15	−5.9	198	931	184000	484	380
S211	2.00	37.00	74.00	44.3	0.17	−5.2	48	79	262000	710	369
Y36−9	0.85	23.50	19.98	68.7	0.83	−5.0			263000	1166	226
Y27−11	0.34	18.75	6.47	100.0	0.50	−5.7	200	200	117000	1101	106

（续表）

井号	渗透率 / $10^{-3}\mu m^2$	有效厚度 / m	渗透率 × 厚度 $10^{-3}\mu m^2 \cdot m$	裂缝半长 / m	裂缝表皮系数	拟径向表皮系数	距离第一个边界 /m	距离第二个边界 /m	产量压力恢复前 / (m^3/d)	压差 @ 压力恢复末 /psi	产能指数 / [m^3(d·psi)]
S117	0.45	14.62	6.58	75.8	0.70	−5.2	67		93000	1568	59
S143	0.66	11.12	7.34	82.1	0.49	−5.5	77	77	52000	983	53
Y29−10	0.54	11.75	6.35	37.7	1.33	−3.9	72	350	51000	1064	48
S142	0.16	13.88	2.15	59.4	0.05	−5.6			71000	1663	43
Y35−8		9.62							24000	1605	15

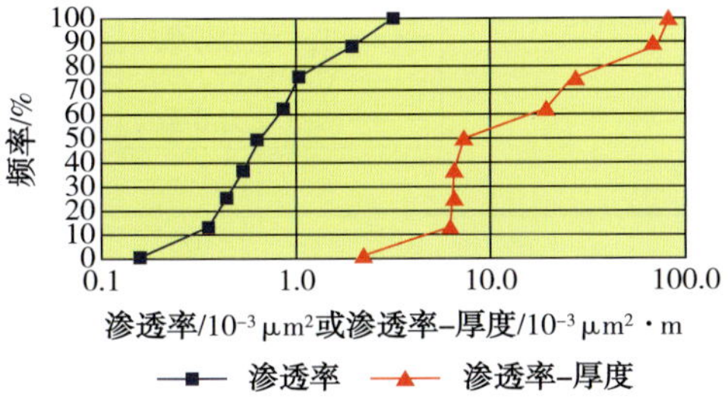

图 3-17　累计频率

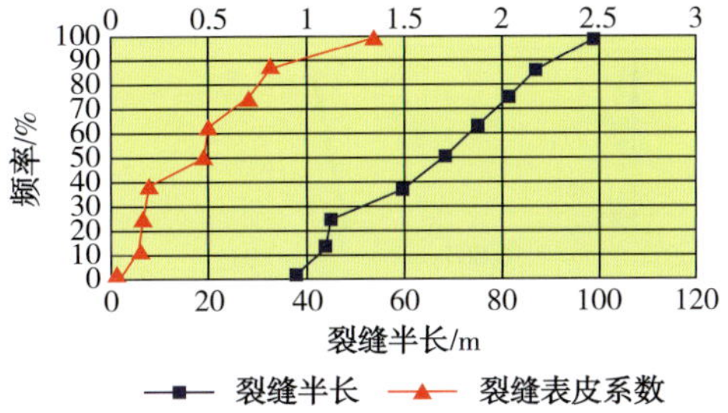

图 3-18　累计频率裂缝半长和表皮系数

此外，广泛分布的低渗透地层边界或“地质阻流带”的存在，降低了储层的连通性，并把储层分成“分块”的若干区块。储层的这些特点对井的产气能力有显著的影响，并给气田开发的经济效益带来极大挑战。通过对压裂井阻流分析发现其存在平行边界，表现出明显的河道特征，估计河道宽在 130~1100m（图 3-19）。

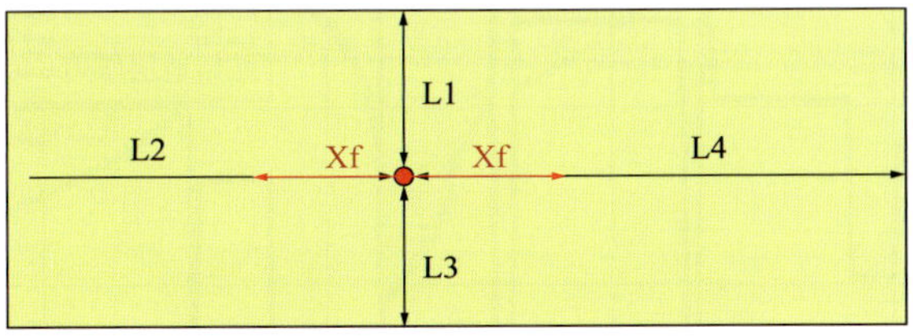

图 3-19　压裂井的河道模型

对 9 口进行动态测试的井进行了解释（图 3-20），其渗透率的范围为（0.16~3.4）$\times 10^{-3}\mu m^2$，中值为 $0.66 \times 10^{-3}\mu m^2$。对于上述的 9 口井，裂缝半长的范围为 40~100m，中值为 70m。在此 9 口井中，有 7 口井的动态压力变化提供了存在邻近边界的证据。在 4 口井中，边界存在于两侧，气藏呈河道状，河道的宽度约为 600m。在 4 口井中，有来自河道以外的补给，说明河道的边界有渗透，石英砂岩段中存在着阻碍水平流动的泄漏致密带（等于阻流带，不是完全的隔层）。

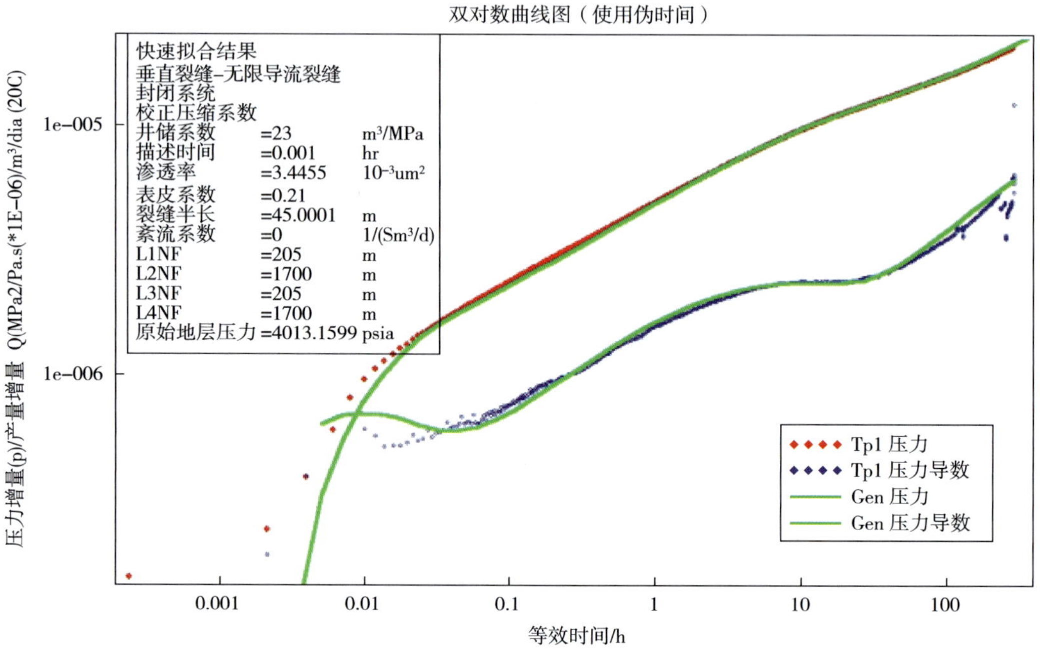

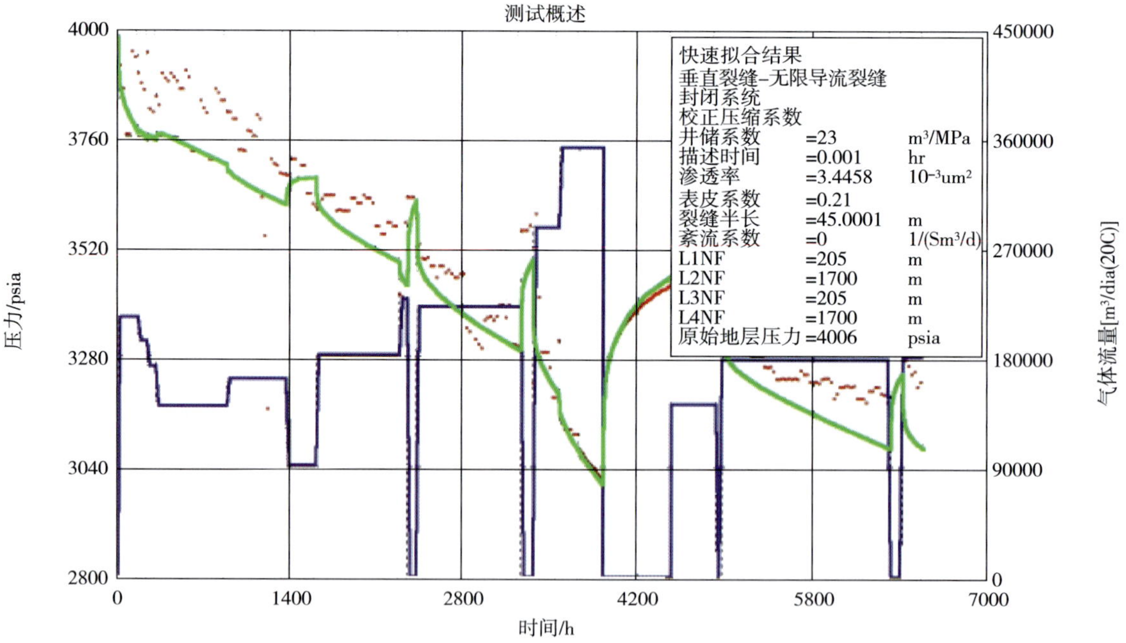

图 3-20 系列双对数曲线

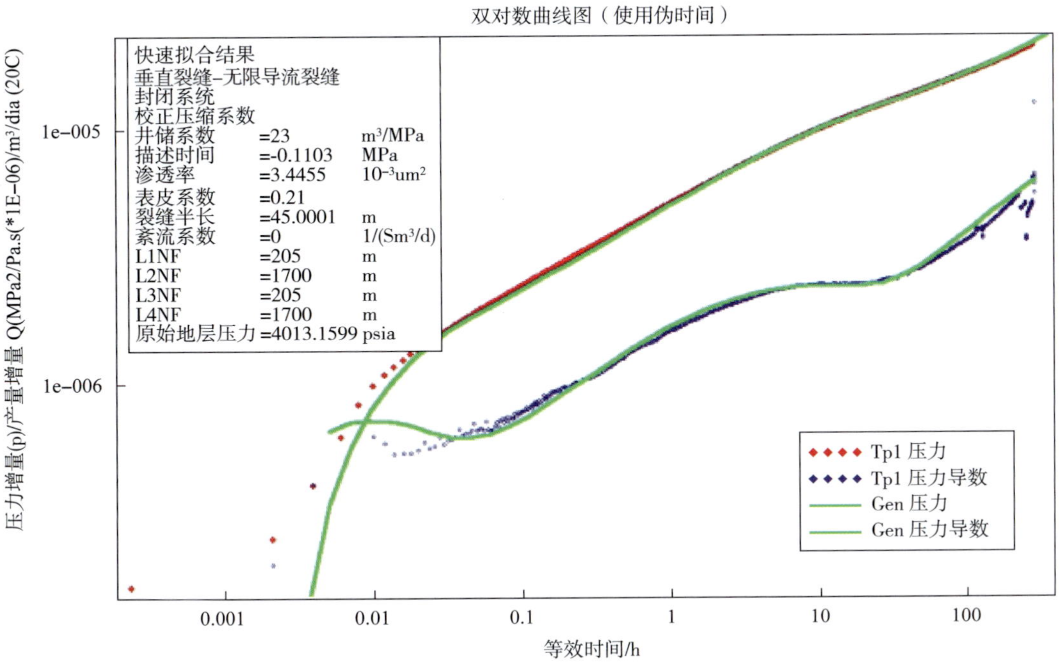

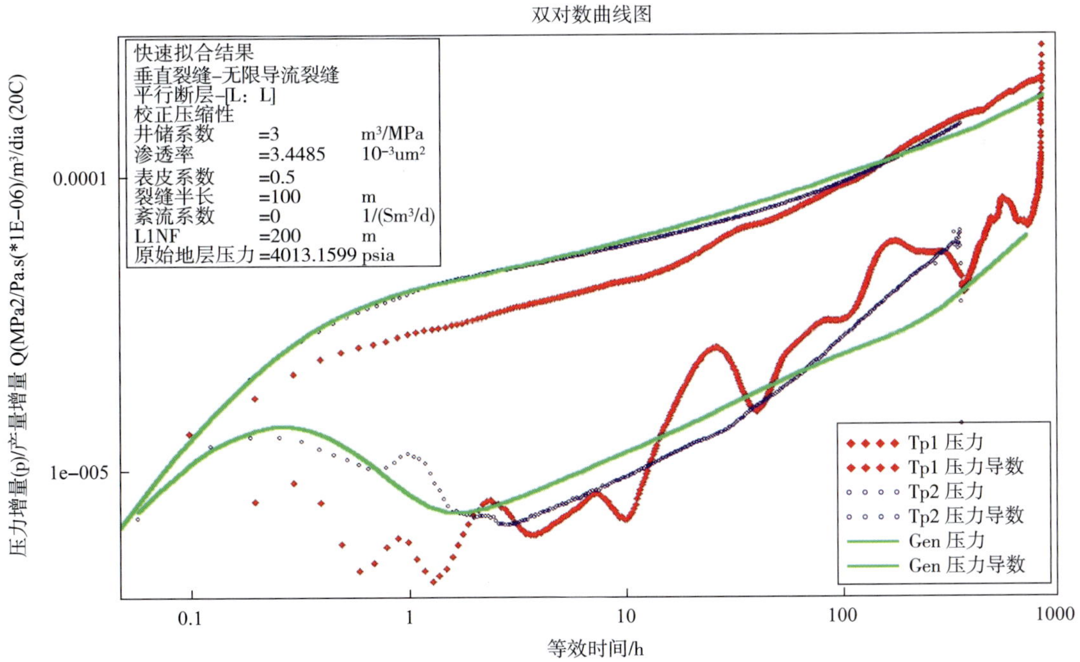

图 3-20 系列双对数曲线（续）

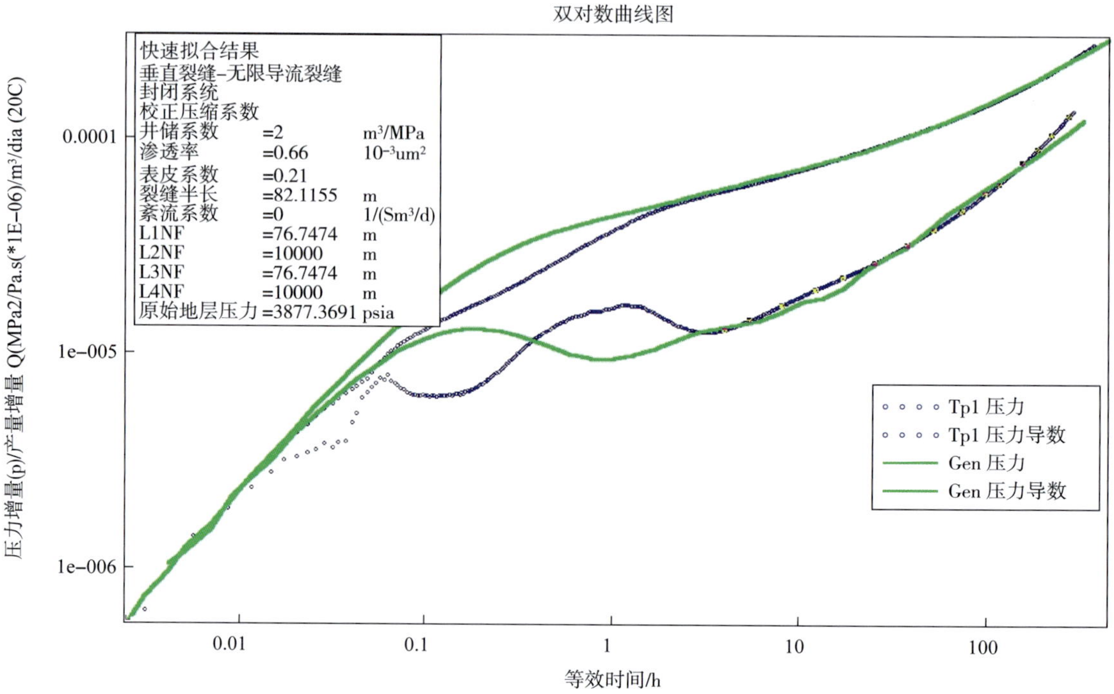

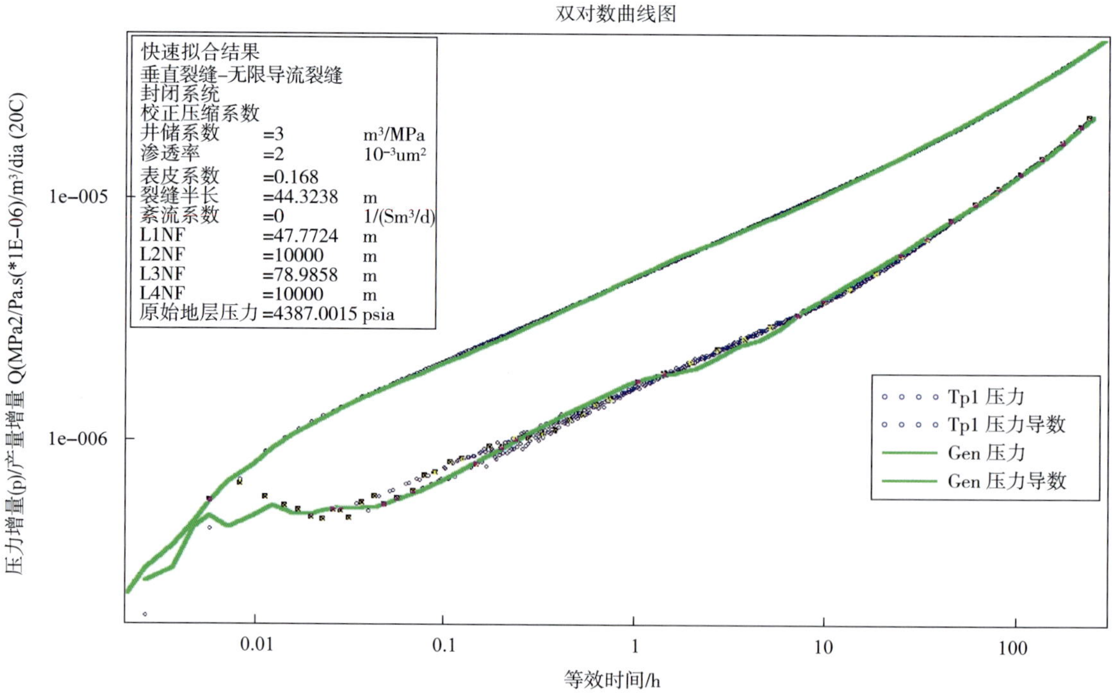

图 3-20 系列双对数曲线（续）

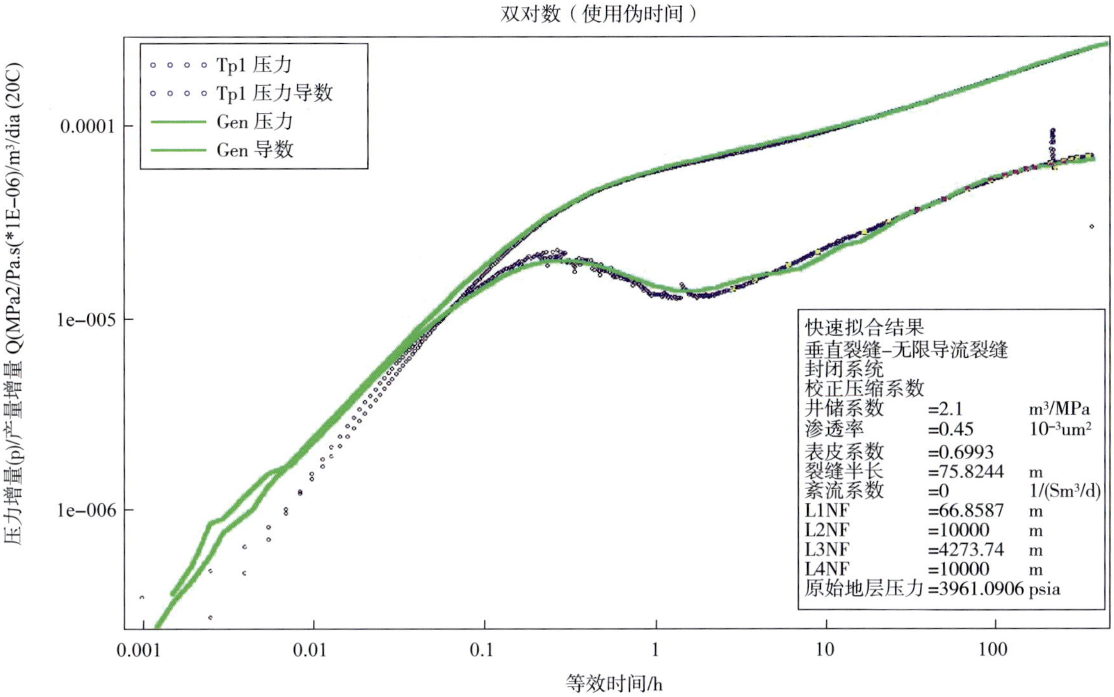

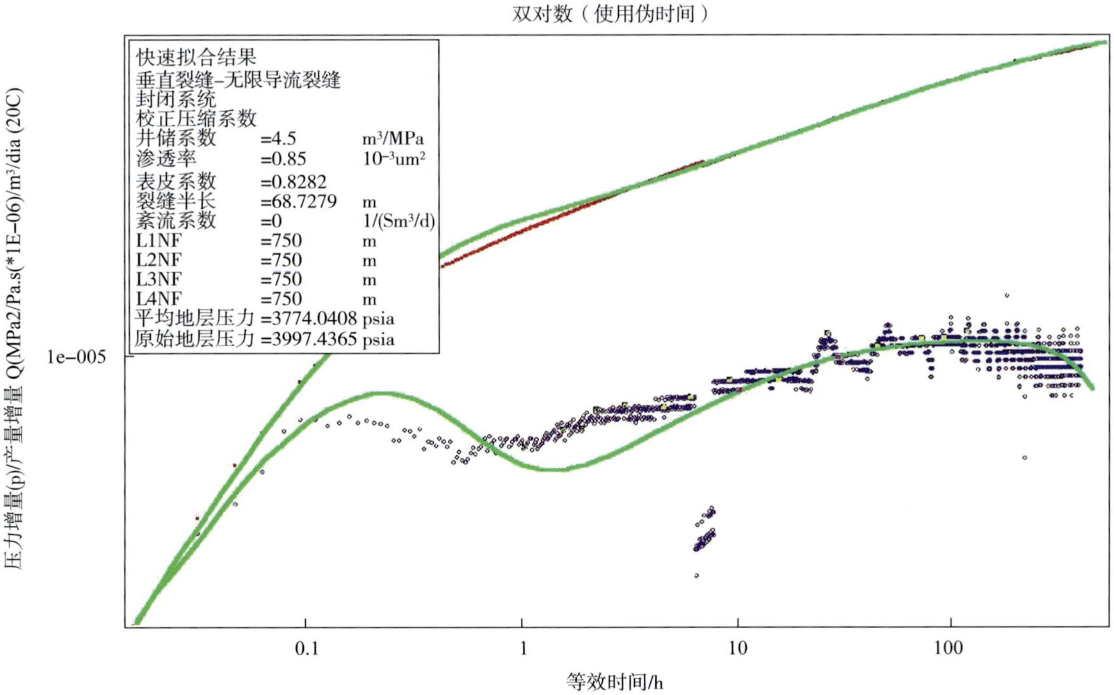

图 3-20 系列双对数曲线（续）

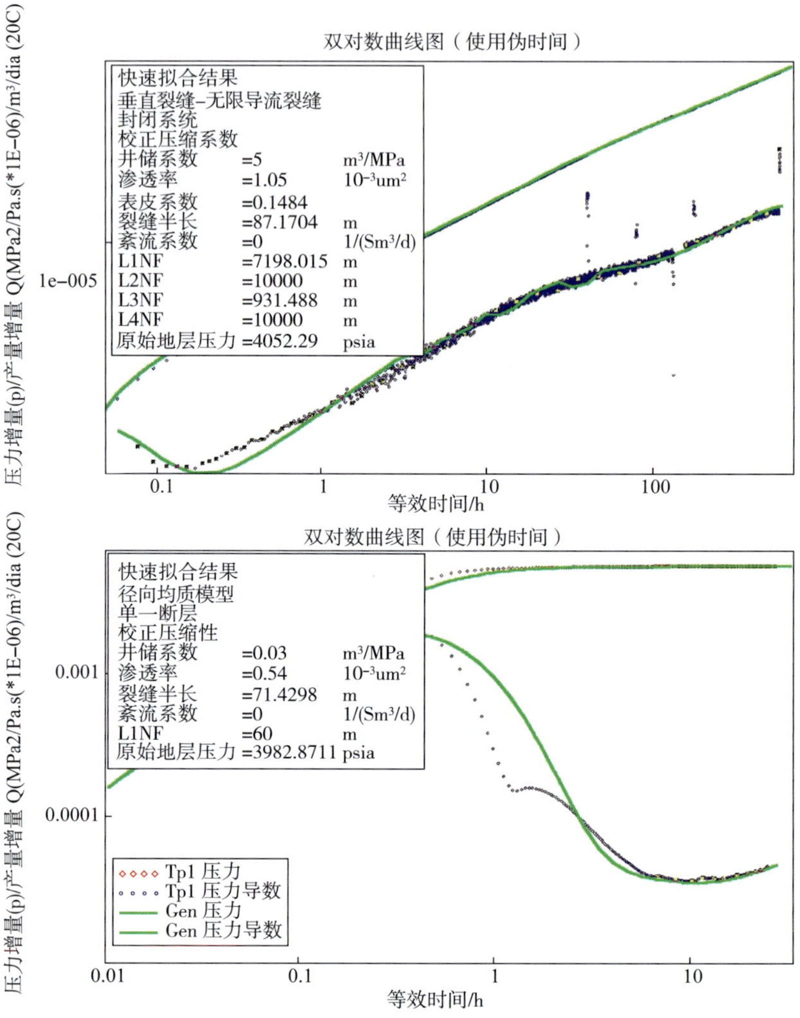

图 3-20　系列双对数曲线（续）

（二）阻流带的类型

根据生产井测试报告中显示的限制流体流动的阻流带，反映出单一河道砂体（河道、沙坝）的边界和储层内部的非均质性（如砂体的侧向相变）的综合作用结果。这些阻流带又进一步细分为：废弃河道夹层，河床底部滞留、决口扇，缝合线夹层，河床底部边界，砂体边界，石英砂岩总厚度变化。

1. 废弃河道沉积

废弃河道的发育反映出，在当时沉积环境下，局部河道流动的能量降低，河道弯曲度增大，伴随而来的是颗粒变细、植被繁盛（煤层发育）。废弃河道的沉积特征主要发育于河道或沙坝顶部，呈波状层理夹于细粒砂岩中，向上过渡为泥岩。平面上，单一废弃河道呈扁平状，底部具有粒度渐变特征，顶部较为局限，侧向上遭受河道侵蚀作用影响。测井资料解释显示储层厚度平均为75~100cm。水平井Ch2显示出向上变细的废弃河道沉积序列最大厚度为3.8m（2.6m的致密细砂岩向上被1.2m的泥岩所覆盖）。在Ch1井和Y26-12井也见到类似的沉积特征。

废弃河道多发育在山西组石英砂岩的顶部，代表了颗粒粒度变细、沉积物可容空间增加的沉积环境，其沉积厚度向上增厚，适于沉积物长时间沉积、保存和植物生长的有利空间。由于易受上覆河道剥蚀作用影响，废弃河道沉积序列的底部较顶部更容易被保存下来。

2. 滞留河道 / 决口扇 / 煤层

河道底部多以卵石沉积为主，包括遭受剥蚀的碎屑岩 / 决口扇沉积角砾岩等。部分井中见到较厚的煤层（如Sh211井），主要由高等植物的树干而不是植物的细根演化形成的。碎屑岩主要来源于主河道内部或河道底部或侧向曾遭受过剥蚀的地层。这些地层分选差、常见致密的碳质成分及菱铁矿化的泥质碎屑岩，易形成局部发育的隔层。滞留河道沉积物呈席状发育在河道底部，有些在河道边缘也发育。相对于深水河道沉积，辫状河的滞留河道沉积物发育的可能性很少。

3. 缝合线

缝合线在砂岩的层理或纹层中较为常见。长北区块的缝合线构造主要是与压实作用有关的压溶作用的结果，随之而来是石英碎屑岩被溶解，沉积了大量的碳质成分、泥卵石及自生黏土矿物（如伊利石、高岭土等）。缝合线主要发育在滞留河道或河床底部的、含碳质的中—细砂岩地层中。试想，若河道中携带了大量的富含植物的碎屑物质，那么在整个河道充填物中，缝合线会比较发育。

尽管缝合线在平面上呈很薄的平面特征（小于1cm），但发育在缝合线上部和下部的石英砂岩中的次生石英胶结物含量增加。平面上，缝合线主要平行主应力方向，但受挤压应力作用，其闭合方式对流体在水平和垂向上的流动形成阻碍作用。如果缝合线呈多期发育，则容易形成低渗透地层。

鉴于缝合线对储层物性发育和流动单元划分具有重要影响，项目组对此展开了相应的研究工作，包括具有缝合线的岩性薄片分析、黏土矿物X光衍射分析及原始岩心常规分析等。

岩性薄片分析报告显示在缝合线附近几厘米厚的石英颗粒溶蚀区，高岭石含量最高可达到80%左右，这些新形成的胶结物在缝合线附近形成了低渗透带。而在不发育缝合线的砂岩层中，高岭石的含量仅为5%~10%，84%~94%石英颗粒溶解在石英颗粒溶蚀区。在缝合线附近溶解的石英颗粒在晚期石英胶结阶段与山西组石英砂岩沉积在一起。

缝合线附近的黏土矿物 X 衍射分析结果显示，不同的缝合线其成分也不同。沿着缝合线附近沉积了黏土矿物（如伊利石、云母、高岭石）、有机物质、石英、钾长石、白云石、微量方解石、黄铁矿、氧化钛等，其含量变化很大。

通过岩心薄片解释出来的渗透率，最小值为 $0.016\times10^{-3}\mu m^2$，该值高于井测试结果的 2 个数量级。由此可以看出，缝合线的发育不可能是大的流体流动单元划分的主要因素，而且其侧向展布也比较局限（近几厘米到几十米的范围）。

4. 储层底部边界

沉积在前积和侧积层底部的细砂岩从平面上和垂向上都容易形成复杂的隔层结构，其几何形态可延伸至几米、几十米甚至几百米范围。岩心资料显示，细砂岩的厚度较薄（<2~3mm），主要由碳质成分组成，含少量的泥岩（4%）和菱铁矿成分。野外露头观察发现，泥岩层主要发育在槽状交错层理的底部，仅几厘米厚，或分布于沿着侧向加积作用的前积层。由于细砂岩在储层底部具有较薄的发育特征，这种类型的隔层被认为发育比较局限，可能位于生产井测试资料解释出来的储层流动单元的边缘，降低了长北区块整体的渗透率和 K_v/K_h。然而，值得一提的是，细粒级颗粒占主要成分的辫状河沙坝中，沿储层底部边界发育的细粒级颗粒成分易形成制约水平方向流体流动的隔层。

5. 砂体发育边界

辫状河沉积环境下，单一河道砂体基本上都呈透镜体状分布。受底部强烈的胶结作用和砾石的压实滞留沉积作用及顶部的泥岩盖层及粉细级和波状层理控制，使砂体边缘部位的渗透率降低。通常情况下，发育相对比较好的石英砂岩中常夹有泥质夹层和泥质砂岩夹层。距离超过 500 米范围的砂体侧向对比就已经不明显了。可见，单一砂体的空间展布规模（长度和厚度）很小，而长北区块开发早期的随钻结果也已经证实了这一特征。生产井的测试结果所反映出压力流通现象可能为以下几个原因所致：①由沉积相变化导致的砂体边界岩石物性变化而形成的不完全封闭。②砂体间相互切割、导致颗粒分选和叠加方式复杂化，从而影响储层的渗透性能。

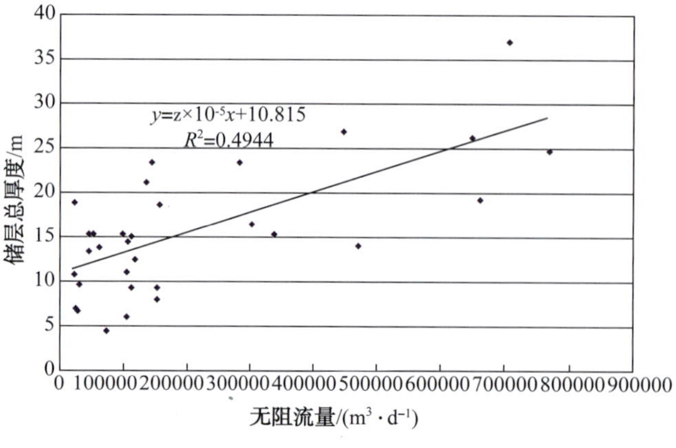

图 3–21 无阻流量与储层总厚度之间的相关性图

6. 山西组石英砂岩总厚度变化特征

通过井测试数据计算得出的无阻流量与储层总厚度之间呈现出大致的对应关系（图 3–21），即在山西组石英砂岩发育较厚区域的无阻流量高于河道边界区域（图 3–22），主要是由于储层物性较好、地下储量相互连通。非均质成分相对较少的干净的粗砂岩主要是沿着主河道方向发育，形成区域上的高渗带。在图 3–23 的储层厚度图上，叠加了依据井测试数据计算出的储层连通范围。范围超过 600m 的测试结果主要受厚的储层控制，而范围小于 600m 的情况下，其测试结果更具有随机分布特征。以上分析说明储层总厚度与隔层的发育、几何形态及幅度等之间具有一定相关性。

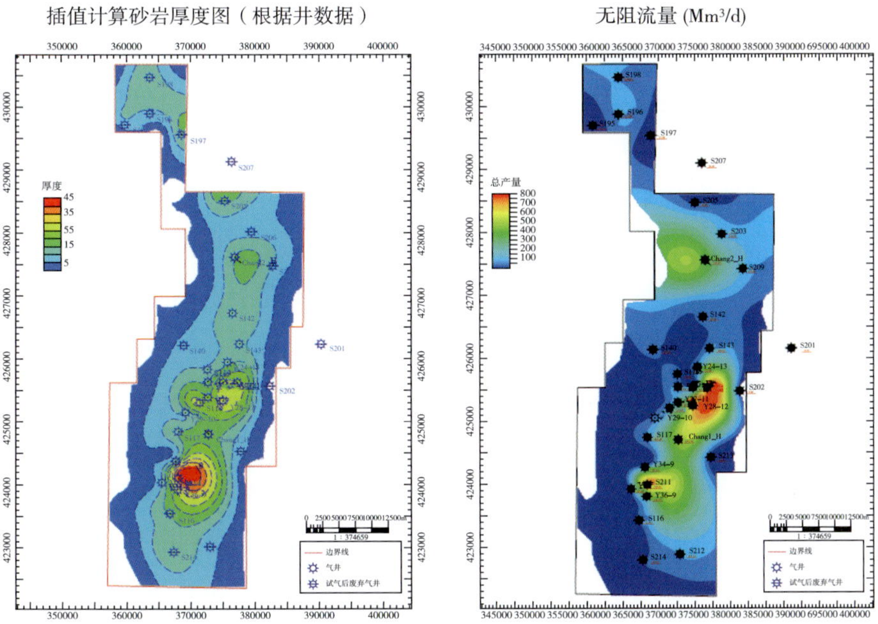

图 3–22　山西组石英砂岩厚度与无阻流量的对比图

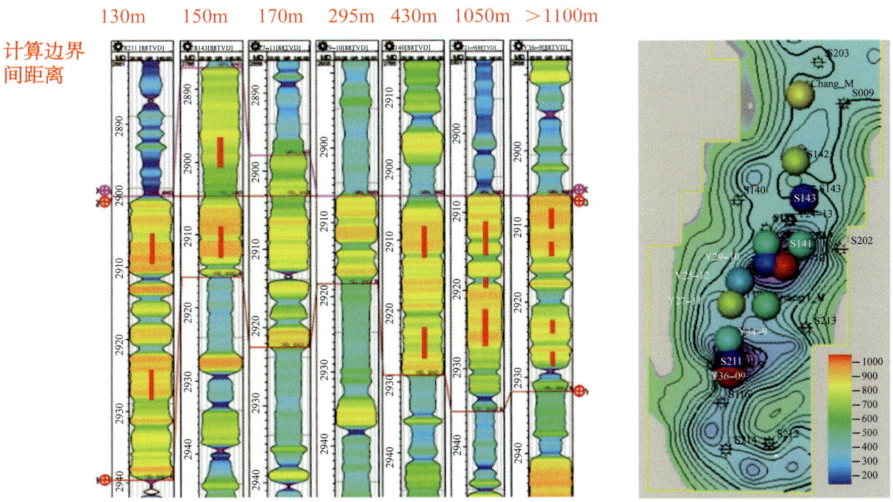

图 3–23　依据经测试数据计算出的储层连通范围与储层厚度叠合图

（三）阻流带的形态

每个类型的阻流带的致密性和面积展布都很不确定，不能直接根据沉积学概念建立复合阻流带的随机模型参数。理论上的模拟为三维沉积建造，但是，有关阻流带大小的定量信息是很有限的，而且尚未形成建立随机模型参数所需的统计基础。前人叙述了在 Westwater canyon 段辫状河沉积中三种不同规模的向上变细的正旋回。解释说不同等级的旋回的边界面可能连在一起，从而形成复杂的侧向延伸的阻流带。在该研究中，已测量的露头剖面表明席状正旋回可以侧向追踪到约 1km。1993 年，Jones 和 Hartley 给出了对南威尔士上石炭系 Pennant 储层非均质性的描述。在这一古老的类比中，尽管没有缝合作用的记录，隔层类型与在山西组主力储层中观测到的隔层还是很相似的。根据观测，接近河道充填顶部或在河道侧翼，砂岩更加不纯。这篇论文解释了砂岩连续性以及非均质性规模变化的不可预测性。其他辫状平原产层中隔层的例子也给了出来。所有这些例子都来自油田。辫状流气藏中的隔层是一个很少有文献记载的问题。埃及的 obaiyed 油田是少有的几个记载有隔层的辫状流气藏之一。但是，即使是在对它的研究中也不能得到适用于长北区块的几何信息。

与横向延伸和三维几何形状的数据不同，从直井资料中可得到隔层（定义为泥岩或致密性大于 $0.02\times10^{-3}\mu m^2$）的厚度分布数据。这些数据为模拟水平阻流带提供了基础。钻井中遇到的隔层厚度暗示了隔层含有约 10% 的石英体（7%~8% 的不纯砂岩，1%~2% 的泥岩和 1% 的煤）。隔层在内切河谷中的分布很没有规律，无法得到隔层平面上的分布趋势。缺乏对全气田范围内趋势的了解可能表示了近源到远源的沉积相变化超过了辫状河继承来的变化性所引起的局部岩相变化。Ch2 井也给出了一个对隔层厚度和最小侧向延伸的估计。水平井钻遇到了一个 3.8m 的向上变细的层序，此层序以一个连续至少达 100m 的泥岩为顶。露头中的泥岩视宽度范围为 12~200m，厚度范围是 10~100cm。泥岩厚度在小范围内（<15m）由 0 变成 75cm。

垂向隔层的间距和强度是根据在 Mores 中对试采（试采井）结果的校正而确定的。根据试井解释结果，传导阻流带与水平流动之间的平均距离为 600m（最低为 200m，最高为 1000m。根据岩心，设定河道深（厚）度为 6~8m，那么类比数据表明，这些间距可以很好地反映了一期河道叠加的辫状河沉积的心滩或河道的范围。把根据试井资料计算出的阻流带间距（200~600~1000m）作为长 3400m 的封闭的箱状构造的短轴，其长轴方向与主河道延伸方向平行。

因为一些试井资料表明废弃的河道其末端的宽度都大于 10000m，所以希望能够证明目前对阻流带间距的估计以及对封闭阻隔箱的假设是保守的。

试井过程中，如果流速测量仅在比目前估计到的更薄的层（高渗透层）实施，那么就可以计算较宽的阻流带间距。这可能是岩心微渗透率剖面中看到的高垂向变化造成的。

根据 16 口试采井的生产资料和静态测试资料，连通天然气原始地质储量平均为 $6\times10^8m^3$，这与局部储层平均厚度下的平均供气面积 3.6 平方公里相一致。用于动态模拟的封闭阻隔箱的面积为 0.7~2.0~3.4km^2。阻隔箱比供气区域小，显然它不具备致密特征。

为了增加井眼连通天然气原始地质储量，并降低水平阻流带导致未波及储量形成的风险，必须利用可以钻穿多个河道体的水平井进行气田开发。开发石英砂岩较厚的地区（以及与井筒的垂向距离较长）时，利用多分支井，即沿垂向分布的多个水平井，可能会降低错过这种未波及储量的风险。

第三节　三维地质建模及储层预测

基于前期的地质认识开展了地质建模工作，其主要流程如下：

第一步：核实所有测井解释数据和曲线。对新完钻的双分支水平井进行沉积相解释，并保证所进行的河流相沉积学研究成果和沉积相划分与当前的地质概念相匹配。

第二步：对沉积相测井曲线进行“most of”方法粗化 / 离散化（40 个网络格架）。并对粗化后的和未粗化的测井数据进行对比分析，以保证所有输入数据都被保留。

第三步：数据分析。专门针对所有井的沉积相数据，使用比例曲线进行分析，确保砂 / 泥岩在垂向上的比例准确。

第四步：方差分析（经验值）和核实二维地震解释趋势。方差分析在垂向上能够显示出较好的砂体对比关系；而从侧向上和全区范围内的空间角度上，砂体对比关系则不明显。方差分析还可以用来核实最大和最小范围的区域。各向异性不明显。

第五步：先生成第一阶段的主河道内部的相模型。主河道内砂体沉积边界主要以地震响应特征，钻井结果为依据，采用中等、低、高的定义方式进行绘制的。

第六步：进行基于目标体的相建模，使用多种趋势图确定河道砂体嵌入和方向，从而模拟古水流方向。

第七步：基于不同沉积相单元对储层属性测井曲线进行粗化，保证数据从统计学角度考虑是合理的。

第八步：对粗化后的属性资料进行数据分析（如正态分布、三维 back transformation 趋势）。

第九步：基于前面的相模型建立属性模型。不考虑非储层。对于含水饱和度和渗透率建模，主要基于孔隙度模型。

第十步：检查所建立的模型，进行储量估算 / 对比。

砂体建模参数主要依靠取心井的岩心描述、测井解释数据、地质实验参数和地质特征，其中测井数据是建模过程中最基础和最重要的基础数据。长北区块主力储层属辫状河沉积体系，河道主体方向呈多期河道相互叠加，边部为单一砂体叠加特征。长北区块储层三维地质静态模型建立主要基于以下资料：全区可用 176 条二维地震解释结果（包括地震解释得到的河道边界）；95 口区块内及周边直井、水平井测井（实测和解释）、录井资料；行业全球数据库及多次野外露头考察资料。

根据测井资料，对山西组进行精细的沉积微相和高分辨率层序划分，对每个层序的岩性进行解释，并利用岩心描述及试气资料对解释结果进行标定及校对，按不同级别的层序进行地质参数统计，分别建立相当小层砂体级别的短期旋回层序的上升与下降相域的砂体顶、底深度，砂体厚度，砂岩密度和岩性及气层厚度数据表。地质特征参数的提取主要依靠于各级别层序上升与下降相域的地层厚度等值线图、砂体厚度等值线图、砂岩密度图和沉积微相图，同时提取河道方向和方位角，河道砂体厚度的变化趋势和心滩位置，分流间洼地位置等特征数据，形成随机建模过程的地质约束条件。建模之前，首先要界定好需要建模的范围，以保证模型包括整个长北区块和 207 区块、榆林南部、榆林东部和大牛地区块范围。模型的网格横向为 100m × 100m，垂向上以 1m 为间隔建立层面模型，以保证可以覆盖整个山西组石英砂岩地层，其目的是为了能够更准确地反应局部范围内储层的侧向非均质性特征，如岩心中识别出的沉积薄相带特征（如 1~2m 的泥岩夹层）。总的网格数大约 26789000 个，模型中没有旋转网格和变形网格。网格呈方形，没有方向要求。

长北区块是鄂尔多斯盆地内部受构造运动影响相对比较小的区域。截至目前，所有的地震解释都没有反映任何断层的发育。另外，有利区范围内的直井岩心资料也未观察到裂缝的发育。目前，全区内共有 5 口井的 FMI/STAR 成像资料，其中 2 口井是近期完钻的双分支水平井。早期的评价结果显示，储层内发育的裂缝可能存在开启的。2008 年还专门开展了评价综合裂缝发育对流体的控制作用的可行性研究，基于资料有限（尤其是缺乏生产测井曲线和井壁成像测井），研究成果仍无法确定裂缝的发育是否对流体流动有影响，所以在此次建模过程中，不考虑该项研究内容。

一、网格化及构造建模

（一）模型范围和维数

针对网格密度的前期调研工作认为，200m × 200m 的网格密度有些偏大，不能够体现较窄河道的沉积特征，容易漏失掉水平井中所揭示出的储层非均质性。然而，如果用

50m × 50m 的网格密度，会导致模型太大（大概 2200 × 10^4 个网格），不便于模型运行。最后决定采用 100m × 100m 的网格密度进行建模。动态模拟过程中，放弃对地质模型的侧向粗化，而对地质模型进行垂向上的粗化（图 3–24）。主要是因为垂向上粗化过程可以有效缩短多个模型同时运行的时间，而且也能更好的保留对产量影响很大的储层非均质特征。

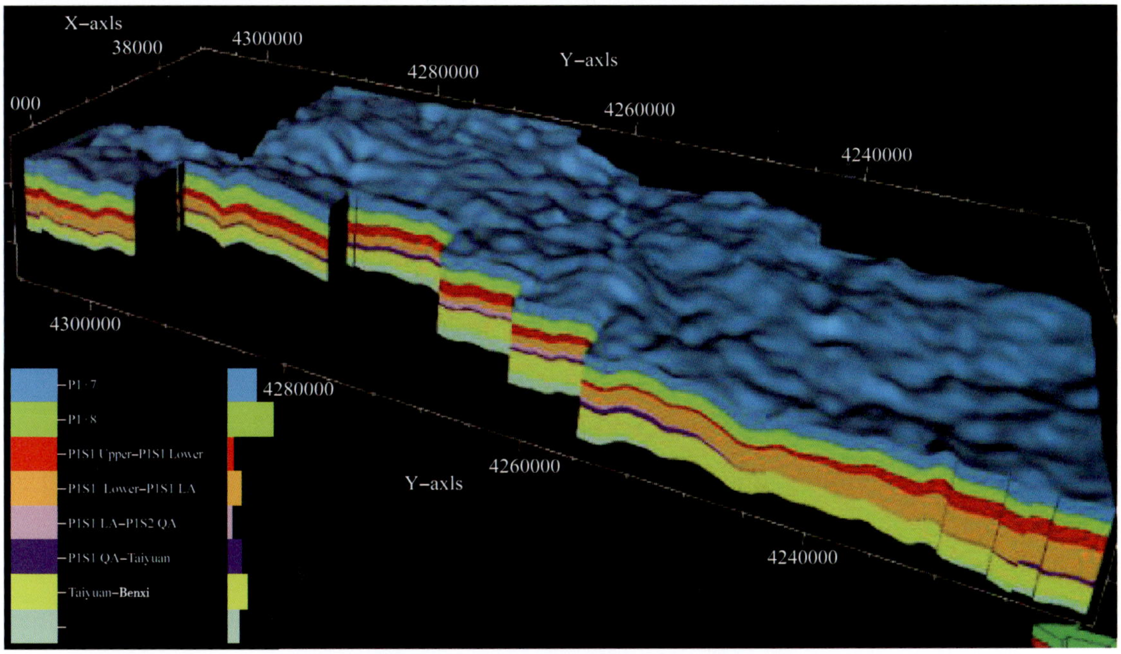

图 3–24　地质模型的三维轮廓

（二）构造建模和网格化

在构造建模过程中，构造图是构造建模的关键，通常用井间插值生成的构造趋势图相对比较平滑，因为区块内钻井河道区域集中，边部井控较少，很多构造细节没有像地震解释生成的构造图那么详细。而受二维地震过于稀疏和剩余静校正产生的问题，对石英砂岩的顶 / 底面构造显示出局部不规则，尤其是在地震线交汇的地方。而且由此在构造模型中生成的空洞 / 异常状会使动态模拟速度减慢。所以山西组 QA 储层顶面构造主要结合井点控制和地震解释成果相结合产生的。山西组 LA 储层和主力层下伏石炭系太原组构造由井间插值生成的厚度图产生。

由于长北区块没有构造闭合度和气水界面，因而构造上的不确定性对产量的影响是可以忽略不计的。与地震解释出来的构造顶 / 底面网格的可信度不同的是，通过地震资料解释出来的厚度图却可以与井间插值厚度图一起考虑进行构造建模。

（三）地质细分层及网格框架

地质细分层主要依据所使用的井间对比模式来实现。不同的井间对比模式，则可以形成不同的地质细分层。通常地质细分层的范围从保守方案的单个细层增加到参考方案中的四个分层。在进行地质细分层的过程中，应尽量避免网格削截发生。网格框架的建立是按比例进行的，考虑所有模型方案，共有 40 个框架。较细的框架要考虑在对测井曲线进行粗化的过程中，尽可能保留原始的地质信息（如薄泥岩层）。对于最厚的井（S211 井），平均的网格厚度为 1m；而对于储层厚度在 12m 范围的区域，平均的网格厚度为 0.3m，尽量与测井解释结果相匹配。如果按比例细分层过程中，无法处理在模型边缘的薄网格时，则将网格的最小厚度值赋为 1。在参考模型当中，主要以盆地范围的砂体垂向叠加方式/细分的概念上的认识为指导，进行地质细分层。

（四）粗化测井曲线

在 Petrel 软件中完成的粗化测井曲线化的过程是借助沉积相控制来保证所使用的数据具有合理性。软件中的“简单”方法就是将井曲线值匹配到井轨迹穿过的网格的过程，“neighburhood”方法是将井轨迹穿过网格和其相邻的网格取平均值进行赋值。直井，水平井测井曲线选取的粗化方法一样。相曲线粗化选取方法为“most of”“As lines”“neighburhood”。孔隙度，饱和度曲线的水平段粗化采用的方法为“Arithmetic”“As points”“simple”对于渗透率曲线的粗化采用 Geometrical 方法。

一般而言，因为模型垂向网格为 1m，对直井的测井曲线粗化的结果都是比较理想的。而对于双分支水平井而言，尤其是当井身轨迹是水平或斜穿网格的时候，考虑到单一网格的侧向长度 100m×100m，容易导致输入数据与粗化后的输出数据（平均数）之间出现一些细小的变化。模拟结果很难完全刻画出储层的非均质性特征，特别是对水平段的一些薄层（垂向厚度小于 1m）难以完全刻画。但总体来说，这些平均数之间的变化仍在标准方差的范围内。满足模型的精度要求。

二、模型的建立

（一）三维沉积相建模

Petrel 软件中包含有用于沉积相建模的确定性和随机建模的算法。例如，包括基于象元的方法（如克里金模拟、序贯模拟、高斯截短曲线）和概率场的目标方法。从地质角度出发，由于诸多算法无法使用几何数据库，因而基于象元方法无法生成一个真实的地质体。例如，由于河道的空间分布太宽、泥岩发育的太长等原因，导致克里金模拟和序贯模拟都无法生成真实的河道特征。然而，尽管基于目标方法属于概率场模拟方法，但该模拟方法可以很好地反映出目标体的几何形态，对河道的空间展布进行精确的模拟。

在建模过程中，对于河道空间展布的参数设定综合参考多种资料：①鄂尔多斯盆地的山西组野外露头。野外露头主要发育在鄂尔多斯盆地东部的抬升地层，从露头中观察到发育在储层下部的河道宽度介于10~400m，而上部的介于10~200m的范围。相关的文献资料也认为，对于单一叠加河道宽度一般不超过1000m。②最新钻遇的双分支水平井所揭示的砂体展布形态（包括平行古水流和垂直古水流方向的水平井段）。尤其是垂直古水流方向的分支井段所显示的自然伽马测井解释，整体上，经统计估算，单一河道砂体的宽度大概为90~600m。③试生产井的生产测试分析资料。生产井的测试结果显示，比较理想的河道宽度为130~400m，这一认识基本符合对野外露头的研究；④行业储层建模的数据库和文献资料。

长北区块山西组测井结果显示，主河道流体流动单元具有最好的属性框架，即高渗透率、高能环境下沉积的粗砂岩沉积特征。测试结果也反映出致密砂岩段中基本不发生流体流动。根本上，相建模的目的就是模拟不同流动单元中流体的动态模式（图3-25）。

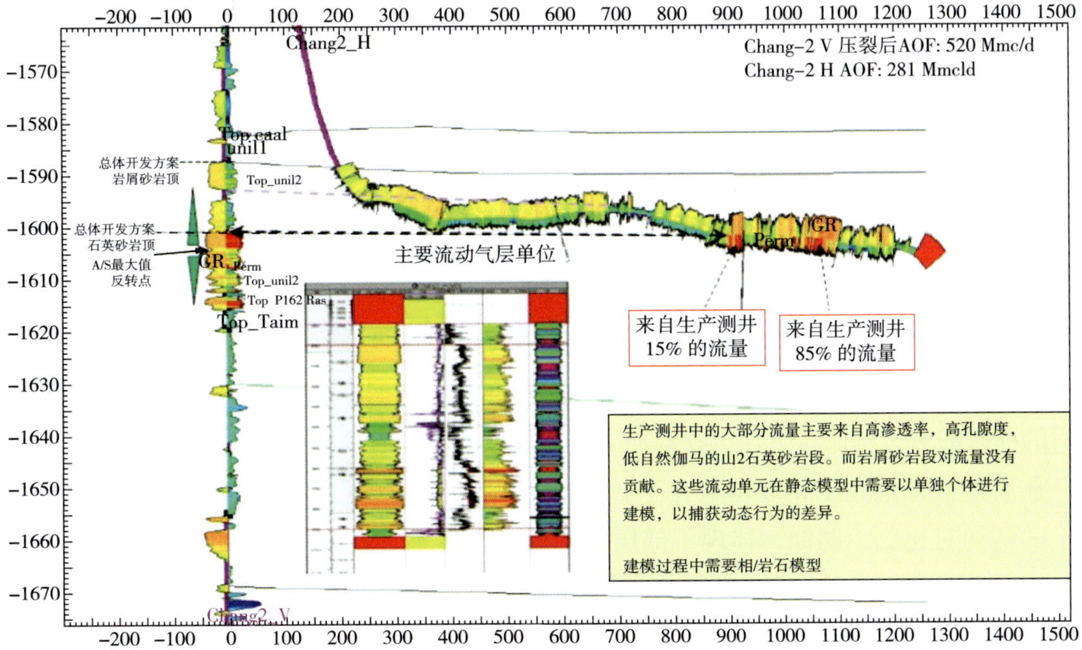

图3-25 Chang2井轨迹剖面图

基于沉积学研究成果将山西组的石英砂岩储层分为四个沉积单元（见上节沉积单元

的划分）。在相建模前，必须要建立主河道模型。主河道外部的泛滥平原泥岩沉积主要是通过人工赋值的方法进行模拟。然后在第一手相模型中进行基于目标体的相建模。建模过程中，以区域概率网格来指导确定河道砂体的起始方向，接下来在指导河道砂体的展布方向。这一区域分布趋势即是对古水流的概念性的认识。Ch1 和 Ch2 井的成像测井结果显示出的北东－南西向基本符合区域上对古水流认识（图 3–26）。

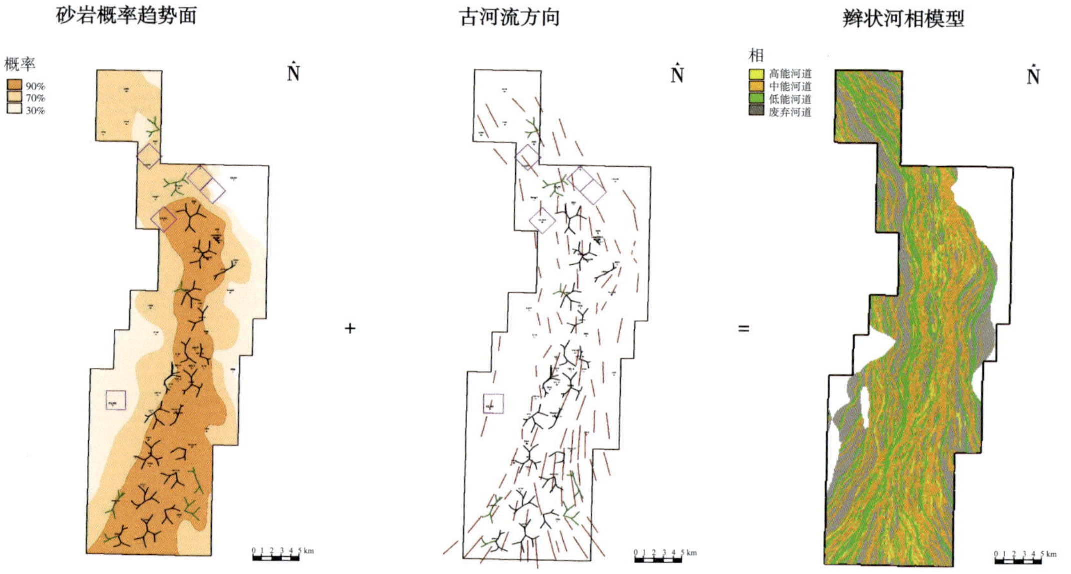

图 3–26　基于目标方法建模建立的相模型图（某一层）

（二）孔隙度模型

孔隙度建模基于相模型的基础。通过粗化后的孔隙度曲线主要采用高斯随机函数的算法模拟孔隙度分布规律。建模过程中，针对不同沉积单元赋不同的孔隙度值。对于非储层段，孔隙度的赋值不受限制。孔隙度建模主要是针对净砂岩模拟的。为了让孔隙度属性更反映实际地质意义，会采用同样的古水流方向来控制孔隙度属性插值。这样孔隙度属性结果的空间分布特征和相模型结果都相互吻合。从孔隙度模型中得到的真实的测井曲线和粗化后的曲线的对比特征表明，二者差别很小。孔隙度模型的特征如图 3–27 所示。

在属性模拟过程中，方差变化参数分析过程中考虑了近 70 口井的资料，但砂体空间上的侧向对比仍不明朗，体现了储层非均质性强。垂直方差可以通过井资料得到。垂直方差呈指数分布，分布范围在 3~4m 的范围内（图 3–28）。图 3–29 列举了根据井资料分析水平方差。对于储层物性建模而言，使用的水平方差范围为 5000m，目的是确保该范围超过河道范围，方差的范围至少大于模型网格的 10 倍以上，以增加模拟的精度。

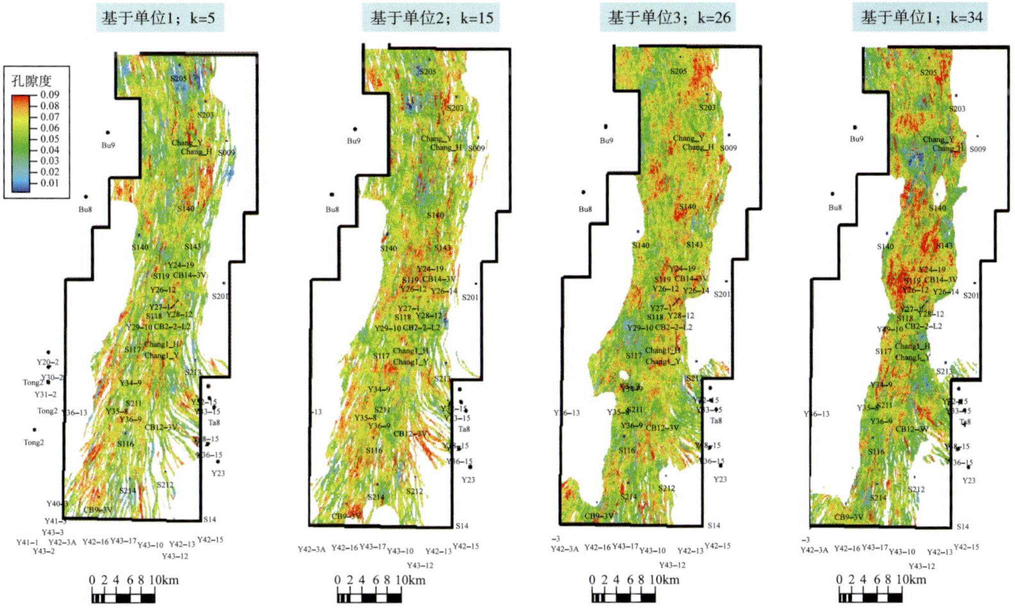

图 3-27　基于地质模型建立的孔隙度建模

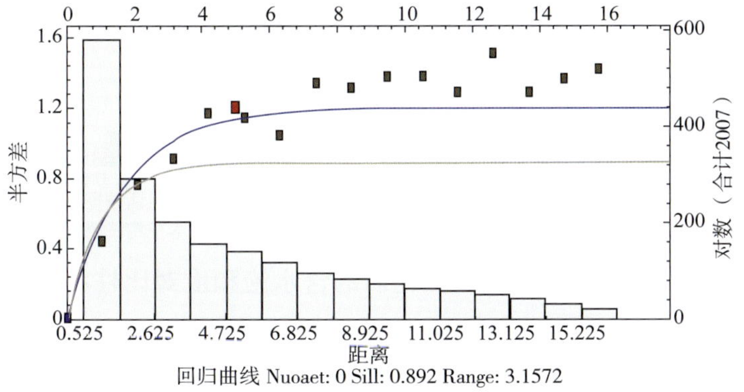

图 3-28　依据孔隙度数据分析得出的垂直方向方差分布特征

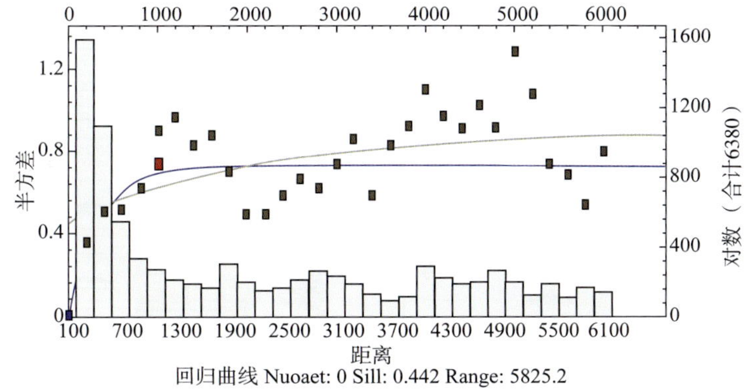

图 3-29　依据孔隙度数据分析得出的水平方向方差分布特征

（三）饱和度建模

饱和度模拟主要是通过从饱和度曲线进行的。整体上，模拟方法与孔隙度模拟相似。但含水饱和度对用上述运算方法粗化后的测井曲线更敏感。

对算术平均法和最小二乘法粗化的曲线进行过对比，其对比结果见图 3-30，尽管实际曲线与最小二乘方法粗化的结果具有很好的匹配关系，但是对于双分支水平井而言，算术平均法则显示了很好的匹配关系（图 3-31）。对于某些小层而言，最小二乘模拟方法整体上降低了含水饱和度，其结果不太合理。用上述两种方法模拟出来的粗化后和实际测井曲线的差别导致储层非均质性特征的降低。本次建模的目的，证实算术平均法粗化后的含水饱和度是一种理想的测井曲线粗化方法。

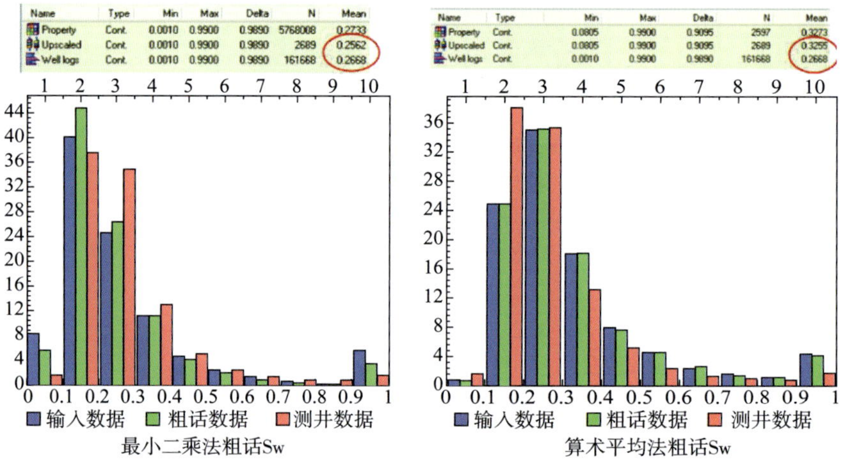

图 3-30 测井曲线粗化后的含水饱和度对比柱状图

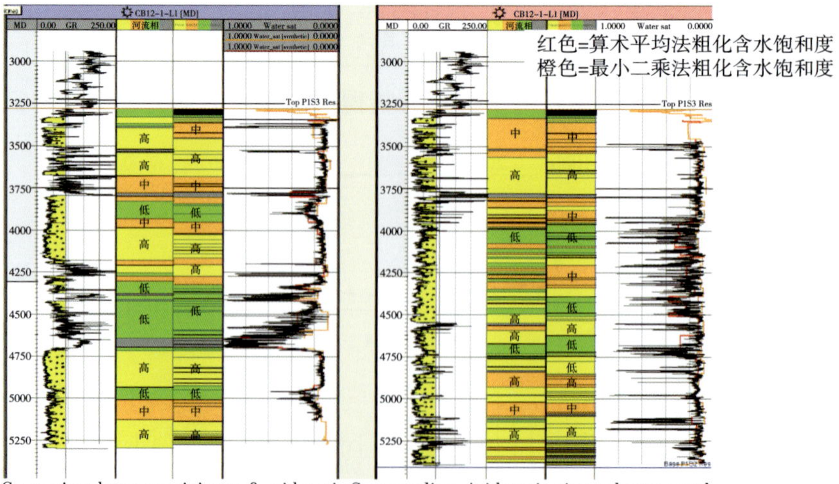

Comparison between minimum & arithmetic Sw upscaling. Arithmetic gives a better match despite apparent loss in heterogeneity due to lateral grid dimensions.

图 3-31 不同算法对含水饱和度粗化后的曲线对比图

孔隙度和含水饱和度之间的交叉图中反映出二者之间具有很强的对应关系（图 3-32）。在模拟含水饱和度属性时，将孔隙度属性作为第二变量进行协同克里金模拟参与计算（图 3-33）。饱和度分布规律是通过高斯随机函数方法来实现的，而且主要针对的净砂岩层。非储层区没有对饱和度进行赋值。

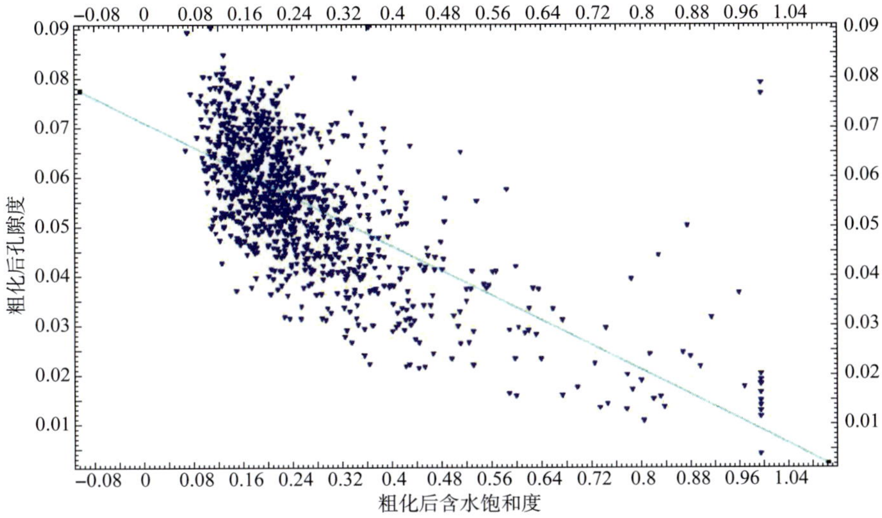

图 3-32　粗化后的孔隙度和含水饱和度之间具有很强的对应关系

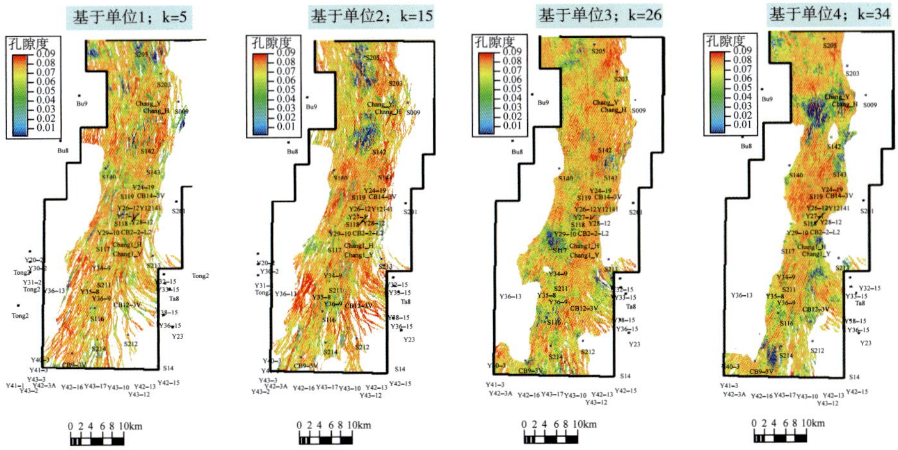

图 3-33　地质模型的基本方案中的含水饱和度模型

（四）渗透率建模

长北区块的渗透率资料主要由几个部分组成，即测井资料的综合解释结果、根据岩心资料得到的孔—渗相关性。

若依据测井曲线和岩心资料得到的孔—渗关系，建立一个不同沉积单元的渗透率模型，需要对输入的数据进行粗化以符合统计学规律（图 3–34）。对于类似长北区块这样的拼合板状的储层结构，经粗化的测井曲线能更好地反映出流体在三维空间的形态。孔隙度和渗透率交汇图表现出很好的相关性。渗透率建模是以沉积相模型为指导，通过高斯随机函数方法得以实现，主要针对的净砂岩层，非储层区没有进行赋值（图 3–35）。

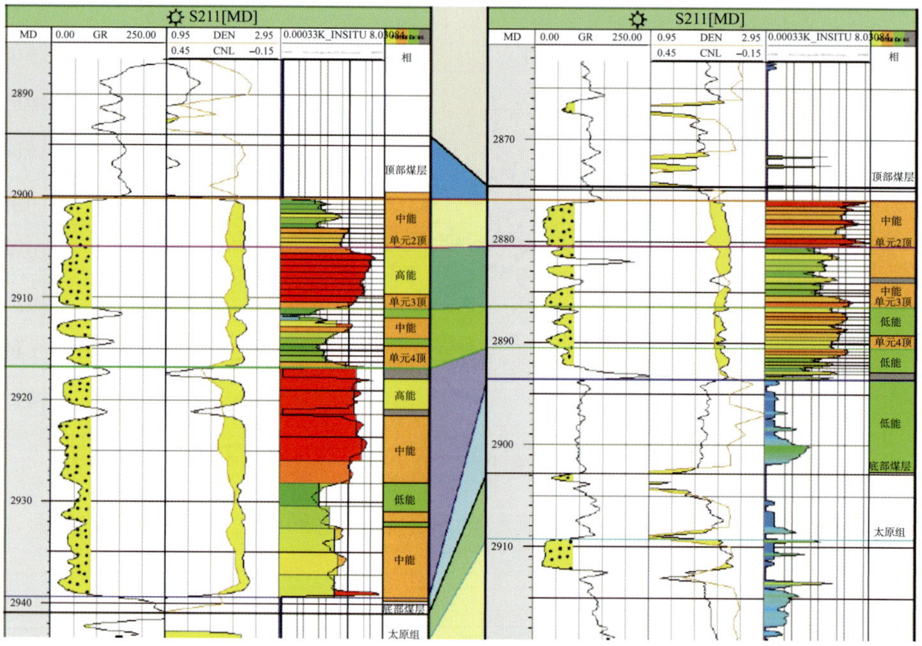

Geometric upscaling with facies as bias. Reasonable match.

图 3–34　输入数据的粗化和经粗化后的模型网格特征

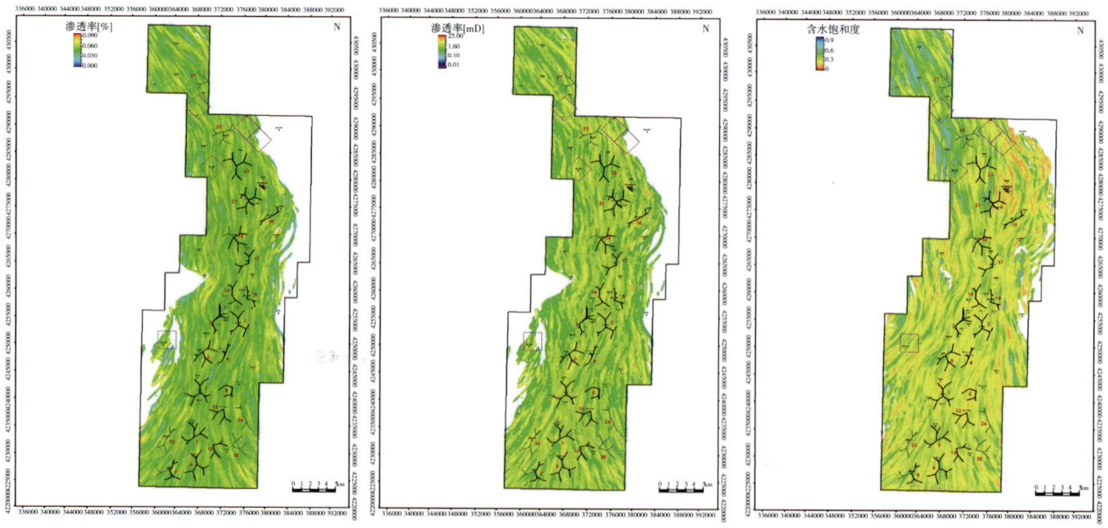

图 3–35　属性模型（单层）（孔隙度、渗透率、含水饱和度模型）

三、模型储层参数敏感性分析

在研究过程中，识别出一系列影响和控制长北区块发育的地质不确定因素，并针对最终可采储量和原始天然气储量的影响，进行了细分。针对敏感性分析而言，用于分析评价的关键地质因素如表 3–3、图 3–36 所示。

表 3–3　地质因素及对储层建模的控制作用

参数	可能的不确定性及影响程度
砂体厚度	高
主河道边界轮廓 – 河道边缘尖灭的位置	高
砂体对比	中 – 高，对动态模型的影响大
区域砂体净毛比及叠加方式	中等
沉积相 / 流动单元划分	低
砂坝的空间展布	低
主河道的展布形态	中等，在开发初期中影响最大
沉积相建模的算法	低
裂缝及断层	中等，主要是对于动态建模的影响
储层属性建模中的变量范围	低
静态岩石物性，如孔隙度、含水饱和度等	中等，根据井资料获得的平均值基本处于致密气藏的范围
动态岩石物性，如渗透率、垂向与横向渗透率的比值	中等

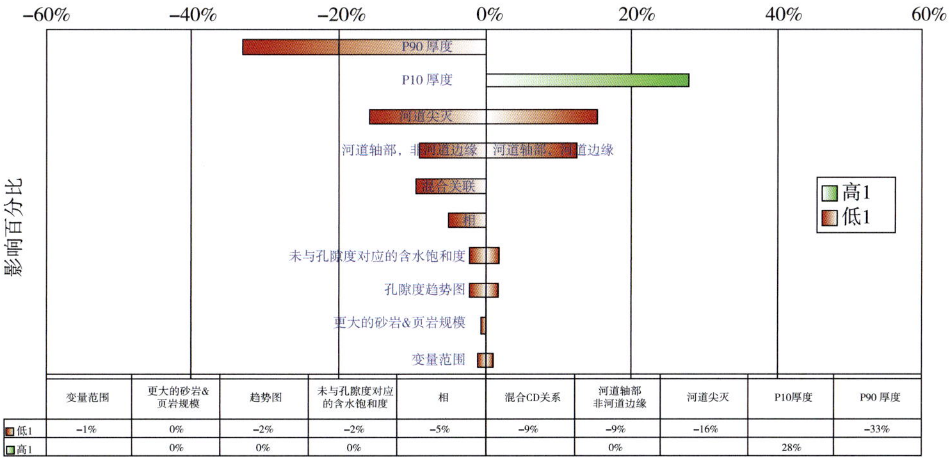

	变量范围	更大的砂岩&页岩规模	趋势图	未与孔隙度对应的含水饱和度	相	混合CD关系	河道轴部非河道边缘	河道尖灭	P10厚度	P90 厚度
低1	–1%	0%	–2%	–2%	–5%	–9%	–9%	–16%		–33%
高1		0%	0%	0%			0%		28%	

图 3–36　敏感性分析

经分析得到影响最终可采储量的不确定因素主要为：①储层的连通性、储层对比；②渗透性影响。

经过分析，原始天然气地质储量的关键因素包括：①储层厚度；②主河道发育的边界。

以下对各个敏感性因素进行详细描述。

（一）储层厚度

长北区块处于构造相对比较平坦、延伸面积大的沉积环境里，对岩石总体积的影响相对比较小。对于有压力衰竭的气田而言，区块内的岩石总体积以及相应的原始天然气地质储量是一个重要的影响因素。由于在区块范围内，缺乏构造闭合度和气水界面，因而储层构造格架和顶底面构造图对岩石总体积计算的影响很小。因此，对长北区块而言，影响岩石总体积大小的主要因素就是储层的厚度分布。对山西组石英砂岩储层厚度的定量分析及预测的影响因素主要包括以下三个方面：

（1）在地层对比过程中的储层顶、底面划分。

（2）河道复合体内部的井位确定（多数钻至河道中心部位的井显示的是斜井厚度）。

（3）地震资料的分辨率无法准确预测河道边缘的储层厚度。

长北区块资料显示，山西组石英砂岩储层总厚度介于 3~39m，平均为 14m。从地质角度分析，位于主河道中部的石英砂岩储层总厚度要厚于河道边缘的储层厚度。目前多数已完钻的井都是为主河道的中心部位，只有 CX9–3V、S140、S212、S196、S198 和 S213 井部署在靠近河道边界。位于主河道中心部位的井所显示的储层厚度平均为 18m，砂体呈多期河道相互叠加方式。而位于河道边部的井显示储层厚度仅为 7m，砂体主要为单一河道展布。

基于上述地质认识的不确定性，采用多种方法来实现对储层厚度的分析，具体方法如下：

（1）依据地震解释得到的砂岩厚度。

（2）采用多种算法进行井插值而得到的砂岩厚度，如收敛法、函数法等。

（3）以地震解释的区域构造为背景，采用克里金方法对井资料插值而得到的储层厚度。

（二）主河道边界

综合沉积方面的研究和现有井资料（砂体厚度变化、叠加方式、古水流方向等）提供了河道由北向南充填的区域轮廓，但主河道边界的位置及河道和泛滥平原之间形态仍具有很大的不确定性。针对主河道边界的不确定性问题，采用不同的边界来反映模型的不确定性。

首先在地震资料品质相对比较好的地方，可以依据地震解释结果识别出主河道砂体变薄和尖灭的区域。在地震剖面上，多数河道边界的控制点都经过了相应井资料的校正，以增加预测的准确性。依据河道边缘尖灭控制点描绘出的河道边界应当符合厚度等值线的取值范围。使用该厚度等值线图绘制河道边界线，用于保守地质建模。同时利用古地貌和井点控制确定乐观方案河道边界，而二者之间的边界用于基础方案的地质建模。

（三）砂体的净毛比和砂体叠加方式

从砂体对比模式中所显示的砂体叠加方式表明，在主河道中心发育的砂体比较厚，呈多期河道相互叠加；而在河道边缘，砂体较薄，呈单一河道充填。其不确定性主要是主河道中心和边部的储层侧向结构的差异，如发育在不同部位的砂体在侧向上可以是连片分布，也可以是离散分布。结合净毛比的不确定性分析，通过增加或减少泥岩的比例，建立不同的方案（表 3–4）。

表 3–4　不同地质方案所对应的净毛比不确定性分析

方案	方法
乐观方案	净毛比值高于气田范围平均值的 3%，由于气田范围的净毛比值已经很高（95%），模型的为 98%。适于从中心到边缘的高连砂体通性区域
基本方案	净毛比值等于模型中的净毛比值，适于高砂体连通性的区域
保守方案	净毛比值低于测井解释标准偏差的 7%。反映出平均井资料的统计偏差，这种偏差的形成主要是因为大多数井资料都是位于主河道的中心位置。适于砂体连通性比较差的区域

（四）储层物性参数

针对储层参数特征研究中，共对 66 口井的资料进行了分析，这些井的资料基本上覆盖了全区范围的沉积背景研究，如位于主河道中心、主河道边缘和泛滥平原。尽管所分析的资料具有明显的概率偏差（70% 以上的资料位于河道中心部位），依据储层参数资料进行的沉积相研究还是能够包括合理的范围。表 3–5 显示了建模过程中的平均储层参数的测井解释结果。

表 3–5　平均储层参数的测井解释结果

储层参数	测井解释结果
钻遇率	0.77（min）；0.93（mean）；1.00（max）
孔隙度	0.04（min）；0.054（mean）；0.068（max）
含水饱和度	0.13（min）；0.26（mean）；0.42（max）

从上述数据可以看出，储层参数的变化不是主要的不确定因素，例如，由测量工具、测量方法导致的孔隙度的变化基本上是可以忽略不计的。到目前为止，还不能确定依据储层参数而对其区域分布规律的认识。

四、储量估算

长北区块的区域面积大、井控条件分散（1 口井 /45km^2）等特征导致很难清楚掌握全区范围内的地质不确定因素及其对原始天然气地质储量的估算。

为达到对长北区块的原始地质储量进行有效的估算，采用了多种计算方法，即：概率方法对储量的估算（@RISK）、三维静态模型对储量的估算及风险分类图计算的储量。

（一）概率方法估算储量

为了使通过模型计算出的地质储量处于合理的范围，研究过程中，又依据所有参数的概率分布规律对地质储量重新进行了估算。概率法估算，即依据计算原始地质储量公式中的所有参数，借助蒙特卡罗方法而生成。这些参数在使用过程中，充分考虑了其不确定性。原始地质储量的计算公式：

$$GIIP=GRV\times N/G\times \phi\times S_g\times E_g$$

式中，GRV 代表岩石总体积；ϕ 为孔隙度；E_g 为气体膨胀系数（通常为 223）；N/G 为净毛比；S_g 为含气饱和度。

使用 @RISK 软件的数据库（表 3–6），基于统计学分布特征，计算出一个原始地质储量值的范围。该软件借助概率密度函数方法，对每一次输入的参数值随机生成一系列组合方案（如运行 10000 次）。运算结果用于帮助校正地质模型的计算结果。

表 3–6　@Risk 软件所需参数的输入数据

输入参数	模拟类型	最小值	中值	最大值
岩石总体积	三角形	7637000000	12887000000	16454000000
含气饱和度	三角形	0.67	0.75	0.85
净毛比	三角形	0.85	0.93	0.95
孔隙度	三角形	0.045	0.053	0.065
膨胀系数	统一法	n.a	223	n.a

对全区范围的净毛比、孔隙度、含气饱和度及相关不确定性的估算，主要是依据测井综合解释结果得到的。分布在主河道外部的井资料以及区块 B 的井资料都不在此次估算的范围。

岩石总体积的估算从地质模型和地震解释中计算得出的，通常显示出比较大的输入范围。这一特征符合不确定因素的分析，即厚度是静态地质建模的最大不确定因素。相对于净毛比，含气饱和度和孔隙度都表现出比较宽的数据范围。

储量计算中的气体膨胀系数一般为 223，+/–2 的变化范围，其平均值来自与相应的 PVT 数据一起初始化动态模型的过程。+/–2 的范围主要依据对气藏压力的不确定性分析。

（二）三维地质静态模型计算储量

为了能够进行储层动态模拟、计算不同方案的采收率，建立了全区范围的地质模型。地质模型的建立完全是基于当前的地质认识，代表了地储量范围估算的合理性。该模型方案是基于砂体对比的保守模式建立的，为了计算储量，主要对模型的保守、基本和客观方案进行计算。

基于当前模型基本方案计算出的储量，比 2005 年的值偏小（小于 5%）。乐观方案也表现出同样的特征。只有保守方案与原模型差别较大，达 25% 左右（图 3–37）。

整体上，依据保守模型的参数计算出的储量一般都缺乏气藏的压力数据。经负责整体开发方案更新的小组讨论，一致认为储量的保守估算在开发一区不合理，相悖于目前良好的生产状况。而对于开发中后期而言，目前从建模角度是比较合理的，但还需要将来有新的生产数据的证实。因此，出于产能预测角度，开发初期的储量估算用的是模型中的基本方案，其他区域则用的是模型中的保守方案。

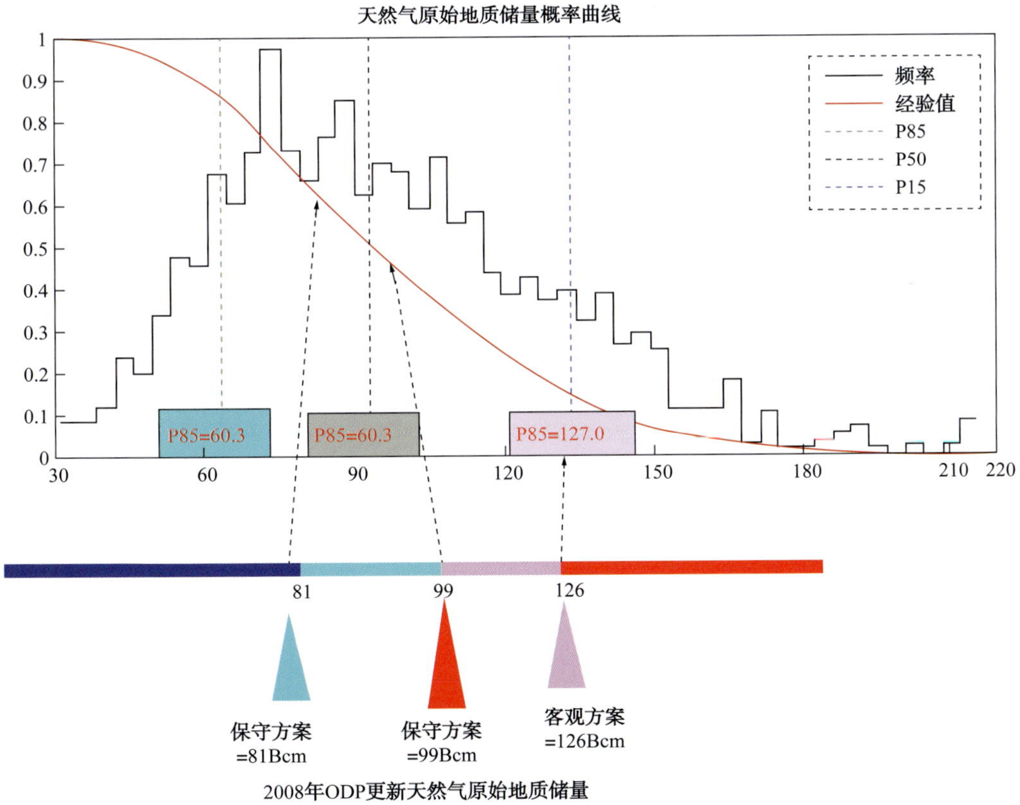

图 3–37　当前地质模型的基本方案与 2005 年概率密度函数曲线计算出的储量对比

（三）风险分类估算的原始地质储量

在储量计算过程中，除了上述用确定法和概算法进行的储量估算以外，还进行了风险分类储量计算。其主要目的是如何定性地将储量分配到不同的风险类型中，并以此指导不确定因素管理。

风险分类储量的计算是基于五种不同的风险类型而进行的，这五种类型被界定在地质不确定性因素的管理方案中（表 3–7）。风险类型包括地质认识上的三个层次，即有控制点 / 有插值数据 / 资料外推；储层发育状况的两个阶段，即发育好 / 发育差（依据静态和动态储层物性特征）。不同的风险类型包括：①有控制点 / 储层发育好（低风险 / 高回报）；②有控制点 / 储层发育差（低风险 / 低回报）；③有显示 / 储层发育好（中等风险 / 高回报）；④有显示 / 储层发育好（中等风险 / 高回报）；⑤没有控制点（高风险 / 高回报）。

表 3–7　不同风险类型的储量估算

风险级别分类	原始天然气地质储量 /Bcm	占总储量的比例 /%	不确定比例 /%
有控制点 / 储层发育好	44.3	44	20
有控制点 / 储层发育差	5.8	5.8	20
有显示 / 储层发育好	26.5	26.5	30
有显示 / 储层发育差	6.2	6.2	30
没有控制点	17.2	17.2	50

通过上述计算发现，50% 的原始地质储量分布在低风险区域（井控条件好的区域），32% 的原始地质储量分布在中等风险区域，剩下的 17% 分布在高风险区域。在有控制点的级别中，地质储量的不确定性比例占 +/–20% 左右，所有这些不确定性因素应当归因于小范围的对资料评价的不确定性，如根据测井解释得到的孔隙度、含气饱和度等。在有显示的级别中，地质储量的不确定性比例占 +/–30% 左右，而在没有控制点的级别中，比例可达到 +/–50% 左右。很明显，后者的不确定性主要受地质上的认识和评价过程的不确定性形成的。

五、储层预测及“有利区”筛选

有利区筛选是在对储层厚度预测、主河道发育特征预测、内切河谷边界预测、顶面构造预测及古构造预测的基础上，结合试气试采结果，对长北区块山西组甜点进行的综合分析，如图 3–38 所示。

具体实现方法根据剩余可采储量动态模拟结果，对模型的每一个网格所在的剩余可采储量进行累加，实现模型资源密度属性的平面分布图。剩余资源密度分布图综合考虑了储层的厚度，物性，沉积特征还结合了动态油藏压力，储层连通性等因素，预测开发区内剩余甜点有利区（即剩余资源密度较高区域）分布，可以帮助识别开发区内剩余的甜点区，为下一步开发部署提供有利支持。

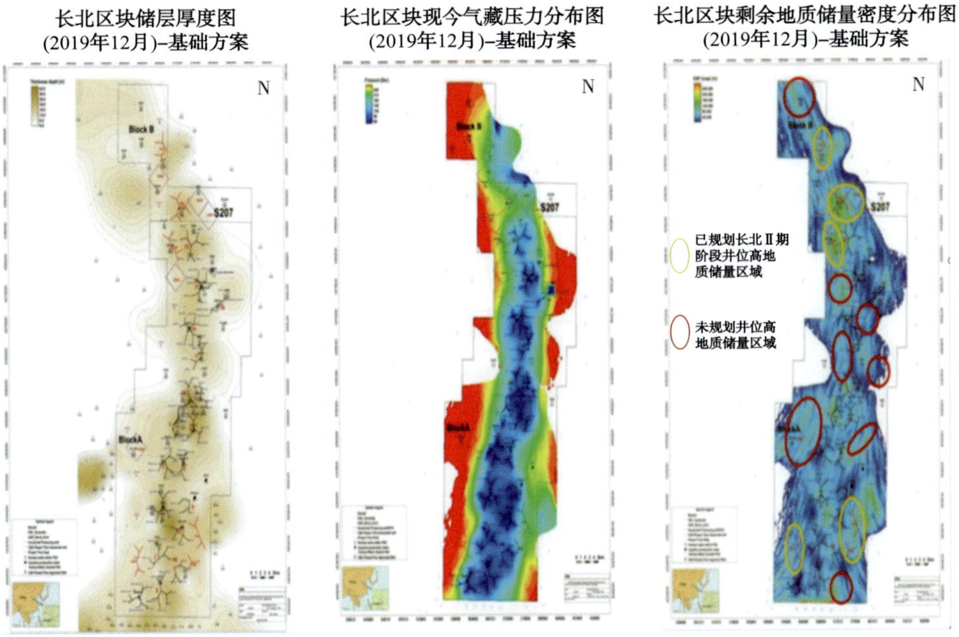

图 3–38　长北区块山西组“甜点”预测

第四章 气藏工程

气藏工程分析贯穿于气藏开发的始终，从气藏钻完第一口发现井，到气藏达到最终废弃压力而放弃，整个气藏寿命期内，气藏工程分析工作一直不间断地进行，其目标就是采取各种经济、科学、实用的技术分析手段，认识气藏特征、合理开发气藏、预测开发动态、调整开发措施，使气藏的开发达到综合效益最大化。长北区块为典型的低渗透低孔隙型砂岩干气气藏，在开发建设上瞄准世界最新的前沿技术，引进和采用了一大批具有世界领先水平的新技术、新工艺，开发采取“丛式水平井组开发、稀井高产、井间接替、分区开发、定压生产”的开发模式，解决了低渗透气藏高效开发的一个又一个难题。特别是针对长北区块气藏地质特征，利用产能评价及井网井型设计优选首创的“大位移双分支水平井”系列工艺技术，先后创造了中国陆上水平井钻井多项历史纪录，获得了20口日产上$100 \times 10^4 m^3$的高产气井，气田建设的各项技术经济指标达到了国际先进水平。

第一节　气井产能评价

长北山西组气藏平均孔隙度约5%，试井得出的渗透率平均值$0.7 \times 10^{-3} \mu m^2$，砂体连续性较差，并分布水平和垂直阻流带。为提高单井产量，提升开发效益，进行了直井和水平井两种不同开发井型产能评价研究。

一、不同井型气井产能评价

目前，国内外学者主要采用解析法和模拟法来研究水平井的产能。解析法是从数学模型出发，通过相应的假设条件，简化方程的初始、边界条件，推导出单相流或多相流的水平井产能公式的解析解；另一种方法是利用保角变换、镜像映射、势的叠加原理及等值渗流阻力法等，通过相应变换得到水平井的产能公式。目前还没有一个水平井的解析模型可以综合地解决非均质性、多相流体、非稳态流和井筒摩擦、加速度、重力影响等因素。但水平井的解析模型形式比较简单，计算所需参数较少、计算量小，因此应用较为广泛。

模拟方法有物理模拟和数值模拟两种。物理模拟利用物理现象的相似性，通过物理模型直观模拟水井的渗流场，为数学模型的研究提供依据。自20世50年代起，人们开始在实验室应用电模型研究水井生产动态。通过电模拟实验，研究者利用电势场可以直观地模拟水平井的渗流场，测量各点的压力和电流，描绘出等势线、流线的分布，研究水平井压力动态与产能的关系。Giger、Joshi等就是在电模拟实验的基础上，研究了水平井渗流场特点，推导出相应的产能公式。水平井产能的数值模拟方法主要有两种，一种方法是从数学模型出发，给出有效的解法，然后设计软件；另一种是在直井模拟软件的基础上，准确地表述水平井（例如，流入井筒的计算、井筒内压力降的描述以及网格的局部加密等）来模拟水平井的开发。

本节将分别对常规水平井、压裂水平井的产能评价方法作出介绍。

（一）常规水平井产能评价方法

1. БорисоВ 产能公式

前苏联学者 МеркулоВ（1958）是用解析方法推导水平井产能公式的开拓者之一。后来，БорисоВ（1964）在他的《用水平井和多支斜井采油》一书中曾经发展地引用了 МеркулоВ 公式。表面看来 БорисоВ 公式比较粗糙，但实际上计算对比结果比较好，它的更大意义在于给出了构造水平井产能公式的一条途径。

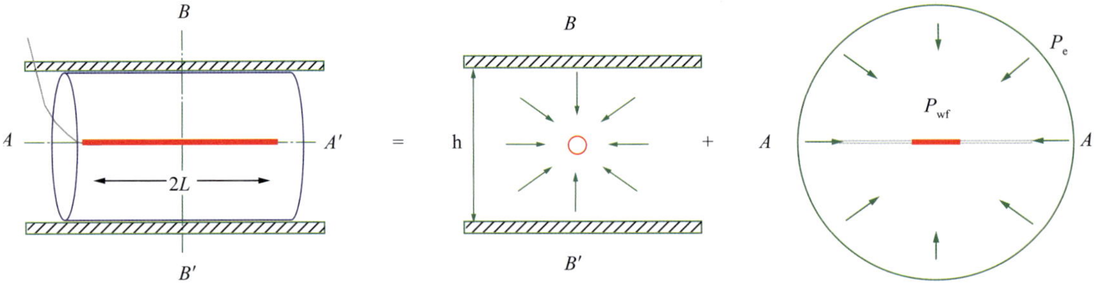

图 4–1 БорисоВ 水平井近井三维流场简化示意图

假设油层均质各向异性，水平井位于油层中央，长度 $2L$，半径 r_w，供给边缘半径 R_{eh}，边界压力 P_e，井底压力 P_{wf}，油层中液体不可压缩。液流向水平井流动的三维流场可近似分解为内部和外部两个二维流场，以下分别给出其渗流阻力。

由泄流半径为 r_e、边界压力为恒 P_e 的圆形泄流区向井径为 $L/2$、井底流压为 P_{wf} 的“普通直井”供油，储层发生平面径向 Darcy 稳态渗流，产量公式为：

$$Q_1=\frac{0.54287k_h h(P_e-P_m)}{\mu B_o\ln\dfrac{r_e}{L/2}}=\frac{(P_e-P_m)}{\dfrac{\mu B_o}{0.54287k_h h}\ln\dfrac{2r_e}{L}}=\frac{(P_e-P_m)}{\Omega_1} \tag{4-1}$$

式中，Ω_1 是外部流场的渗流阻力因子。

在垂直平面上，将水平井剖面看成井半径为 r_w 的“普通直井”（后来用 Peaceman 方法进行有效井径修正），其泄流面积为边长分别是 $h/2$ 和 $h/2\pi$ 的长方形，它与半径为 $h/2\pi$ 的圆形区域面积等效，仍根据 Dupuit 公式得到水平井垂直方向上的分流量：

$$Q_2=\frac{0.54287k_v\cdot 2L\cdot(P_m-P_w)}{\mu B\ln\left[\dfrac{\beta h}{2\pi r_w(\beta+1)}\right]}=\frac{(P_m-P_w)}{\dfrac{\mu B}{0.54287k_h}\dfrac{k_h}{k_v}\ln\dfrac{\beta h}{\pi r_w(\beta+1)}}=\frac{P_e-P_w}{\Omega_2} \tag{4-2}$$

式中，Ω_2 是内部流场的渗流阻力因子。

根据水电相似原理，外部流场和内部流场串联向水平井供油，由等值渗流阻力法可得到总的渗流阻力 Ω_t 为：

$$\Omega_t = \Omega_1 + \Omega_2 = \frac{\mu B}{0.54287k_h h}\left[\ln\frac{2r_e}{L} + \frac{h}{2L}\cdot\frac{k_h}{k_v}\ln\frac{\beta h}{\pi r_w(\beta+1)}\right] \tag{4-3}$$

考虑表皮因子 S 和各向异性时，有：

$$q_{Bop} = \frac{(P_e - P_w)}{\Omega_2} = \frac{0.54287k_h h(P_e - P_w)}{\mu B\left[\ln\frac{2r_e}{L} + \frac{\beta h}{2L}\ln\frac{\beta h}{\pi r_w(\beta+1)} + S\right]} \tag{4-4}$$

式中，$r_e>L$，$L \geqslant h$。

2.Joshi 产能公式

在诸多的二维近似水平井公式中，Joshi 公式最具有代表性。如图 4-2 所示，Joshi（1988）将水平井三维流场简化，认为可以由内部的垂向平面径向流动加上外部水平方向上的椭圆流动来近似等于水平井真实的三维流动，分别求解后运用等值渗流阻力法得到最终的产量公式。

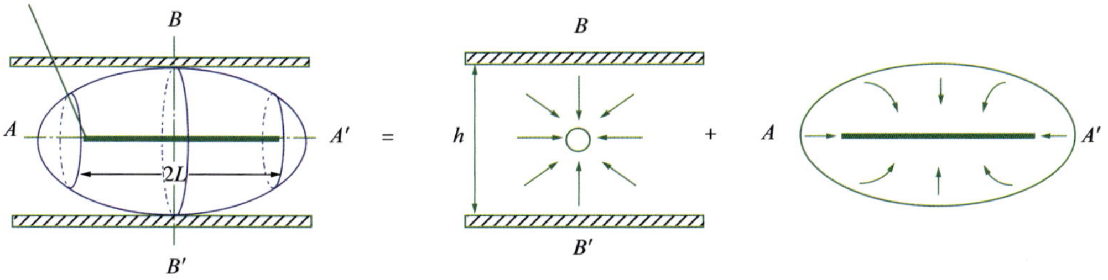

图 4-2　Joshi 等人水平井近井三维流场简化示意图

对于平面椭圆流动问题，传统的方法是通过保角变换求解，由此得到水平面椭圆渗流产量公式。首先给出椭圆渗流控制方程和椭圆坐标下的 Darcy 公式，然后再直接求解平面椭圆渗流控制方程组来解决问题。结果有平面椭圆渗流产量公式：

$$Q_1 = \frac{2\pi\sqrt{k_x k_y}\,h\Delta P_w}{\mu B\ln\frac{a+\sqrt{a^2-L^2}}{L}} = \frac{\Delta P_w}{\Omega_1} \tag{4-5}$$

如果 b 是水平椭圆泄油体的短半轴，则椭圆面积为 πab，它与半径为 r_e 的圆形泄油区面积等效，应用椭圆半轴与焦距间的关系，则有：

$$r_e^2 = ab, b = \sqrt{a^2 - L^2} \tag{4-6}$$

结果有：

$$a = L\left[\frac{1}{2} + \sqrt{\frac{1}{4} + \left(\frac{r_e}{L}\right)}\right]^{0.5} \tag{4-7}$$

由此可以确定等效椭圆泄油区的长半轴。

在垂直平面上，将水平井剖面看成井半径为 r_w 的直井，其泄流面积为边长是 π h/2 的正方形，它与半径为 h/2 的圆形区域面积等效，按 Peaceman 方法进行各向异性、有效井径修正，仍根据 Dupuit 公式得到水平井垂直方向上的分流量：

$$Q_2 = \frac{2\pi k_z(2L)\Delta P_w}{\mu B \ln\left[\dfrac{\beta h}{\pi r_w(\beta + 1)}\right]} = \frac{\Delta P_w}{\Omega_2} \tag{4-8}$$

顺便指出，Butler（1992）等人说 Joshi 公式在垂直方向渗流阻力分母上漏掉一个 π，事实上只是理解不同，并非原则错误，何况 π 又在对数项中，不会产生明显的误差。如果假定泄流区域是边长为 $\beta h/(2\pi^{1}/_{2})$ 的正方形，它便与半径为 $\beta h/2\pi$ 的圆形区域面积等效，则有：

$$Q_2 = \frac{2\pi k_z(2L)\Delta P}{\mu B \ln\left[\dfrac{\beta h}{\pi r_w(\beta + 1)}\right]} \tag{4-9}$$

这样，分母就有 π 了。

根据串联等值渗流阻力法，将外部水平流阻和内部垂向流阻串联：

$$\Omega = \Omega_1 + \Omega_2 = \frac{\ln\dfrac{a + \sqrt{a^2 - L^2}}{L} + \dfrac{k_h}{k_z}\dfrac{h}{2L}\ln\left[\dfrac{\beta h}{\pi r_w(\beta + 1)}\right]}{2\pi k_h/\mu B} \tag{4-10}$$

得水平井产量公式：

$$q_{Joshi} = \frac{2\pi k_h h\Delta P/(\mu B)}{\ln\left(a/L + \sqrt{(a/L)^2 - 1}\right) + \dfrac{\beta h}{2L}\ln\dfrac{\beta h}{\pi r_w(\beta + 1)}} \tag{4-11}$$

其中：

$$a = L\sqrt{0.5 + \sqrt{0.25 + (r_e/L)^4}} \tag{4-12}$$

根据 Muskat 偏心井公式，Joshi 推导出偏心距 $\delta < h/2$ 时的水平井产量公式：

$$q_{Joshia} = \frac{0.5427\sqrt{k_y k_y h\Delta P/\mu B_o}}{\ln\left[\dfrac{a + \sqrt{a^2 - L^2}}{L}\right] + \dfrac{\beta h}{2L}\ln\left[\dfrac{\beta(h/2)^2 - \delta^2}{r_w h/2}\right]} \tag{4-13}$$

式中，δ 为偏心距，系指水平井轴在油层中距油层中部的垂向距离，m。

该公式的适用条件：

（1）各向异性、均质气藏，不考虑地层伤害；

（2）单向稳态流，流体微可压缩；

（3）外边界和井筒压力为常数；

（4）水平井段与上边界距离一定。

局限性：该公式中水平井产能随气层厚度线性增大，但这是不可能的。所以，公式适用于储层厚度不大的气藏。

3. Giger 和 Renard-Dupuy 产能公式

法国学者 Giger 认为水平井的水平面椭圆泄流区半长轴可以用某个等效的半径 r_{eh} 来替代，结果 Joshi 公式变成：

$$q_{\text{Giger}}=\frac{0.54287k_{h}h\Delta P/(\mu_{o}B_{o})}{\ln\frac{r_{e}+\sqrt{r_{e}^{2}-(L/2)^{2}}}{L}+\frac{\beta h}{2L}\left[\ln\frac{\beta h}{\pi r_{w}(\beta+1)}+S\right]} \tag{4-14}$$

这一公式其实和 Joshi 公式本质相同，但当水平井较长时，由于椭圆泄流区半长轴的相对固定，其近似效果可能不好。

在 1991 年，Renard 和 Dupuy 发表的论文中，水平井产量公式为：

$$q_{\text{R\&D}}=\frac{0.54287k_{h}h\Delta P/(\mu_{o}B_{o})}{\cosh^{-1}\left(\frac{\alpha}{h}\right)+\frac{\beta h}{2L}\left[\ln\frac{\beta h}{\pi r_{w}(\beta+1)}+S\right]} \tag{4-15}$$

其中：
$$\alpha=L\sqrt{0.5+\sqrt{0.25+(r_{e}/L)^{4}}}$$

该方程适用于圆形、椭圆形、方形泄流区域。

（二）压裂水平井产能评价方法

虽然水平井可以增加井筒与油层的接触面积、提高油气的产量和最终的采收率，但当储层渗透率很低、垂向水平向渗透率各向异性很大时，常规水平井也难以获得高产，满足不了经济开发的要求。为了提高单井产量和最终采收率，改善其开采的经济效益，要对水平井采用水力压裂增产技术，产生多条裂缝，增加油气渗流通道以扩大单井泄油面积，可以大大提高油气井的产能，增大经济效益。

对水平井所实施的人工压裂所产生的裂缝不仅影响水平井的产能，同时也影响经济效益。油藏与裂缝的特征各不相同，反映为流体的流动规律也各不相同。

石油大学的郎兆新教授较早对压裂水平井的产能进行了研究，采用严格的渗流力学方法，根据复位势理论和势的叠加原理推导出多段压裂水平井产能公式，国内后来关于压裂水平井的产能公式大多是在此公式的基础上进行修正得到的。

现将压裂水平井的产能公式推导过程列出如下：

1. 基本假设

（1）上下封闭的无限大非均质地层，厚度为 h，水平渗透率为 K_h；地层中心有一口水平井，井筒长度为 L；

（2）水平段等距离分布 N 条垂直裂缝，半长为 L_f，高度等于油层厚度 h，裂缝的渗透率为 K_f，缝宽为 W；

（3）地层为等温稳定单相渗流。

在渗流力学中，这属于多条裂缝井的相互干扰问题，基本物理模型见图 4-3。

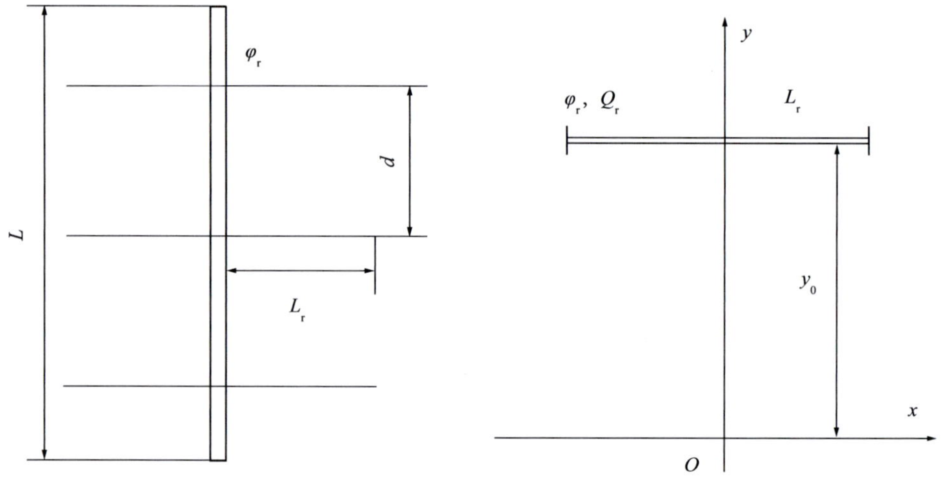

图 4-3　压裂水平井中垂直裂缝示意图

2. 压裂气井产能方程的建立

从无限大地层流入水力压裂裂缝前端的压降，由位势理论可知，设在 x、y 平面上有一条垂直裂缝与 x 轴平行，且与 x 轴距离为 y_0，其产量为 q_f，那么在整个二维平面上产生的势分布：

$$\varphi_f(x,y)=\frac{\mu B q_f}{2\pi K_e h_e}arcch\frac{1}{\sqrt{2}}\left\{1+\frac{x^2}{L_f^2}+\frac{(y_0-y)^2}{L_f^2}+\sqrt{\left[1+\frac{x^2}{L_f^2}+\frac{(y_0-y)^2}{L_f^2}\right]^2-4\frac{x^2}{L_f^2}}\right\}^{1/2}+c \tag{4-16}$$

裂缝条数 N 为奇数时，则裂缝中点纵坐标分别为 0、$\pm d$、$\pm 2d$、$\pm N_0 d$，其中 $N_0=(N-1)/2$ 为 x 轴左右裂缝的条数，$d=L/N$ 为裂缝与裂缝之间的间距。

当裂缝条数 N 为偶数时，取 $d=L/2N$（实际裂缝间距的一半），$N_0=N-1$，则每条裂缝对应的纵坐标为（$\pm d$，$\pm 3d$，$\pm 5d$，……，$\pm N_0 d$）。此处的加和过程中，i 必须从 $-N_0$ 以 2 的速度递增。

根据复位势理论和势的叠加原理，第 j 条裂缝的势可近似为 φ_{fi}（0，jd）：

$$\varphi_{fi}(0,jd)=\frac{\mu B}{2\pi K_e h_e}\sum_{i=N_0}^{i=N_0}Q_{fi}arcch\frac{1}{\sqrt{2}}\left\{1+\frac{(jd-id)^2}{L_f^2}+\sqrt{\left[1+\frac{(jd-id)^2}{L_f^2}\right]^2}\right\}^{1/2}+c \tag{4-17}$$

即：

$$\varphi_{fi}(0,jd)=\frac{\mu B}{2\pi K_e h_e}\sum_{i=N_0}^{i=N_0}Q_{fi}arcch\left[1+\frac{(jd-id)^2}{L_f^2}\right]^{1/2}+c \quad (4\text{–}18)$$

在 y 轴上距原点较远处取点（0，R_e），则供给边界的势 φ_e 为：

$$\varphi_e(0,R_e)=\frac{\mu B}{2\pi K_e h_e}\sum_{i=-N_0}^{i=N_0}Q_{fi}arcch\left[1+\frac{(R_e-id)^2}{L_f^2}\right]^2+c \quad (4\text{–}19)$$

在原点处取点（0，0），由式 4–5 得到该点的势 φ_{wf} 为：

$$\varphi_{wf}(0,0)=\frac{\mu B}{2\pi K_e h_e}\sum_{i=-N_0}^{i=N_0}Q_{fi}arcch\left[1+\frac{(jd)^2}{L_f^2}\right]^{1/2}+c \quad (4\text{–}20)$$

由上两式合并得：

$$\varphi_e-\varphi_{wf}=\frac{\mu B}{2\pi K_e h_e}\sum_{i=-N_0}^{i=N_0}Q_{fi}\left\{arcch\left[1+\frac{(R_e-id)^2}{L_f^2}\right]^{1/2}-arcch\left[1+\frac{(id)^2}{L_f^2}\right]^{1/2}\right\} \quad (4\text{–}21)$$

对于气井，将上式改写成压力形式得：

$$P_e^2-P_{fi}^2=\frac{\mu_g ZTP_{sc}}{\pi K_h h_e T_{sc}}\sum_{i=-N_0}^{i=N_0}Q_{gfi}\left\{arcch\left[1+\frac{(R_e-id)^2}{L_f^2}\right]^{1/2}-arcch\left[1+\frac{(id)^2}{L_f^2}\right]^{1/2}\right\} \quad (4\text{–}22)$$

由于裂缝的半长远远大于水平井筒的半径，所以裂缝内的流体从裂缝边缘向井筒周围的聚集，如果忽略重力的影响，可近似看作地层厚度为 W（即为缝宽）、流动半径为 $h/2$，边界压力为 p_{fj}，井底压力为 p_{wfj}（裂缝底部的压力）的平面径向流，不考虑裂缝的表皮因子造成的压降，则有如下表达式成立：

$$p_{fj}^2-p_{wfj}^2=\frac{Q_{gfj}\mu_g ZP_{sc}T}{\pi wK_f T_{sc}}\ln\frac{h}{2r_w} \quad (4\text{–}23)$$

结合上面两式得：

$$P_e^2-P_{wfj}^2=\frac{\mu_g ZTP_{sc}}{\pi T_{sc}}\left\{\begin{array}{l}\dfrac{1}{K_h h_i}\displaystyle\sum_{i=-N_0}^{i=N_0}Q_{gfi}\left[arcch\left[1+\frac{(R_e-id)^2}{L_f^2}\right]^{1/2}-arcch\left[1+\frac{(id)^2}{L_f^2}\right]^{1/2}\right]+\\ \dfrac{Q_{gfj}}{K_f w}\ln\dfrac{h}{2r_w}\end{array}\right\} \quad (4\text{–}24)$$

因为：

$$arcch\sqrt{1+x^2}=\ln(x+\sqrt{1+x^2})$$

可以改写为：

$$P_e^2 - P_{wfj}^2 = \frac{\mu_g ZTP_{sc}}{\pi T_{sc}}\left\{\frac{1}{K_h h}\sum_{i=-N_0}^{i=N_0} Q_{gfi}\left[\ln\frac{\dfrac{(R_e - id)}{L_f} + \sqrt{1 + \dfrac{(R_e - id)^2}{L_f^2}}}{\left|\dfrac{id}{L_f}\right| + \sqrt{1 + \dfrac{(id)^2}{L_f^2}}}\right] + \frac{Q_{gfj}}{K_f w}\ln\frac{h}{2r_w}\right\} \tag{4-25}$$

气井总产量 Q_g 与各裂缝产量 Q_{gfj} 满足以下关系：

$$Q_g = \sum_{i=-N_0}^{N_0} Q_{gfi} \tag{4-26}$$

通过以上公式，可以分别求得各裂缝的产量。由于缝间干扰，位于井筒中部裂缝的产量最低，跟端和趾端裂缝的产量最高（图 4–4）。

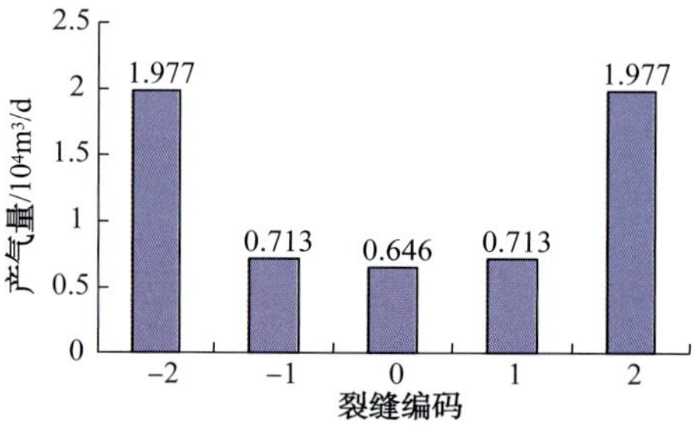

图 4–4 压裂水平各裂缝产量分布图

（三）产能评价及影响因素分析

本节分别采用产能方程法和数值试井模拟两种方法对压裂直井和水平井、压裂水平井的开发效果作了全面对比分析。

1. 产能方程法评价结果

在相同油藏条件下，压裂水平井与常规水平井的采油指数比值可用下式表示。

$$PRI = \frac{\ln\left[\dfrac{a + \sqrt{a^2 - (L/2)^2}}{L/2}\right] + (\beta h/L)\ln\left[\dfrac{\beta(h/2)^2}{hr_w/2}\right]}{arch\dfrac{R_{evf}}{x_f} + \dfrac{\pi K x_f}{K_f w}} \tag{4-27}$$

$$PRI = \frac{N_f\left\{\ln\left[\dfrac{a + \sqrt{a^2 - (L/2)^2}}{L/2}\right] + (\beta h/L)\ln\left[\dfrac{\beta(h/2)^2}{hr_w/2}\right]\right\}}{K_h h \times \left\{\dfrac{1}{K_h h}\sum\limits_{i=-N_0}^{i=N_0}\ln\dfrac{\dfrac{(R_e - id)}{L_f} + \sqrt{1 + \dfrac{(R_e - id)^2}{L_f^2}}}{\left|\dfrac{id}{L_f}\right| + \sqrt{1 + \dfrac{(id)^2}{L_f^2}}} + \dfrac{1}{K_f w}\ln\dfrac{h}{2r_w}\right\}} \tag{4-28}$$

由上式可以看出：如果储层较薄，水平与垂向渗透率比值不大时，常规水平井的产能相对压裂水平井与压裂直井相比具有明显优势。

2. 数值试井模拟法评价结果

本节采用试井软件 Saphir 4.12 版对常规水平井、压裂水平井、压裂直井的生产动态进行数值试井模拟。

1）气井及储层参数

考虑储层的有效砂体连续性较差，因此在模型中加了两条致密的半渗透阻流带，选取压裂水平井及储层基本参数（表 4–1），建立的矩形封闭边界（600m × 1200m）多段压裂水平井模型如图 4–5 所示。

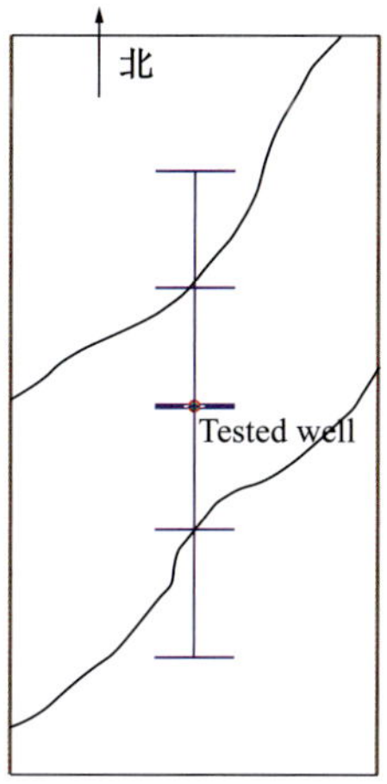

图 4–5　多段压裂水平井模型

表 4–1　储层及气井基本参数

地层原始压力 /MPa	27	气井水平段长度 /m	800
储层厚度 /m	8	裂缝半长 /m	60
孔隙度 /%	10	压力 P_{sc}/MPa	0.101
储层有效渗透率 /$10^{-3}\mu m^2$	0.075	温度 T_{sc}/K	293

2）评价结果

（1）储层厚度的影响。

分别模拟 5 个不同厚度参数、4 个不同渗透率参数（表 4–2），考虑压裂直井、压裂水平两种井型，共计 5 × 4 × 2=40 个方案，得到结果图 4–6 所示。

表 4–2　储层厚度模拟参数

厚度 /m	4、10、15、25、40
储层有效渗透率 /$10^{-3}\mu m^2$	0.05、0.075、0.1、0.3
井型	压裂直井、压裂水平井（5 段）

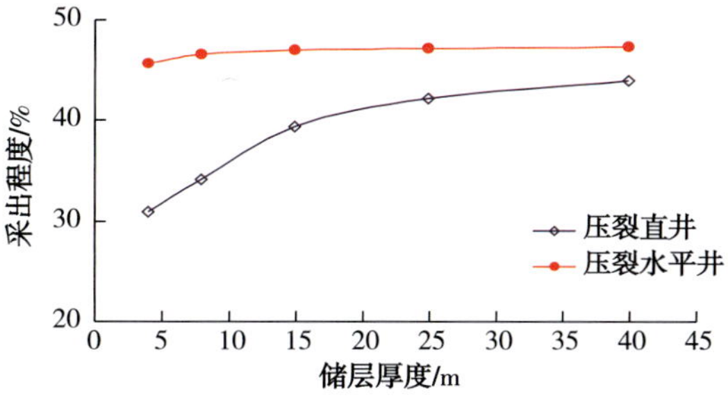

图 4–6　储层有效厚度对累采气量的影响

压裂直井与压裂水平井的开采效果均随储层厚度增大而变好，但改善幅度不同，储层厚度较薄时（<25m），多段压裂水平井与压裂直井相比具有较大优势。

（2）储层渗透率的影响。

分别模拟（0.001~1.0）$\times 10^{-3}\mu m^2$ 范围内 12 个不同的渗透率值，考虑压裂直井、压裂水平井（5 段）、常规水平井三种井型，共计 12×3=36 个方案（表 4–3），同时进行了经济评价，得到结果如图 4–7、图 4–8 所示（气井初始无阻流量是指气井第 30 天时的无阻流量）。评价得到以下结论：

①压裂水平井的初始产能可达到压裂直井的 3~10 倍，渗透率越低，增产倍数越大；

②当有效渗透率 $K>0.5\times 10^{-3}\mu m^2$ 时，多段压裂水平井的采收率与常规水平井相近。

表 4–3 储层渗透率模拟参数

储层有效渗透率 $K/10^{-3}\mu m^2$	0.001、0.005、0.01、0.03、0.05、0.075、0.1、0.2、0.3、0.5、0.75、1.0
井型	压裂直井、压裂水平井、常规水平井

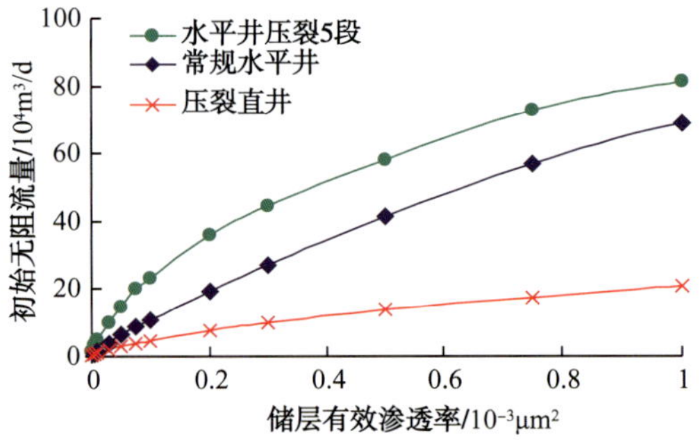

图 4–7 储层有效渗透率对气井初始无阻流量的影响

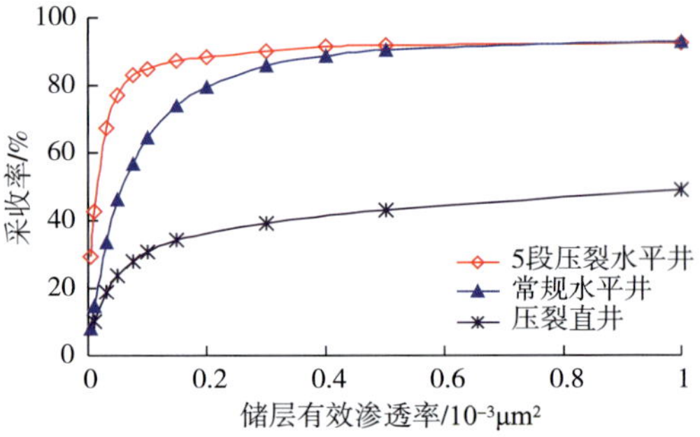

图 4–8 储层有效渗透率对采收率的影响

（3）垂向与水平向渗透率各向异性的影响。

分别取垂向渗透率与水平渗透率比值（K_v/K_h）4 个不同值，考虑压裂水平井（5 段）和常规水平井两种井型，共计 4×2=8 个方案（表 4–4）。得到结果如图 4–9~ 图 4–11 所示（气井初始无阻流量是指气井第 30 天时的无阻流量）。

图 4–9 是 K_v/K_h=0.01 时，压裂水平井与常规水平井的产能随时间变化图，可看到，与常规水平井相比，压裂水平井的产能在初始阶段能大幅度提高，3 年以后两者基本一样。

表 4–4 储层渗透率模拟参数

K_v/K_h	0.001、0.01、0.1、1.0
井型	压裂水平井、常规水平井

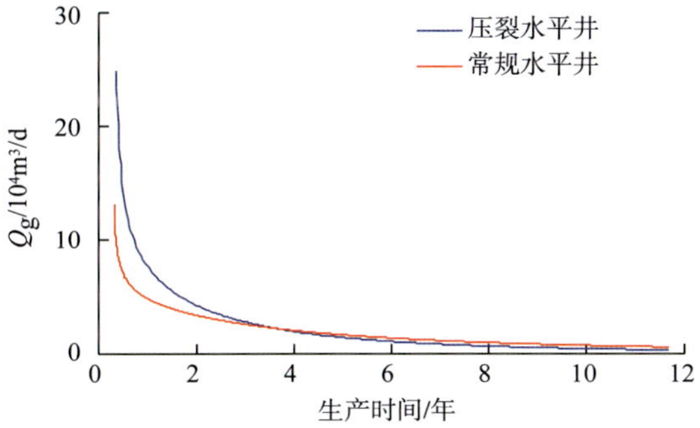

图 4–9　气井产能随生产时间变化图（K_v/K_h=0.01）

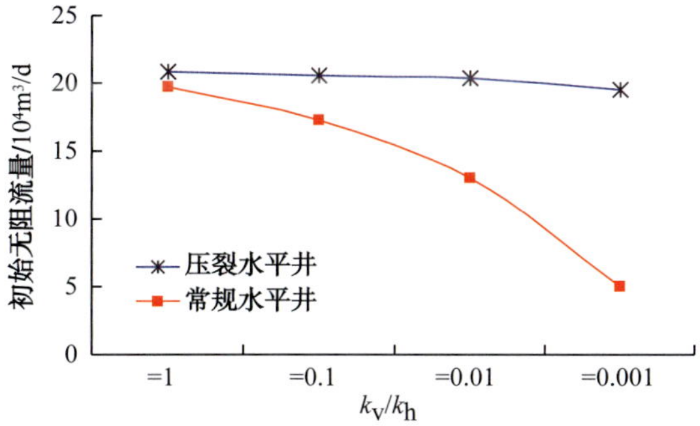

图 4–10　K_v/K_h 值对气井初始无阻流量的影响

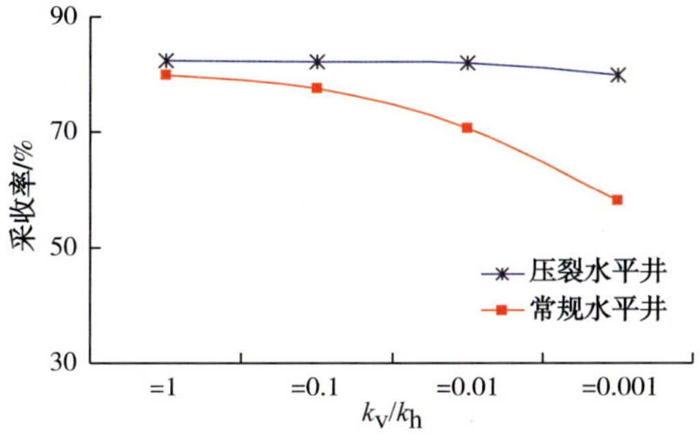

图 4–11　K_v/K_h 值对采收率的影响

对 K_v/K_h 的分析评价得到以下两点认识：

① K_v/K_h 值对压裂水平井的开发效果影响很小，但对常规水平井影响较大；

②当有储层纵向上存在致密夹层时，必须对水平井进行压裂才能获得较好的效果。

长北区块山西组储层厚度薄（有效厚度约为 12m），采用水平井开发较为适宜，水平渗透率约为 $0.7\times10^{-3}\mu m^2$，垂直渗透率与水平渗透率比值在 0.5~0.75，如图 4–12，因此水平井压裂优势并不明显。

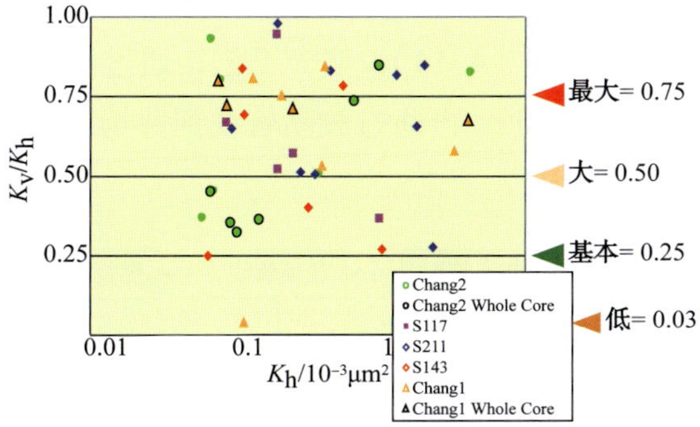

图 4–12　长北区块山西组储层垂直渗透率与水平渗透率比值

3. 效果对比

CBX 井丛位于陕西省榆林市榆阳区金鸡滩镇，该井丛有 4 口井，其中有 2 口大位移双分支水平井（CBX–1、CBX–2），1 口单分支压裂水平井（CBX–3），1 口直井（CBX–4）。CBX 井丛目的层为山西组石英砂岩，该井靠近河道中部，根据邻井及本井丛钻井显示该区储层厚度约 13m，平均孔隙度 5.2%，渗透率 $0.9\times10^{-3}\mu m^2$，含气饱和度 72.6%。2012 年开钻生产，截至目前压裂井开发无优势（图 4–13）。

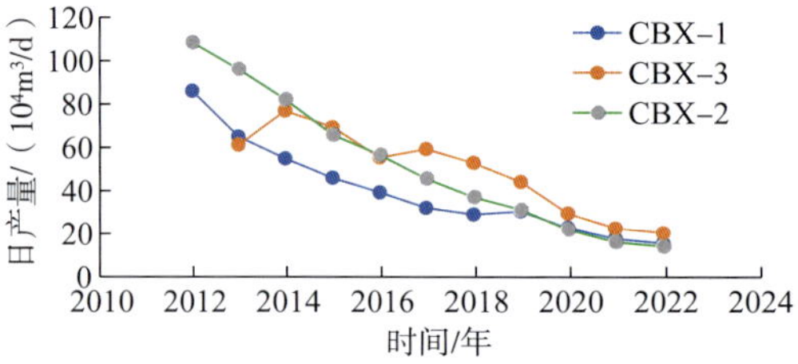

图 4–13　压裂水平井与常规水平井开发效果对比图

二、产建阶段产能评价

气井产能评价方法的进展是随着天然气工业及气井试井理论的发展完善而不断向前发展的，其发展的趋势是有效、实用、简捷。

（一）清洁试气放喷工艺

试气放喷是天然气勘探开发中必不可少的一道工序，天然气在前期开采中，需要采用放喷排液工艺，以获得稳定的产量。放喷可分为两个阶段，第一阶段为连续放喷阶段，第二阶段为间断性放喷。连续放喷阶段井口压力逐渐减小，从点火放喷开始，随着天然气的含量不断增加压力也不断增加，但压力恢复较慢，在返排液量逐渐减少后进入第二阶段放喷。间断放喷压力上升较快，间放过程中压力波动较大，但间放压力恢复较快。返排液量逐渐减少直至最后成为一条平稳的直线，压力达到要求后方正式投产。

长北区块在早期开发中，主要采用传统的放喷点火方式，工艺流程由采气井口、油嘴管汇、放喷管线、燃烧坑等组成（图 4–14）。整个工艺是通过油嘴管汇降低、控制井口压力，带液的气体通过井口到油嘴管汇，再通过放喷管线到井场外的燃烧坑，对放喷的天然气进行燃烧。

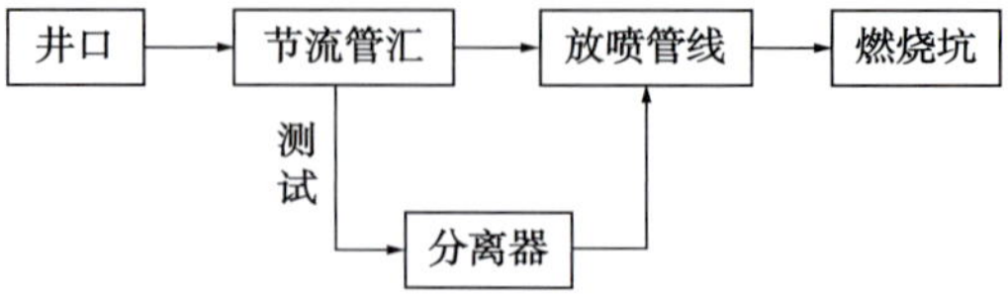

图 4–14　传统试气放喷工艺流程图

传统放喷工艺在天然气燃烧时会产生强烈的热辐射、噪音和泥浆喷洒等，对周围环境存在一定的危害。且放喷初期出液量较大，易导致放喷火焰熄灭，频繁点火操作等问题，操作人员存在一定的作业风险。中国正在加快构建清洁低碳、安全高效的能源体系。为了实现中国石油天然气股份有限公司长庆油田分公司清洁能源替代率不低于 25% 的总体目标，长北区块积极响应国家的环境保护政策，经过大量的理论计算和多年的技术摸索，在试气投产施工中形成了一套系统的、安全的测试放喷工艺和装置，即清洁放喷的工艺。现场使用三相分离器，气液分离后液体进返排罐，之后统一拉运到专业第三方处理厂处理。初期进入燃烧池燃烧，后期回收天然气进入生产系统，减少温室气体排放。现场处理流程如下：

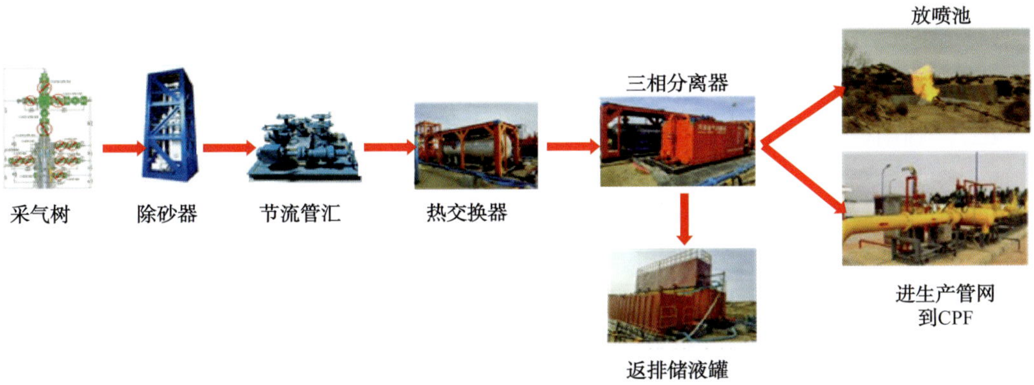

图 4-15　清洁试气放喷工艺流程示意图

长北区块水平井试气采用在线分离工艺，现场使用气液分离设备，分离后液体进返排罐回收，生产稳定后天然气进入生产系统，减少温室气体排放，直至固相含量（TSS<5%）满足处理厂接井标准（图 4-16）。

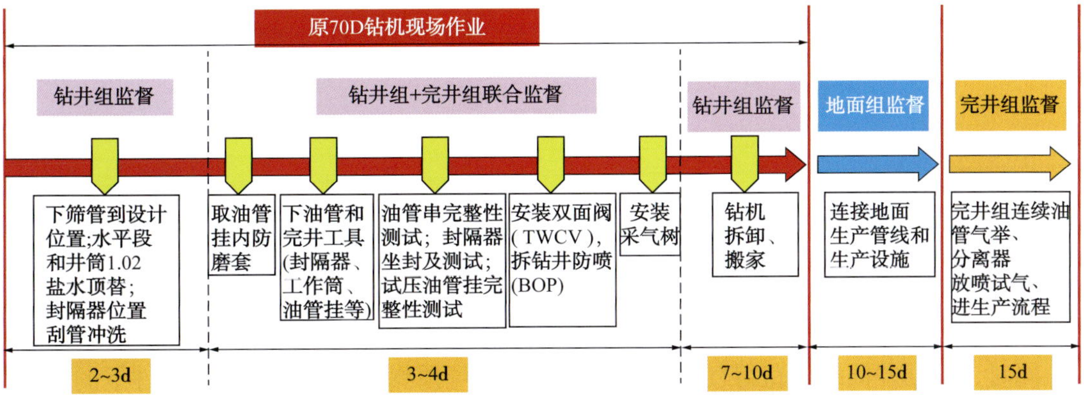

图 4-16　试气工艺现场管理流程示意图

（二）试气成果

长北产建阶段气井完井后一般开展 7~10d 洗井放喷作业，目的是为了排出井筒内完井液和地层中的固体杂质，使井筒产出物达到接入生产系统能够处理的标准（液体中固体 + 悬浮物含量小于 5%），掌握气井实际生产能力。洗井放喷时一般从小到大逐步上调油嘴尺寸（0.5~2in），每个油嘴放喷 0.5~8h 不等，定期取样测试液体中固相含量，由现场工程师实时评估气井生产状态，根据情况可缩短放喷时间。其中最大油嘴尺寸放喷时间一般为 8 小时，可获得放喷时气井最大稳定产量。

一旦产出液体中固体 + 悬浮物含量小于 5%，则开展新井变流量产能测试，分别将油嘴调至最大稳定产量的 3/4、1/2、1/4 时，每个制度稳定测试 2 小时，记录结束阶段的流动产量和稳定的井口压力。结合最大油嘴时的产量和井口压力，将获得 4 个油压、产量测试点数据。根据 4 个测试点数据，利用 IPM 软件中 PROSPER 模块，由 MultiRate Jones 公式基于 Modified Gray 井筒关系式建立气井流入曲线模型，模型尽量使 4 个测试点都落在流入曲线上，利用模型可计算出二项式产能方程 $P_R^2-P_{wf}^2=Aq+Bq_g^2$ 中的 A、B、P_R 和无阻流量 AOF 值（图 4–17）。

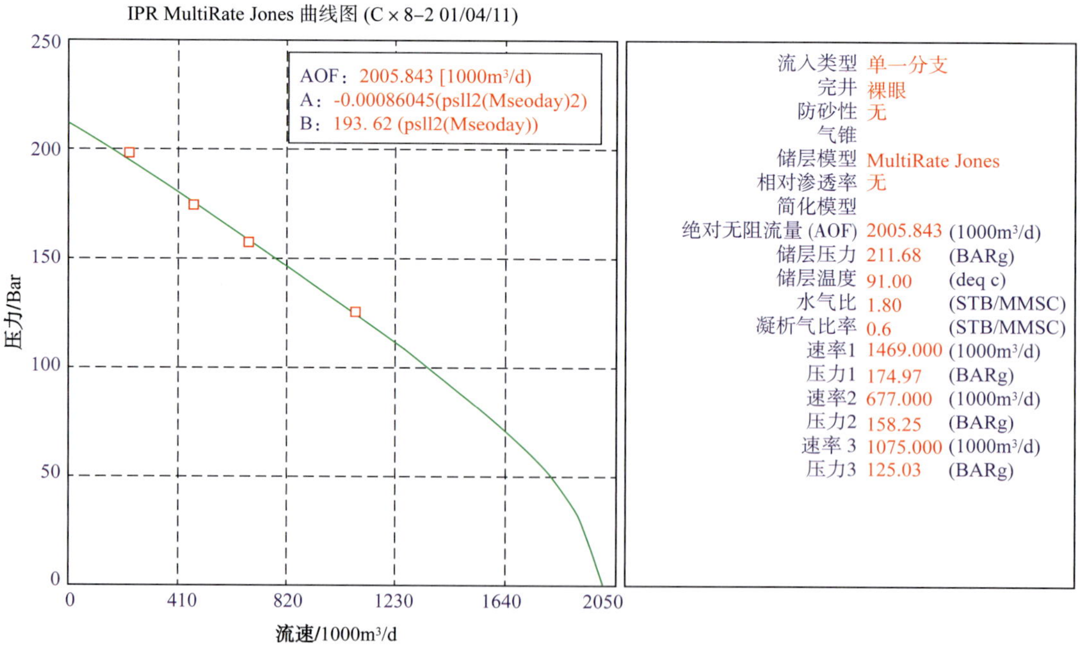

图 4–17 CX8–2 井流入曲线模型图

同时，根据井筒结构获得气井流出曲线模型，可预测出不同井口压力条件下的井口产量（图 4–18）。

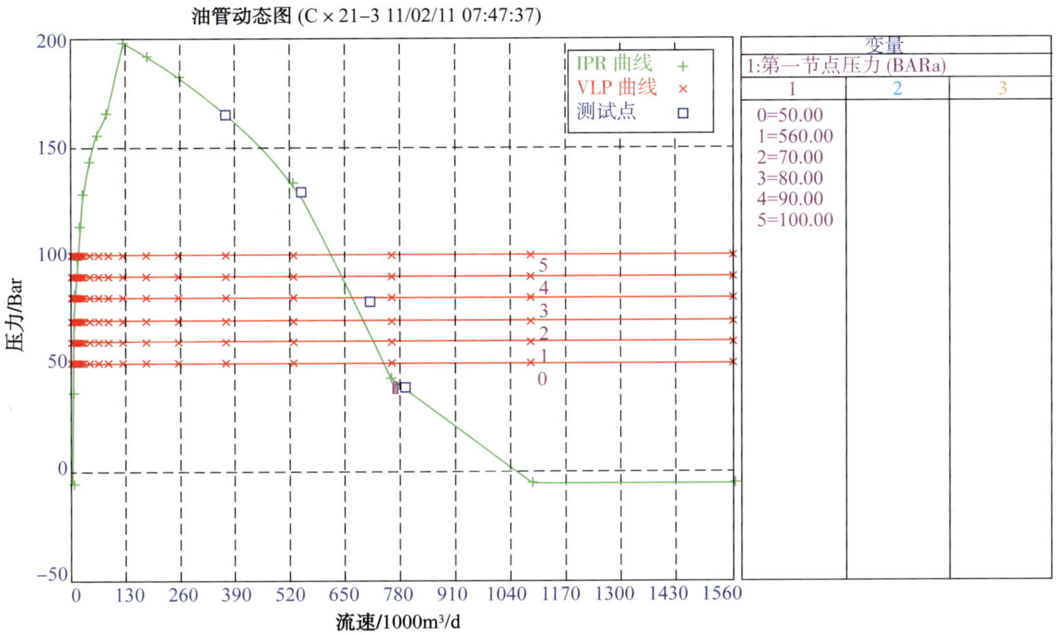

图 4-18　CX21-3 井不同井口压力下预测产量

通过试气流程获得参数值与进行产量预测的同时，还能够通过清洁试气放喷工艺减少对输气管网和集输设备的磨损，同时回收天然气也可以减少因天然气放空燃烧、返排液落地、植被破坏、燃烧噪音等带来的一系列环境问题，避免因保护环境带来的经济压力。实现“试气不点火、天然气回收”，使每一立方米天然气都能发挥出重要的作用的绿色环保与降本增效“双丰收”。该项工艺能够满足产能评价要求，累计投产双分支水平井 54 口，平均单井初产为 $80 \times 10^4 m^3/d$，单井最高产量达到 $200m^3/d$。

长北区块的技术工作者能够敏锐地看到试气回收的经济效益，但也受限于天然气生产技术的不断认识和技术变革。试气回收的演进，也正是长北区块天然气开发不断实践和技术革新的真实写照。

三、生产阶段产能评价

产能评价结果对于年度产量安排、产能建设部署具有重要意义。对于双分支水平井或压裂水平井等复杂类型水平井，由于完井方法多样，渗流方式复杂，难以获得精确描述储层渗流状态的解析解。长北主要采用修正等时试井模拟法来评价生产阶段的气井产能。即首先利用不稳定试井解释得到压裂水平井和气藏的相关参数，建立压裂水平井的数值模型，在此基础上进行修正等时试井模拟，进而获得该井的二项式产能方程。如果没有不稳定试井解释资料，利用不稳定产量分析气井生产数据获取压裂水平井和气藏的相关参数，也可以确定气井二项式产能方程。

长北区块 X 井于 2012 年 8 月开钻，2012 年 10 月完钻，目的层为山西组石英砂岩。该井水平段净砂岩长度 1546m，采用不动管柱投球滑套裸眼压裂 7 段完井，井身剖面如图 4–19 所示，储层物性如表 4–5 所示。2013 年 6 月投产，2014 年 6 月进行了压力恢复试井约 100d，关井前累计生产 $1.47 \times 10^8 m^3$，截至 2016 年年底，累计生产 $4.57 \times 10^8 m^3$，开采曲线如图 4–20 所示。

表 4–5　X 井测井解释成果表

分支名称	测井解释结果					
	水平段长度 /m	净砂岩长度 /m	净毛比 /%	孔隙度 /%	渗透率 /$10^{-3}\mu m^2$	饱和度 /%
X–L1	1549.56	1545.56	99.7	4.6	0.909	65.8

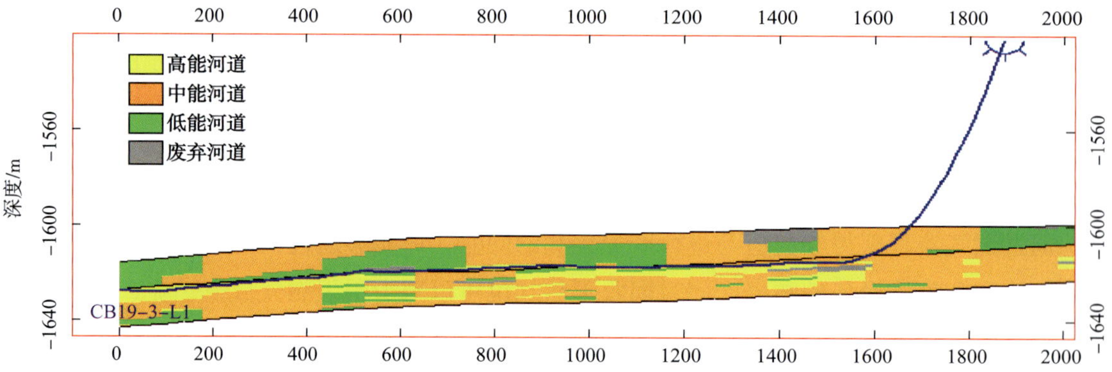

图 4–19　X 井身剖面图

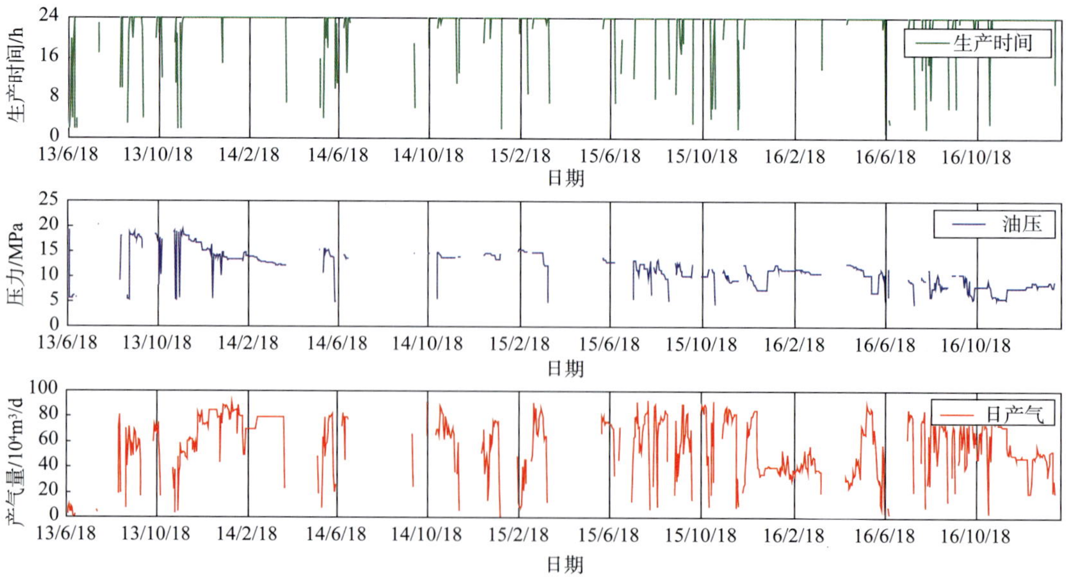

图 4–20　X 井开采曲线

（一）单井数值模型的建立

X 井储层水平横向渗透率约 $4\times10^{-3}\mu m^2$，垂直渗透率约 $0.4\times10^{-3}\mu m^2$，有效水平段长度 1250m，裂缝半长 90m，气井控制一个长约 3400m、宽约 2900m 的矩形泄流单元，单井控制面积约 $9.86km^2$。通过前期生产历史，外推原始地层压力 26.55MPa。双对数拟合曲线、压力历史拟合曲线如图 4-21、图 4-22 所示。

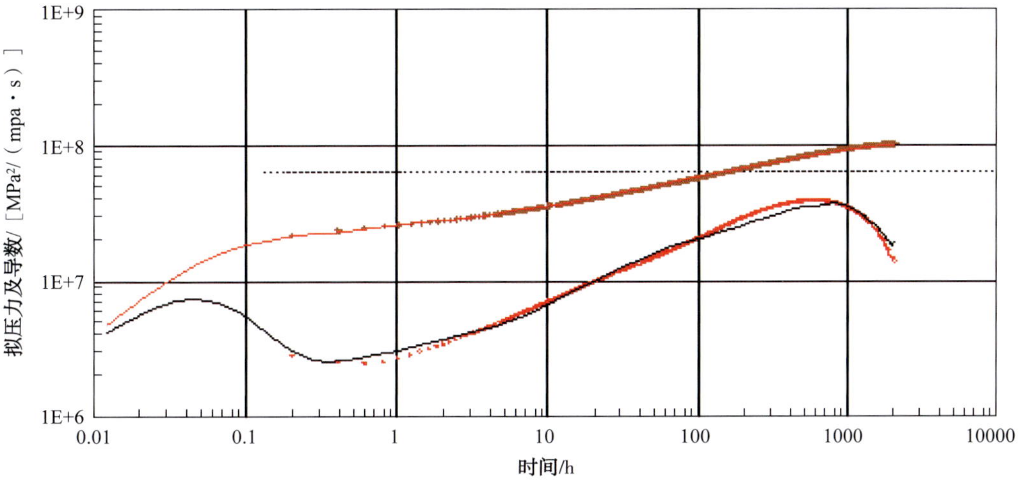

图 4-21　X 井双对数拟合曲线

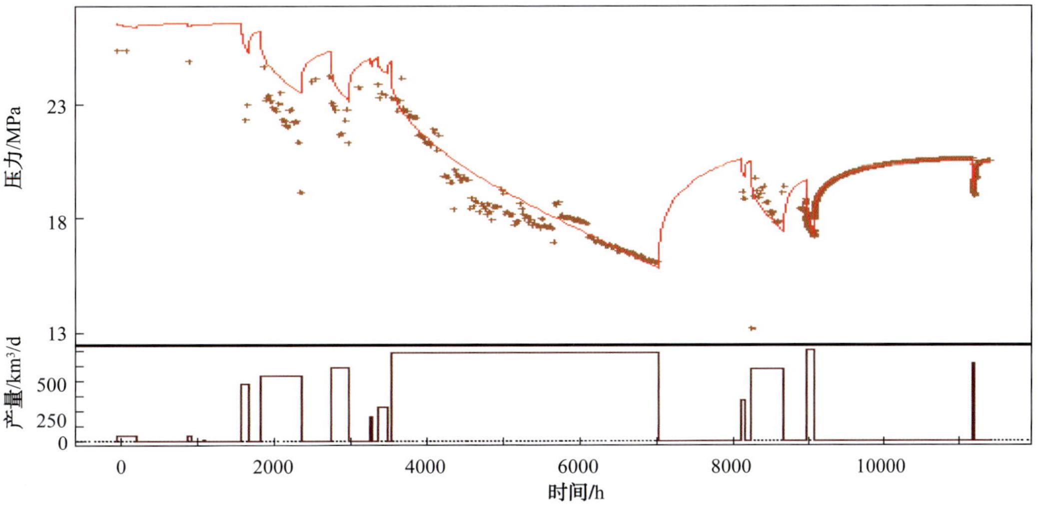

图 4-22　X 井压力历史拟合曲线

（二）修正等时试井模拟

采用拟合得到的所有参数，用数值模拟软件建立同前面拟合一致的单井模型，设定修正等时试井工作制度，模拟修正等时试井的过程，如表 4-6、图 4-23 所示。

表 4–6 修正等时试井工作制度设计表

井号	层位	等时阶段					延续阶段		关井恢复时间 /d
		等时间隔 / h	q_1/(10^{4}m^3/d)	q_2/(10^{4}m^3/d)	q_3/(10^{4}m^3/d)	q_4/(10^{4}m^3/d)	q_g/(10^{4}m^3/d)	生产时间 /d	
X	山西组	24	20	60	100	120	60	20	45

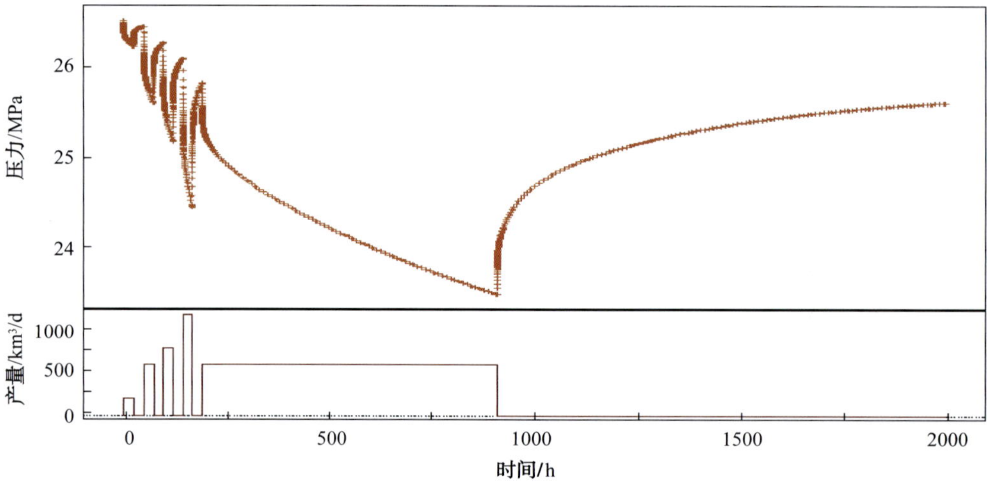

图 4–23 X 井修正等时试井模拟曲线

（三）产能评价结果

将得到的产能试井曲线整理解释，如图 4–24 所示。得到 X 井产能方程为：

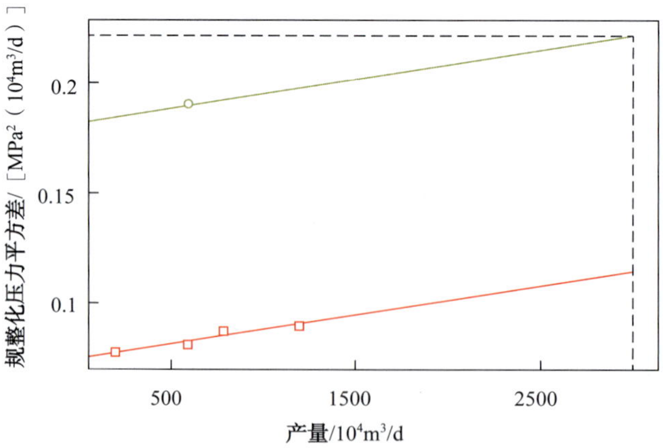

图 4–24 X 井二项式产能曲线

由此求得投产初期无阻流量为 $300.4\times10^4\mathrm{m^3/d}$。关井约 100d，X 井地层压力恢复至 20.6MPa，由于低渗气藏短期压力难以恢复稳定，采用 MBH 方法外推地层压力为 21.5MPa。忽略流体性质随地层压力变化的影响，将外推地层压力代入产能方程，求得该井 2014 年压恢试井后的无阻流量为 $218.7\times10^4m^3/d$。由物质平衡法可以计算出该井动态储量为 $9.62\times10^8m^3$，如下图 4–25 所示。

利用 2016 年年底累计产量，由物质平衡法可以计算出该井 2016 年年底平均地层压力为 13.3MPa，将地层压力代入产能方程，求得无阻流量为 $90.8\times10^4m^3/d$，由产能方程可以得到生产配产与生产压差曲线，求得 X 井合理配产不应当超过 $60\times10^4m^3/d$（图 4–26）。

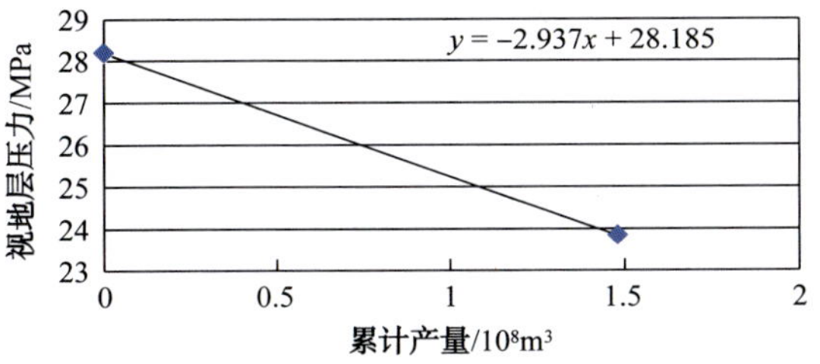

图 4–25　X 井物质平衡曲线

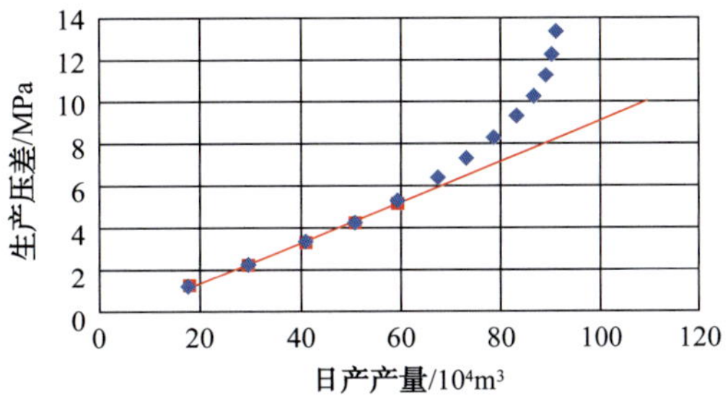

图 4–26　X 井配产与生产压差关系曲线

第二节　井网优化及评价

一、井网优化方法

在井网的选择上，考虑到下面几个方面：

（1）井类型：是否选用水平井或双分支井。

（2）井网类型：六边形的还是方形的。

（3）地面井位：避开无法接近的地区；重新利用现有井位；限制地面井位数量。

（4）井间干扰：尽量减小井间干扰。

根据前面论述，较压裂直井而言，水平井更适合开发长北区块，这主要是因为：水平井扩大了井眼暴露于气藏面积，而且能把被阻流带隔开的产层连通起来。对于井数、井类型及井网类型的优化，六边形井网的水平井和双分支井都在考虑之列，水平井也以方形井网进行了模拟。水平井的靶前距定为 900m，主要是从降低钻井难度的角度出发。考虑到长北区块可能出现的钻井危险性和地层压力水平，对水平井和直井的多种下套管方案进行了研究评价，从不同方案中选出最佳方案，通过 1000m、2000m、和 4000m 的水平段比较，优选出 2000m 长的水平段为最佳水平段长度，因为这是在不大幅增加钻井成本的情况下钻及的最大长度。但是，如果将来能够成本低廉地钻更长井段的井眼，这会是很经济的做法，因为累积采出量将随着井段长度的增加而增加。同时，设计两种成熟的概念设计井型：一是 2000m 水平段的水平井，一是每分支水平段长为 2000m 的双分支水平井（图 4–27）。

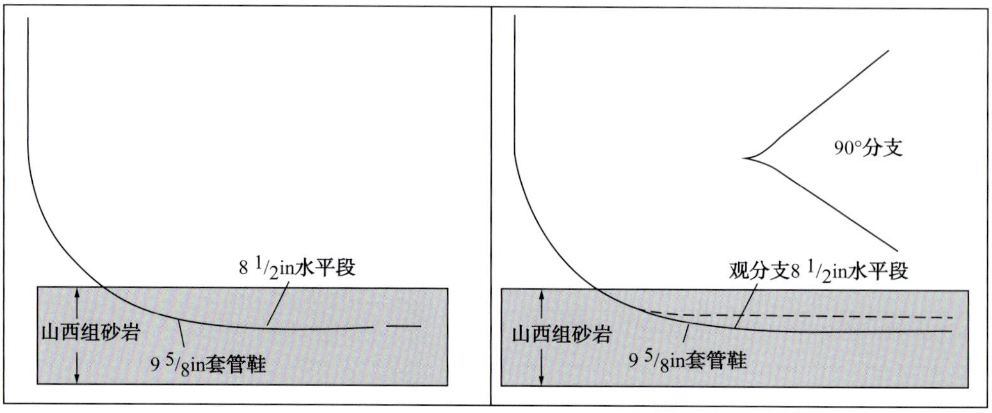

图 4–27　长北区块水平井概念井型

为了确定哪一种井身结构是最好的，在全区具有不同气藏性质的区域，模拟了这三种不同的井型方式，这些井模拟开采 20 年，如图 4–28 所示。无论是六边形的还是方形的区块中，双分支井都要比水平井产量大。考虑到每口水平井钻井成本约为 4060 万元，双分支井钻井成本约为 5850 万元。通过比较 20 年生产期产量 / 估计钻井成本，虽然双分支井产量最大，但每产出 $1\times10^8m^3$ 的井成本和三口水平井井组大体相同，如表 4–7 所示。四口水平井井组开发效果较差，这是因为不同水平井井间干扰导致（图 4–29）。考虑征地和环保压力，在井组选择上，长北区块基于储层物性的研究结果，通过直井与水平井不同井型开发形式的模拟，最终优选双分支水平井开发。

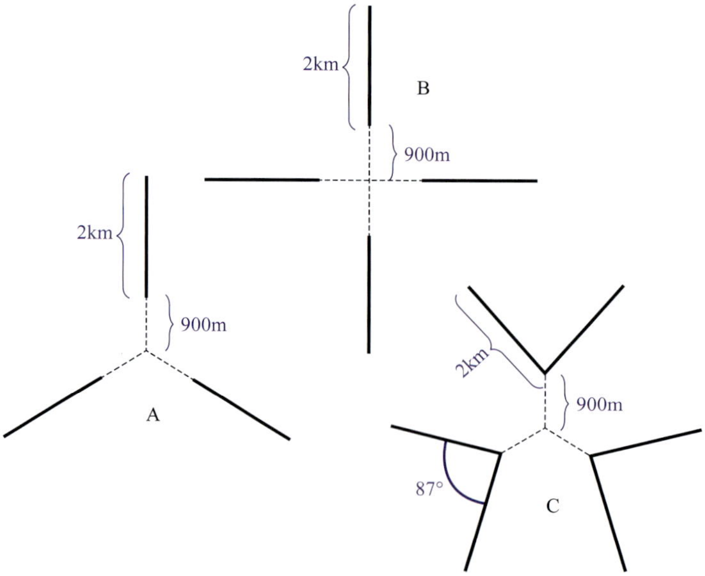

A：三口单分支水平井　B：四口单分支水平井　C：三口双分支水平井

图 4–28　开发井网设计图

表 4-7 不同井网形式的投入产出比

储层类型	井网类型	2020 年末平均单井累计产量 /10^8m^3	亿方产量所需钻井投资 / 万元
位置 1	C	7.47	783
	A	5.17	785
	B	4.65	873
位置 2	C	9.97	587
	A	7.3	556
	B	6.65	611
位置 3	C	6.3	929
	A	4.3	944
	B	3.93	1033

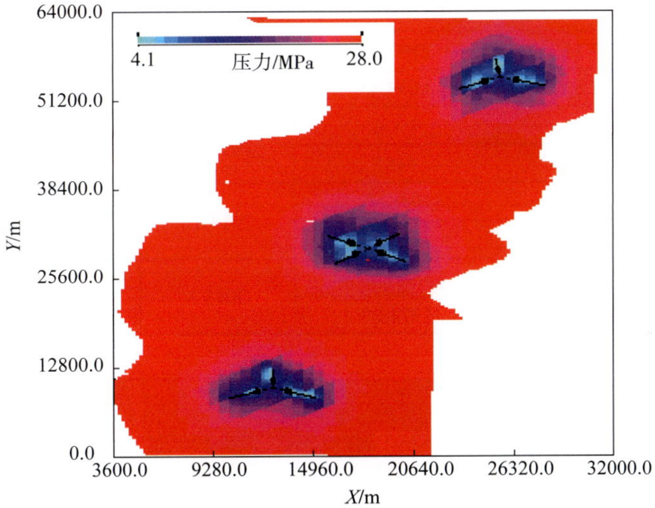

图 4-29 三处物性不同点模拟的压力分布图

根据以上研究，提出了以下双分支水平井混合井网优化技术（图 4-30）。基于不稳定试井解释并结合地质认识，确认储层沉积河道的平均宽度。以钻穿过多期河道砂体和避免生产干扰为目标，单个井丛设计 1 口直井和 3 口双分支水平井，直井位于井丛中心，3 口双分支井的入窗点离井丛中心 900m，每条分支设计长度 2000m，井端保证在 1.2km 以上，就可以覆盖直径为 5.4km 的开发面积。采用该混合井网一个井场就可以动用含气面积约 35km²，动用储量约 $50 \times 10^8m^3$。在有效减少地面征地的前提下，实现开发井网最优设计。

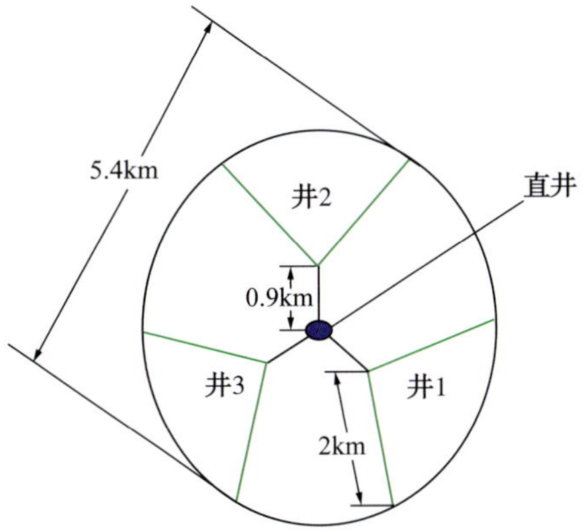

图 4-30 双分支水平井混合井网图

二、井网优化效果评价

2014 年投产的 C23 井丛，平均初产达到 $90\times10^4m^3/d$，平均单井累计产量 $8.47\times10^8m^3$，每个井丛各分支压力递减较为均衡，大型复合砂体井型井网优化技术取得良好应用效果（表 4-8、图 4-31）。

表 4-8 井型井网优化技术应用效果表

井丛	井号	水平段长度 /m	有效长度 /m	投产日期	初期产量 /10^4m^3	累计产量 /10^8m^3
C21	CX21-1	1704.16	1616.16	2011.4	87	11.12
		1960.03	1853.03			
	CX21-2	1850.69	1723.69	2011.6	35	5.21
		1273.58	1105.98			
	CX21-3	2153.13	2109.13	2011.11	75	5.12
		1612.83	1505.83			
C23	CX23-1	1962.33	1908	2014.12	100	9.94
		1474	1451			
	CX23-2	2027.59	1916.91	2014.12	85	8.35
		2000	1963			
	CX23-3	1822.58	1544.58	2015.5	95	7.13
		2021.09	1971.09			

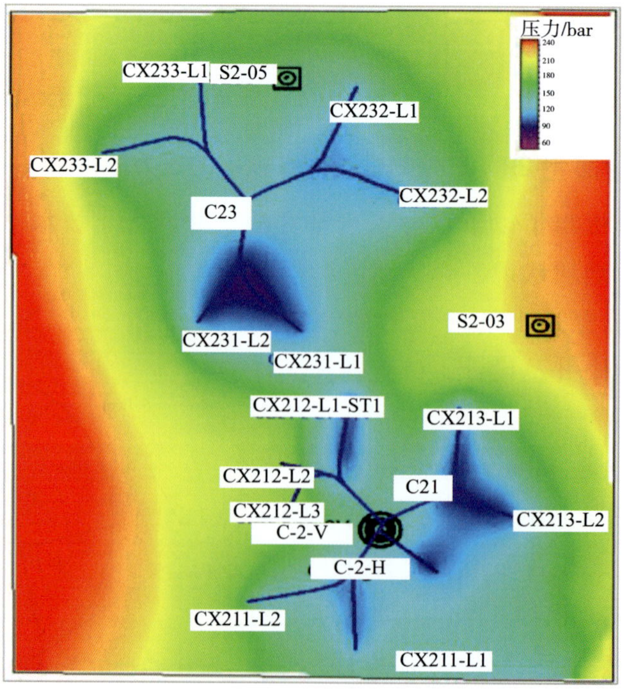

图 4-31 C21/C23 井丛 2018 年 6 月底压力分布图

第三节 气藏数值模拟研究

气藏数值模拟作为气藏开发环节中认识气藏、规划开发、及时调整开发方向、评价及预测气藏生产的重要技术手段，具有其他方法所不具备的优势。油气藏数值模拟方法依靠开发者对油气田已知的部分信息，以计算机为媒体，以数值计算方法为基础，通过物质平衡方程和渗流运动规律在仿真的网格化油气藏内进行研究。通过规律性的认识和反复的模拟全力还原油气藏真实的内部环境，从而达到油藏研究的目的。它既可以从宏观上整体认识，也可以从局部微观深入地了解油气藏特性，还可以给出特定条件下未来油气藏的开发状况。这些特性对于精细、科学、高效的开发长北区块无疑具有重要的支撑作用。

数值模拟基本步骤为：第一，依据已有的地质认识建立地质模型及属性模型，并选取适当的网格系统加以描述。第二，为模型加载对应的气藏物理特性（各相高压物性及相渗特征），并完成模型储量计算。第三，加载气藏生产历史并开始模型初拟合。第四，根据已有的动、静态认识对模型进行终拟合，并生成调整模型。第五，依据调整模型开展各种方案下气藏未来生产预测。长北区块的数值模拟研究追寻区块的开发模式“丛式双分支水平井钻探开发、稀井高产、井间接替、分区分期”，逐年追加新井动静态信息，精细描述区域静动态地质模型，并通过实际生产数据拟合验证，达到较高准确性的生产预测（图 4–32）。

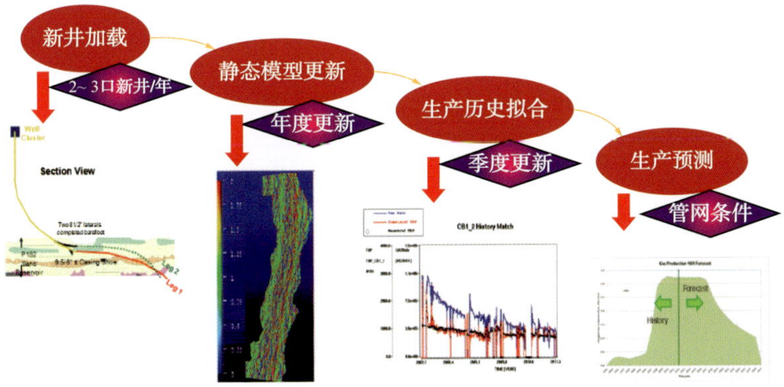

图 4–32 长北数值模拟更新流程图

长北区块气藏数值模拟技术严格以前期建立的三维地质模型和审查流程为基础（图 4–33）。随着开发的不断深入，利用新井资料不断完善三维地质模型，利用生产动态资料进行历史拟和，最终综合描述和评价气藏指标。具体模拟内容包括：给出一定开发生产条件下油气藏在某一时刻地层压力和油气水的分布，预测油气藏开发动态等用模拟分析方法来研究油气田实际开发与优化问题；通过对气藏生产历史拟合，再现气藏流体渗流过程，拟合后修正了原来的地质模型，使其能比较真实地反映气藏地质特征和生产潜力；在此基础上，根据对气藏开发和实际的生产需要进行多方案设计，预测各方案的开发指标，论证合理的开发方式、稳产能力、合理的采气速度以及最终采收率等问题，为气藏今后的开发调整提供依据。

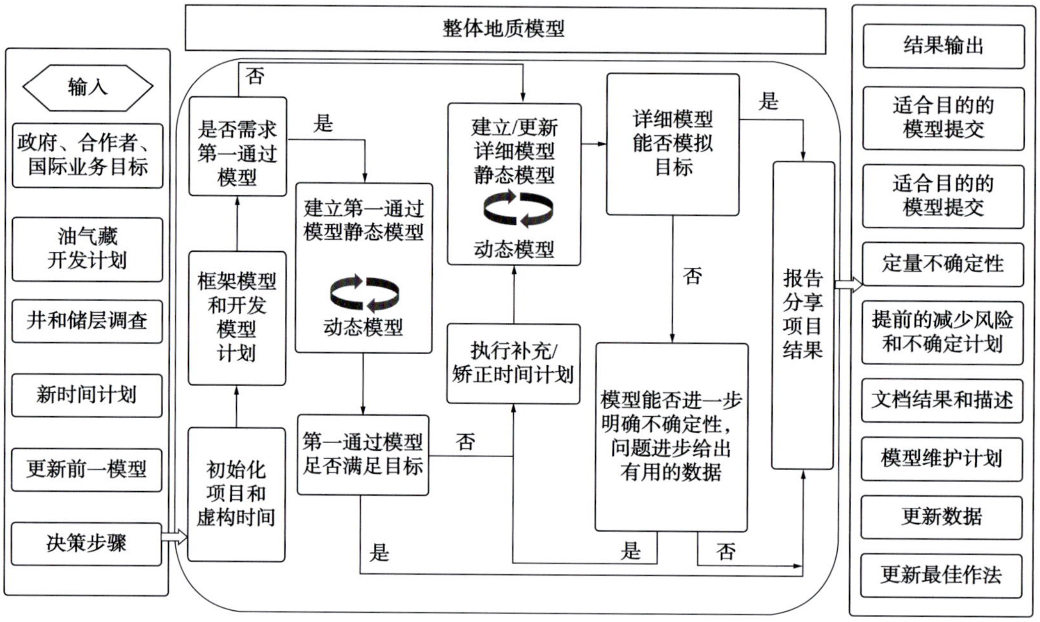

图 4-33 地质模型建立和审查流程

一、参考数据类别及应用

建立气藏准确模型是一项艰难的工作，一次正确的模拟研究所需的数据是有不同的来源的：地球物理与地质数据构成了任何模拟模型的框架，工程数据涉及油藏流体的静力学和动力学。建立地质模型所用的原始数据包含大量与工程研究相关的数据，如岩样、裸眼井测井资料、压力瞬变数据。工程数据主要包括常规岩心分析与特殊岩心分析数据中的孔隙度、渗透率、岩性、流体相渗、毛管力、流体的物性等。

长北目前通常在精准静态模型的基础上，利用动态数据对模型进行动态调整，以使得模型更加精准。基本动态模型的原始地质储量为二级储量，海拔深度为 1600m。历史拟合期共包含 62 口井，其中 16 口井为试生产作业井。自 2005 年整体开发方案至今，新的数据主要包括：43 口双分支井、3 口单分支井和 9 口垂直井的测井数据，23 口井的压力测试数据，包括井口测试压力、产量、井口流动压力等。拟合过程包括根据试井和测井解释结果调整井的初始产能，引入阻流带来模拟流动阻碍效应，以及生成流动通道来模拟井间干扰等。动态模型最终拟合了全区和单井的生产历史。

表 4–9　基本模型中各开发期的主要参数

测井曲线数据用于粗化和初始化过程中质量控制	由 PCOC 提供的 31 口垂直井
	从 2001 开始钻的两口评价井
	从 2005 开始开发的 15 口双分支井和 3 口垂直井
岩心分析和特殊岩心分析数据用于估计渗透率和岩石压缩系数	常规岩心分析：颗粒密度、孔隙度和渗透率
	特殊岩心分析 SCAL
	地层渗透率和孔隙度相关系数
	垂直渗透率
模型初始化，井初期产能和阻流带确定过程中所用到的试井数据和地层压力测试数据	C1 垂直井 MDT
	TPO 井初始产能测试
	2000 年和 2002 年进行的 2 次压力测试和压力恢复试井
	CX1–1 和 CX2–1 在 2006 年进行的试井测试
PVT 模型的流体数据	8 口 TPO 井的流体样本
	C1H、C2H 和 CX2–2 水平段 PLT 测试
历史拟合过程中的产量数据和流动井口压力	从 1999 年 11 月开始生产的 16 口 TPO 井
	从 2006 年 5 月开始生产的 2 口水平井，2 口垂直井和 11 口双分支井
用于模型的井斜数据	最终的井深测量报告（测量深度、垂直深度、大地坐标、钻井平台高度、井斜角、井轨迹转角）

二、模型初始化

模型的初始化首先要选择模拟方法，对流体的相态特征进行描述，确定油藏类型。利用相态分析软件对前期的物理实验及数据进行相应的模拟和拟合，检查数据的可靠性，确定气藏的物性 PVT 参数。根据高压实验分析得到的井流物组成，为了便于今后进行气藏数值模拟，需要进行拟组分划分。根据有限差分法给模拟区域各离散网格赋上地层压力、饱和压力、温度和饱和度初值。模拟系统利用其重力—毛管压力平衡条件的功能，根据输入的平衡参数表（参考压力、参考深度、气水界面深度）及饱和度参数表，自动将气藏模型初始化。

动态模型从静态地质模型引入角点网格，网格总数约为 660×10^4，水平 x—y 方向的网格维数为 376×875，平均尺寸与静态模型中网格尺寸相同为 $100\text{m}\times100\text{m}$。纵向从静态模型中的 40 层等比例粗化到 20 层，平均厚度为 2.6m。网格的起始点设在顶层网格西南角，顶层为第一层并随深度增加。在从静态模型到动态模型的网格粗化过程中，对孔隙度和净毛比采用了体积加权的算术平均法，对渗透率采用了几何平均法。粗化前后的渗透率与测井曲线进行了对比以确保基本相同的分布模式和变化规律，原始地质储量保持一致。根据静压测量数据和试井压力数据，长北区块模型设定在海拔参考深度 1600m 处（垂深为 2850m）的压力为 27.26MPa，以此使气藏初始状态达到静态压力平衡（表 4–10）。

表 4–10 长北区块储层物性参数表

深度 /m	厚度 /m	渗透率 /10^{-3} μm^2		孔隙度 /%		地层压力 / MPa	气层中深温度 /℃
		范围	平均	范围	平均		
2650~3100	15~42	0.01~10	4.85	4~10	6.2	22.93~28.27	75.8~97.8

长北区块为单相干气，在区块内不存在气水界面。束缚水被当作“岩石”来处理。模型中的孔隙度和岩石的压缩系数被相应较正以纳入水的饱和度和压缩系数。气体样本分析结果为：低凝气比，低水气比，生产气体样本含有超过 93% 的甲烷，比重为 0.5981。图 4–34 所示 PVT 模型是根据所有样本平均气体成分比例在气藏温度 91.4℃下生成。

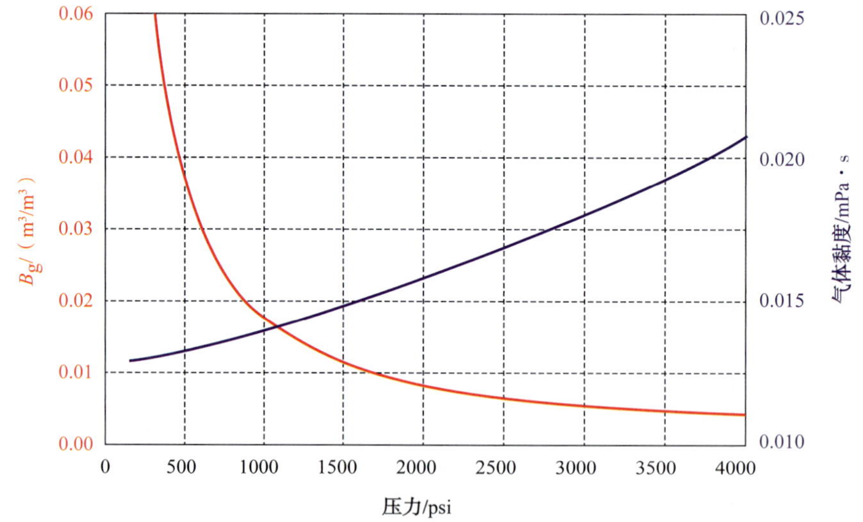

图 4–34 长北 PVT 属性模型

三、生产历史拟合

通过对油气藏生产的历史拟合，再现油气藏流体渗流过程，拟合后修正了原来的地质模型，使其能比较真实地反映油气藏现状和生产潜力。在此基础上，根据对油气藏开发和实际的生产需要进行生产预测，预测各方案的开发指标，论证稳产能力、合理的采油（气）速度以及最终采收率等问题，为油（气）藏今后的开发调整提供依据。

（一）拟合过程

历史拟合的目的在于调整及验证模型，拟合过程以井的实际产量为约束条件，对比实际测量的井口流动压力与模型计算结果。此次历史拟合共包含 62 口生产井，其中 17 口为直井，45 口水平井。拟合过程中包括调整井的初始产能，引入模型阻流带和井间干扰区。井的初始产能拟合主要调整井的地层系数，井周边传导率，表皮系数等参数。井的地层系数根据已有的 9 口试采作业井试井解释数据及 9 口双分支生产新井的油层物性评价资料进行校正。井周边传导率的调整以地层系数校正结果为基础，范围在距井周围约 300m 以内。试采作业压裂井的试井解释估计表皮系数在 –6.7~–5 之间。2007 年初 CX1–1 井的压力恢复试井显示其表皮系数为 0，假定双分支井和水平井的表皮系数为 10。图 4–35 显示了初始产能调整对历史拟合的改进。

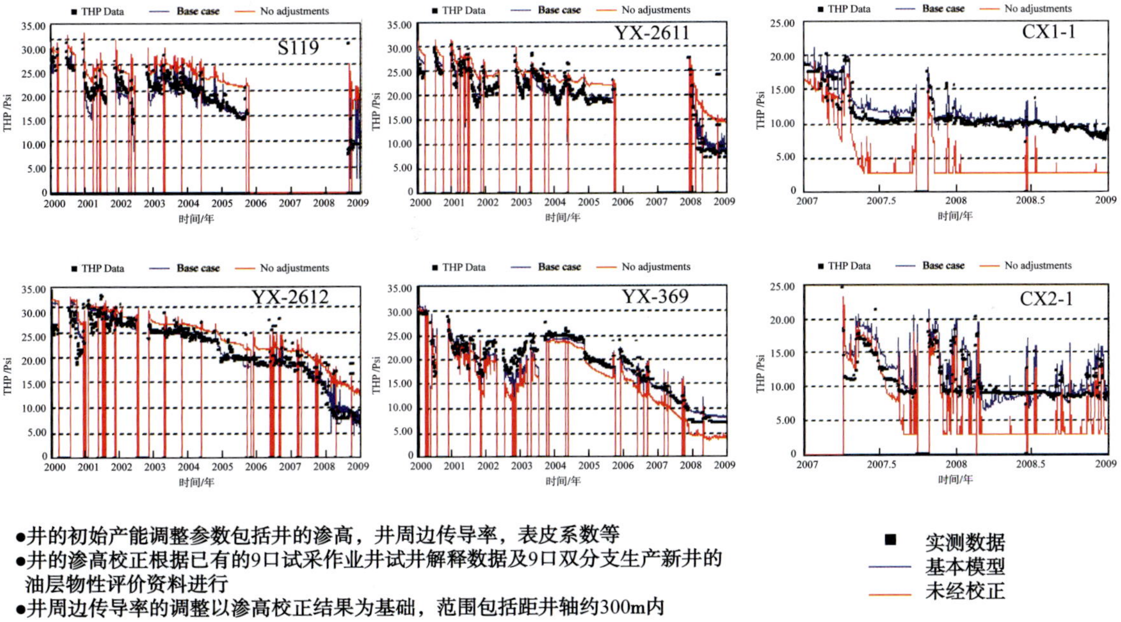

图 4–35　CX1–1 井的初始产能调整前后的历史拟合影响

静态地质模型没有考虑阻流带，考虑到试井分析结果和钻井结果，在动态模型中引入阻流带，动态模型的阻流带通过降低沉积相界面水平向的传导率来实现（即通过调整可能存在阻流带区域的网格与网格之间的传导率），降低的强度为 10 倍。图 4–36 显示了在有阻流带和没有阻流带情况下传导率的对比以及 CX1–1 井和 S141 井在引入阻流带后井口压力拟合得到改善。

阻流带的引入进一步细化了以辫状河沉积体系为主的长北区块属性模型（图 4–37），以更高的精度反映储层各属性的变化，从而达到高精度模拟的效果。

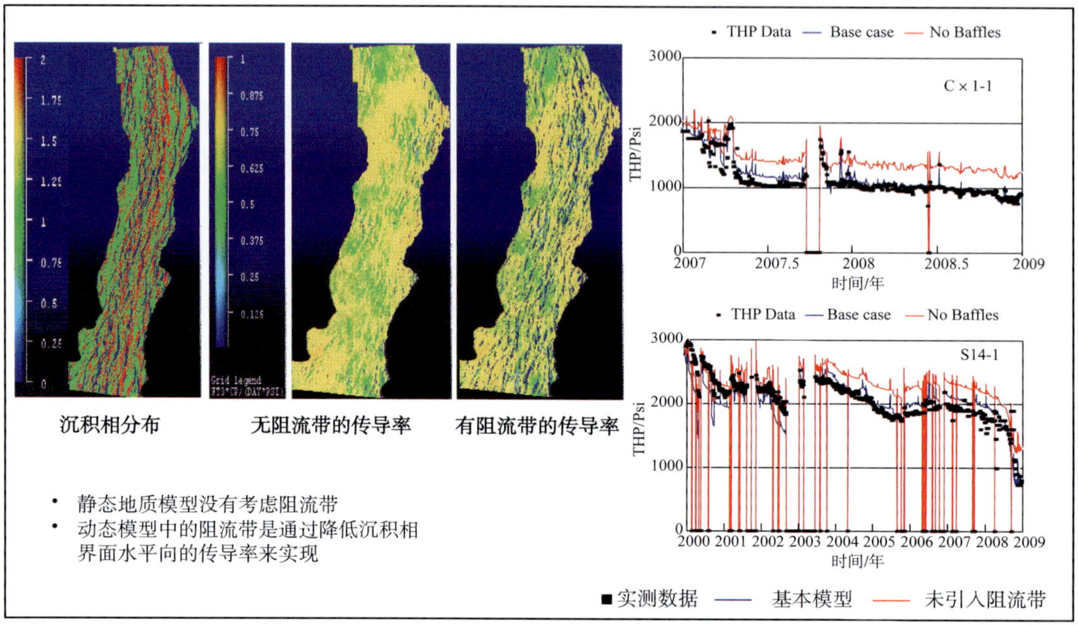

图 4-36 引入阻流带前后的历史拟合结果

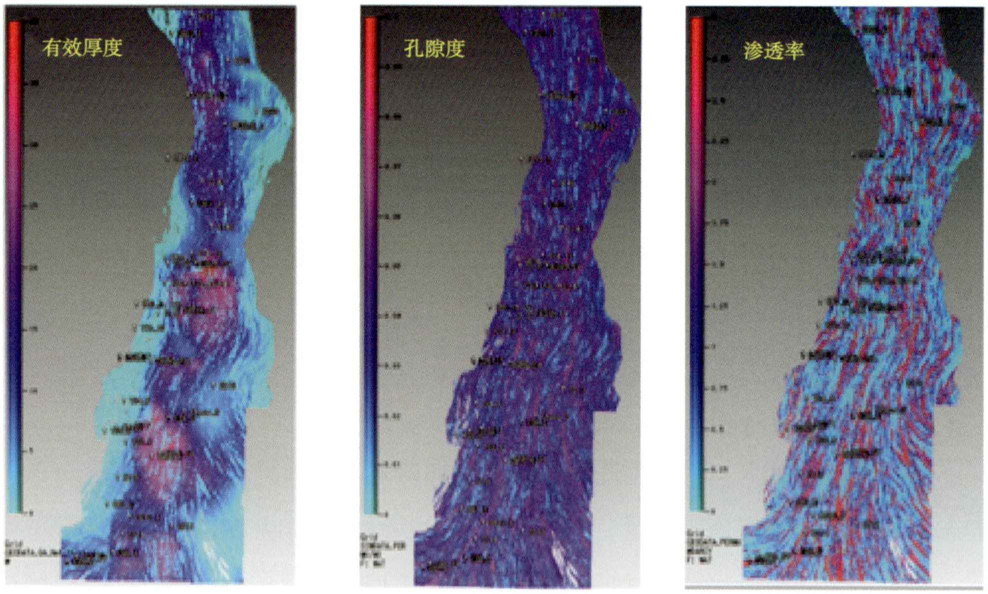

图 4-37 引入阻流带后的属性模型

根据模拟要求，在产气量拟合中，要充分考虑到压裂酸化措施及尽可能利用地层测试资料。考虑到压裂酸化改造措施的因素后，产气量才能得到较好的拟合。在拟合产气量的同时，要对压力进行拟合，主要通过调整地层渗透率、表皮系数、周边传导率等参数进行拟合。调整参数后，模拟计算的压力与实际压力走势能够基本保持一致（图 4-38）。

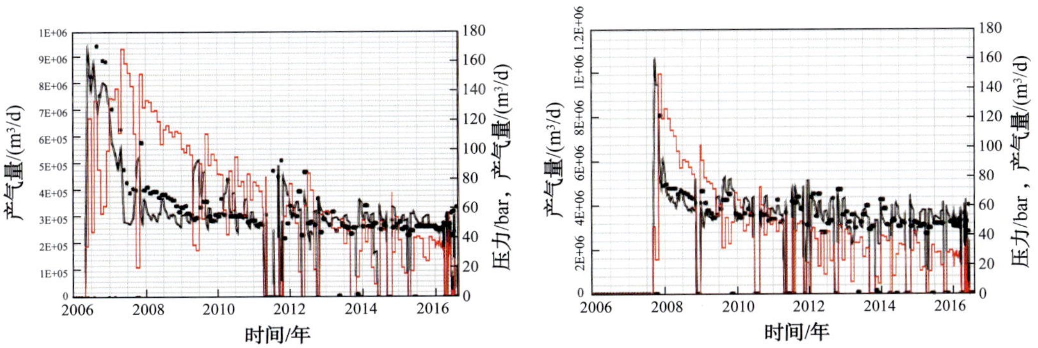

图 4-38　CX1-1 井、CX1-2 井压力历史拟合曲线

（二）单井及全区拟合结果

双分支井和水平井的历史拟合结果显示在图 4-39、图 4-40 所示，可见单井及全气田产量和累积产量的历史拟合情况良好，模拟模型能够真实反映储层生产现状，可以进行下一步预测。

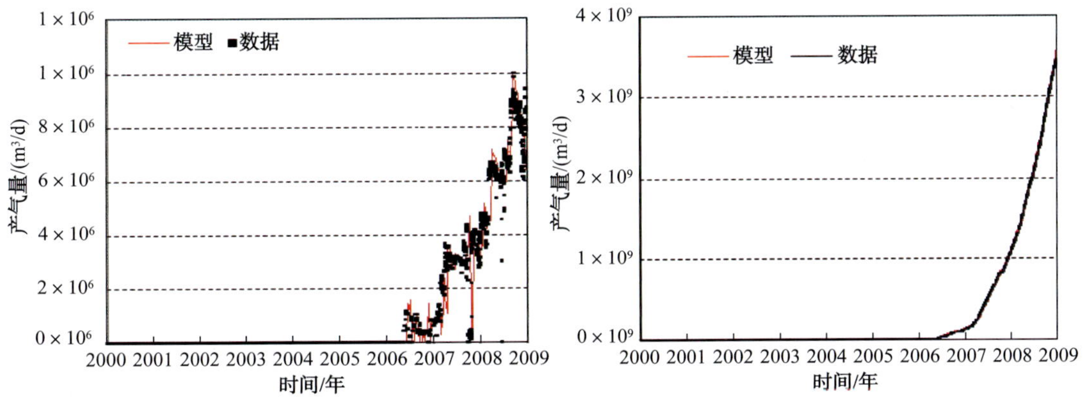

图 4-39　双分支井和水平井系统的历史拟合结果

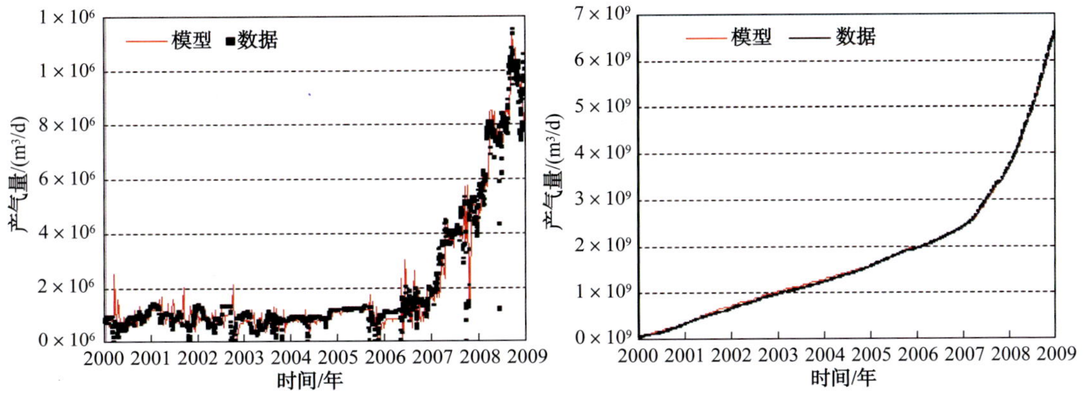

图 4-40　全气田的历史拟合结果

四、开发指标预测

为了能够建立动态油藏模型，针对特定地质和气藏的认识计算采收率，建立了 3 个全气田静态（Petrel）模型。这些静态模型依据的是当前对地质和气藏的了解，并代表了原始地质储量的合理范围，见表 4–11。

表 4–11　模型地质储量表

地质和气藏的认识	Petrel 模型
保守	一级
基本 / 参考	二级
乐观	三级

基础模型的总计原始地质储量为二级。相对于基础模型，保守地质模型中的厚度一般较薄，具有较窄的线状河道，低砂地比以反映在边界区域较差的联通性和从主河道到边界区域厚度的迅速变化，保守地质模型原始地质储量为一级。乐观地质模型中的厚度相对于基础模型一般要厚，具有更宽的河道和高砂地比以反映在边界区域较好的连通性，乐观模型总的原始地质储量为三级。

对于 $33\times10^8m^3$ 年稳产量，乐观地质模型给出采收率 46.7% 及 13 年的稳产期，保守地质模型则预计采收率 55.1% 及 8 年的稳产期。表 4–12 总结了各地质模型不同开发期的详细生产预测结果。

表 4–12　乐观，基础和保守地质模型的产量预测总结

模型类型	原始地质储量（$10\times10^8m^3$）	稳产年限 / 年	采收率 /%
乐观	三级	13	46.7
基本	二级	10	54.0
保守	一级	8	55.1

第四节　气井生产动态分析

由于气田开发规模迅速扩大，气井井数逐渐增多，不稳定生产井比例持续增加，致使气井数据分析及精细化管理难度不断加大。传统的气井生产数据分析与管理模式导致气井生产制度优化缺少依据，气井生产异常无法实时判别，措施应用效果未能及时分析等问题频现，还会造成员工劳动强度大、工作程序烦琐、数据出错率高等现象，不利于气田与企业管理。在现代信息化技术飞速发展的环境下，管理理念与管理方式也相应发生变化，提

高生产效率、降低操作成本、减少资源浪费的气田管理模式应运而生。

长北区块气井生产动态实时采集监测、分析与管理依托于PI实时数据库，形成生产动态实时采集监测技术，不仅在长北各级领导和生产管理人员、调度人员之间实现了远程数据共享，而且应用于气井日常管理，实现了高精度生产数据实时采集、动态监测及分析，促使气井“全生命周期”动态跟踪和管理取得了实质性进展。通过利用先进的技术水平和科学的管理方法，精细、高效地对天然气生产数据进行信息化管理和综合处理，进一步提高了气田精细化管理水平。

一、生产动态实时采集监测技术

（一）PI 实时数据管理系统

长北采用 PI（Plant Information）实时数据管理系统，为气井生产管理奠定了良好的数据基础。PI 系统支持标准的 C/S 结构和 B/S 结构，用于自动采集、存储和显示生产实时数据，为生产管理提供实时、准确、可靠的数据。数据既可以在线长期存储，也可以离线存储，适应海量数据点的同时记录存储，根据需求能够精确到毫秒级对数据进行自动采集和处理，提供主要包括绘图功能的软件、动态显示和数据更新软件、趋势图生成和显示软件，具有安全保障机制，确保用户在使用数据信息时做到准确、可靠。

基于 PI 系统功能及特点，搭建了适合长北生产实际情况的 PI 系统，应用于长北生产井丛、CPF（天然气处理厂）、TPO（试生产井）及各站等生产单元。

（二）技术特色

1. 高精度生产数据实时采集传输

在办公域搭建 PI 系统，通过 OPC 协议读取生产域 DCS 系统实时数据并存储，PI 接口服务器位于生产域内，PI 数据服务器位于办公域内，采集各类原始生产数据，实时反映气井及设备运行状态。通过用户需求自行调整数据采集时间段，数据采集频率能达到秒级传输，可以导出以秒、小时、天、月、年为时间单位的数据，避免了从不同类型数据库调入造成的数据错漏，实现数据共享。支持数据回放，可以调取站名、井名任意时间段的历史数据及设备状态，调用 PI 系统提供的 Excel 报表插件，可以自动导出给定标签和时间区间的当前值和历史值，提高数据录入效率。如图 4–41，稳定可靠的数据传输链路满足调用任意设备任意时间段的数据，为解决问题提供了翔实的数据基础。实现

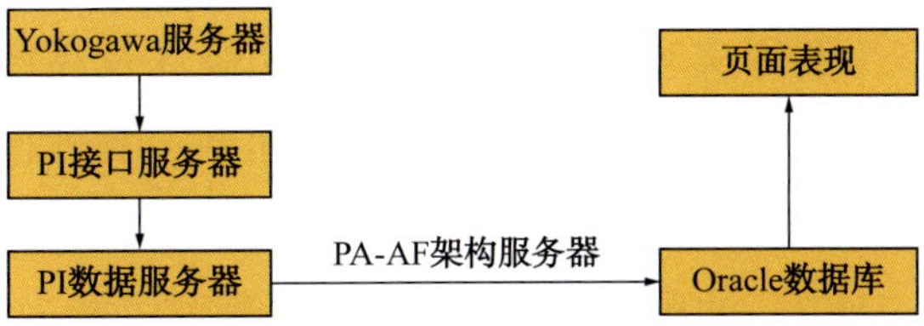

图 4–41 生产数据调用

生产报表 100% 自动生成功能，部署 PA–AF 架构服务器，生产管理系统通过 Oracle 数据库读取 PI 系统中各井丛、处理厂设备数据，自动抓取上一天的运行数据（压力、温度、产气量、外输压力、管线进站压力等），避免了手动录入数据得烦琐与易错，有效提高了数据的准确性。

2. 设备设施完整性监测及预防性维护

通过 PI 系统的 PI–ProcessBook 客户端软件，将气井产量、阀门开度、油 / 套压、A/B 环空压力、注醇量、进站压力和外输压力等生产数据组合成实时 / 历史曲线等交互式图形显示，显示曲线实现与现场数据刷新保持同步，协助各级管理人员不用去现场即可及时掌握气井生产情况，满足地质、工艺及地面数据分析需求。能够满足生产应急监控，当厂、站其余监控系统出现问题时，可以通过 PI 系统监控实时生产状态，多重保障生产平稳运行。图 4–42 为日常生产动态监测界面。

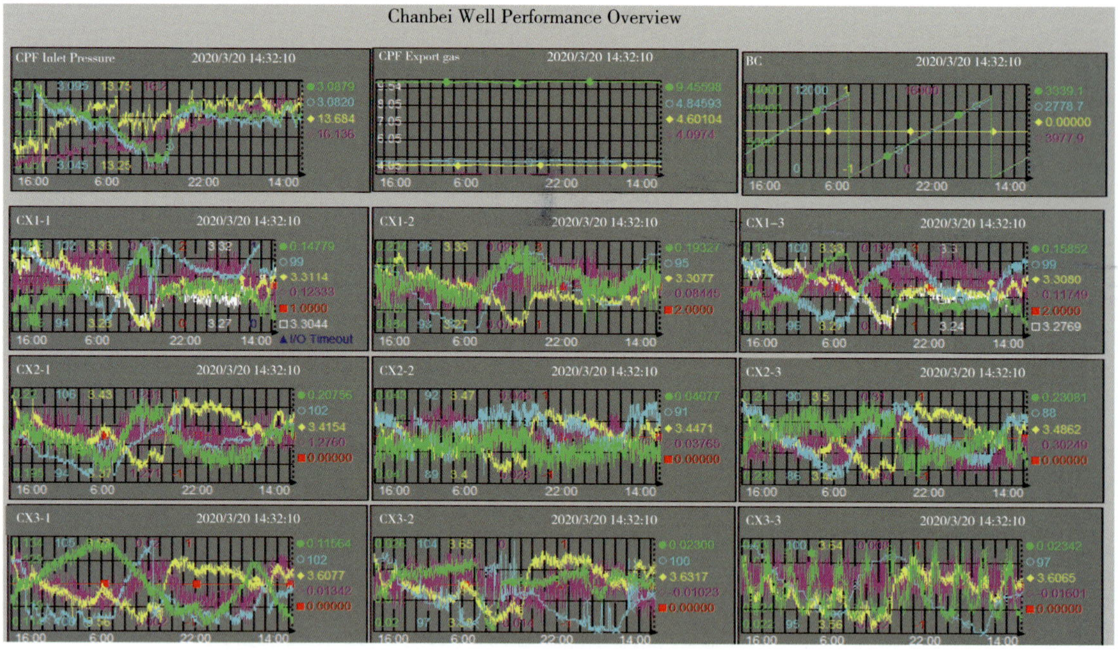

图 4–42 气井生产数据历史曲线

3. 气井生产异常实时判别

利用实时数据的实效性、连续性及高精度特性进行数据分析，及时发现生产异常情况，以便管理人员能够第一时间制定有效措施解决异常。降低人工分析强度，提高数据处理准确性。图 4–43 为 S4 井生产异常图，产量降低 $5\times10^4m^3/d$，套压由 5.4MPa 升至 5.7MPa，油压基本无变化，分析判断可能为油管堵，及时通知现场人员进行油管解堵作业后产量恢复，为气井产量恢复正常缩短判断时间，充分调动气井生产能力。

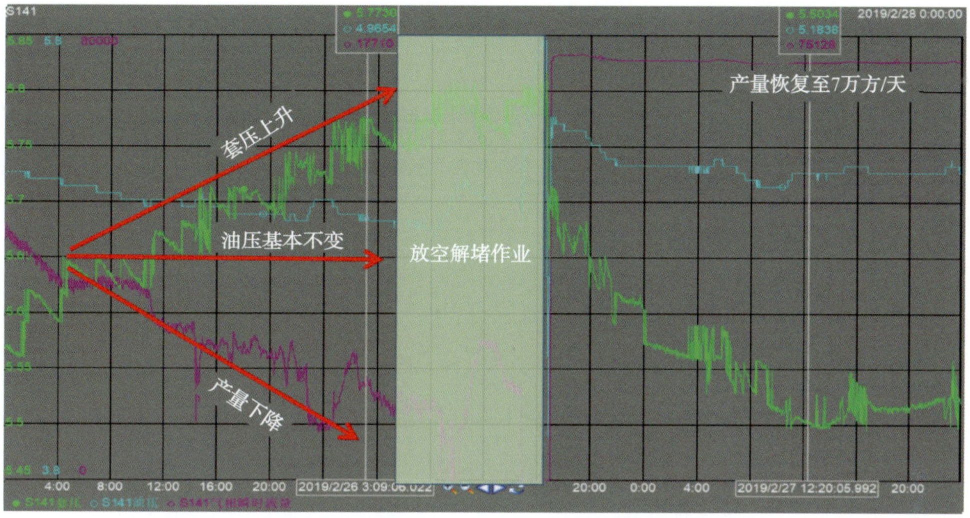

图 4-43　S141 井放空解堵作业曲线

二、生产数据分析与气井管理

基于长北区块气井动态特征，将气井分为稳定生产井和不稳定生产井两大类，其中稳定生产井细分为调峰井、连续生产井和措施生产井。不稳定生产井细分为间歇生产井和积液井。以分级分类管理气井为基础，用生产动态实时采集监测技术为不同类型的气井生产数据开展数据分析、优化生产制度、实施排水采气措施等，建立不同的管理模式（图 4-44）。

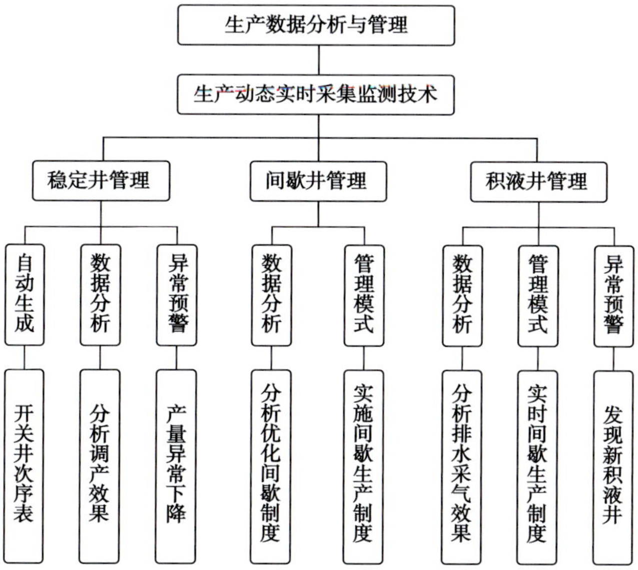

图 4-44　气井生产数据管理系统框架图

（一）稳定生产井

稳定生产井是气田稳产以及调峰保供的攻坚力量，其中调峰气井产能高、投产时间较短，生产连续性好，是主力产气井，调峰结束后安排适度关井恢复；连续生产井是能连续稳定生产，在核实产量后给予合理配产；措施生产井指排水采气措施后恢复连续稳定生产的井。

1. 管理思路

对于稳定生产井综合考虑每口气井地层压力、产量递减率及产量范围，结合月度生产任务自动生成气井关井次序表，确保生产任务分配到每口单井上，合理安排高产井和产量递减较快的气井轮休，确保应急调峰时气井产能得到充分发挥（图 4–45）。

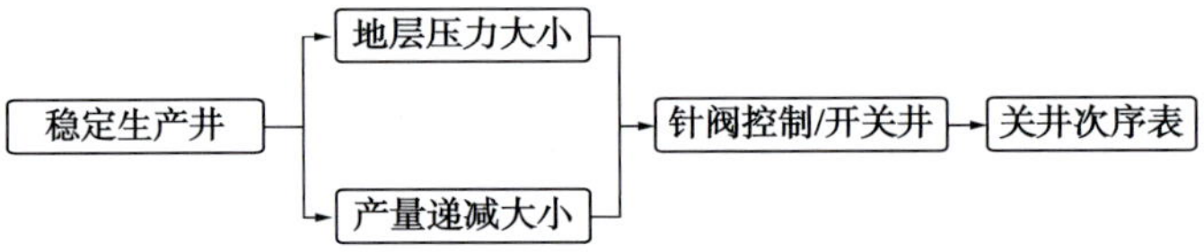

图 4–45　稳定生产井制定关井次序表流程图

2. 数据分析

虽然稳定井生产连续性好，能够稳定生产。但在实际生产中，会遇到处理厂压缩机故障导致 CPF 入口压力升高，外输压力因下游用户需求或增压站故障上升等情况，会造成稳定井产量下降异常现象发生。部分井虽然能稳定生产，但产量接近临界携液流量时，产量对于压力较敏感，会降至临界携液流量以下无法连续生产。利用生产动态实时采集监测技术能够第一时间发现气井产量突降，地质工艺研究所和作业区管理人员将产量异常井发现—实时数据分析—制定处理措施—现场作业—效果分析的气井闭环管理流程高效化，为制定措施节约了分析时间，加大了气井产量恢复概率。

CXX–1 产量降低了 $13\times10^4m^3/d$，管理人员发现生产异常后调出该口井压力、产量历史生产数据，发现该口井产量近期降至临界携液后降产迅速，靠自身无法带液恢复产量，决定采用移动计量撬放空复产。实时采集监测技术指导现场作业，在第一次放空复产失败后，根据实时压力曲线判断因压力恢复不到位导致失败，后续放空通过延长气井压力恢复时间而成功复产（图 4–46）。

（二）不稳定生产井

不稳定生产井是气田生产的突出矛盾之一，分为间歇井和积液井。间歇井生产特征是无法连续生产，开井初期产量较高，之后产量快速下降，需要根据压力恢复及实际生产动态，安排合理的间歇生产制度。积液井指前期产量下降快，井筒积液时间早，且措施后积液状况难以改善，生产连续性差的井。需要定期分析气井静、动态情况，优化不稳定井生产制度及采取排水采气措施。

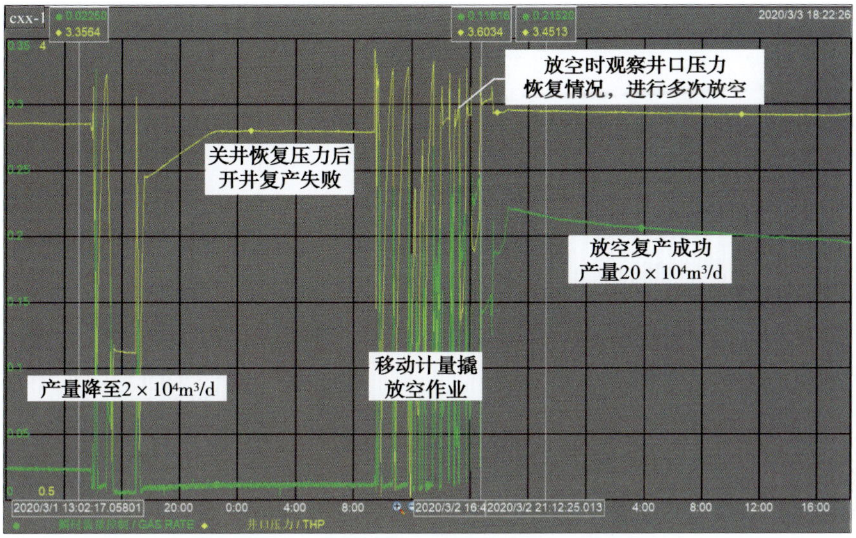

图 4–46　CXX–1 放空复产作业过程

1. 管理思路

对于不稳定生产井，分别以产量、拐点压力、或是关井恢复压力时间持续优化生产制度。其中间歇井以生产制度优化为主要管理手段，对于有明显积液特征的积液井以排水采气工艺为主，生产制度优化为辅管理，不稳定生产井管理制度流程图见图 4–47。

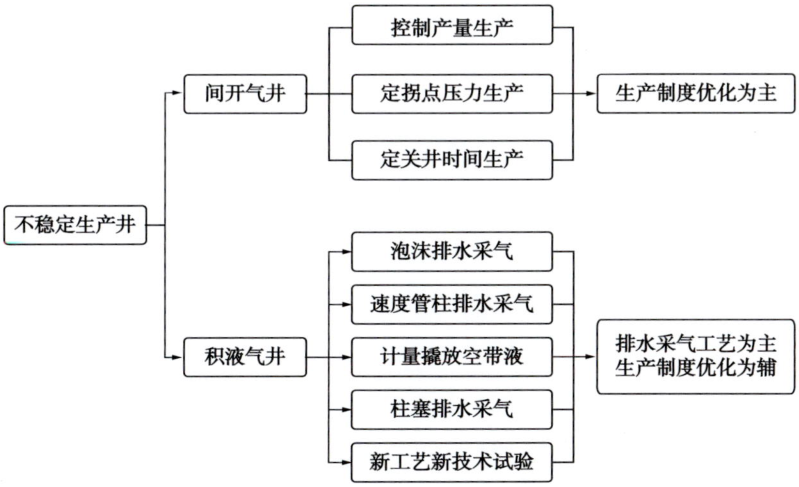

图 4–47　不稳定生产井管理制度

2. 数据分析

对于实施排水采气措施的气井跟踪效果，及时调整制度。如图 4–48 为某口积液井安装柱塞后的运行情况，初始制度为开 4h 关 4h 运行，运行一个月后评估柱塞携液效果认为之前柱塞运行制度间隔频繁，带液效果差，优化为开 8h 关 4h 生产制度。

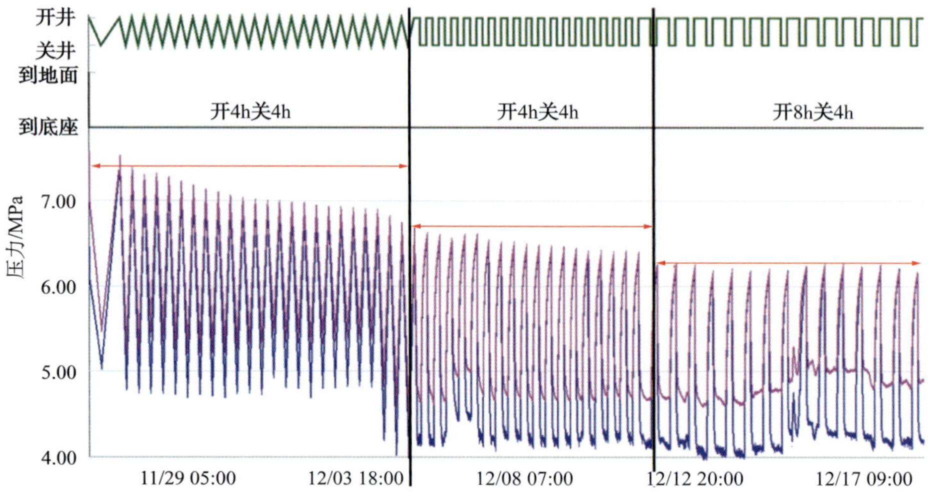

图 4–48 柱塞井调整生产制度

图 4–49 为间歇生产制度执行情况，以拐点压力和产量为标准制定生产制度，套压恢复至 6.8MPa 开井，产量低于 $1.5\times10^4 m^3/d$ 关井，根据生产任务要求及气井生产特征，调整为套压恢复至 6.5MPa 开井，体现了调整生产制度的实效性。

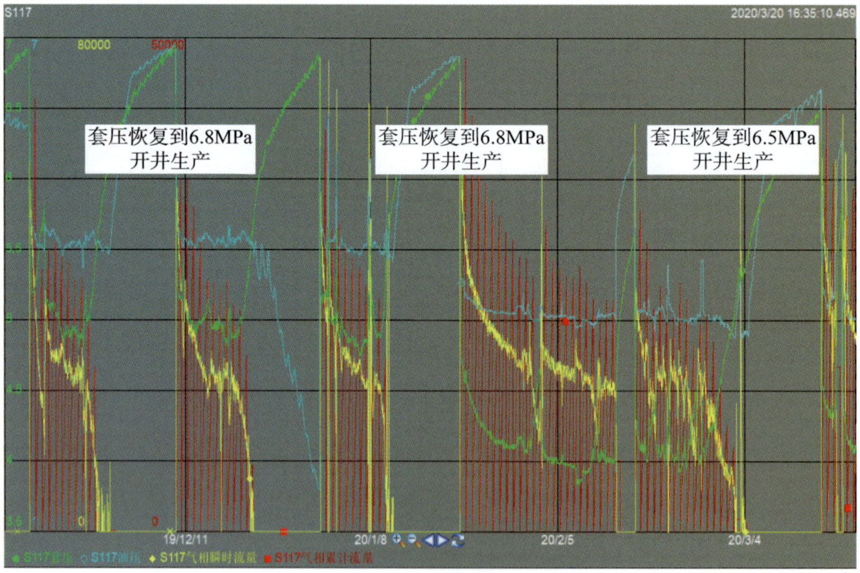

图 4–49 优化间歇生产制度

长北的气井生产动态实时采集监测技术，把高精度生产数据实时采集传输、设备设施完整性监测及预防性维护和气井生产异常实时判别运用到气井管理中，实现了气井生产数据远程共享，推进了气田数字化建设，气井管理由传统的流程复杂、效率低下转变为资源共享、高效解决问题的模式。

第五章 双分支水平井钻（完）井工程

长北区块大位移双分支水平井井眼轨迹控制技术，其技术要求是在复杂地质条件成功入靶并且在厚度小于10m的储层中钻进单分支长度达到2000m。长北区块钻井难点的主要原因在于复杂的辫状河沉积体系以及储层强非均质性。长北区块钻井的主要挑战是：钻进硬质地层时低的钻进速度；造斜段和水平段钻遇大段泥岩和煤层时井眼稳定性问题；设备的可靠性和完成水平段两条2000m水平分支遇到的技术困难。“井喷、井漏、井塌、卡钻、井斜、跳钻、断钻具”等复杂工况因此也普遍存在。正是由于这些客观条件的存在，使得井眼轨迹控制困难突显。

第一节　双分支水平井井眼轨迹优化设计技术

一、井身结构优化

长北区块开发的主力气藏为山西组石英砂岩，砂体分布广泛并且具有不连续性，为了保证单井产量，需要连通不连续砂体，最终选择在山西组石英砂岩中，进行双分支水平井开发。长北区块典型井井身结构数据如表5–1所示。

表5–1　长北区块水平井井身结构数据表

名称	设计数据
井深 /m	5200
垂深 /m	2884
造斜点 /m	1720
水平位移 /m	1180
水平段长 /m	2000
最大井斜 /°	90
表层套管 /in×m	$13^3/_8$×630
技术套管 /in×m	$9^5/_8$×3310
完井尾管 /in×m	7×5200
钻井周期 /d	177

长北区块双分支水平井井身结构设计依据是：最大化满足地质设计要求；有限的井场里，设计较长的水平段；合理化的靶前距设计，以满足不同入窗要求；平滑的轨迹设计，以减少长水平段摩阻和扭矩。

针对山西组石英砂岩，砂体分布广但具有不连续性特点，为了保证单井产量，连通不连续砂体，需要从以下因素考虑井身剖面优化：造斜点的优化、井身结构设计、井眼轨迹优化、滑动与复合钻进比例、分支角度的考量、水平段最大长度、摩阻与扭矩的控制。

长北区块双分支水平井井身结构如图 5-1：三开钻井井身设计（16in、$12^1/_4$in、$8^1/_2$in）；两级套管设计（$13^3/_8$in、$9^5/_8$in）；裸眼完井，油管尺寸为 $3^1/_2$in 或 $4^1/_2$in，封隔器位置 2800m。

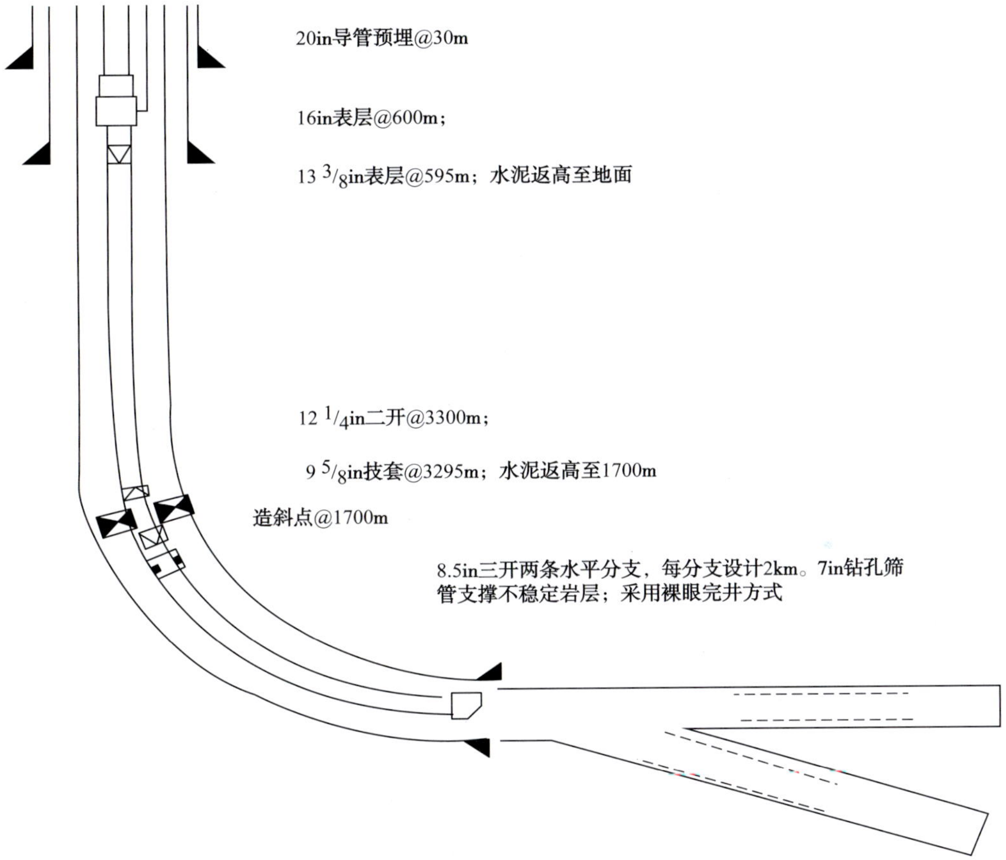

图 5-1 长北区块水平井井身结构示意图

二、双分支水平井井眼轨迹设计原则

长北区块采用丛式水平井开发，井场面积有限，储层厚度不均，甚至局部区域厚度不足 3m，靶区面积狭小；加上设计 2000m 的水平段，摩阻扭矩较大，钻井挑战较高，这些因素决定了井眼轨迹设计的难度较大，其主要设计原则为：

（1）优化靶前距设计，特别是对于储层厚度较薄或者不确定性较大的区域，选择深部造斜，缩短靶前距，获得更大的有效水平段长度，但是由于造斜点较深，就需要更大的造斜率，来保障顺利入靶，将导致钻进过程钻具摩阻扭矩增加，很难完成水平段设计进尺。

因此在二开井眼轨迹设计时要充分考虑造斜点、靶前距与钻具的摩阻扭矩的承受度（图5–2）。

（2）水平段设计最大化钻穿连通不同砂体，砂岩有效长度和产量成正比，因此在设计水平段轨迹时要考虑砂体走势，确保钻头紧追砂体。但是由于砂体分布往往不在一个平面，有时还要调整方位，增加了钻井施工难度，很难完成2000m的水平段，因此要研究地震和邻井资料，设计合理的方位，合理的钻井狗腿度，确保井眼平滑，顺利完成双分支井施工。

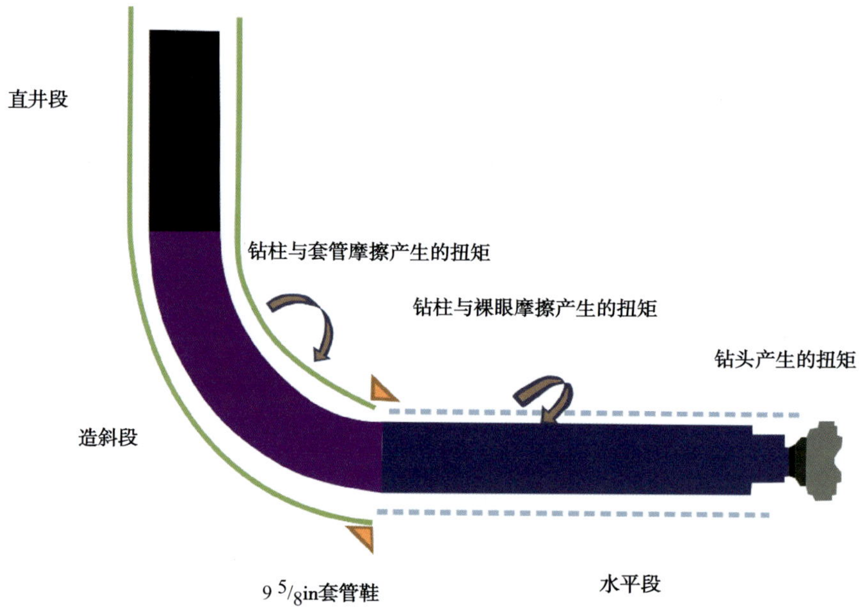

图 5–2　钻具摩阻与扭矩分布情况

三、双分支水平井井眼轨迹设计

考虑到长北区块储层薄、“三低”特性和井眼轨迹控制难的特点，长北区块采用地质工程一体化以及精细化随钻导向模式。考虑到造斜点选取的位置、地质构造中目的层的位置、钻具所能达到的造斜率、地层特性对井眼轨迹的影响、靶前距等诸多因素；为了达到井眼轨迹易控制、顺利入窗的目的，长北区块井眼轨迹采取了单圆弧、双圆弧井眼轨迹剖面：即“直井段—第一增斜段—微增调整段—第二增斜段—水平段；或直井段—增斜段—水平段”模式。为了控制扭矩，长北区块水平井定向段的曲率较小而且定向段长度很长，采用平台式井丛，井口间距为20m，造斜点分布在1600~1700m，基于分离系数（OSF）的考虑，井身轨迹设计施工的重中之重是考虑井间防碰、钻具组合的实际造斜能力以及通过适当降低设计曲率来减小扭矩。

（一）斜井段井轨迹设计

水平井斜井段包括增斜、稳斜和着陆井段。井轨迹设计主要有如下因素的限制：储层垂深不确定（+/–20m）；地层厚度变化快（5~30m）；入靶前有一系列煤层发育，而在煤层中只能使用旋转钻井技术；入窗成功并保证储层中有足够的斜长，以满足 2 次斜向器套管开窗侧钻机会。

根据已有地质资料准确的预测标志层深度及靶点深度，合理设计井身轨迹，将气藏不确定性因素降至最低，保证后续水平井段的施工顺利进行。斜井段井轨迹设计是基于地质资料预测的层位深度进行的。由于长北区块的主力储层厚度薄，应用储层预测技术确定合理的顶界深度范围，是合理井身轨迹设计的基础。在已有地质认识的基础上，利用地震资料及区块内相关邻井的测录井资料，对将要开发的油气藏的沉积相、构造展布、厚度分布进行精细描述，最大可能的降低地质因素的不确定性，建立井组地质模型，为井身轨迹设计提供预测的标志层和目标层的深度。

根据地质预测及斜井段施工要求，井身结构设计采用的是双弧剖面设计（图 5–3）。斜井段井轨迹设计的核心是对角度的控制。设计重点是合理预测煤层和目的层的深度及厚度，第一阶段造斜直至钻到第一个煤层，以一定角度稳斜至穿过煤层，然后继续造斜，以预先设定的最小角度到达储层预测最浅方案，一旦发现目的层石英砂岩，继续增斜钻进，然后至少在进入石英砂岩地层 3~5m 后着陆。

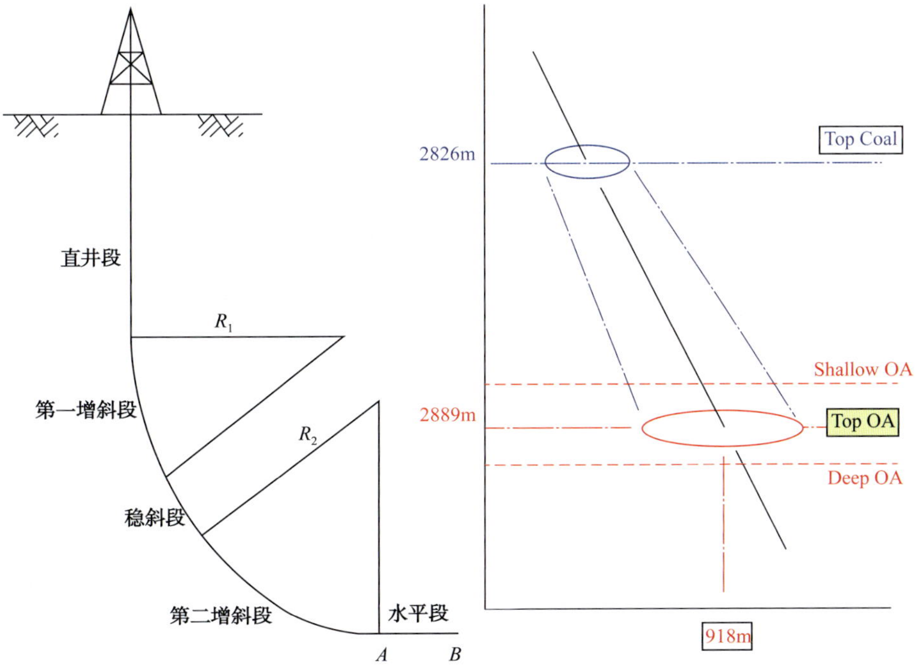

图 5–3 斜井段井轨迹设计

（二）水平段井轨迹设计

考虑本区的储层发育和构造特征，为了保证钻头能在设计的水平段长度内一直在储层中，且最大可能、最多的钻遇砂岩，提高砂岩钻遇率，进而获得理想的产量，长北区块双分支水平井水平段采用“S”形井眼轨迹，使得水平段前半部分靠近储层顶部，为钻遇泥岩段较长时采用“台阶式”向下侧钻预留空间，并下入打孔筛管以预防生产期间可能的地层坍塌（图 5-4）。

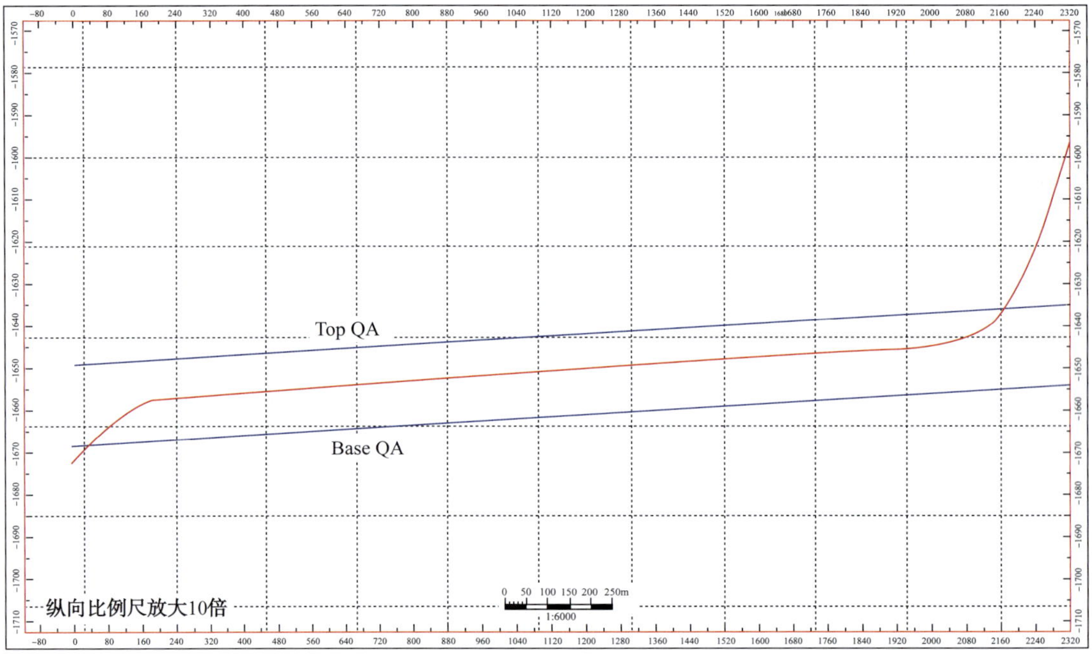

图 5-4 S 形水平井型

“S”井型的主要设计概念是钻头入靶后，令井眼轨迹平滑部位位于储层的中上部，完钻时钻穿储层以保证上下砂体的连通性，从而获得更多的产量。“S”井型在储层段的最大优点是始终处于气藏的高位，在出现井眼不稳定性问题的情况下，有更大空间进行裸眼井侧钻。“S”形井还有另一优势，即可始终避免靠近储层顶底的深度不确定性或储层质量不确定性。“S”形段的最优平直部分，应保证钻井一直在高渗透层，以增加气井的产能。但这可能难以设计而且需要大量的井轨迹调整工作。

井轨迹设计不但要考虑井轨迹的形状，水平分支方位同样重要。对于双分支井其中一个水平分支的选择应该具有最小风险和钻遇最长连续的砂体为主要原则。考虑到水平应力、主河道发育方向等因素的影响，长北区块的双分支水平井分支方向基础设计为：①第一水平分支的方向近似平行于最小水平应力，确保更好的井眼稳定性。第二水平分支将会在和最小水平应力成较大角度上钻探，以获得更大的开发面积。②第一个水平分支沿着构造的走向钻进，把钻出顶端或底部储层的风险降到最低。第二个水平分支考虑整体构造倾斜或抬升以预防钻出储层的风险，必须以向上或向下倾斜的方向钻进。③第一水平分支沿或小角度斜交主河道以期钻穿更长的连续砂岩，从而获得高的产量。第二水平分支将会近似垂直于主河道以达到横向开发气藏和了解储层横向发育及砂体展布形态之目的。④根据相关的地震及测井资料，如果可以确切的得知裂缝发育规律，则井轨迹垂直于主裂缝发育方向，会取得更好的钻井效果。

2010年以前，双分支水平井全部按照“S”井型的井轨迹设计，但是根据实钻结果看，由于施工难度的不同，并不是每一口井都可以按照设计完成“S”井型的施工。2010年以后，双分支水平井的设计不再完全按照“S”井型设计，考虑到成本以及施工难度，对双分支水平井井轨迹进行了多样化设计：针对单井区域地质资料较少且预测施工难度较低的水平井，考虑到获取更多的地质信息且不会大幅度增加钻井成本的情况下，按照“S”井型设计；针对单井区域地质资料少且预测施工难度较高的水平井，钻井轨迹则根据实际情况进行多样化设计，常用的设计有：①“L”井型设计，即在储层内直接完钻，不再向下钻穿储层的设计；②“V”井型设计，即在水平段中部进行井轨迹下切确定下部储层空间后回到上部储层继续钻进直至完钻；③斜坡型设计，在局部构造幅度相对较大的区域，井轨迹按照构造趋势设计；④“厂”井型设计，当着陆作业钻头进入储层较深的情况下，使用该设计（图5–5）。

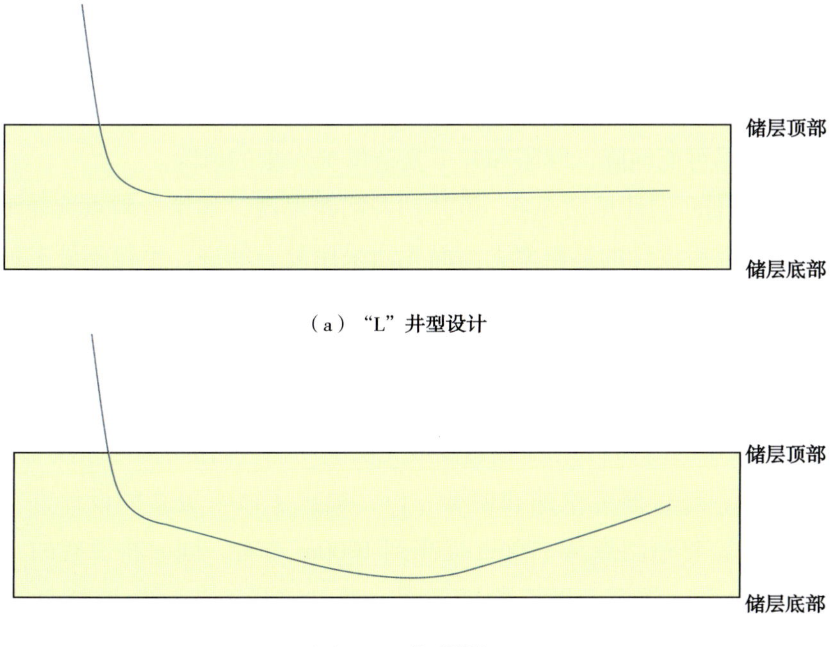

（b）“V”井型设计

图5–5　多样化水平井型设计

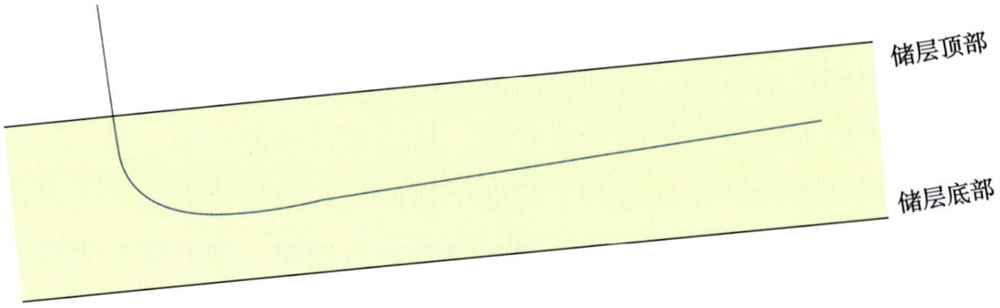

（c）斜坡型设计

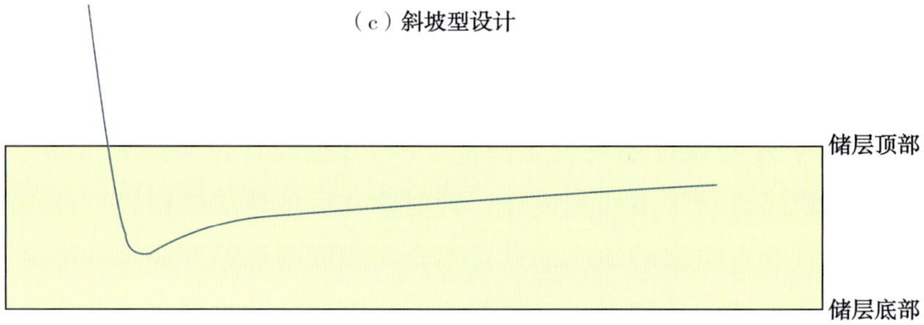

（d）“√‾”井型设计

图 5-5　多样化水平井型设计（续）

多样化的钻井轨迹设计，针对性强，实施难度低，根据实钻结果来看，大大降低了钻井时间及钻井成本。

（三）双分支水平井井眼轨迹优化

水平井轨迹设计的优化可以增加复合钻进井段，控制滑动施工工作量，降低施工风险，对提高钻速、减少钻进周期至关重要，而且通过轨迹优化更有利于调整入窗轨迹，合理的入窗位置和入窗轨迹可以有效减少滑动钻进井段，提高施工效率。此外，通过轨迹设计的优化，还可以尽可能地降低摩阻和井下复杂情况发生的风险。

CXX 井水平井剖面设计见图 5-6。该井钻井实践发现，如果造斜点选在 1700m，存在以下问题：1700 米以后设计的造斜率太高而无法采用复合钻进，不得不更多地采用滑动钻进，从而导致机械钻速过低，进而容易引起井下复杂事故的增加，无形中延长了钻井周期。通过钻具模型分析和现场实测数据表明，如果选择 1700m 或以下造斜，井眼曲率较大，狗腿变化快，给后面水平井施工造成了一定的难度，无形中提高了磨阻和扭矩值，使得水平段还未钻到 2000m 就因为扭矩值过高或无法滑动钻进而提前结束钻井施工。

根据以上问题，经过研究论证和模型分析，提出了以下更新的设计方案（图 5-7）：通过模拟计算结果，将造斜点从 1700m 提高到 1000m 左右，同时将原有的直—增—稳—增四段制剖面变为直—微增—增三段制剖面。通过这样改进，微增剖面的增斜率只有（0.8°～1°）/30m，同时实施造斜施工的地层比较松软，比较适合复合钻进控制轨迹，最大可能地应用复合钻进而减少滑动钻进，从而大大提高了斜井段的机械钻速，缩短了钻井周期。由于造斜点上调，整个斜井段曲率变化比较平缓，为后续水平段施工奠定了良好的基础，减少了整个水平段施工的扭矩和摩阻，保证了水平段的施工顺利。

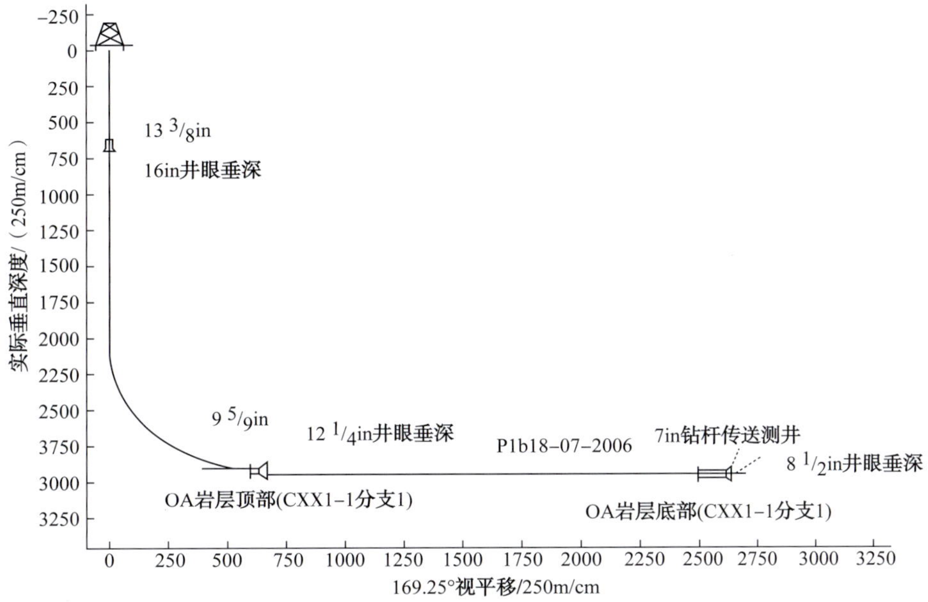

图 5-6　CXX 井垂直剖面投影设计图

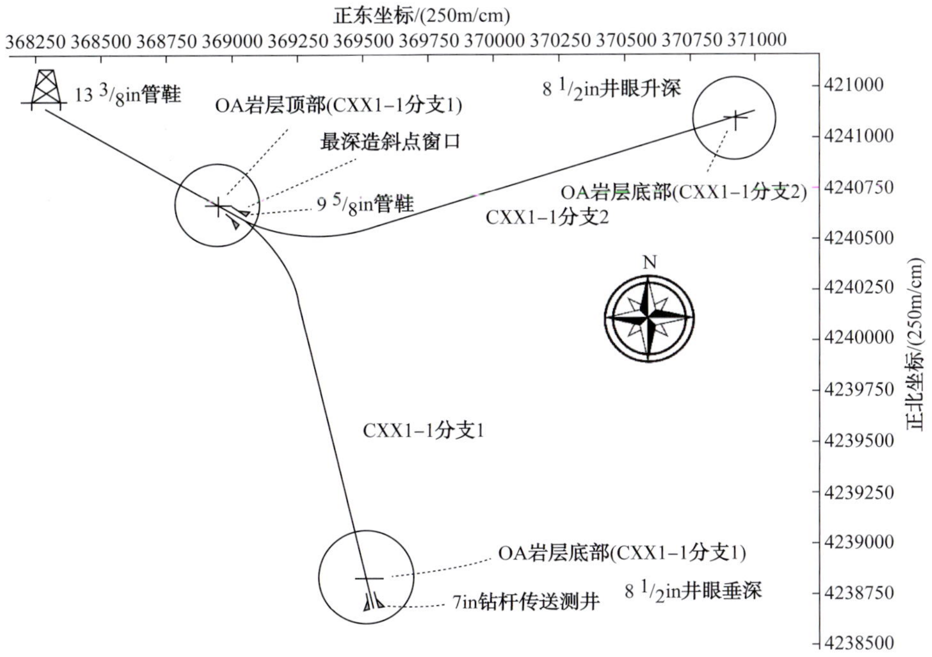

图 5-7　CXX 井轨迹示意图

第二节 双分支水平井井眼轨迹实钻控制技术

一、12 $^1/_4$in 井眼轨迹控制技术

按最初的设计，12 $^1/_4$in 直井段用旋转钻进方式 + 钻具组合 + 常规的施工工艺将井深钻到造斜点起钻，然后用常规螺杆钻具组合开始造斜。经前几口井的施工实践，效果较差，后将 12 $^1/_4$in 直井段全部改为带弯度螺杆钻具组合的复合钻进施工工艺，其好处有两点：①由于能及时地对井斜进行监控，一旦井斜有超标的趋势，即可及时进行纠斜施工，提高了直井段的井身质量；②当钻到造斜点时，不用为了改变钻具组合起钻，直接开始造斜作业，因此也提高了施工效率。尽管此工艺比原设计提高了监控的费用，但总体来讲其技术经济指标要强于原设计。具体的钻具结构是：12 $^1/_4$inPDC+9 $^5/_8$in 马达 + 浮阀 +12 $^1/_4$in 扶正器 +8inMWDin RLL+8inHOC TM–DM+8inScreen Sub+8inNMDC+12 $^1/_8$inMT Stab+8in 螺旋钻铤 ×9+8in 振击器 +8in 螺旋钻铤 ×3+X/O 接头 +5 $^1/_2$in 加重钻杆 ×33+5 $^1/_2$in 钻杆。针对长北 12 $^1/_4$in 井段从 650~3350m 施工井段长、普通钻头消耗量高、作业表现不理想的现状，根据施工组同承包商的共同研究，决定在该段使用 slickbore 钻井系统，即高效马达带加长保径的 PDC 钻头，原来在该井段使用普通三牙轮钻头需要 10 只以上，Slickbore 系统计划只用 5 只钻头，该套技术已经在 CX4–1 和 CX12–1 井进行了应用，取得了明显的效果，平均机械钻速能提高 20%，由于起下钻次数减少，作业时间也大幅度降低。同时，由于采用了煤层段钻井技术，井眼轨迹优化设计技术，钻头优选技术，KCl 泥浆技术，从而大大提高了整个 12 $^1/_4$in 井段的机械钻速，缩短了钻井周期。

二、8 $^1/_2$in 井眼水平段井眼轨迹控制技术

8 $1/_2$in 井眼水平段钻井的主要难点有以下三条：①用水基泥浆打位移超过 2000m 的水平段，总井深达到 5000m 以上，摩阻、扭矩对施工过程中的工具面摆放和给钻头加压都是极大的挑战；②以粗石英碎屑岩为主的砂岩产层，硬度大，研磨性强，导致 ROP 低，钻头和钻具磨损严重；③产层内有泥岩和煤夹层，容易造成井壁失稳坍塌。

针对长水平段的摩阻和扭矩问题，在施工中试用了多种润滑剂，取得了较好的效果。在 CX2–1 井的 Leg1 用菜籽油作为润滑剂加到钻井液中，裸眼段的摩阻系数控制在 0.3~0.4 之间；在 CX–32 用 Cosmo 作为润滑剂，水平段的长度达到创记录的 2251m。

为了降低滑动钻井中的摩阻以便给钻头加压和摆放螺杆钻具的工具面，在 CX1–3 井和 CX2–1 井进行了水力振荡器 Agitator 新工具的试验，Agitator 的作用为：①在水平段传

递有效钻压；②减轻井壁摩阻的影响，改善马达滑动钻进的性能；③改善井下工具面控制，避免憋停马达；④增加井下工具使用寿命，改善钻速；⑤减少井下工具事故；⑥减弱静摩阻的影响。水平段进尺超过 1300m 之后，如果井下钻具模型预测钻柱开始屈曲，则在井下钻具组合中使用水力振荡器。Agitator 的使用使得钻压传递和保持工具面的问题得到一定的改善，即使在钻出套管鞋后进尺达到 2000m 的情况下，工具面的摆放也不成问题，由此说明已初步摸索到了与水力振荡器（Agitator）相匹配的钻具组合和相应的施工工艺。

水力振荡器（Agitator）的使用提高了水平段所能钻达的进尺长度，保证了用导向马达 BHA 实现 2000m 水平段的设计要求。

长北区块双分支水平井的施工中选用了可变径扶正器。一般情况下，当水平段钻到 4100 米左右就开始使用可变径扶正器（AGS），例如 CX1-2 井，Leg1AGS 在井深 4126.01 米下入直到井底 5525.23m，共 5 趟钻。Leg2ST1 可变径扶正器从 4309m 下入直到井底 5053m，共 3 趟钻。使用了可变径扶正器，提高了水平段旋转钻井所占进尺的比例，CX2-1Leg1 和 Leg2ST1 使用可变径扶正器井段旋转钻井所占进尺的比例分别为 86% 和 91.6%。保证了水平段能按照设计的要求钻达预定的井深。同时，由于旋转钻井的 ROP 比滑动钻井高得多，因此，也提高了施工效率。表 5-2、表 5-3 分别是 CX2-1，Leg1 和 Leg2ST1 用可变径扶正器井段旋转钻井和滑动钻井的情况统计。

表 5-2　CX2-1，Leg1 可变径扶正器井段旋转钻井和滑动钻井的情况统计

序号	井段 /m	滑动钻井		旋转钻井	
		进尺 /m	ROP/（m/h）	进尺 /m	ROP/（m/h）
1	4126~4451.1	75.4	3.2	252.7	6.3
2	4451.1~4580.8	23.5	5	102.9	6.2
3	4580.8~4886.1	27.6	3.17	278.2	5.1
4	4886.1~5251.6	38	4.1	326.8	5
5	5251.6~5525.2	30.7	4.3	243.2	4.94

表 5-3　CX2-1，Leg2ST1 可变径扶正器井段旋转钻井和滑动钻井的情况统计

序号	井段 /m	滑动钻井		旋转钻井	
		进尺 /m	ROP/（m/h）	进尺 /m	ROP/（m/h）
1	4309.9~4563.6	33.7	5.74	220.1	6.3
2	4563.6~4684.7	6.67	4.76	114.4	5.74
3	4684.7~5053.9	21.9	2.74	347.3	5.8

（一）8 $^1/_2$in 井眼第二分支水平段钻遇非产层的钻井技术

根据已钻井统计，在所有 8 $^1/_2$in 分支井眼水平段钻井中都钻遇了泥岩，还有两口井的两个分支钻遇煤层。为了采用不同的应对措施，根据钻遇的泥岩特性，将其分为纯泥

岩和问题泥岩两类，当泥岩中碳质泥岩的成分超过 50%，定义为问题泥岩（在该处停止钻井）。钻遇泥岩后的决策情况可用图 5-8 来说明。从图 5-8 可看出，当钻遇的问题泥岩段到 9 $^5/_8$in 套管鞋的距离小于 50m 时，只能下 7in 尾管或预钻孔尾管将不稳定的碳质泥岩段封住，然后用 6in 井眼继续钻井。国外用膨胀管封固不稳定的碳质泥岩段，然后继续 8 $^1/_2$in 井眼钻井，该方案是一种很好的选择，但没有在现场作业中实施过。在大多数的情况下（到 9 $^5/_8$in 套管鞋的距离在 50~1500m 之间），可采用在问题泥岩井段前的某一井深处向下裸眼侧钻，避开问题泥岩段继续 8 $^1/_2$in 井眼钻井，此方法曾在多口井中成功实施，侧钻点到 9 $^5/_8$in 套管鞋的最大距离约 500m 左右，如侧钻点到 9 $^5/_8$in 套管鞋的距离更大，可采用在裸眼内下斜向器侧钻方法侧钻。裸眼内下侧钻工艺主要是控时钻井，以 CX1-2 井 3505.2~3514.8m 悬空侧钻为例，具体的做法为：从侧钻点开始将 ROP 从 0.3m/h 逐步提高到 0.76m/h， 即 3.81m（0.3m/h）；3m（0.38m/h）；2.83m（0.5m/h）；0.76m（0.76m/h），然后以正常的 ROP 钻井。用这种工艺保证了水平段在产层中的长度和避开有可能在钻井和以后生产中发生坍塌的不稳定碳质泥岩层。

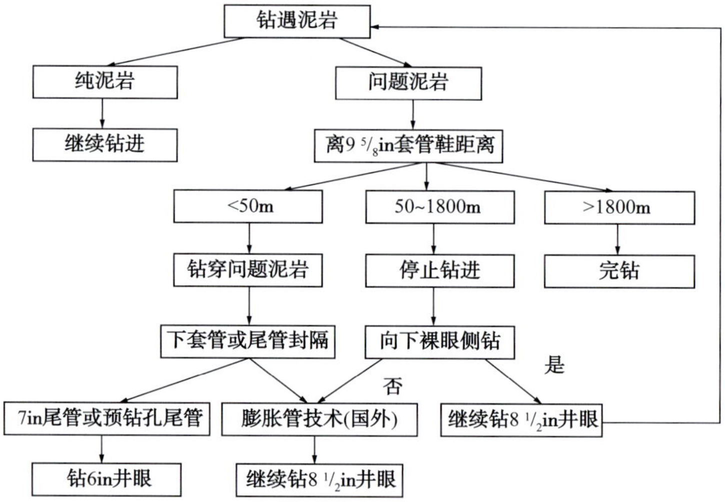

图 5-8 钻遇泥岩后的决策图

（二）高研磨粗石英碎屑岩的钻头优选和钻井工艺

由于地层的研磨性很强，几乎在所有的 8 $^1/_2$in 井眼钻井中钻头起出后都被磨到不足尺寸，螺杆钻具上的扶正器也严重磨损，其结果导致原来是增斜特性的钻具组合变成稳斜甚至降斜钻具组合，同时钻具的磨损也十分严重。针对以上情况，在钻头优选方面，通过 PDC 钻头配合高转速、PDC 钻头配合低转速和硬质合金齿牙轮钻头的实钻情况对比，硬质合金齿牙轮钻头无论在单只钻头的进尺（150~200m/ 平均每只钻头）和 ROP（4~6m/h），都要优于 PDC 钻头，而 PDC 钻头配合低转速又要优于 PDC 钻头配合高转速，因此，在该井段钻井时使用的绝大部分是牙轮钻头，在钻头的保径方面，根据钻头专家的意见，在钻头保径部分的设计中最大限度地镶入硬质合金和金刚石，以提高其保径能力。为了提高钻具的抗磨能力，在 5 $^1/_2$in 钻杆上加 4 道 300mm 宽的硬质合金耐磨层。在钻井参数方面，用较低的钻压和转速，尽管使得 ROP 有所下降，但增加了单只钻头的进尺，总的效果得到了改善。

在井眼清洁方面，用在施工中已取得较好效果的井眼清洁程序，即：①保持较高的排量，大于 2000L/in；② 6RPM 的读数大于 7；③每次起钻前打入稠塞清洗岩屑床。保证了施工中的井眼清洁。

三、大斜度井段钻穿煤层技术

长北区块地质特征决定在 12 $^1/_4$in 井段储层入靶前会钻遇大段不连续煤层段，此时井斜达到 80° 左右，由于煤层强度低结构性差，多次造成井下卡钻事故，增加双分支水平钻井难度。

从表 5–4 中可以看出，从垂深 2798m 第一煤层段的顶部开始，到最后一个 2874.5m 煤层段的底部，垂深长度为 76.5m 的井段共有 11 个煤层段夹层，煤层段最厚 1.4m，最薄 0.3m，根据轨迹控制的需要，在该井深处井眼轨迹的设计井斜角一般在 75° ~80°左右，这样整个煤层段夹层的井段长度为 295.5~440.5m。

表 5–4　CX 某井测井解释煤层段情况

地层	P_1S_1	P_1S_1	P_1S_1	P_1S_2	P_1S_2	P_1S_2	P_1S_2	P_1S_2	P_1S_2	P_1S_2	P_1S_2
垂深/m	2798	2814.6	2822.1	2830.6	2834.3	2841.5	2846	2853	2866.7	2871.7	2873.1
	2798.4	2815.2	2822.4	2831.5	2835	2841.9	2647.4	2853.6	2867.7	2872.5	2874.5
厚度	0.4	0.6	0.3	0.9	0.7	0.4	1.4	0.6	1	0.7	1.4
岩性	煤	煤	煤或碳质泥岩	煤	煤	煤	煤	煤	煤	煤	煤

在 2007 年以前，在 12 $^1/_4$in 井眼煤层段的钻井中，多口井曾发生了多次以断马达为主的井下事故，极大地影响了钻井的进度和成本，成为制约长北双分支水平井钻井的瓶颈问题。表 5–5 是事故井段垂深的统计。

从表 5–5 中可以看出 10 次事故有 9 次发生在煤层段。针对这一问题，结合现场的实际情况，长北区块中外双方不断地对事故原因和克服的技术手段进行了研究和探讨，Sperry 钻井服务公司的事故分析报告系统（PAR，Problem Analysis & Reporting' System）审查所有 Sperry 提供的工具及服务的质量保证系统和相关的文件。审查包括钢铁厂加工成型的质量保证、工具拆装和维护保养的质量保证（包括资质、人员培训、记录保存和相关 Sperry 钻具选用的软件），此项工作与负责 SperryDrill 部件设计和制造的 Sperry 加拿大设计和制造工程部共同完成；审查了塘沽的钻具维修和保养车间；经研究得出的结论是：马达的事故与马达的设计、制造和维修保养没有明显的关系。

表 5-5 部分井事故复杂统计

事故情况	井号	垂深 /m	煤层顶部 /m
马达外壳落井	CX1-3	2902	2869
马达断	CX1-3	2746	2866
MWD 和马达连接脱离	CX2-2	2828	2818
马达断	CX3-1	2881	2848
马达断	CX3-1	2876	2848
钻柱断	CX3-1	2891	2848
马达断	CX3-1	2909	2848
马达断	CX2-3	2831	2815
马达断	CX2-3	2846	2815
马达断	CX2-3	2846	2815

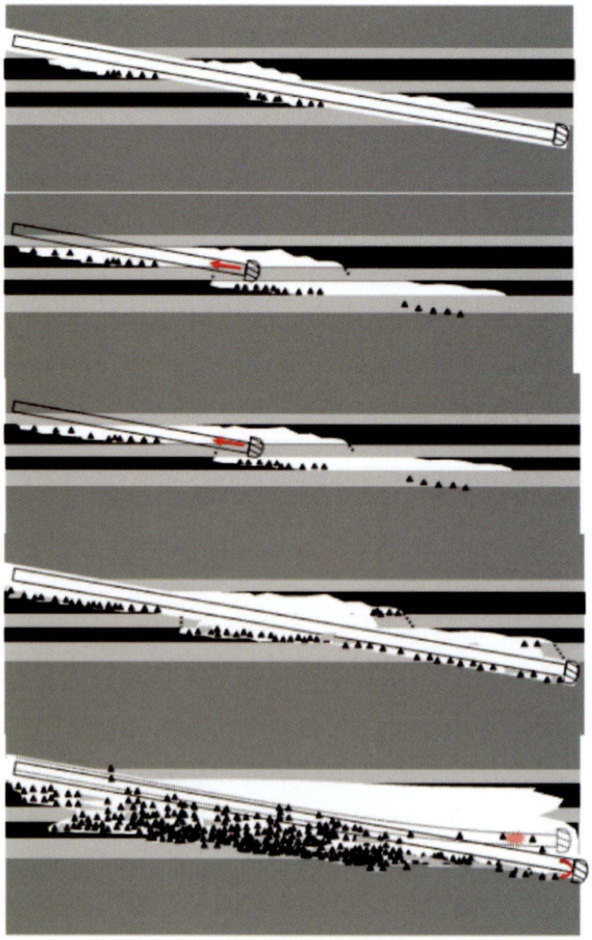

图 5-9 煤层段事故原因分析

基于现场的经验，目前的认识是钻具组合在井眼情况不好的条件下，其强度大为降低。井眼情况变坏的原因如下：

煤层段井眼扩大，由于煤层的脆性破坏导致煤层段井眼破裂坍塌，并可能有大尺寸的坍塌煤块。

碳质泥岩段井眼扩大，尽管碳质泥岩较煤层的强度高，但仍然比不上常规泥岩的固结强度，也可能产生井眼垮塌。

台阶，由于不稳定地层垮塌导致井眼尺寸变大形成局部凹陷，多个凹陷存在形成台阶。大尺寸钻具通过该区域时，发生剐蹭产生大量摩阻。

由煤层、碳质泥岩层的坍塌和钻屑聚集导致井眼内过量的钻屑、井眼坍塌物、大块的井眼掉块，引起井眼清洁问题，该问题不会因为井眼的扩大而有所减轻。

由于井壁对以马达为主的井底钻具组合的约束变差，尤其在反复划眼过程中，钻头在井眼坍塌的“大肚子”井段处于一种“悬空”的状态，此时作用在BHA上的动载更为严重。钻具的无规则摆动又会对井壁产生撞击，进一步导致井眼坍塌，使得井眼坍塌和BHA上的动载处于一种恶性循环的过程中，井下钻具承受复杂的、不同类型的载荷，加剧钻具疲劳，从而导致钻具组合提前失效。

从2007年开始，针对煤层钻进这一难题进行了技术攻关，从钻井参数、机械钻速、井眼状况、起下钻要求、泥浆性能调整等多方面进行了综合研究，建立了一套成熟的“煤层钻进程序”（图5-10），在多口井顺利施工，取得了巨大成功，通过连续攻关，基本解决了大斜度井段机械钻速低，井下事故多的难题，钻井工艺日趋成熟，形成了一套大斜度井段钻穿煤层的标准化作业程序。

四、双分支水平井三维地质导向及随钻技术

导向过程中将实钻井轨迹、随钻测量参数、钻井参数、录井信息等信息加载进单井三维地质模型沿轨迹方向的剖面中与设计轨迹进行对比，通过可视化的方式将地下的随钻情况直观地表现出来，同时对钻头位置进行综合判断，以指导井轨迹在储层中顺利入靶以及保持在高渗层钻进。

（一）钻前准备

1.7种图件

通过钻前准备的7种图件（砂体厚度图、地层顶面和底面构造图、沉积古地貌图、地震剖面、连井剖面图、设计井轨迹示意图），明确设计井井区构造、储层特征，靶点及水平分支方位、设计井与邻井海拔以及微幅构造等问题，确保水平井顺利实施。

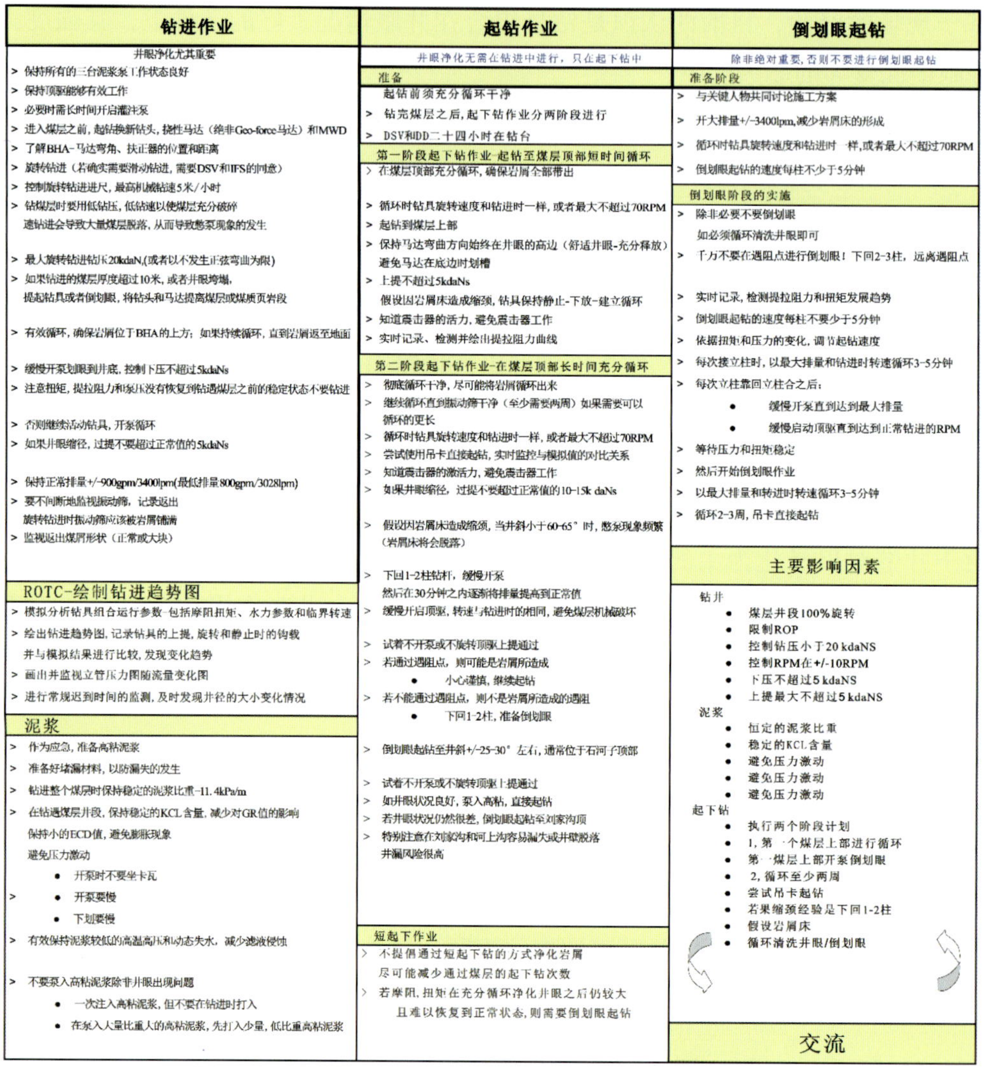

图 5-10　长北双分支水平井煤层作业程序

2. 3 条措施

通过制定钻井风险及管控措施、地质不确定性及优化调整措施、水平段地层判识及轨迹调整措施等 3 项优化应对措施，预测随钻过程中可能遇到的储层尖灭、厚夹层发育、地层压力衰竭、泥浆漏失、钻出储层等风险点，提出相应应对措施，降低随钻不确定性，确保施工顺利进行。

3. 2 种决策树

河流相储层受沉积古地貌影响大，具有横向延伸范围难预测，厚度变化大，储层内部不稳定地层发育且具有不可预知性等特点，通过制定侧钻 / 完钻决策树、井轨迹入靶决策树等 2 项决策树，帮助导向团队在随钻过程中做出准确和快速的决定，提高实钻效率。

4. 单井三维静态模型

单井三维静态模型，即在实际钻井过程中，在利用 Petrel 软件建立的包含邻井信息及构造趋势的三维地质模型中加载设计井轨迹，沿着设计井轨迹做一个切片，形成一个包含地质模型中砂体厚度、储层分布特征、构造、内部泥砂岩分布等信息的静态模型。同时，该模型也是随钻地质导向的主要承载和显示平台。

（二）随钻地质导向

随钻地质导向是三维精细井身轨迹控制模型的关键技术，针对储层厚度差别大、井间的砂体变化大，单砂体叠合形式复杂，砂体横向延伸形态不明等很多地质不确定性，将钻井技术、测井技术及地质和油藏工程技术综合利用，结合随钻测量获得的数据（自然伽马、井斜等）以及相邻井数据，在水平井作业过程中结合全区地质认识，针对单井实时进行储层预测，提高有效砂体钻遇率，确保达到预定单井产量目标。

三维地质导向主要技术手段有 2 种，一是通过随钻测量仪器得出的测、录、钻井实时参数，结合三维地质模型预测结果，对实时钻头位于产层的位置进行预测，确保钻头最大限度位于产层最佳位置（图 5–11）；二是利用先进的旋转导向仪在随钻过程中进行旋转导向，引导钻进沿着设计的井身轨迹进行。旋转导向仪的施工原理是旋转导向仪在钻进施工中其外壳体本身不旋转，依靠安装在壳体上的滑轮沿井壁滑动。在常规钻进时内偏心轮轴回归本位，旋转轴居中；在导向施工时内偏心轮轴转动至所需狗腿度，外偏心轮轴转动至所需方位就可实施定向施工。偏心轮轴的控制通过电子脉冲来实施。

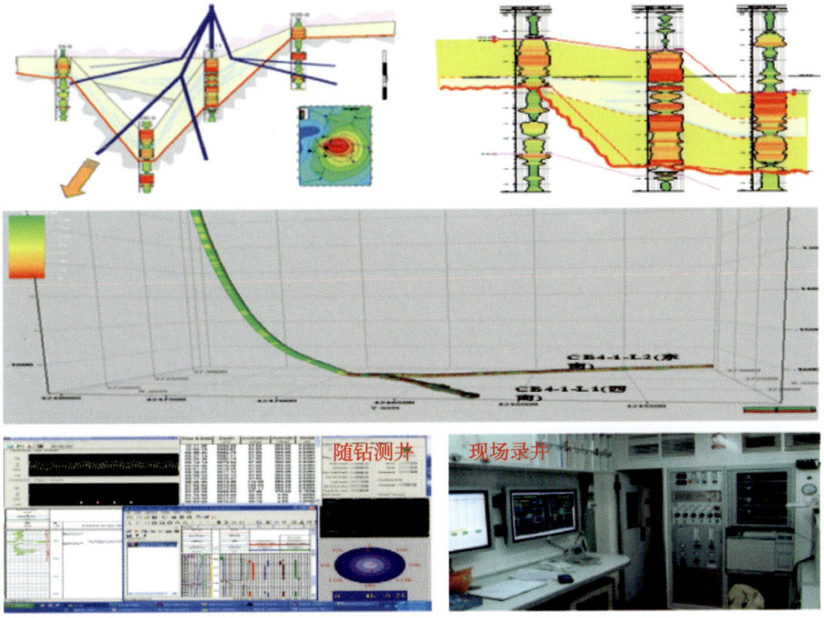

图 5–11　随钻地质导向图

1. 斜井段地质导向

1）做好轨迹设计，优选标志层位，逐层对比分析

斜井眼段地质导向的核心做法是根据实钻取得的资料结合邻井地质资料逐段进行地层对比，从而减少井轨迹设计时期储层预测的不确定性，指导钻井工程师及时调整井斜和角度，准确无误地入靶。

利用厚度稳定、岩性特殊，与上下地层差别明显，并且具有一定分布范围典型岩石作为标志层，是地层划分对比有效的常用方法。这些标志层岩性特殊，与上下地层差异明显，测井曲线特征典型，是邻井地层划分对比的良好标志。在一定地质历史时期内，由于沉积物源、古地理环境、古水动力条件、古水文化学、古气候的变化相对稳定，其沉积岩石的组合和岩相类型特征变化也相对稳定。在进行地层划分对比时，除了要找具有等时地层对比意义的标志层以外，注意观察岩石的组合类型特征变化尤为重要。如岩性组合特征、岩石粒度、沉积相序、各种测井曲线的高低幅度、组合形态特征等。

长北区块部分完钻开发井厚度统计结果表明，除受后期风化剥蚀影响较为严重的白垩系志丹组、三叠系延长组以外，其他各地层的厚度均较为稳定。因此在钻井过程中可以根据正钻井与附近已完钻井的井深和地层厚度资料来大致判断正钻井的地质层位，并检验地层划分结果是否正确。

2）逐级调整井斜，合理控制角度，优化斜井轨迹

长北区块井控程度低、井网密度不均匀，区域标志层少，河流相地层岩相变化大，微构造发育等特定复杂地质条件，通过综合考虑井网井距、河道宽度，优选主井眼位置；综合利用精细地层对比、岩性组合特征分析法、标志层法、地层视厚度差辅助判断法等方法；在标志层辨识难度大的区域引入导眼井技术，可降低水平井入靶失误率，确保水平井一次性准确入靶。石千峰组开始造斜（约 1700m），石盒子顶、山西组顶、煤层段对比预测，修正井斜角，以约 87°井斜角入靶。

3）必要时利用导眼井了解目的层砂体分布，更从容设计井身轨迹

目前地质研究认为山西组储层可大体分为上部发育的厚度 10m 左右的岩屑砂岩和下部发育的石英砂岩。岩屑砂岩较致密，物性很差，在随钻岩屑中，与主力石英砂岩储层的砂岩较类似，比较难辨别。导眼井最初的应用是在钻头入靶阶段，岩屑砂岩和石英砂岩无法分辨时，应用导眼井向下钻穿储层，从而了解目的层的砂体分布，从而更好地设计水平井眼的井身轨迹。长北目前可供选择的主要导向眼的设计模式如下：

第一种模式：如图 5-12（a）所示，12 $^1/_2$in 的直井主井眼钻穿目的层，得到该井中的所有层位的详细分布情况，然后打水泥塞封住井眼底部，再从气层上部侧钻至气层，钻水平段。这种类型因为报废的进尺较多，所以主要适用于对地下地层分布情况非常不确定的

情况，一般情况下此种方法很少使用。

第二种模式：如图 5–12（b）所示，12 $^{1}/_{2}$in 的斜井段在钻达目的层后，如果井眼状况良好便继续钻进直到钻穿目的层为止。下套管，固井，上提钻具在目的层段开始侧钻水平段。这种模式因为其简单方便可以为钻井带来诸多好处所以被广泛推荐采用。在长北 CX1 井上就是采用了此种模式，并结合各方面的因素最终完成水平井单支长度 2251m。

第三种模式：如图 5–12（c）所示，其外形和第二种模式很相似，只是在导向眼段他采用了 8 $^{1}/_{2}$in 的井眼，这种情况一般都是在井眼状态不是足够的好，无法采用第二种模式的情况下才采用的，其完全可以达到第二种模式所取得的效果，但是它会花费相对较多的时间和费用，所以它一般被认为是第二种模式的替补。

第四种模式：如图 5–12（d）所示，其形状跟第三种模式有点相似，但是它的主要特征就是他在钻完导向眼后不需要重新侧钻，而是通过定向钻进，采取直接上跷钻具的方法来达到使井眼重新回到目的层（即储层）中。这种方法可以使井眼减少侧钻次数，降低无效进尺，提高钻井效率。但是这种情况倾角和狗腿度的设计要求较高，如果在上翘过程中倾角和狗腿度把握得不好，很容易造成严重的拐点，从而可能会影响到扭矩和磨阻，进而影响到最终水平段的长度。所以此种方法一般要慎重采用。

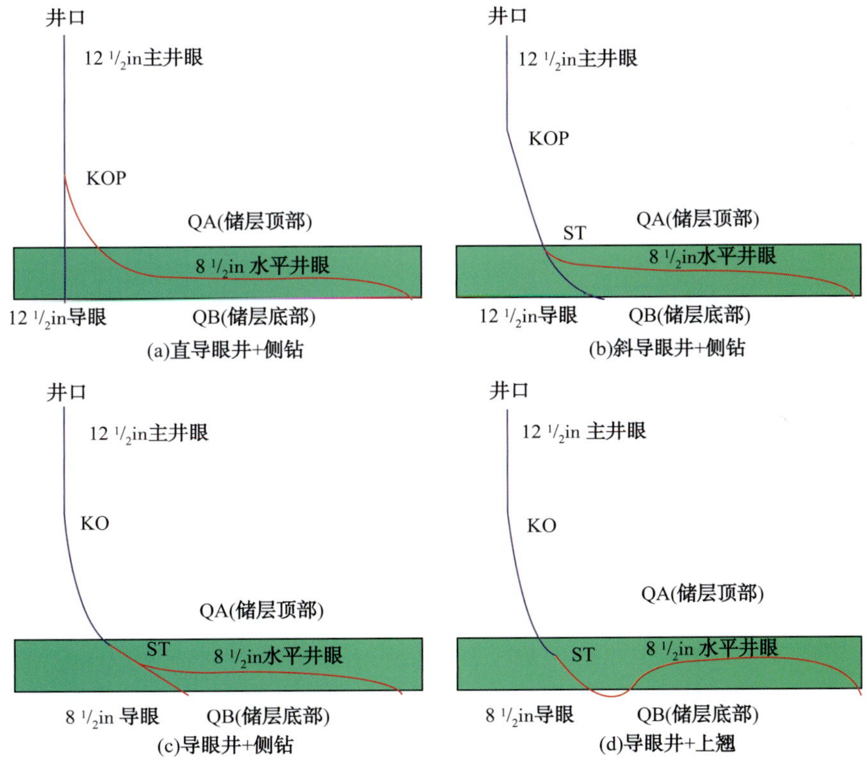

图 5–12　导眼井设计模式图

2. 水平段地质导向

水平井段导向过程中通常会基于地质认识及构造变化设计一条轨迹基线，长北水平井轨迹设计方法是利用 Petrel 软件采用目标建模方法，将地下不可见的河流相储层的构造、厚度、砂泥岩分布特征等信息进行可视化操作，具体以狗腿度满足井深要求，轨迹贯穿整套储层，轨迹尽量在高渗层分布，预留足够下探空间以应对不可预知的不稳定层风险为主要原则进行设计，好的井轨迹设计是水平井开发取得成功的基础，但随钻过程中的轨迹优化调整也同样关键。

随钻井轨迹调整主要是根据施工过程中获得的钻井参数，录井参数及测井参数，结合区域构造、沉积相变化以及邻井地质资料进行分析，对钻井轨迹进行实时调整。调整原因主要由钻遇不稳定地层、局部区域构造及沉积相变化、钻井设备局限等几个方面造成。在实际钻井过程中，我们通常的做法是在利用 Petrel 软件建立的包含邻井信息及构造趋势的三维精细导向模型中加载设计井轨迹、实钻井轨迹、随钻测量参数、钻井参数、录井信息，通过可视化的方式将地下的随钻情况直观地表现出来，同时对钻头位置进行综合判断，以指导井轨迹尽量保持在高渗层钻进。

（三）井身轨迹随钻优化

井身轨迹随钻优化技术主要是根据施工过程中获得的钻井参数，录井参数及测井参数，结合区域构造、沉积相变化以及邻井地质资料进行分析，对钻井轨迹进行实时调整。由于实际钻井过程中遇到的情况十分复杂，实际钻井轨迹往往与设计的井轨迹产生偏差。为了保证水平段长度达到设计有效长度，随钻井轨迹的调整及优化就显得十分重要，井身轨迹随钻优化技术主要包括了钻遇不稳定地层、局部区域构造及沉积相变化、侧钻等几个方面。

1. 钻遇不稳定地层

不稳定地层是指在钻井过程中，容易垮塌造成不稳定性问题的地层。长北区块的不稳定地层主要有两种：一种是黑色碳质泥岩，质软，性脆，多呈片状，机械稳定性差，钻穿后易垮塌，掉块呈长条形块状，偶见植物炭屑，部分可点燃（有烟、无明火）、有芳香味、不含钙。碳质泥岩多呈隔、夹层产于山西组含气砂岩中，或含气砂岩之上，对井眼的稳定性影响较大。另一种是灰黑色纯泥岩，质硬，呈块状或尖棱角状，微含钙质；纯泥岩多产于含气砂岩之下，是钻井过程中钻穿气层的标志之一。当在水平段钻遇泥岩时，各项钻井参数均有明显变化：钻时会由含气砂岩段的 5~10m/h 降到 1~2m/h ；气测由储层中的 20000~80000ppm 降低到 1000~3000ppm，有时甚至降到几百 ppm ；泥岩段的自然伽马值一般高达 150API。

由于碳质泥岩的机械稳定性较差，在水平段钻遇碳质泥岩后，易发生井壁垮塌和井眼扩径等现象，不仅严重影响正常钻进，也影响天然气的正常生产。大段泥岩的存在，还会降低水平井段的产量。由于水平段泥岩的存在，对钻井施工安全、以及水平段的长度均有影响，严重的会导致提前完钻，达不到理想的产量。根据以往的开发经验可知，储层中泥岩的分布没有明显规律，因此预测起来非常困难，所以水平段钻遇泥岩于地质工作来说是一个难点。根据河流沉积的粒序特点，如果井轨迹位于砂体底部，砂岩粒度逐渐变粗，甚至出现砾岩，直至突然出现泥岩；如井轨迹位于砂体侧翼或者靠近砂体顶部，砂岩粒度由粗变细，伴之而来的是砂样的颜色逐渐变暗，也就是俗称的变脏，并逐渐出现泥岩。在实际钻井过程中，钻头位置的判断不仅取决于岩性变化，同时要结合随钻井斜数据、测井数据及构造趋势等方面综合分析。

水平段钻遇泥岩夹层，井轨迹基本调整策略是：如果泥岩规模较小，保持水平状态尽可能快速的打穿它；如果钻遇大规模的泥岩段，就需要结合随钻的各种参数以及相关邻井资料分析井轨迹在储层中的位置，适时调整井身轨迹，以便以最快速度穿过泥岩层，重新进入砂层。通过随钻地质导向技术的有效应用，钻穿不连续储层已发展在垂向深度上能最大钻穿 40m 以上泥岩，有效保证了储层钻遇率和水平段有效长度，同时保证了不同单砂体的有效连通。

2. 局部相变和构造变化

根据全区的地震资料解释结果可知，虽然区域构造整体较平缓，但在局部依然会存在构造的起伏。这就需要在随钻过程中，结合已知的地震资料和邻井资料，根据随钻岩性的变化，保证井轨迹最大程度地平行于构造走向，使其不要钻出储层。当水平段展布方向是横切主河道，或者是朝向储层边界时，实际钻井过程中会遇到更加频繁的沉积相变化甚至发生储层尖灭。

这个时候钻井轨迹的主要调整策略是：密切监测，如果只是砂岩粒度的交替变化，则坚持最初设计；如果岩屑中出现脏砂岩至高含量泥岩，且钻遇的储层已发生变化，则根据实际地质资料及钻井工程参数分析，考虑对井身轨迹进行优化调整，从而确保水平段有效储层长度的最大化。在地质研究的基础上，对完钻井资料进行分析，以目标建模方法建立的长北区块静态地质模型可以很好地反映储层的沉积类型、厚度分布、几何形态以及非均质性。可以在随钻过程中来帮助预测储层、进行井轨迹优化。

3. 套管开窗侧钻技术

当水平井水平段太短、着陆失败、水平段意外钻进错误层段内、比预期储层物性差、无储层等时，需要进行钻井轨迹的调整，此时常规轨迹调整已经无法实现钻遇更好砂岩，侧钻则是最为理想的解决方案。虽然侧钻不是一个首选的减少风险的方法，但可作为最后的故障处理方案。长北区块主要的侧钻方式有两种：套管内斜向器侧钻和裸眼侧钻。

套管开窗侧钻一般用于处理水平井错误入靶、无储层需要大幅度更改方位设计以及不适合裸眼侧钻的水平井段。套管开窗侧钻井，是指在套管内某一特定深度处，采用锻铣的方法进行套管开窗后，侧钻新井眼的钻井方式。采用套管开窗侧钻井费用高，井眼摩阻和扭矩较常规井高，水平段长度受限。

（四）钻后总结修正

长北区块双分支水平井钻后总结修正，包括三个方面内容。一是利用已完钻水平井取得的相关测、录、钻相关地质资料，与钻前和随钻过程中的储层预测结果进行对比，重点分析预测结果与实际结果不一致的原因，并以此为依据对进行预测分析的模型进行优化更新，逐步提高全区模型的精度，从而更好地为下次预测工作奠定基础；二是回顾水平井实施过程中的操作流程，通过对钻井时间、钻井成本、实施过程中的操作是否规范、施工过程中的失误及原因分析等方面的回顾，优化水平井施工操作流程，从而提升水平井实施水平；三是回顾水平井施工过程中的各专业人员工作流程实施情况，针对水平井实施过程中出现的工作界面、人员沟通、指令下达等方面出现的问题，优化工作流程，提升水平井施工管理水平。

（五）地质不确定性评价

长北双分支水平井的主要目标是可以将多个被阻流带隔开的气藏部分连接起来，从而获得远远高于垂直井的产量。开发实践表明水平井成功的关键因素有两个：①足够长的水平段长度和单井产能；②单井成本。然而，在水平井实施过程中的各种不确定性对以上两个因素有显著的影响，因而导致影响开发效果。地质不确定性管理技术被应用于水平井开发过程中，用来判定随钻过程中遇到的各种地质不确定性带来的风险高低，从而协助技术人员做出更加正确的决定来规避风险。

1. 不确定性风险评估

影响水平井的风险可以分为由于不确定性综合作用造成的直接和间接因素。根据长北区块生产管理实践经验，这些风险还可以分为三大类：作业相关类，产量相关类，成本相关类。图 5-13 列出了长北区块水平井钻井过程中主要的不确定性和风险。

作业相关类风险：水平井作业内容主要包括钻前井轨迹设计和实施轨迹优化。其中，主要的风险有水平井靶点入靶的困难，水平井井眼不稳定性问题以及钻出储层的风险等等。实际的情况是，相对较薄的储层和有限的工具能力对水平井的入靶提出挑战；由于储层非均质性，储层内泥岩夹层造成的井眼不稳定性；局部构造变化易导致钻出储层的风向。

产量相关风险：统计数据表明储层厚度和水平段长度与产能有紧密联系。图 5-14 显示与水平段长度有关的流动系数和产能有很强的正相关关系，尤其是在 2000m 长度范围内。同时，诸如储层非均质性，厚度和工具性能的不确定性很大程度上又决定了能钻多长的水平段。长北区块的钻井数据证实了这一点。

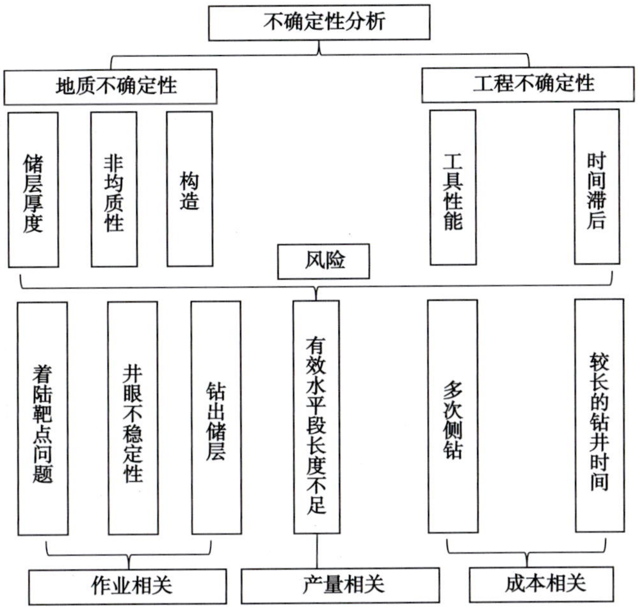

图 5-13　长北水平井主要不确定性和相关风险

成本相关风险：水平井成本远大于直井，为了最大化项目经济效益，最小化单井成本成为水平井成功的主要目标之一。事实上，钻井成本占到了单井总成本的 80%~90%，钻井时间和侧钻次数对钻井成本影响很大。如同产量相关风险一样，岩性变化，储层厚度以及工具能力对钻井时间和侧钻的负面影响都可能是造成成本偏高的根源。

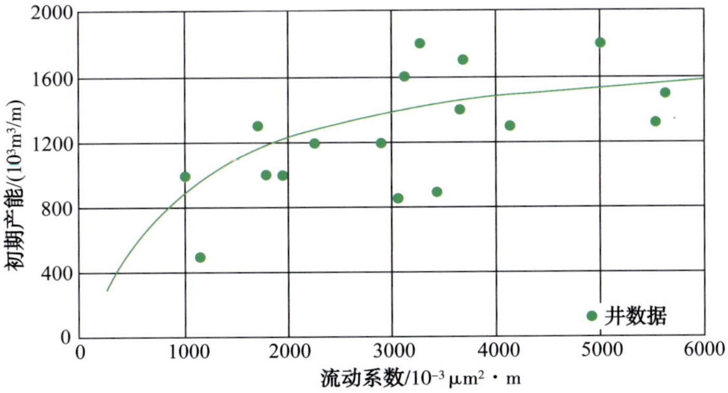

图 5-14　长北水平井流动系数和产能的关系

风险分析：行业有一套关于风险评估的工具，名为 RAM（风险评估矩阵），将该工具应用到水平井钻井过程中的不确定性的评估工作中，可对不确定及带来的风险进行评估。表 5-6 列出了分析结果，彩色部分描述了随着发生的可能性增高的风险级别，结果显示：过早的完钻井和多次侧钻被列为高风险因素而储层厚度和非均质性则是水平井开发过程中主要的不确定性。

表 5–6　长北水平井风险评估表

敏感性	主要风险			程度			
	定向控制	单井产量	单井成本	A 不可能发生	B 有可能发生	C 极有可能发生	D 确定会发生
0	无定向问题	单井产量≥预测	单井成本≤预算	开发结果符合预期			
1	靶点判断困难	产量 = 预测	成本 = 预测				
2	井眼稳定性问题	产量略低于预测（≤ 5%）	单井成本超支（≥ 5%）		低风险		
3	钻出储层	产量略低于预测（≤ 10%）	单井成本超支（≥ 10%）			中等风险	
4	多次侧钻	产量略低于预测（≤ 15%）	单井成本超支（≥ 15%）			高风险	
5	提前完钻	产量略低于预测（≤ 20%）	单井成本超支（≥ 20%）				

2. 不确定性管理（决策树）

通过对长北水平井主要的不确定性和风险评估，如何制定有效策略降低这些不确定性带来的风险将是不确定性管理的关键所在。

根据地质知识和钻井技术，结合工作区块内所积累的经验，长北区块针对区块内不确定性管理策略主要是决策树的使用。

长北区块开发初期，大部分水平井位于辫状河道中部储层发育地区，平均厚度大于10m。图 5–15 即是早期应用的决策树，当钻遇储层内泥岩夹层的时候，通常采用侧钻的方式解决因泥岩段造成井眼垮塌的情况。然而，随着开发的深入，在河道边部布井越来越多，由于储层厚度减薄且非均质性增强，这种单一的方式难以适应开发的需要。

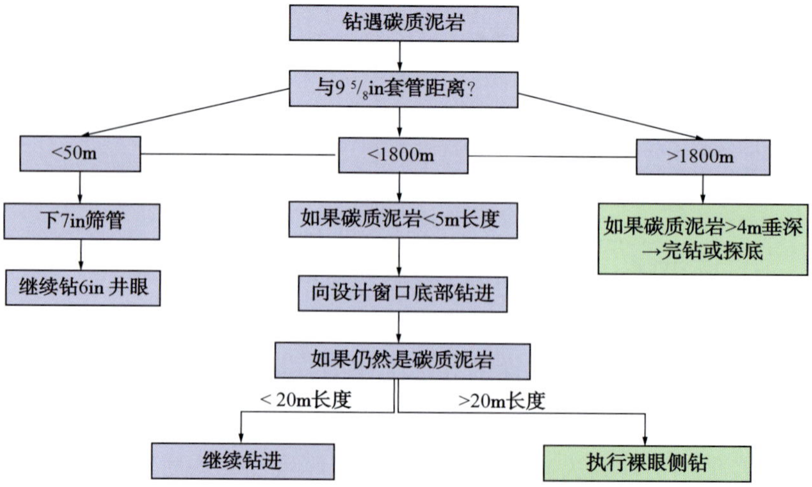

图 5–15　优化前水平井决策树

水平井技术的应用效果遇到以上问题后一直未有改善，直到涵盖钻井技术提升的新的决策树制定并应用后才得到了明显的提高。图 5-16 即以长北水平井为例，且位于储层厚度小于 10m 的河道边部，具有三种类型层内夹层（纯泥岩，碳质泥岩，煤线）。通过将水平井关键段分为两个阶段（入靶段和水平段），分别对两个阶段制定了相应的决策树和备用方案以应对各种不确定性。与早期的决策树不同的是，经过优化的决策树增加了关于不同类型的泥岩夹层的评价指标以便决策是否侧钻或是继续钻进。根据优化策略的结果，优先考虑继续钻进而非频繁的侧钻。例如，当遇到录井岩屑中碳质泥岩超过 50% 或煤屑超过 20% 并且水平段长度不足 1800m 的时候就需要考虑侧钻。然而，对于纯泥岩，由于井眼较为稳定，当录井岩屑中碳质泥岩超过 50% 且长度达到 50m 的时候也可以继续钻进。

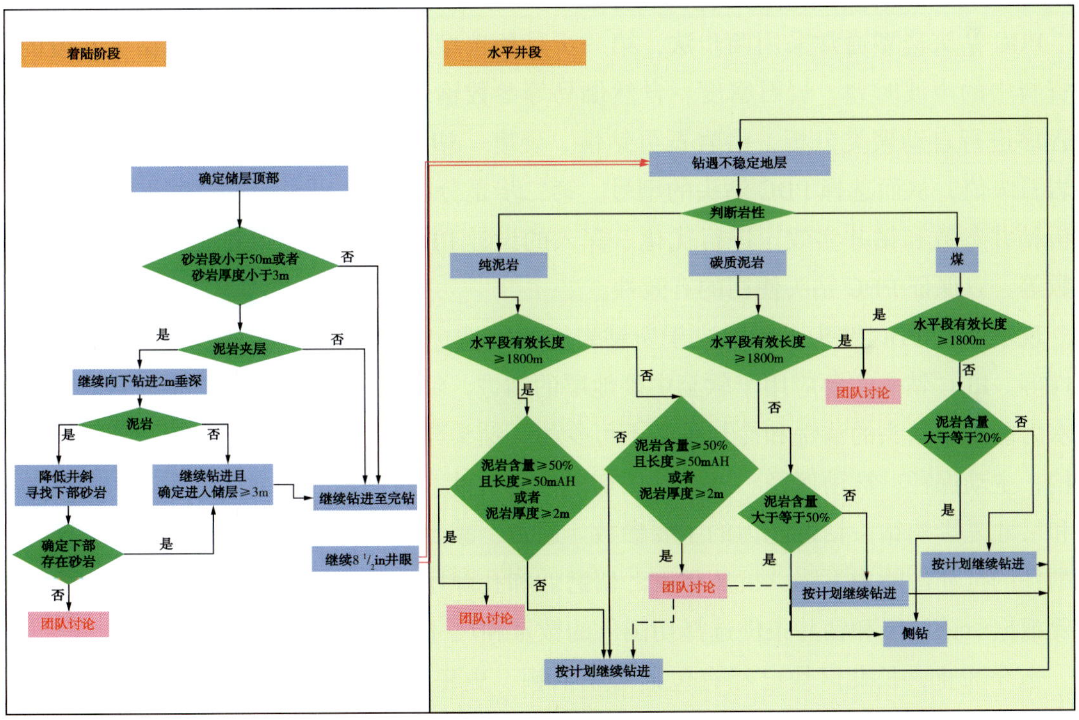

图 5-16　优化后水平井决策树（左图为开发初期，右图为优化后）

第三节　水平井钻井工具的优化

长北区块 12 $^{1}/_{4}$in 井段施工过程中，要先后钻遇延长、纸坊、和尚沟、刘家沟、石千峰、石盒子、山西岩层，该过程要钻穿易漏地层和大段煤层，最后着陆。针对以往二开钻井中出现的问题，为了保证顺利完成该段钻井任务，中外双方技术人员通过对进一步对该段地层岩性结构，岩石力学等分析，优化水力参数，优选底部钻具组合，优化井眼轨迹；

加大钻头选型方面的研究，选择出更加适合长北地层特点的PDC钻头。通过各种技术措施的实施，最终实现缩短钻井周期，节约钻井成本的目的。

一、钻头优选技术

据悉，长北区块钻井组自2005年就开始在12 $^{1}/_{4}$in井段对PDC钻头进行实验，项目初期由于对地层不熟悉，单只PDC钻头进尺少，费用高等原因曾退出长北钻井现场。2008年开始，中外技术人员再次对长北地层特点进行了详细分析，并与各大国际钻头供应商认真论证，对PDC钻头进行了全面优化改进，满足了长北钻井施工需求。改良后的PDC钻头进尺得到明显提升。

（一）PDC钻头选型及优化过程

PDC钻头选型通常采用两步法，第一步是预选型，就是将要使用PDC钻头井段的测井资料中的声波时差、岩石密度、自然伽马等参数输入计算机内，利用PDC钻头专业选型程序进行自动聚类分析，将岩石可钻性、硬度、塑性系数、抗剪强度等聚类为一个综合岩石级值，从而选择PDC钻头的型号。第二步是分析选型，结合邻井的钻头使用情况，分析钻井参数和钻井实效，进行优化、深入的设计PDC钻头的使用井段、钻压、钻井液参数等，以保证PDC钻头使用的有效性。

现场选择PDC钻头主要取决于所钻岩层的特性、钻井能力、水马力、导向能力和耐磨性等。PDC钻头主要应用于软至中硬地层的钻进，钻头破岩的过程中产生大量岩屑，所以水力能量对钻头的清洗和冷却是必不可少的。钻头与地层作用的结构分为三部分：切削结构；主动保径；被动保径。PDC钻头切削件的特性、后耙角、切削件排布、切削件的数量和尺寸是影响钻头钻进能力的主要参数。通常，减少切削件的后耙角可以提高钻速，但切削件的抗冲击能力下降。抗压强度、研磨性和孔隙压力是影响钻头选型的主要因素。总之要根据所钻地层和钻井条件选择切削件的数量和尺寸。

迄今为止，长北区块已经有包括哈里伯顿、史密斯、贝克休斯在内的多家钻头供应商参与PDC钻头优化，根据现场试用情况，及实验室分析，为钻头选型提供了可靠依据。长北区块主要通过以下几方面对PDC钻头进行了选型优化：

（1）由于长北地层的高研磨性，在设计方面，选择更好的耐磨材料，提高PDC钻头鼻部—肩部—保径部这三个部位的抗磨性，并增加保径齿数量。

（2）避免PDC钻头泥包的发生，针对地层特点，在PDC钻头使用过程中，优化钻头水力参数设计，同时提高泥浆抑制性能，优化钻头水马力，优化排量和喷嘴尺寸。

（3）根据钻头断齿、掉齿情况，结合井下震动较大的情况。选择韧性好的切削齿，并提高其抗冲击性。

（4）根据实际情况，在二开后期选择更易于造斜、定向的双排齿 PDC 钻头，不需要在着陆前再更换三牙轮钻头。

（5）实验室研究、分析并设计出更加适合长北特点的 PDC 钻头。哈里伯顿钻头供应商提出了 R1 齿技术，R1 即 PDC 复合齿，在前排主切削齿磨损后，作为第二切削元素切削地层，平衡轴向钻压保护 PDC，提高钻进进尺，提高钻头的稳定性大大减小钻头在井底的震动。该类型钻头已用于 CX17–2 井，进尺和机械钻速等表现优异。史密斯则提出了 ONYX1/ ONYX2 切削齿技术，即全角度脱钴型高性能切削齿，全面提升抗研磨性、抗冲击性和热稳定性。

（二）PDC 钻头的设计特点及优势

1. PDC 钻头采用爪型设计

PDC 钻头的性能在很大程度上取决于切削齿的质量，PDC 钻头都采用了高质量爪型齿和环形齿，经过与其他类型复合片对比试验分析，证明它具有抗剪强度高、耐冲击、寿命长、热稳定性能好的特点，与同尺寸普通 PDC 齿相比，爪型齿的金刚石含量提高了 2.7 倍，抗冲击破坏能力提高 2 倍。

2. 大刀翼设计

全部 PDC 钻头系列的刀翼进行加高加大，采用超大排屑流道设计，可以更加有效的运移钻屑，清洗钻头，防止钻头泥包，提高机械钻速。

3. 抗回旋设计

采用力学平衡设计，对 PDC 钻头进行螺旋保径设计、轨道布齿设计、缓冲块设计以保证钻头抗回旋性能。

4. 防泥包涂层设计和制造技术

新型 PDC 钻头可根据地层情况进行防泥包涂层设计，它采用了独特的对钻头表面负离子处理技术，使钻头表面带有负电荷，在钻头周围形成一个阳板，形成电流，钻头与钻井液之间形成一个水的集区，其作用就如同润滑剂，在钻进中，泥岩岩屑中的负离子与钢体表面的负电荷相斥，从而起到防泥包的效果。

5. 可修复性

钢体 PDC 钻头的本体磨损和切削齿破碎后可进行修复和更换，使得钻头的使用成本大大降低。

6. 可靠性

PDC 钻头属于固定齿钻头，无活动部件，排除了掉牙轮的危险，工作可靠性高。

（三）现场使用 PDC 钻头的注意事项

（1）在钻头接近井底时将泵的排量开到最大，而后开启转盘，将转数控制在 30~60r/min。

缓慢下钻直至钻头接触井底。

（2）新钻头磨合后，平缓、均匀的增加钻压至正常钻压（最佳的钻压值）。钻进过程中送钻要稳，切忌切菜式送钻，这样容易破坏切削齿，出现崩齿现象。

（3）选择最佳转数。通常在较软地层中，机械钻速对转数的变化很敏感；在较硬、研磨性较强的地层，高的钻头转数容易导致切削齿提前磨损失效。因此，及时监测钻头机械钻速随转数变化显得至关重要。

（4）当钻遇岩性变化的地层时，应连续监测和调整钻压和转数，以达到最优钻进速度。

（5）接单根时不宜直接将钻头提离井底，而应先释放钻压。特别是在较硬地层，可以减少 PDC 切削齿的热冲击。接完单根，钻头重新入井，泥浆泵恢复全排量，转速和钻压应平缓地逐渐增加至正常值。

总之，PDC 钻头特性及设计特点有利于提高钻井效率，合理使用 PDC 钻头可大大降低钻井成本，获得更好的经济效益。

二、钻具组合优化设计

长北区块双分支水平井多以马达钻具组合为主，定向机械钻速较慢，为了达到扭方位、增斜的目的，定向钻进花费大量钻井时间。优化钻具组合，可以提高复合钻进率，保证最大的机械钻速，从而缩短钻井时间。长北区块钻具优化过程如下：

（1）根据已完钻井的技术资料，优化钻具组合，以提高复合钻进效率，保证最大的机械钻速；直井段选择 0.93° 弯角立林马达，保证直井要直；进入造斜段后采用 1.22° 弯角的立林马达，保证较小的狗腿度，确保合理的井眼轨迹。

（2）定向井工程师向总监、现场监督、钻井工程师、RTOC（实时监控中心）递交其钻具设计；相关人员参与讨论，并就以下内容达成一致：一是钻具组合基本参数（长度，定向要求，性能）、预计表现（造斜率，复合钻进率，机械钻速，钻压等）主要的设计原理，二是钻具设计是否满足钻井参数要求，井下钻具事故的预防等。

（3）定向井工程师将最终设计递交于 RTOC，RTOC 对该套钻具组合进行井下模拟实验，获得相关参数（包括钻铤及加重钻杆的数量及分布，钻压，扭矩，水力参数优化等），并最终执行。

长北区块使用 RTOC（实时监控中心）技术，可以实时对井上施工参数进行监控并对比，减少和预防了井下事故的发生。通过对现场所传输参数分析，为下一步施工提供有效的数据支持（图 5–17）。及时连线各地专家进行技术支持，实现技术共享，最大可能地提高施工效率。

RTOC 会根据现场发送的钻具组合，反馈优化的模拟数据，这些数据包括钻压和转速，指导司钻对钻井参数进行设定，从而减少或避免钻具的横向震动。

RTOC 每天会及时反馈摩阻、扭矩、泵压等模型曲线到现场，现场技术人员可以及时了解井下状况，从而调整钻井参数，避免井下事故发生。

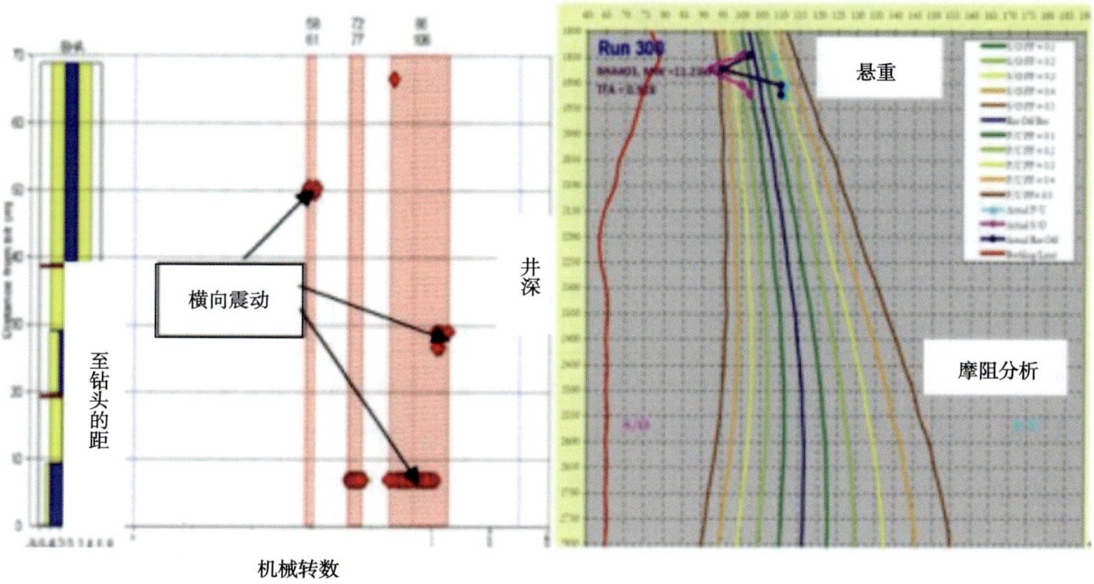

图 5-17　RTOC 数据分析图

三、其他底部钻井工具的优选

（1）Slider 系统的使用（图 5-18）：2010 年施工期间，针对水平井轨迹控制方面，进行了一些技术改进，主要就是在滑动钻井过程中 Slider 钻井软件的应用。在滑动钻井过程中，特别是在长水平段的施工时，由于井下摩阻过大，工具面摆放难以到位，经常造成轨迹调整失败，不能快速实现钻具调整轨迹目标的实现。通过安装调试 Slider 系统，能够大大减少钻具黏滞风险，提高定向效率。该系统具有以下优点：能够提高机械钻速，实现更长水平段钻进；离线状态下可以自动调整工具面，节省时间；降低底部马达憋停风险，延长马达使用寿命；由于 Slider 系统只安装在地面，没有井下元件，无落井风险；由于定向钻速提高，从而减少钻井时间，节约钻井成本。

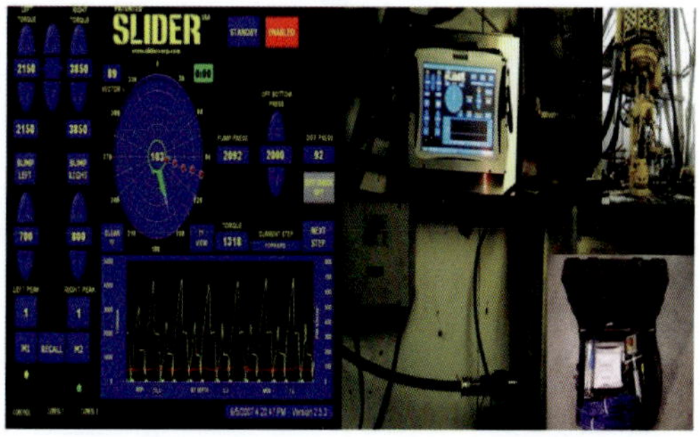

图 5-18　Slider 系统的安装使用

（2）低速马达的使用：为了减少摩阻与扭

矩对钻具的影响，长北区块与厂家一起研究解决途径，安装了软扭矩系统，使用效果明显。8.5in 井眼井段多选用牙轮钻头，钻头寿命制约于钻头总转数，通过引进斯伦贝谢与中成联合研发的低速马达（技术参数如表 5–7），大大延长了钻头使用时间，提高了单钻头进尺。

表 5–7 斯伦贝谢与中成联合研发的低速马达技术参数

性能参数	
流量范围 /（g/min）	300~600
每升转速	0.145
钻头转速范围 /（r/min）	43~87
最大工作压降 /psi	230
输出扭矩 /ft · lbs	4435
功率 /hp	73
工作钻压 /lbs	22000
最大钻压 /lbs	37400
最大允许拉力 /lbs	200000

（3）水力振荡器 Agitator 的使用（图 5–19）：CX2–1 井进行了水力振荡器 Agitator 新工具的试验，该工具的作用为：在水平段传递钻压；减轻井壁摩阻的影响，改善马达滑动钻进的性能；改善井下工具面控制，避免憋停马达；增加井下工具使用寿命，改善钻速；减少井下工具事故；减弱静摩阻的影响。

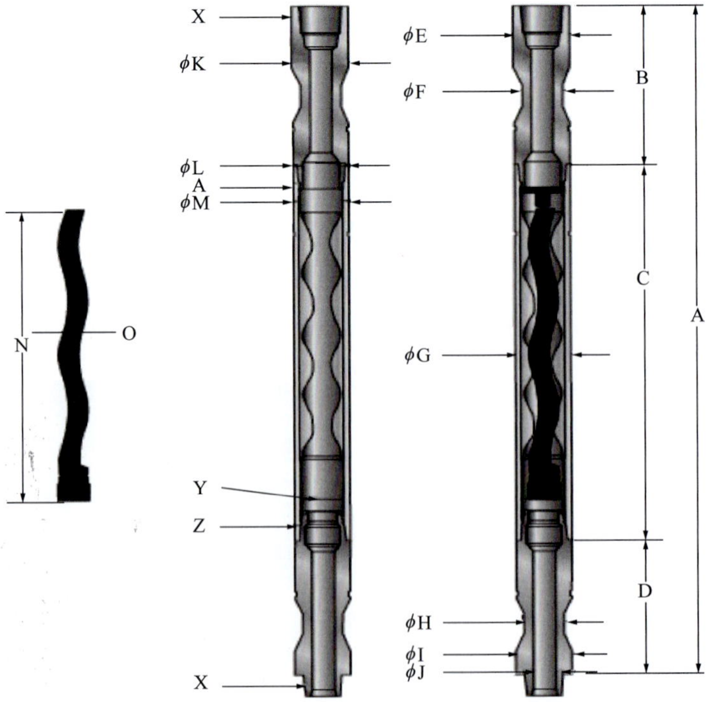

图 5–19 NOV 水力振荡器示意图

当水平段进尺超过1300m之后，如果井下钻具模型预测钻柱开始屈曲，则在井下钻具组合中使用水力振荡器。经过前期的试用，在正钻的CX19-5水平井中优化了水力振荡器的下入位置，并与两个减震器配合使用，所用的两趟钻中，钻具拖压、粘卡问题大大减少，使用效果明显。

（4）可变径扶正器（AGS）的应用（图5-20）：一般情况下，当水平段钻到4100m左右就开始使用可变径扶正器（AGS）。保证了水平段能按照设计的要求钻达预定的井深。同时，由于旋转钻井的机械钻速比滑动钻井高得多，提高了施工效率，有利于缩短钻井周期。

总之钻井工具的选择在符合长北区块的基本条件下，优选最简单定向钻具组合，高效完成井眼轨迹控制的基本要求。长北双分支水平井由于水平段设计长，轨迹控制难度大，储层岩性不均，泥岩与不稳定层发育等因素，决定了常规的定向手段不足以应对大斜度、长水平段的钻井挑战。通过一系列优化、优选方案，尝试不同的底部钻进工具，实现快速钻进的目的。另外，通过与国内承包商技术交流、产研结合，引进了本土定向服务商和国产底部钻井工具，从而降低钻井成本。

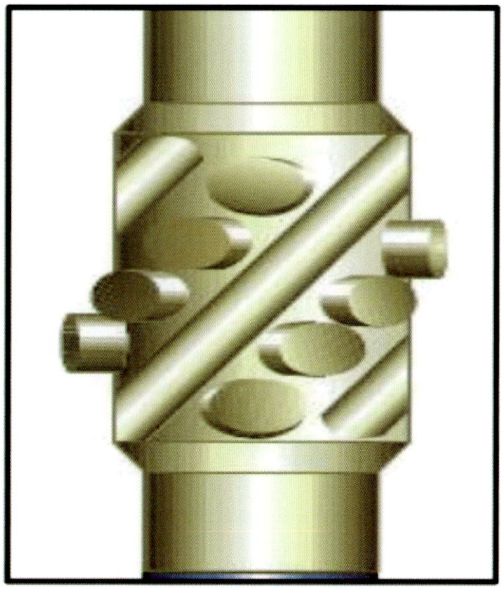

图5-20 可变扶正器示意图

第四节 水平井钻井液技术

长北区块双分支水平井要在地层相对复杂的区块钻水平段2000m的水平井，邻井常出现卡钻、井漏等复杂情况，加上储层保护等难题其复杂程度和难度都是显而易见的，且所有水平井都存在钻井液技术难题。其具体要求有以下几点：

（1）煤层、泥岩段钻井液井壁稳定要求高：长裸眼、长浸泡时间的井壁稳定问题。水平井段处于含有泥岩夹层的二叠系山西组气层，水平段长，地层暴露在钻井完井液中的面积成倍增加，化学作用的程度大大加剧。长时间的浸泡，使得地层很容易坍塌，加之又不能有效使用强抑制型的处理剂，防塌问题更加突出。

（2）长水平段钻井液润滑性要求高：长裸眼水平井段的润滑降摩阻、防卡问题。钻具与井壁所产生的摩擦阻力和旋转的扭矩大，为了提高防塌能力，必须对钻井液进行适当加重，固相含量增大，从而润滑性降低，摩阻和扭矩增大，不利于井下安全（图 5-15）。同时，环保要求高不能进行混油处理，更进一步增大了润滑降摩阻难度。

（3）水平井钻井携岩要求高；为了使水平段尽可能穿过主力气层，轨迹成波浪形是必然的，由此带来井眼净化困难，钻井液含砂量高，影响井下安全。

（4）低压低渗气田，储层保护要求高：产层为二叠系山西组气层，含有泥岩夹层，同时水平井产层裸露面积大，浸泡时间长，通常钻井液对产层的伤害严重。

经过分析长北区块水平段地层岩性特点，从钻井液的角度主要取决于以下几个方面。

1）合理的钻井液密度

钻井液密度达到防止井漏和稳定井壁是提高钻井速度的关键。水平段包含大量的泥页岩、炭质泥岩、煤岩等复杂岩层，特别是煤岩强度低，受钻井液及其滤液浸泡后强度将进一步下降，所以钻井液的密度不要过大，大了会压裂岩层；也不要过小，小了会造成应力释放，使煤层沿节理和裂缝崩裂坍塌。过低的钻井液液柱压力会导致切向井壁裂缝开启，径向裂缝闭合，在降低钻井液沿裂缝面侵入的同时，可能导致力学失稳。过高的井内液柱压力，会造成径向裂缝开启，切向裂缝闭合，有利于钻井液沿裂缝面渗入，不利于井壁稳定。合理钻井液密度要根据岩层物理力学参数、岩层压力、岩层地应力，中和地层孔隙压力、坍塌压力和破裂压力三压力参数分析计算后确定，同时要考虑泥页岩夹层的稳定问题，并且要求钻井液密度不要大幅度改变。

2）具有较强的抑制性

一是有效抑制地层造浆，防止地层缩径；二是强抑制性能使钻井液滤液沿层理、裂缝渗入时不致引起黏土矿物的严重水化膨胀，从而增强井壁稳定能力。水平段泥页岩夹层黏土矿物含量高，水化分散和膨胀性较强，抑制性差的钻井液滤液进入泥页岩会产生水化膨胀压，改变井周应力分布，诱发或加剧井壁失稳，泥页岩坍塌会导致煤岩坍塌，二者相互影响、相互促进。

3）具有坚固造壁和严密封堵性

要求钻井液在跟井壁接触时，能够在新井壁表面迅速形成一层致密地环状泥饼，以对地层严密封堵，从而减少失水，坚固造壁，防止坍塌。煤层往往呈条带状或线状分布，而煤层的割理、节理以及裂缝发育，钻井液滤液进入煤层层理和裂缝中容易引起煤岩强度降低，煤中黏土矿物水化膨胀和分散，加剧煤层坍塌，良好的封堵能力是液柱压力有效支撑、减少滤液进入煤层的先决条件，所以必须加强钻井液封堵能力，阻止钻井液滤液进入地层。

4）应具有优良的流变性

在不同井段和不同施工措施下，钻井液应当具有与之相应的流变性。在井壁稳定与快速钻井井段，具有低粘切、低固相、实现流变参数优化，有利于提高钻速。在易塌、易漏井段，具有低粘切、低触变性，而且能有效带砂。满足井下不同钻具组合，不同排量下都能有效携砂。

钻井液粘切不宜太低，粘切太低，在井眼内形成紊流，对井壁的冲刷能力增强，容易造成煤层坍塌，同时钻井液携砂能力减弱，粘切太高，钻井液结构太强，活动钻具或起下钻时波动压力增大，容易引起井壁岩层的松动，也不利于井壁稳定。合理的流变性既满足携砂要求又能减少对井壁稳定的不利影响。

5）钻井液具有良好的润滑性

保证钻井液良好润滑性，减少钻具与泥饼之间的摩擦力，能减少起下钻阻卡的风险，防止井下复杂事故的发生。

6）抑制性、造壁性和流变性的有机统一

在钻井液流变性、造壁性调节与改善过程中不能引起钻井液抑制性减弱；反之，增强钻井液抑制性，也不能以损害钻井液流变性、造壁性为代价。

众所周知，PDC 钻头的选型离不开合理优化的钻井液体系。现场泥浆技术人员，总结了长北区块的实际情况及施工难点，包括：缩径与垮塌同层的安全稳定问题；长裸眼、长浸泡时间的井壁稳定问题；煤层、碳质泥岩的稳定问题；长裸眼段的润滑降摩阻问题等。通过长期的实验室分析，最终形成了一套可满足长北区块三只钻头完钻 12 $^1/_4$in 井段的泥浆体系。

针对以上研究，长北区块针对已有钻井液进行优化，主要优化如下：

1）12 $^1/_4$in 井眼井段钻井液优化

长北区块双分支水平井 12 $^1/_4$in 井眼井段大约从 650m 到 1700m 为直井段。1700m 至储层，井斜由 0° 增加到 85° 以上，二开井眼尺寸大，存在大斜度、大井眼携岩与润滑，防漏堵漏，井壁稳定等钻井液问题。

在长北区块发展初级阶段，12 $^1/_4$in 井眼井段泥浆使用的是三磺泥浆体系，其机械钻速低，井下复杂问题频繁，并且存在一定的环保问题。为了解决 12 $^1/_4$in 井眼井段泥浆难题，派泥浆专家驻守现场，实时对钻井液优化改进提供技术支持，并做到“完钻一口井，分析一口井”，通过不断改进，形成了一套成熟的泥浆体系，即新型的 KCl 聚合物钻井液体系。研究表明，KCl聚合物钻井液具有强包被抑制性，而且具有优良的剪切稀释特性，有利提高机械钻速。钾离子的水化能较低，并具有合适的离子半径，能显著抑制泥页岩表面水化和晶层间水化，具有独特优良的泥页岩防塌效果。该钻井液具有固相含量低、抑制性强等特点，并且具有良好的悬浮及携带岩屑的能力。

由于钻井液抑制性强，密度易控制，动塑比高，能够有效地防止钻头泥包，有效保证了PDC钻头安全快速钻进，起下钻无遇阻，煤层无坍塌。为了保证钻井液具有较好的携砂效果，起初将钻井液的6转黏度值调整为6~10，并随着井深的增加，逐渐增大钻井液6转黏度值，该技术措施满足了大井眼段的净化、携砂要求。该体系使用效果明显，12 $^{1}/_{4}$in井眼钻进时间从原来的平均86d降低到项目后期的平均24d，大幅降低单井成本。

2）8 $^{1}/_{2}$in井眼钻井液优化

在长北区块开发中后期，钻进水平段储层时，储层变薄，所钻遇泥岩、炭质泥岩夹层多，造成井壁垮塌，另外水平井产层裸露面积大，浸泡时间长，钻井液对产层的伤害严重；水平段波浪形井眼轨迹带来井眼净化困难，岩屑携带困难，润滑减阻、防卡难度加大。

通过泥浆配方优化与实验室分析，引进了甲酸钠无固相泥浆体系。根据长北区块零排放的要求，三开水平段泥浆用一半老泥浆和一半清水配制，先将pH调节到9~10，然后加入降滤失剂和提粘剂，遇到泥岩后加入甲酸盐。在钻进过程中，调整好钻井液性能，物理防塌和化学防塌并重，做到低失水、适当密度和黏度，按循环周慢慢补充，同时不断消耗储存的老泥浆。为确保含泥岩段安全快速钻进，具体处理措施如下：

（1）钻井液密度控制和抑制性：如果是纯砂岩钻进，密度控制的越低越好。井段钻遇泥岩，最初用甲酸盐提高密度至1.13g/cm^3，观察下一趟起下钻的情况，如果需要提至1.15~1.19g/cm^3，一方面是通过力学平衡稳定地层，另一方面甲酸盐具有一定的抑制性，特别是当密度较高时，甲酸盐浓度可达20%，能有效抑制泥岩水化分散。

（2）钻井液流变性和失水的控制：根据地层和岩性，及时调整钻井液流变性能，在含砂岩段保持中度的流变性能，6转读数为8~10，保证钻井液携砂能力，以净化井眼来降低摩阻。利用改性淀粉，聚合物和少量的石灰石失水控制在3.5~6.0mL即可。控制滤液侵入地层，一方面防止地层水化膨胀和分散，另一方面降低储层的伤害。同时甲酸盐能提高滤液黏度，有助于控制滤失量，提高井壁渗透压力，保持井壁稳定性。

（3）钻井液中固相含量控制：泥岩段容易造浆，黏土含量随之增加，导致固相增加和流变性不易控制，所以尽可能降低黏土含量，MBT值控制在10kg/m^{3}以下，其他低固相含量控制在5%以下。这就要求较高的固相设备和处理方法，一是不断小流量加入清水，防止泥浆脱水，即可稀释泥浆，又能降低固相含量。二是在现场中，保证固控设备处于良好工作状态，最大限度清除劣质固相，钻进时候所有固控设备 24h 运行，尽量用更细的振动筛。

（4）泥浆润滑性：如果扭矩增大，首先打如低高粘钻井液，加大排量和转速清洗井底，扭矩没有明显降低，说明井眼干净，接下来考虑加入高效润滑剂，保持油含量在 0.5%~2.0%，降低长水平段扭矩摩阻，如图 5-21 在水平段中将扭矩与油含量成反比。

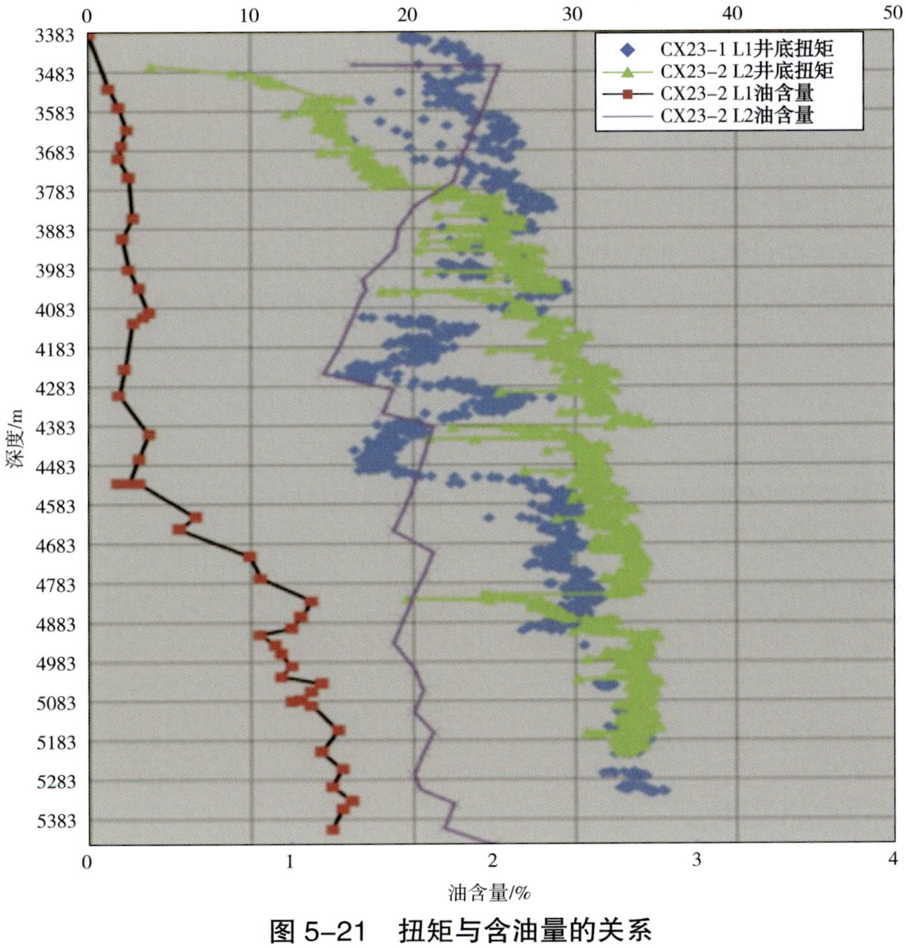

图 5-21 扭矩与含油量的关系

（5）控制钻具腐蚀：加入除氧剂，保证钻井液里面的氧含量在 3mg/L 之内，加入缓蚀剂，在钻具上形成致密的薄膜，防止点蚀。

第五节 双分支水平井完井技术

长北区块钻井组开展了井眼完整性研究，证实裸眼完井在整个生产周期不会出砂，为此，将裸眼完井作为双分支水平井完井方案。

一、完井技术特点

（一）完井设计最基本的要求

（1）井下 / 井口作业必须具备至少 2 道安全屏障（2–Barriers Rule）。

（2）实现井下关井（井下安全阀 TRSSSV）。

（3）封闭油套环空（永久式封隔器）。

（二）技术特点

完井管柱均采用 4 $^1/_2$in 油管 + 永久式封隔器 + 井下 / 井口安全阀，属于最基本的完井管串配置。其主要特点是：

（1）水平分支井筒裸眼完井，完井液采用 1.03SG 甲酸钠水溶液。

（2）4 $^1/_2$in–L80–13Cr–VAMTOP（气密扣）油管大尺寸生产管柱，满足气井大流量开采（±$10^6m^3/d$）的需要。整个生产管柱采用 13Cr 材质，有效应对 CO_2 介质腐蚀。

（3）“永久式封隔器（封闭油套环空 A）+ 井下安全阀（地面控制井下开 / 关井）+ 井口安全阀（地面开 / 关井）”组合的安全屏障，满足气井在生产 / 修井 / 报废等作业工况下均能安全、可控。

（4）偏心筒（SPM）为通过油套环空井下注醇和生产后期气举排水采气预留了注入阀位置。

（5）MSP 井口采气树上的井口安全阀（SSV）类似于国产采气树上的上主阀，但由地面液压控制。除了常规的阀门，该型井口还有一组阀门控制 B 环空（表套—油套环空）可能的泄漏。

通过 12 口双分支水平井的完井测试，证明现场技术可行，开发效果明显。

二、完井管柱设计

（一）油管设计

基于长北区块气体组分中不含 H_2S，含 1.8%CO_2，并保证 20 年以上不会因为油管腐蚀而修井，井的生产成本低的基本要求，方案设计，油管材质为 13Cr，双分支采用 4 $^1/_2$in，单分支采用 3 $^1/_2$in，油管扣为气密封特殊扣。在油管尺寸的优选上考虑以下因素，完成油管尺寸优选。

（1）初始产能与地层系数的关系：通过绘制初始产能与地层系数的关系图及油管尺寸决策树图，确定出能发挥地层生产能力的油管直径。

（2）气井生产动态模型模拟：通过动态模拟软件模拟不同油管直径、不同井口压力、不同表皮系数下气井的生产动态，通过敏感性分析优选油管直径和配产。

（3）井筒积液：通过模型计算不同直径油管携液流量，分析油管携液能力，确定最优油管直径。

（二）完井工具设计

完井设计既简单又要满足材料保持兼容，同时满足强度要求和相关功能。完井管柱从顶到底包含如下井下工具：

（1）井下安全阀深度在 ±300m（防止在安全阀的位置形成水合物）。

（2）永久式生产封隔器深度在 ±2800m（与油管螺纹连接，不需要任何锚定机构或其他相似的机构）。

（3）X 形坐落筒深度在 ±2820m。

（4）延长油管深度到双分支交汇点上 15m 或进入尾管内 15m。

（5）油管鞋（便于电缆进出的导向器）。

三、洗井作业

经过优选采用酶破坏剂破坏钻井液中的聚合物。由于酶破坏剂与聚合物反应过程缓慢，因此酶破坏剂可在下入完井管柱之前泵入（或者在下入分支井眼的斜向器／封隔器之前）。具体说来，对于双分支水平井的第一个井眼，当井需要 PLT 测井的，在下入 7in 预钻孔筛管后用 3 $^{1}/_{2}$in 冲洗管柱将酶破坏剂注入。如果井并不需要下入 7in 预钻孔筛管时，当钻达目标井深起钻时就注入酶破坏剂。对于双分支井的第二个井眼，当钻达目标井深起钻时就注入酶破坏剂，而后就可以清洗井并收回斜向器。为了减少对储层的伤害和降低漏失的风险，操作时应该尽量减少过平衡量。

如果从钻杆内注入酶破坏剂时一旦发生了漏失，可将准备好的应急 HEC 胶塞进行混合和泵入，与此同时，现场还应准备碳酸钙堵漏材料，以便漏失速率太高时泵入。同时要进行井测试和生产井测井（PLT 测井）以确认表皮系数级别。如果表皮系数比预期的高很多，那么就要改变井的设计或者采取一些补救措施。

在洗井施工完成后，下入连续油管至 1000~1500m，注入液氮诱喷，当井眼内完井液完全排空，液态含砂小于 10% 后即可接入生产管汇并投入生产。

借鉴 C1、C2 水平井排液经验，开发井采用 CT 注液氮举升排液，地面节流管汇控制放喷，测试数据实时采集。具体操作如下：

（1）作业前对所有井下完井工具逐一进行功能测试，井口及地面设备（防喷器组、CT、节流管汇上／下游）、放喷管线逐一试压合格，压井管汇、紧急关断阀（ESD）连接到位，安全措施充分。

（2）连接地面测试设备，标定数据采集系统，实验室测试分析仪器就位。

（3）进行钢丝作业打开并取出坐封堵塞器，节流管汇全开，观察井口压力，探井筒液面。

（4）$1^1/_4$inCT 下入 $4^1/_2$in 油管内 500m 处开始注液氮，注入排量 0.032~0.040m^3/min，如无返出物，加深至 1000~1200m 处继续注液氮举升，约 2~3h 后地层喷通，累计注液氮 7~11m^3（CX1-1 设计用液氮 44m^3）。

（5）放喷池点火，节流嘴从 2 $^4/_{64}$in 开始以 $^4/_{64}$in 的幅度增加。放喷过程井口注醇，定时采样分析（pH、矿化度、固相含量等），实时采集数据（上 / 下游压力、温度，流量等）。

（6）现场确认下游气样达到进入天然气处理厂标准，排液试气结束，关闭井下安全阀和井口所有阀门。

第六节　储层保护技术

钻井液与储层接触会带来不同程度的损害。其损害程度随储层特性和钻井液性质不同而异。一般认为储层被损害的主要原因是外来流体侵入储层，产生各种不利的物理、化学作用，造成固体物的堵塞或液体性质的改变，降低了油气相渗透率。长北区块超长水平段钻井过程中气层同钻井液接触的时间长，接触面积大，接触的纵深大，特别要求减小钻井液对储层的伤害，从而对钻井液提出更高的要求。

一、储层保护的技术难点

（1）地层的黏土水化膨胀，分散，运移，易造成储层孔道堵塞等水敏性伤害；地层在不同浓度盐水溶液中，由于黏土矿物的水化、膨胀造成的盐敏性伤害而导致水平段储层的渗透率下降。

（2）钻井液液相与地层流体不配伍引起的储层伤害。山西组储层的平均孔隙度为 6.3%，钻井液液相会不同程度的侵入储层，给储层带来很大损害。外来液体进入储层与地层矿物、地层水发生化学反应产生，改变储层的地质化学条件，使得储层中黏土矿物的化学平衡发生破坏，造成黏土矿物膨胀、分散以致剥离，导致井眼周围岩石的松散，地层一旦松散，较小的颗粒产生运移，较大颗粒桥塞孔隙，使孔隙变小，喉道封闭，严重影响储层的渗透率。

（3）钻井液中固相颗粒侵入造成储层伤害。钻井液中的固相颗粒侵入储层造成的损害主要体现于在井眼周围地层内形成的内泥饼对孔隙的堵塞。这种损害是必然的，直到内、外泥饼完全形成之后才会停止。固相侵入与压差、固相浓度和级配（即各种大小颗粒所占的百分比）、工作液的失水性能和地层的接触时间有关。固相侵入深度从几厘米到几十厘米不等，会对储层造成很大的伤害，必须强化对储层中较大孔喉的暂堵和保护，尽力阻止钻井液固相侵入储层深部。

二、储层保护技术解决思路

钻井液对储层的损害主要发生在液相本身侵入储层和钻井液中的固相颗粒进入储层孔道后对储层的堵塞，因此防治措施主要是解决这两个方面的问题。

（一）控制液相侵入

针对液相侵入储层可能造成的不良影响，应采取适当的措施来减小这些损害，这些措施主要包括：

（1）降低钻井液的滤失量可以有效防止钻井液液相侵入地层。

（2）控制适当的密度，减小压差可以降低井底的压力，减小钻井液液相侵入地层的速度和深度。

（3）提高钻井液的抑制性，在钻遇泥岩段时减少钻井液液相使泥岩分散，减小钻井液中的MBT（坂土）含量，泥岩中黏土水化膨胀、分散、运移，会对堵塞储层孔道造成水敏性伤害。

（二）控制固相侵入

固相堵塞可使渗透率下降50%~80%，严重时在开采过程中也不能解堵。一般是永久性损害。堵塞深度和程度取决于固相的浓度和级配。针对固相损害的原因，可采取一定的措施减小钻井液固相颗粒侵入：

（1）选用合适的无固相清洁盐水作钻井液，控制MBT（坂土）含量。

（2）控制适当的钻井液密度，减小压差，跟液相侵入类似，低的井底压力同样能减少固相微粒侵入储层。

（3）降低钻井液的滤失量，小的滤失量可以避免固相颗粒深入储层。

（4）采用屏蔽暂堵技术，在钻井液中加入与储层孔喉直径匹配的桥堵剂，使其在井眼周围地层的浅表处形成致密不渗透的屏蔽层，阻止进一步侵入损害储层。

（5）采用精细过滤技术，通过粒度分析实验，结合储层岩心的孔喉大小清除钻井液中的有害固相颗粒，保证无固相钻井液的洁净。

三、室内实验

（一）基浆储层伤害实验

为了防止液相和固相侵入，要选择易降解的聚合物作为体系的基本配方，体系必须具有低密度、低失水、所有成分易生物降解，而且暂堵性好，能在长时间浸泡下有效保护储层。并且要求钻井液暂堵层很薄，在完井投产前，可直接通过气举除去暂堵层，恢复储层原来的渗透率，从而实现储层不被钻井液伤害，达到保护储层的目的。以无黏土低伤害暂堵钻井液为基浆，基本配方如下：清水+3%ASR-1+4%ASP+0.5%G311-JLS+0.3%

提粘剂 +0.4%XCD+0.2%HEC+NaOH（调节 pH 值 9~10）。

无黏土低伤害暂堵钻井液对气层伤害实验结果如表 5–8 所示，实验对 3 块岩心在相同条件下做岩心伤害实验，3 块岩心经过无黏土低伤害暂堵钻井液体系伤害后，渗透率恢复率达到 88% 以上，平均恢复率为 91.56%，属于轻度伤害。

表 5–8　基浆的岩心伤害实验

岩心号	气体渗透率 /$10^{-3}\mu m^2$	温度 /℃	内压 /MPa	围压 /MPa	滤失量 /mL	伤害后气体渗透率 /$10^{-3}\mu m^2$	渗透率恢复率 /%
1–39/113–2	2.32	90	3.5	22	10.56	2.10	90.51
1–39/113–1	2.18	90	3.5	22	25.34	2.09	95.87
3–25/87–2	0.77	90	3.5	22	23.78	0.68	88.31

从钻井液基浆伤害岩心端面的扫描电镜图片。可以看出，钻井液未对岩心孔隙造成堵塞，孔喉非常清晰且干净，未发现固体桥塞粒子，表明该钻井液体系对岩心的伤害很小。取出伤害后的岩心，发现伤害面上有很薄滤饼，呈白云状分布，滤饼最表面形成致密的膜，说明钻井液极压膜强度高，非常利于降低摩阻和扭矩，而且滤饼很容易冲洗掉，暂堵性能良好。将伤害最大的岩心的伤害端切去 0.3cm 后再测渗透率，其恢复率由酸洗后的 88.31% 提高到 95.67%，表明伤害集中在伤害端。

（二）甲酸钠储层伤害实验

长北水平段钻进中经常会遇到泥岩夹层，由于泥岩易水化，长期裸眼钻进容易引起泥岩坍塌，必须选择合适的加重剂对钻井液加重，确保井下压力平衡，达到稳定泥岩的目的。研究表明，甲酸钠在水中极易溶解，其饱和甲酸钠盐水（饱和浓度 45%）的密度为 1.338g/cm^3，甲酸钠作为钻井液加重剂具有固相含量低，抗温性能好，易降解等特点。以甲酸钠为加重剂对钻井液加重，能提高钻井液的密度和矿化度，大幅度降低钻井液滤液和固相进入地层的概率，甲酸钠抑制性能良好，可以减少钻井液液相和固相对储层的侵入。在无黏土低伤害暂堵钻井液中加入不同浓度的甲酸钠做储层保护实验如表 5–9 所示。

表 5–9　不同浓度甲酸钠的岩心伤害实验

甲酸钠含量	岩心号	气体渗透率 /$10^{-3}\mu m^2$	温度 /℃	内压 /MPa	围压 /MPa	滤失量 /mL	伤害后气体渗透率 /$10^{-3}\mu m^2$	渗透率恢复率 /%
基浆 +10% 甲酸钠	1–118/150–3	0.67	90	3.5	22	102.65	0.61	91.04
基浆 +15% 甲酸钠	1–79/150–1	0.83	90	3.5	22	13.25	0.71	85.54
基浆 +20% 甲酸钠	3–25/87–1	0.83	90	3.5	22	10.98	0.67	80.72
基浆 +25% 甲酸钠	1–134/150–1	1.01	90	3.5	22	23.56	0.72	70.29

在基浆中加入不同浓度的甲酸钠做岩心伤害实验，实验表明：随着甲酸钠浓度的增加，渗透率逐渐降低，在加入20%的甲酸钠伤害时渗透率恢复率为80.72%，属于低伤害，实验中20%的甲酸钠可以提高基浆的密度至1.20g/cm^3，说明用甲酸钠作为长北区块钻井液的加重材料完全可以满足要求。

（三）粒度分析实验

外来固相颗粒对地层造成损害的机理可分为3类：粒径大于地层孔道平均直径三分之一者将在地层岩石的表面或浅层形成稳定的桥堵层，它们不会侵入地层的孔道；小于地层孔喉平均直径三分之一的固相颗粒侵入地层孔道后，随着侵入液体深入，流速逐渐降低，最终因重力作用超过流动的力量而沉积逐渐造积累堵塞地层。小于地层孔喉平均直径三分之二大于三分之一的固相颗粒侵入地层孔道后将侵入孔隙并在喉道处形成堵塞；平均孔喉直径的更小的固相颗粒可以自由地通过地层孔道。

可以根据储层的储层地质特征如岩性、孔隙类型、物性及孔隙结构特征对山西储层进行分类，山西组Ⅱ类，Ⅲ类储层为有效储层，占主导地位，Ⅱ类储层的孔喉半径为0.5~1μm，Ⅲ类储层的孔喉半径为0.1~0.5μm。选取实验室新配基浆和长北现场钻井液做粒度分析实验见图5–22。

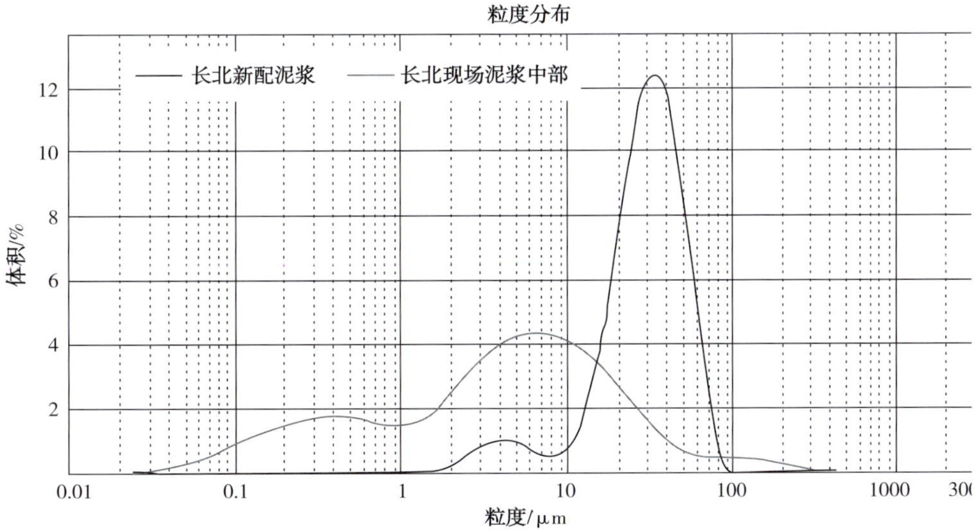

图5–22 新配钻井液与现场钻井液粒度分布

粒度分布分析结果表明，取自现场无黏土低伤害暂堵钻井液中小于1μm和1~10μm的固相颗粒相比室内配制钻井液有所增加，在高压差下进入岩心孔喉造成堵塞的机会增加。将粒度分布与山西组的储层岩心的孔喉分布进行对比分析和统计，如表5–10所示。可知，现场无黏土低伤害钻井液中固相颗粒能进入Ⅲ类储层形成逐渐积累堵塞的含量占到

10.39%，而能形成迅速堵塞的颗粒含量占到 5.15%。Ⅱ类储层形成逐渐积累堵塞的含量占到 28.54%，而能形成迅速堵塞的颗粒含量要占到 21.57%，结合图 5-16 新配钻井液粒度分布曲线，小于 1μm 的颗粒几乎为 0，说明现场钻井液中存在可以堵塞孔喉的较小颗粒，现场钻井液由于固相设备很难除掉较小的颗粒，随着井深的增加，小颗粒会积累，会对储层造成不可避免的伤害。

表 5-10 山西组地层孔喉数据及现场钻井液中固相粒径统计

山西组储层	孔喉直径 /μm	现场钻井液中固相粒径≤ 1/3 孔喉直径含量 /%	1/3 孔喉直径含量≤现场钻井液中固相粒径≤ 2/3 孔喉直径含量 /%
Ⅱ类	0.5~1	28.54	21.57
Ⅲ类	0.1~0.5	10.39	5.15
备注		可自由进入，逐渐积累堵塞	可形成迅速堵塞

四、现场应用

（一）CX8 井

CX8 现场 3 口井分别为 CX8-1、CX8-2 和 CX8-3 都位于边缘地带，储层段有泥岩夹层。CX8-1 两条分支钻进中未遇到泥岩，第一条分支总计 2132m，第二条分支侧钻一次，共计 2245m，水平段总进尺 4377m。钻进中采用精细过滤设备为 SWACO 三级固控设备，包括 4 台振动筛、除砂除泥设备和 2 台离心机，密度控制为 1.03~1.06g/cm^3，失水控制为 4.5~5.5mL/30min，整个水平段采用低密度钻进，直至完钻控制 MBT 含量为 7~8kg/m^3，最终 CX8-1 试气产量良好，达到预期产量。

CX8-2 在钻进中保持和 CX8-1 同样的钻井液设计，不同的是这口井在钻进中遇到泥岩和煤夹层。CX8-2 第一条分支侧钻 2 次，总长度 2625m，第二条分支侧钻一次，总长 1625m。CX8-2 初段同 CX8-1 同样采用低密度（1.04~1.06g/cm^3）钻进，钻进中遇到大量泥岩和煤夹层，用甲酸钠加重提高密度至 1.17g/cm^3（甲酸钠浓度为 15%），经过多次侧钻，第一条分支完钻井深 5465m。第二条分支用甲酸钠维持钻井液密度 1.14~1.18g/cm^3 直至 5338m 完钻。2 条分支钻进过程中保证钻井液的 MBT 含量小于 10kg/m^3，优化固控设备，尽可能除去有害固相，防止钻进中有害固相侵入储层，在保证井眼稳定的情况下，维持低密度钻进。

CX8-3 为 3 条分支，第一条分支 1567m，第二条分支 1444m，第三条分支 1617m，钻进中钻遇大量碳泥岩和煤夹层，密度一度提高至 1.25g/cm^3（21% 甲酸钠含量），保持低的 MBT 含量，降低钻井液失水至 2.8~4mL/30min，减少钻井液中液相和固相侵入，无黏土低伤害暂堵钻井液保证了 CX8-3 三条分支正常钻进。该井最后的试气产量为 $230 \times 10^4 m^3/d$，创长北水平井产量记录，表明钻井液对储层保护取得了明显的效果。

（二）CX19 井

CX19-1 和 CX19-2 同样处于同一井场，其中 CX19-1 两条水平分支为 1867m 和 1643m，钻进中保持钻井液密度为 1.03~1.15g/cm^3，失水 3.5~4.8mL/30min，MBT 含量 8~9kg/m^3。该井在钻进中钻遇泥岩较少，维持较低的密度可以维持井底压力平衡，泥岩段在钻进过程中并无坍塌掉块出现。CX19-2 两条分支为 2000m 和 1903m，钻进中维持密度为 1.05~1.10g/cm^3，失水 3.6~4.5mL/30min，稳定的 pH 值，低 MBT 含量。

目前 5 口井都投入生产，完井测试产量如表 5-11 所示。可以看出，测试时 5 口井的均产量都大于预期产量（预期产量 $100 \times 10^4 m^3/d$），目前仍然维持高产，其中 CX8 井位的 3 口井于 2011 年投产，CX19 两口井 2012 年投产，目前产量稳定，说明在三开水平段钻进中对储层的保护取得了很好的效果。

表 5-11　五口井测试含量对比

井号	CX8-1	CX8-2	CX8-3	CX19-1	CX19-2
测试产量/($10^4 m^3/d$)	170	160	230	110	130

第六章 采气工艺

随着气藏不断开发，气井产量下降，为了增加采出程度国内外提出了多种排水采气工艺，如同心毛细管技术、天然气连续循环技术、超声波技术、优选管柱、柱塞气举、连续气举、泡沫排水、撬装式分离器等，各项技术适用性及优缺点不同。长北区块已进入开发中后期，越来越多气井无法连续生产，甚至完全停产。如何将井筒内积液带出，恢复甚至提高气井产量，成为气田管理的一大难题。长北区块通过开展水平井井筒携液机理及积液判别方法研究，调研国内外各种排水采气工艺的特点及适用条件，结合自身气井井身结构特点，历经探索和实践，形成了长北特有的单通道大井眼双分支水平井排水采气工艺技术。

第一节　水平井携液机理研究

针对气藏开发过程的统一性和多样性，秉承实践出真知的思想，长北区块开展了水平井井筒携液机理研究，通过室内实验开展了水平井各井段气液两相流动规律及各井段携液临界产量计算方法研究。

一、水平井气液两相流动规律

（一）实验相似性分析

1. 相似性原理

1963 年 Duns & Ros 提出了影响气液两相流流动最主要的 11 个参数，并通过因次分析，将这 11 个参数模化为四个无因次准数，以综合反映多种因素对两相管流的影响。其中与运动相关的无因次参数包括无因次气相速度数、无因次液相速度数，可作为两相流实验设计的基本参照。

$$N_{vg}=v_{sg}\sqrt[4]{\rho_l/g\sigma} \tag{6-1}$$

$$N_{vl}=v_{sl}\sqrt[4]{\rho_l/g\sigma} \tag{6-2}$$

式中　ρ_l——液相密度，kg/m^3；

v_{sg}、v_{sl}——气相、液相表观流速，m/s；

σ——气液相界面张力，N/m；

g——重力加速度，m/s^2。

为了将现场水平井井筒流动参数反映于实验相似准数中，需要折算井筒中的一系列物性参数和流动参数，涉及的相关公式如下：

液相密度：

$$\rho_W=1000\,\gamma_W \tag{6-3}$$

式中 ρ_W——液相密度，kg/m^3；

γ_W——液相相对密度。

气液界面张力：

$$\sigma_{gw}=[248-1.8(T-273.15)]b+52.5-0.00087(0.001p)$$

$$b=[76e^{-0.0000362.5(0.001p)}-52.5+0.00087(0.001p)]/206 \tag{6-4}$$

气相表观流速：

$$\nu_{sg}=Q_g/A \tag{6-5}$$

式中 Q_g——气体的体积流量，m^3/s；

A——过流断面的面积，m^2。

液相表观流速：

$$\nu_{sl}=Q_l/A \tag{6-6}$$

式中 Q_l——液体的体积流量，m^3/s。

2. 相似参数分析

收集 36 口气井数据，其主要生产参数范围如表 6–1 所示。

表 6–1 长北区块气井生产参数范围

油管内径 /mm	井测深 /m	油压 /MPa	流压 /MPa	日产气量 /($10^4m^3/d$)	日产水量 / (m^3/d)
73~124	2942~5738	4.6~11.4	6.1~16.1	0.4~60.4	0.01~2.65

1）气液相表观流速

36 口气井气相、液相表观流速如图 6–1、图 6–2 所示。长北气井井口气体流速分布在 0.37~33.24m/s 之间，平均为 12.49m/s；气井井底气体流速分布在 0.25~16.57m/s 之间，平均为 9.41m/s。井口、井底液流速几乎不变，分布范围为 0.000076~0.062m/s，平均 0.019m/s。

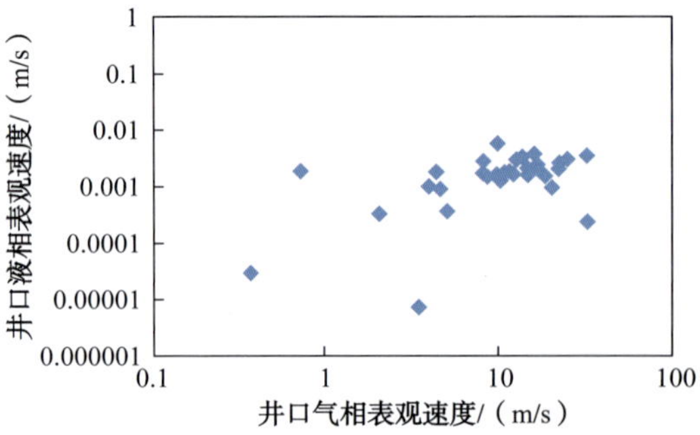

图 6–1 井口气、液表观流速范围

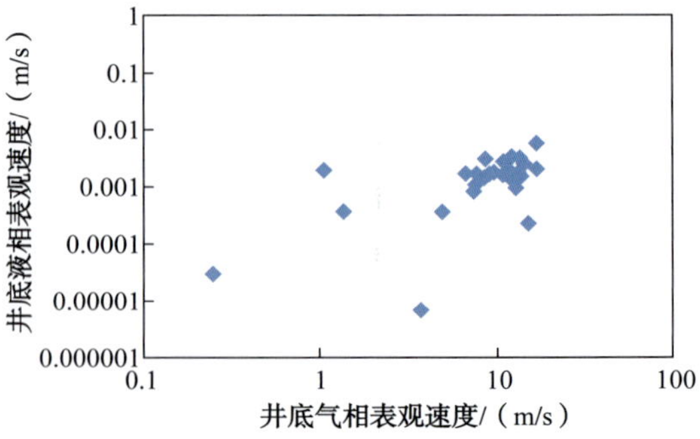

图 6–2 井底气、液表观流速范围

2）气液相密度

收集到的 36 口气井均为产液气井，含凝析油，所以液相主要指凝析水和凝析油，水和油可视为不可压缩流体，水在井口井底处的密度均约为 1020kg/m^3，油的密度约为 800kg/m^3。而在高温高压下，气体将会被压缩，根据状态方程预测水平气井的井口、井底气体密度如图 6–3、图 6–4 所示。由图可知，长北气井井口气体密度分布在 29.7~98.3kg/m^3 之间，井底气体密度分布在 39.7~106.1kg/m^3 之间，气体压缩了 3 倍以上。因此模拟气液两相流动，需要考虑气体压缩效应后的气体流速规律。

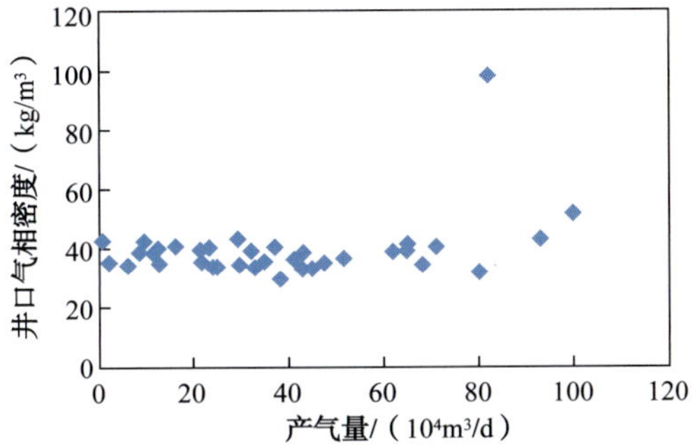

图 6–3　井口气相密度范围

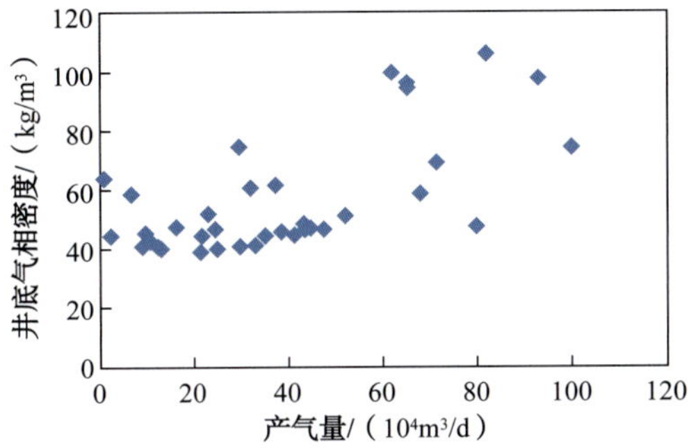

图 6–4 井底气相密度范围

3）气液界面张力

计算了长北区块 36 口气井的气液界面张力，如图 6–5、图 6–6 所示。由图可知，气井井口气液界面张力分布在 68.55~77.26N/m 之间，井底气液界面张力分布在 40.12~52.91N/m 之间。

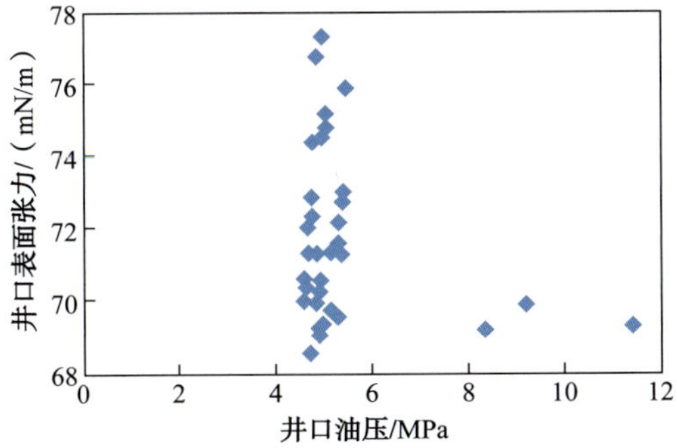

图 6–5　井口气液界面张力范围

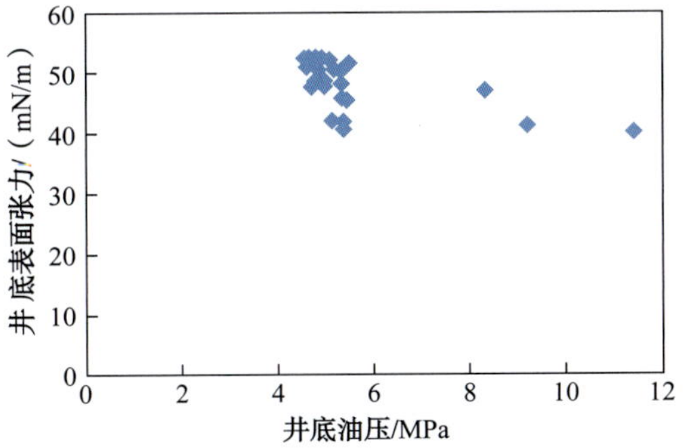

图 6–6 井底气液界面张力范围

以上计算表明，长北气井井筒流体物性参数均分布在一定范围内，尤其是气相在井筒高压下被大大压缩，真实井筒气流速度会大大低于地面条件下的速度，在实验条件下需要进行相似性折算。根据无因次气相、液相速度准数公式，计算长北 36 口气井井筒相似准数范围，如图 6–7 所示。得出长北气井相似准数范围：气相速度准数 N_{vg}=1.25~193.88，液相速度准数 N_{vl}=0.0000458~0.0426。

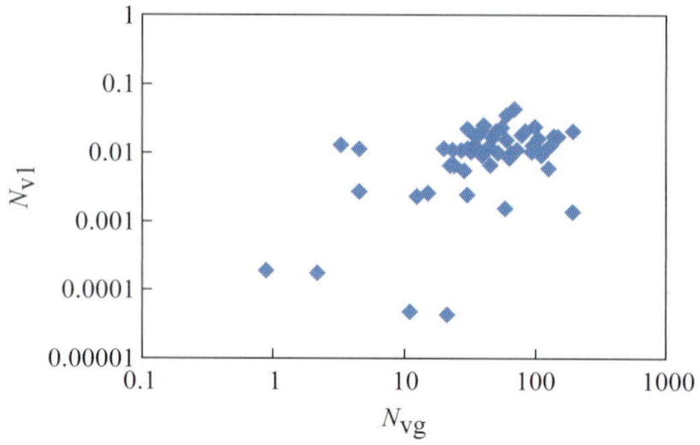

图 6-7　长北区块气井气、液速度准速范围

在明确长北气井井筒流动相似准数的前提下，需要进一步确定实验参数范围。拟给定实验压力 0.12MPa，温度 20℃，实验管段内径 65mm，实验介质为空气、水，根据流速相似准则，由长北气井气、液速度准数反算得出实验气、液流量范围，实验气量为 1.5~226m^3/h，实验液量为 0.0001~0.098m^3/h。该实验数据范围即反映了长北气井井筒两相流参数范围，考虑所选气井均为低产液量井，开展实验时可扩宽实验范围。

（一）实验装置

水平井可视化模拟实验装置（图 6-8）采用垂直段 + 斜井段 + 水平段有机玻璃管组合连接而成，各段长度分别为 3m+2.5m+4.5m。其中垂直段和斜井段采用 30mm 内径玻璃管，水平段采用 65mm 内径玻璃管。实验架可通过改变支架系统的倾角，任意改变倾斜管的角度，模拟不同倾角下气井的携液采气状况。整个实验装置可视化，可观察液滴携带至液滴回落，液滴回落到形成液流，最后到井筒积液全过程。整个装置进行了严格的密封性检测，密封性良好。

图 6-8　水平井气液两相流模拟实验装置

水平井气液两相流实验流程如图 6-9 所示，其实验系统由进气系统、进水系统与管路系统三部分组成。首先，空气压缩机将压缩空气输送到储气罐中，储气罐保证了稳定供气。打开进气开关，气体从进气系统的注气口处注入倾斜管底部，而注入水经过计量后进入注水口，此时被注入气冲击粉碎为小液滴，实现了装置的连续携液模拟过程。小液滴在气流的推动作用下，不断向上运动，形成不同的流动形态，液滴被气流带到井口后，经过压力传感器、液相流量计和气相流量计，将实测数据及时传输到计算机中，并实时记录。

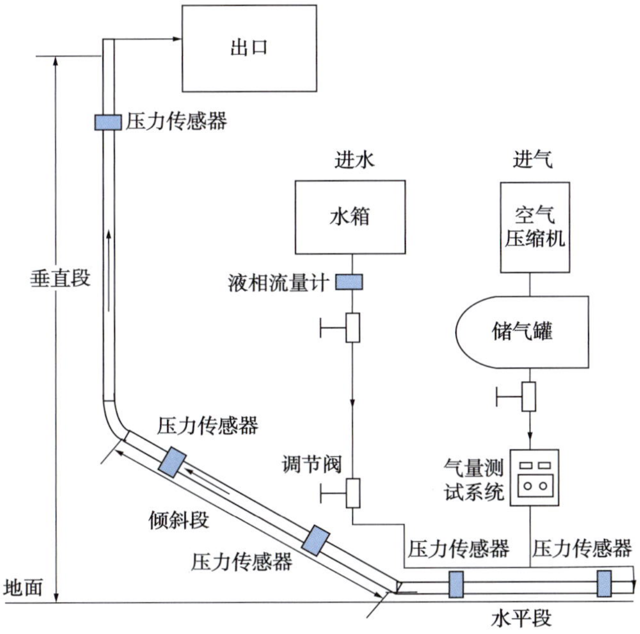

图 6-9　水平井模拟装置流程图

（三）水平井气液两相管流实验

1. 实验方法

实验在环境温度 14℃、标准大气压条件下开展，实验过程中在每一个倾斜管管斜角条件下，定气量改变水量，水量从小到大调节，观察和捕捉各管段（水平段 + 倾斜段 + 垂直段）井筒流型的分布情况，并实时记录进气量、进水量、倾斜段井底压力、垂直段井底压力、倾斜段差压及垂直段差压，从而完成一组气量的实验；一组气量下的实验完成后，再改变气量重复实验，以获得不同气液流量条件下的井筒流型分布；而后改变管斜角，重复上述实验，获得不同管斜角、不同气液流量条件下的井筒流型分布。详细实验步骤如下：

（1）检查压差和压力传感器的初始读数是否归零，调试测控系统；

（2）启动空气压缩机，实现压缩机加压、储气罐充气；

（3）设定倾斜管段角度，打开进液阀门，通过调节进液阀门将进液量稳定在某一实验预定值，而后调节进气阀门，分别稳定几组进气量（40~160m³/h），并实时记录相应倾角、气液量条件下的井底压力、管段差压、进气量、进水量，并利用单反相机捕捉典型流型现象；

（4）调节进液阀门，重复步骤 3），直至完成进液流量为 0.1m³/h 和 0.2m³/h 的实验，停止本次实验，即完成该倾斜管所有实验；

（5）改变管斜角，重复步骤（1）~（4），完成不同倾斜管的所有实验。

2. 实验现象

（1）垂直管段：不同气液流量（不同气液表观流速）条件下，能够观测到的流型主要有 2 种，分别为环状流和搅动流。当气量较高时，垂直段均出现环状流，而在气量较低、液量较大时则可能出现液体回落情况，这说明流型已经发生转变，出现了搅动流的情况如图 6-10、图 6-11 所示。而在相同液量下，随着气量增加可以看出，垂直段液膜厚度逐渐降低，气液流动也更加平稳。

(a)气量40m³/h (b)气量80m³/h (c)气量120m³/h (d)气量160m³/h

图 6-10 井斜角 60°、液量 0.2m³/h 时不同气量下垂直管流型变化图

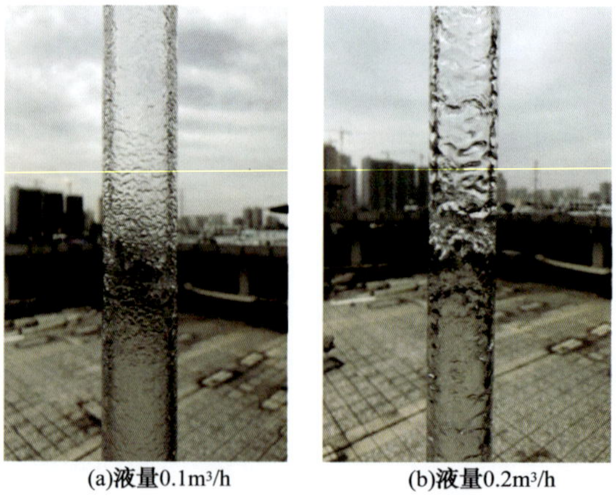

(a)液量0.1m³/h (b)液量0.2m³/h

图 6-11 井斜角 60°、气量 40m³/h 时不同液量下垂直管流型变化图

（2）倾斜段：不同气液流量条件下，能够观测到的流型主要有 2 种，分别为环状流和弹状流。当气量较高时，斜井段均出现环状流，而在气量较低，液量较大时则可能出现液体一段一段被气体推动，形成搅动的情况，如图 6–12 所示。而在相同液量下，随着气量增加，斜井段流型和液膜厚度也会出现明显的变化。

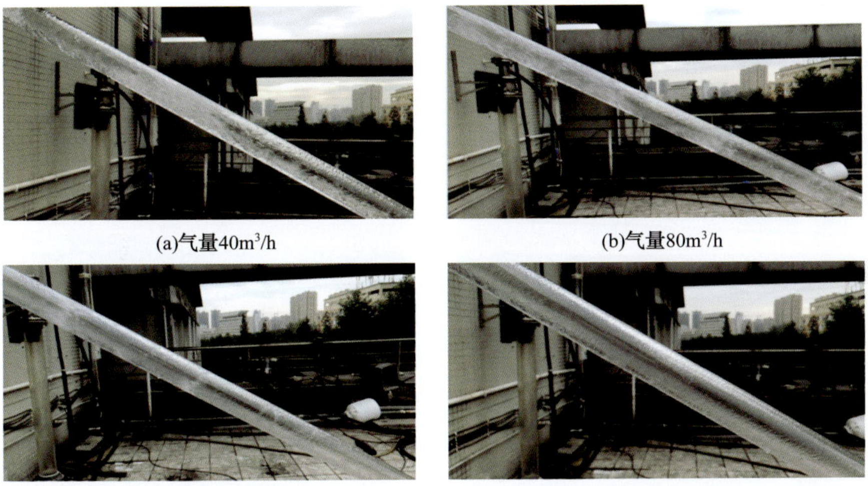

(a)气量40m³/h　(b)气量80m³/h　(c)气量120m³/h　(d)气量160m³/h

图 6–12　井斜角 60°、液量 $0.2m^3/h$ 时不同气量下斜井段流型变化图

井斜角从 45° 增加到 60° 后，每一段柱塞出现的时间间隔稍微变长，搅动流现象仍明显（图 6–13、图 6–14）。

(a)液量$0.1m^3/h$　(b)液量$0.2m^3/h$

图 6–13　井斜角 60°、气量 $80m^3/h$ 时不同液量下斜井段流型变化图

(a)井斜角45°　(b)井斜角60°

图 6–14　液量 $0.2m^3/h$、气量 $40m^3/h$ 时不同井斜角下斜井段流型变化图

（3）水平段：不同气液流速下水平管段观测到的流型主要有 2 种：分层流和环状流，如图 6–15、图 6–16 所示。分层流液相在实验管段底部流动，而气相在实验管段顶部流动。环状流气体在管段中心以较高的流速流动，并夹带了一部分的自由液滴。由于水平管无高程差，水平管段的压差均来源于摩阻压降，而对于实验装置而言，摩阻较小，因此不同流型所测的压差几乎为零，可以忽略不计。

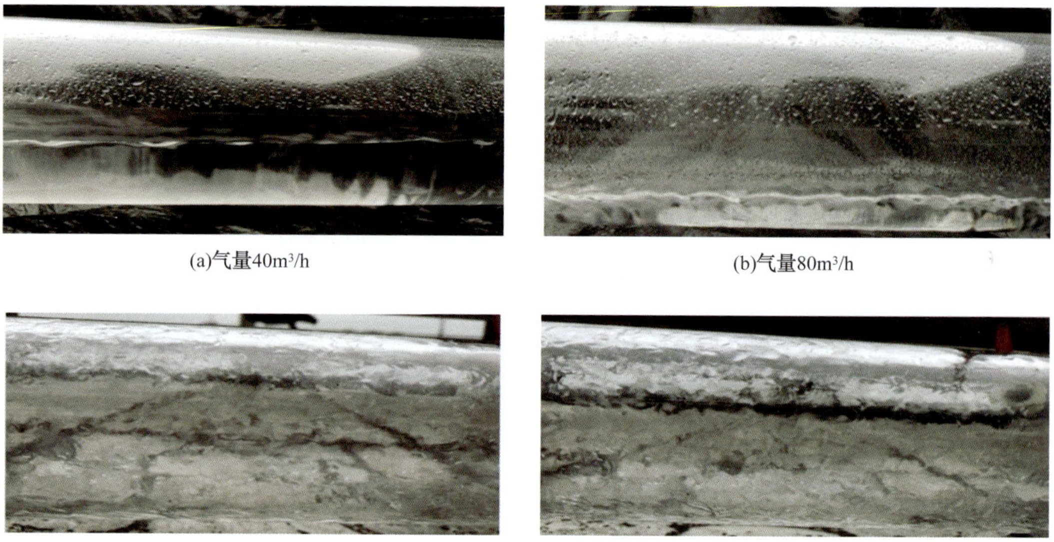

(a)气量40m³/h (b)气量80m³/h

(c)气量120m³/h (d)气量160m³/h

图 6–15 井斜角 60°、液量 0.2m³/h 时水平段流型变化图

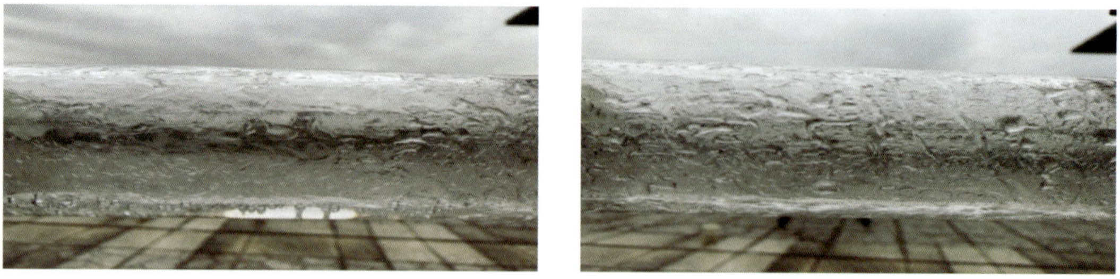

(a)水量0.1m³/h (b)水量0.2m³/h

图 6–16 井斜角 60°、气量 120m³/h 时，水平段流型变化图

（四）水平井气液两相管流流型优选

1. 垂直段流型图评价

根据开展实验所观察到的流型，并与各理论流型图版进行对比，如图 6–17~ 图 6–19 所示。可以看出，实验所观察到搅动流的气量和液量在 Hewitt–Roberts 流型图和 Gould 流型图均显示为环状流，说明该两图版在本项目中预测流型存在偏差，而 Duns–Ros 流型图版与实际观察情况则相对较吻合，这说明该图版评价准确。

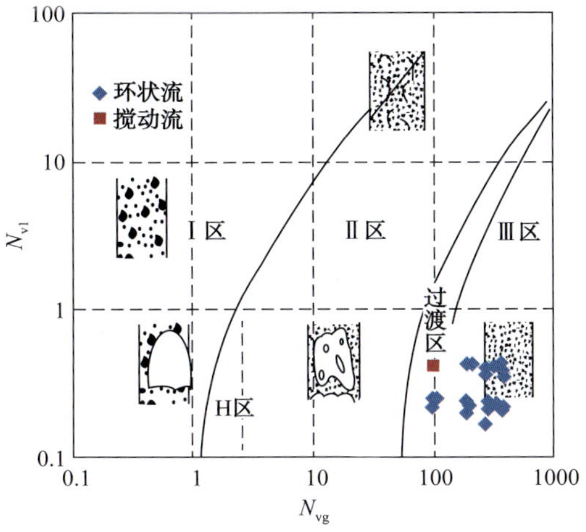

图 6-17 Duns-Ros 流型图评价

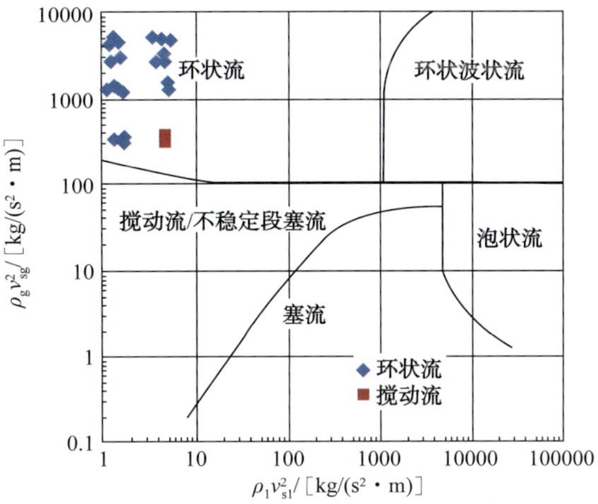

图 6-18 Hewitt-Roberts 流型图评价

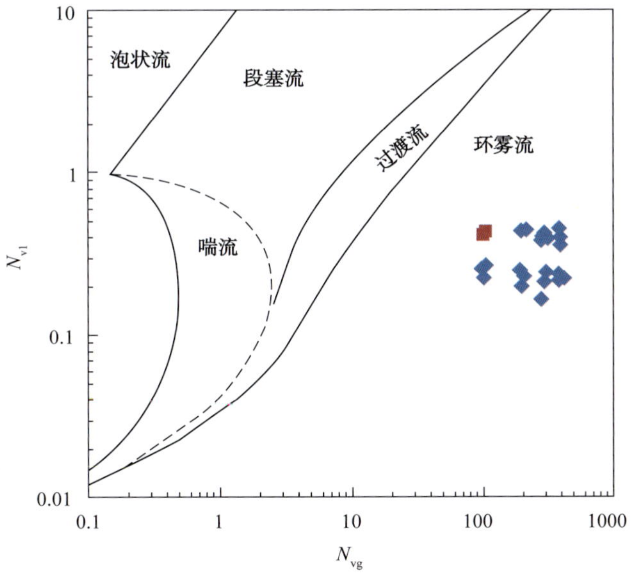

图 6-19 Gould 流型图评价

2. 倾斜段流型图评价

在倾斜段，实验所观察到的环状流在 Gould 流型图上处也处于环状流，所观察到的搅动流也处于环状流与弹状流的界限上，说明图版所判断流型正处于过渡状态，与实际情况比较符合，这说明该图版流型判断准确（图 6-20）。

3. 水平段流型图评价

所观察到的流型与图版的对比评价见图 6-21、图 6-22。从图中可以看出，Goiver 流型图评价更加准确，而 Mandhane 流型图则没有能区分环状流和分层流。

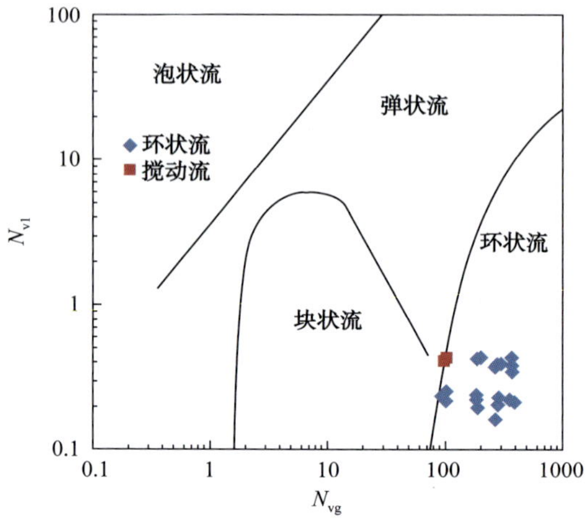

图 6-20 Gould 流型图评价

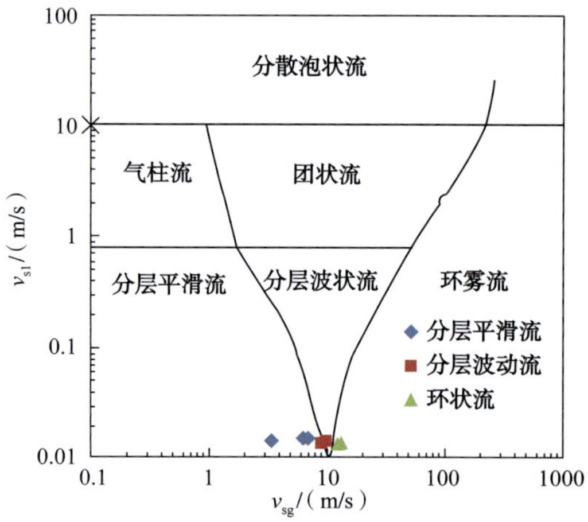

图 6-21 Goiver 流型图评价

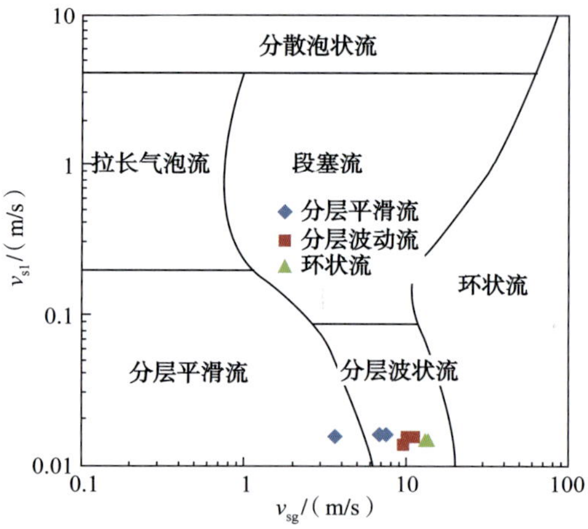

图 6-22 Mandhane 流型图评价

(五)水平井气液两相管流压降模型优选

基于实验测试压力数据，对工程常用的 Hagedorn-Brown、Mukherjee-Brill、Beggs -Brilli、Orkiszewsk 和 Gray 进行模拟计算，其计算值与实测值对比见图 6-23。

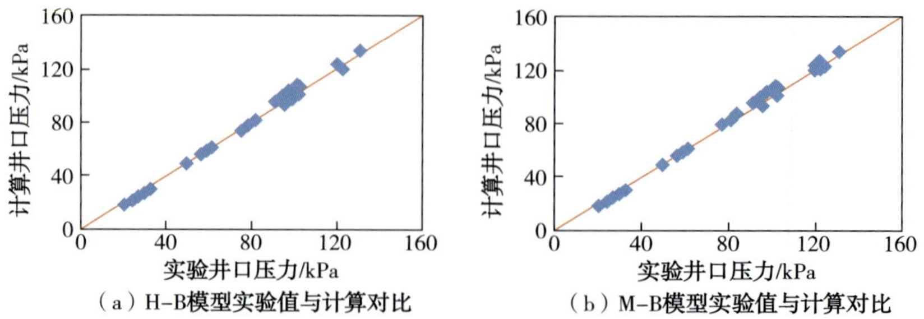

图 6-23 模型实验值与计算对比图

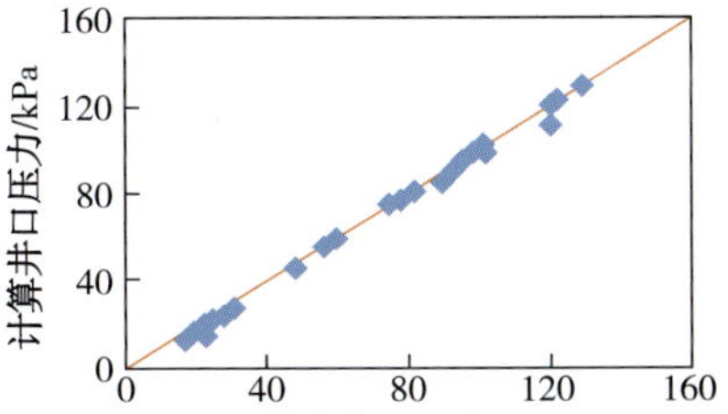

（c）OR模型实验值与计算对比

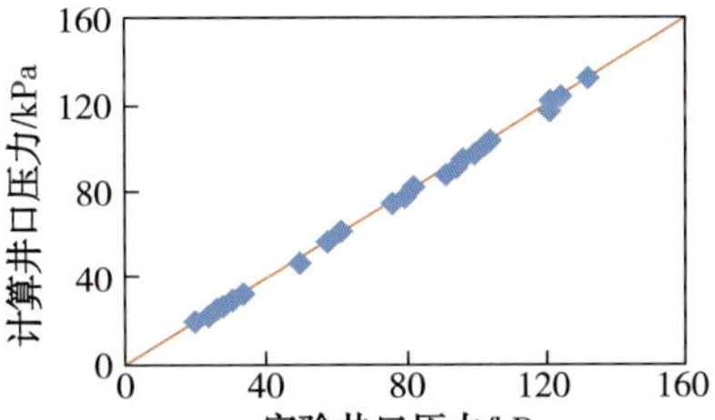

（d）B-B模型实验值与计算对比

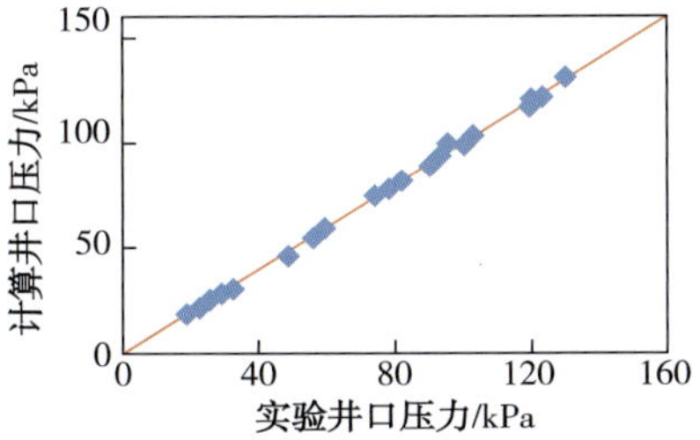

（e）Gray模型实验值与计算

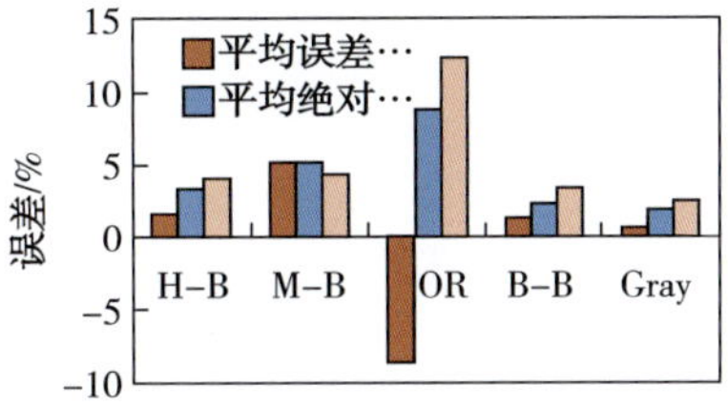

（f）对比各模型误差对比图

图 6-23　模型实验值与计算对比图（续）

由各模型计算误差图可见：Gray 模型平均绝对误差只有 2%，标准误差也只有 2.63，均为各模型误差中最小。

二、不同井段携液临界产量计算方法

（一）水平井等内径管临界携液模拟实验

为了研究水平井各段的携液规律，本节对水平井气液两相流动规律研究时所搭建实验架进行改装，建立水平段 + 斜井段 + 垂直段等径水平井流动规律研究实验装置架，其中油管内径为 30mm，斜井段井斜角为 60°，实验装置图如图 6-24 所示。

图 6-24　水平井等内径管临界携液模拟实验装置图

当实验达到稳定时，水平井各井段呈现不同的流动状态。

（1）水平段中大部分液体以较薄的液流层形式沿水平管底部运动，液流连续且移动迅速（图 6-25）。

图 6-25　水平段流动型态（液：0.05m³/h，气：10m³/h）

（2）倾斜管由于重力作用，大部分液体以液膜形式存在管壁底部，使得管底液膜厚度远大于管子顶部厚度。当气量较大时，气流速度较大，液体主要沿着管壁流动，如图 6-26（a）所示；而当气量较小时，气流速度较小，气体所提供的剪切力不足以携带液膜向上流动，液膜由于自身重力用会沿着管壁向下回流，此时液体在倾斜管中的运动速度缓慢，回流至倾斜管末端后又会在气流的作用下重新携带上升，不断搅动，导致斜井段液体越来越多，如图 6-26（b）所示。

(a)气40m³/h　　(b)气:10m³/h

图 6-26　斜井段流动型态（液：0.05m³/h）

（3）垂直段气液两相主要呈环状流的形式流动，大部分液体以液膜的形式沿管壁向上运动，少部分液滴分散在气流中。在气量较小时，虽然也存在斜井管段类似的液膜回落，但整体上气液两相以环雾流向上推进，如图 6-27 所示。

在相同气液量下，水平井不同井段呈现不同的流动状态。在气量较小时（图6–28）可以看出，在水平管段相对平稳（在实验过程中间歇性出现冲击波推动液体向前进现象，这是由于气量向前推液能量不足，造成液量进液管口处堆积，当累计到一定程度，气体周期性将其推出），气液两相基本以分层形式向前流动，流动相对平稳，不存在积液现象。在斜井段，液体已经不是以液膜形式沿着管壁向上流动，而是形成较大液柱占据着很大一部分油管截面，造成巨大压力损失。由于气体不足以将液体从斜管段带出，造成液体在斜井段不断振荡回流又在底部聚集，然后又被气体以冲击波的形式向上带，并以此往复。而在垂直井段入口端，由于斜井段液体一段一段被带到垂直井段，存在严重液体段塞和振荡；而垂直段稳定以后，尽管也存在类似的液体回流现象，但是液体仍然以液膜形式紧贴管壁，不断冲击振荡向上流动并带出井口，积液现象没有斜井段严重。这说明在水平井各井段中，斜井段是积液最严重的位置。

图6–27　垂直段流动形态（液：0.1m^3/h，气：20m^3/h）

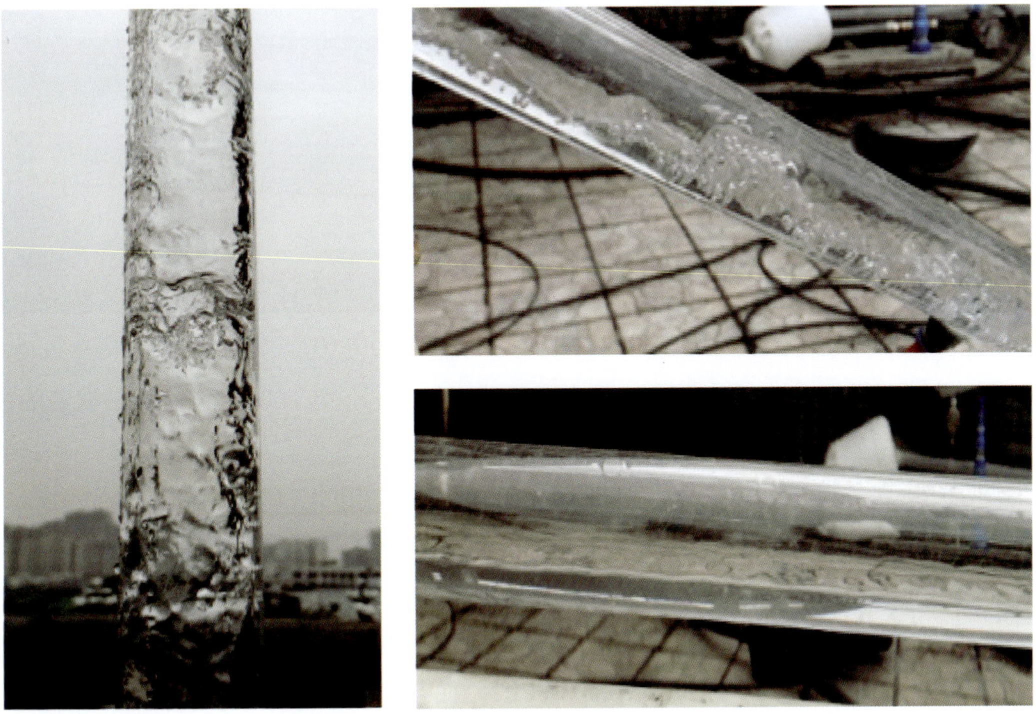

图6–28　水平井各管段流动形态（液：0.1m^3/h，气：10m^3/h）

随着气量增大，流型逐渐发生变化，当气量为 20m³/h 时，垂直段和斜井段虽然液体依然回落，但是垂直段液膜厚度变薄，而斜井段液体段塞量也较少一些。而当气量为 30m³/h 时，如图 6–29 所示，水平段液体层厚度明显变薄，而垂直段液膜流动发生反转，液膜向上流动，在斜井段虽然液体已经以液膜形式流动，但在管底部较厚液膜仍然向下回流，只有顶部液膜向上流动。而只有在气量进一步增加大 40m³/h 时才出现垂直段和斜井段液膜流动均向上流动的现象，而不存在回流。

图 6–29　水平井各管段流动形态（液：0.05m³/h，气：30m³/h）

在气量逐渐增大时，斜井段液膜回流现象消失越晚，这也证明了斜井段是携液的最关键部位。

根据实验现象开展敏感分析，如图 6–30 所示。在相同液量下，随着气量增加，液膜所呈现波纹越来越小，这说明液膜越来越稳定，同时液膜也越来越薄。这是因为随着气量增加，气流速度变大，气体对液膜的剪切力变大，液膜变薄，同时向上流动速度更快，不存在回流现象。而在低气量时，垂直管段也存在着液膜严重回流的情况，但是液膜紧贴管壁，受上升气流不断冲击，形成波浪，而与斜井段对比，回流和液膜厚度明显更小。

图 6–30　垂直段流动形态（液：0.05m^3/h，气：10/20/30/40m^3/h）

在斜井段，随着气量不同，两相流型出现明显的变化。在高气量时，气体能量充足，液体沿着管壁以液膜形式流动；随着气量减少，气体不足以携带液体造成液体严重回落，而在管壁形成大段大段地段塞，积液现象严重。这说明在水平井各井段中斜井段是最容易造成积液的地方（图 6–31）。

图 6–31　斜直段流动形态（液：0.1m^3/h，气：10/20/30/40m^3/h）

在水平段，流型相对稳定，一直为分层流动，液体位于管底平稳流动，只是液体层的厚度随着气量增加而减少（图 6–32）。

图 6–32 水平段流动形态（液：0.05m³/h，气：10/20/30/40m³/h）

此外，实验测得了不同气液比状态下管内积液量及管内压降，见表 6–2。通过对比压力及积液量变化来对水平井各井段携液规律进行定量分析。

表 6–2 实验积液量及压降数据

组数	液量 /（m³/h）	气量 /（m³/h）	剩余液量 /mL	井底压力 /kPa	井口压力 /kPa	压差 /kPa
1	0.05	10	1340	15.4	6.7	8.7
2	0.1	10	620	17.7	8.5	9.2
3	0.05	20	390	18.2	12.4	5.8
4	0.1	20	230	22.9	16.09	6.81
5	0.05	30	1410	26.4	21.2	5.2
6	0.1	30	840	27.9	22.01	5.89
7	0.05	40	560	30.9	25.88	5.02
8	0.1	40	370	35.1	29.2	5.9

积液量的变化与气液比具有一定协调性，见图 6–33。当产气量不变时，随着产出液量的增加，管内的积液量同样增加；产液量不变时，管内积液量随产气量的增加而减少。在气量为 10m³/h 条件下两次测得的积液量相差最小，仅有 70mL，且管内液体间歇性回流，滑脱严重，表明该气量并没有使生产达到稳定，多余液体不能被有效带出，携液能力差；随气量的增加，不同液量下的积液量差增加，气井携液能力增强。

管内压力变化规律同积液规律一样，见图 6–34。当产气量不变时，随产液量的增加，管内压差增加。在气量为 $10m^3/h$ 条件下水平段伴有间歇性的冲击段塞，垂直段出现反复的液体振荡，导致压力表读数出现一定范围的波动，此时生产不稳定，携液能力差；随气量增加，水平段冲击现象消失，垂直段转为平稳的环状流，压力趋于平稳。当产液量不变时，随产气量的增加，压差随之减小。在液量 $0.05m^3/h$ 条件下，气量从 $10m^3/h$ 增加到 $20m^3/h$，压差变化明显，随后缓慢下降，逐渐趋于平稳；液量 $0.1m^3/h$ 条件下同样如此，但在 $30m^3/h$ 增加至 $40m^3/h$ 阶段压降曲线微微上翘，这是由于气量增加后流速增加，气体与管壁摩阻增加所致。

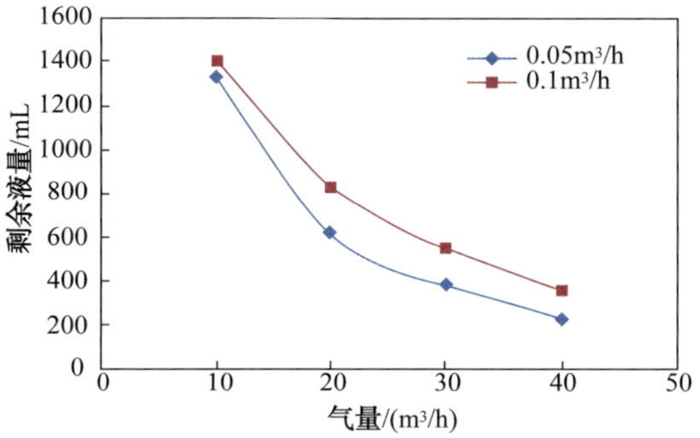

图 6–33　管内积液量变化图

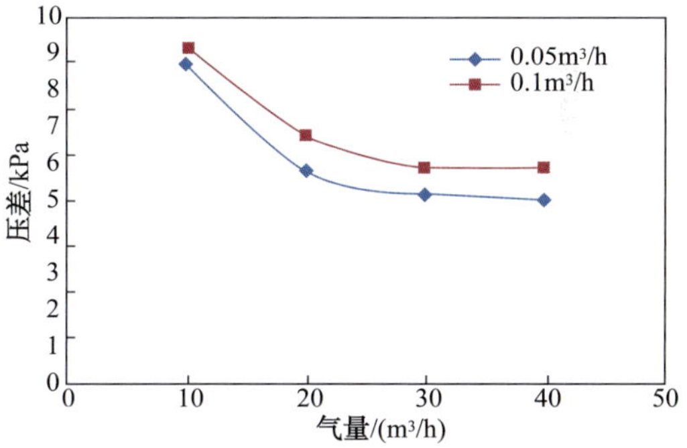

图 6–34　管内压降变化图

（二）水平井斜井段临界携液模型评价及分析

1. 携液模型

1）液滴模型

液滴模型认为液滴是液体在井筒中的主要表现方式，从而假设排出气井积液所需的最低条件是使井筒中的最大直径液滴能连续向上运动。对最大液滴在气流中的受力情况进行分析，当气体对液滴的曳力等于液滴的沉降重力时，可以确定气井的携液临界流量（图 6–35）。但传统的液滴模型在预测水平气井的携液临界流量时，忽略了生产管柱倾斜角度对携液临界流量的影响。对水平气井而言，由于液体在倾斜井段四周分布不均，更加容易在管柱中聚集导致液体回流，因而比直井更难连续携液。

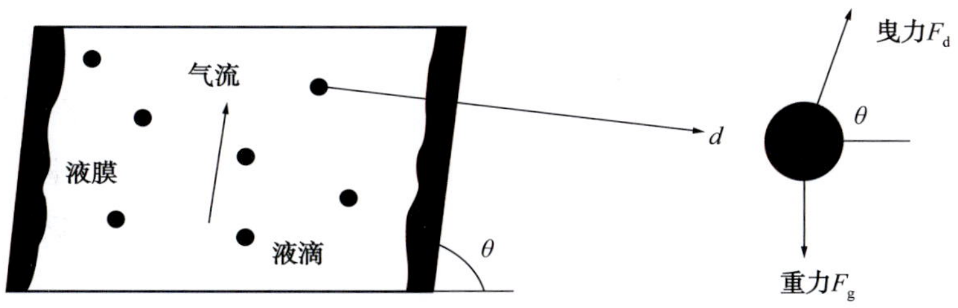

图 6–35　倾斜管液滴模型

基于 Turner 液滴模型的倾斜管携液临界流速计算式为

$$v_{cr}=6.6\left[\frac{\sigma(\rho_l-\rho_g)}{\rho_g^2\sin\theta}\right]^{0.25} \tag{6-7}$$

2）Belfroid 模型

荷兰 Eindhoven 科技大学 Keuning 采用空气与水为流动介质，在管径为 50mm，长 12m 的管段上进行了连续携液实验研究，测试了管段倾斜角度对临界携液气速的影响。实验测试的临界携液流速并不是随管段倾斜角度单调变化的，而是在管段与水平倾斜角度约为 50° 时，所需的携液临界气速达到最大值，在这个倾斜角度位置，液体重力对液滴、液膜的综合影响达到最大。后来，Belfroid 建立考虑角度变化的斜井段临界携液模型。

$$v_{cr}=6.6\left[\frac{\sigma(\rho_l-\rho_g)}{\rho_g^2}\right]^{0.25}\frac{(\sin(1.7\theta))^{0.38}}{0.74} \tag{6-8}$$

式中第三项即为角度相关项，适用角度范围 5°≤θ≤90°。

3）液膜模型

由于管柱倾斜角度的影响，倾斜管柱中液膜重力与气液界面剪切力在管柱截面四周分布差异较大，液膜厚度的分布与液膜重力都与管柱的倾斜角度相关。倾斜管液膜模型如图 6-36 所示，图中 x 向为流动轴向方向；y 向为流动轴向垂直方向。

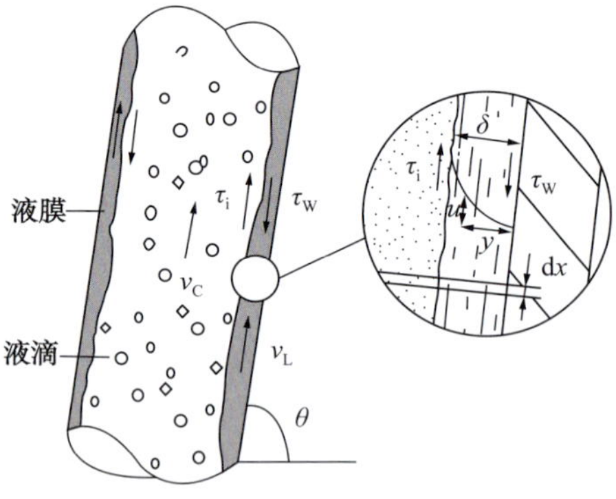

图 6-36 倾斜管液膜模型

基于液膜受力平衡，可以得到基于液膜模型的临界携液流速计算式：

$$v_{cr}=4\left(\frac{\rho_l^2\sin^2\theta Q_F\mu_l}{f_i\rho_g^3}\right)^{1/6} \tag{6-9}$$

式中，θ 为管段与水平方向的夹角，(°)，适用于较大倾斜角度情况（5°≤θ≤90°）。

2. 携液模型评价及修正

根据上节分析，水平井中最难以携液的部位是斜井段。因此，单独针对斜井段建立了如图 6-37 所示实验装置。

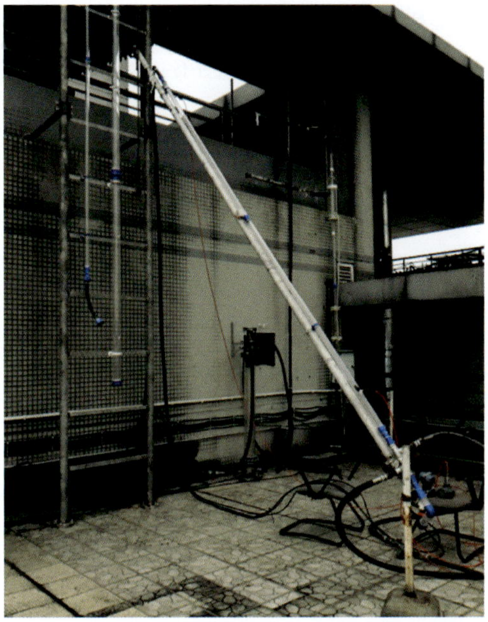

图 6-37　水平井气液两相流模拟实验装置

实验测试结果和各模型计算值见表 6-3 所示。

表 6-3　临界携液气量实验值与模型计算值

角度/(°)	压力/KPa	临界气量/(m^3/h)	液滴模型/(m^3/h)	Belfroid/(m^3/h)	液膜模型/(m^3/h)	角度/(°)	压力/KPa	临界气量/(m^3/h)	液滴模型/(m^3/h)	Belfroid/(m^3/h)	液膜模型/(m^3/h)
40	16.2	19.4	52.74	62.01	36.61	70	14.1	21.4	47.53	60.10	43.54
	31.4	21.6	56.08	65.94	38.93		22.5	23.6	49.25	62.27	45.05
	46.7	23.8	59.26	69.67	41.13		42.3	27.4	53.08	67.11	49.03
	60.4	24.2	61.96	72.85	43.01		76	28.4	59.02	74.63	54.21
	81.7	26.4	65.94	77.53	45.77		81	29.2	59.85	75.68	54.78
	110	29.8	70.88	83.34	49.21		120	33.2	65.98	83.43	60.28
50	20.3	22.8	51.36	64.84	41.19	80	10.9	20.7	46.31	54.29	43.74
	36.5	23.3	54.71	69.06	44.04		21.4	21.6	48.45	56.80	45.73
	46.6	27.4	56.69	71.57	44.94		25.5	22.8	49.27	57.75	46.52
	60.1	29.1	59.24	74.79	47.67		49.3	24.7	53.73	62.98	50.55
	79.7	30.9	62.76	79.23	50.25		62.2	25.9	56.00	65.64	52.59
	98.2	31.4	65.91	83.21	51.12		101.3	28.5	62.38	73.12	58.03
60	11.6	21.5	47.98	62.02	40.99	60	46.2	25.4	54.91	70.98	46.76
	22.9	22.2	50.35	65.08	42.97		66.4	28.3	58.57	75.72	49.80
	30.1	23.4	51.80	66.96	44.23		89.2	30.3	62.45	80.74	53.50

从计算结果来看，无论哪种模型，计算值都远远大于实验值，所以直接采用模型计算临界携液气量会造成临界携液气量严重偏大（图 6-38~ 图 6-40）。因此，有必要对临界携液气量模型进行修正。

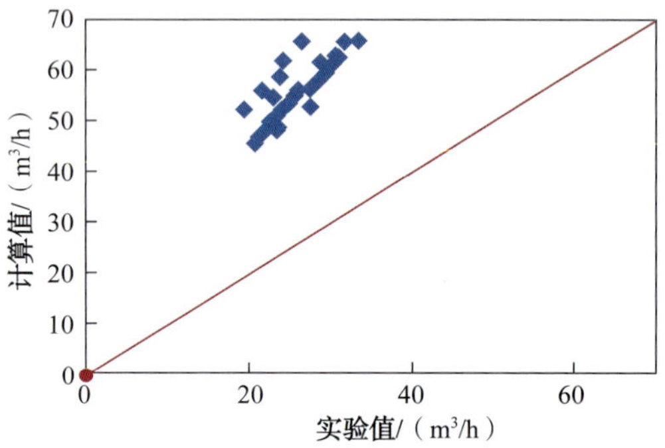

图 6-38　液滴模型与实验值对比

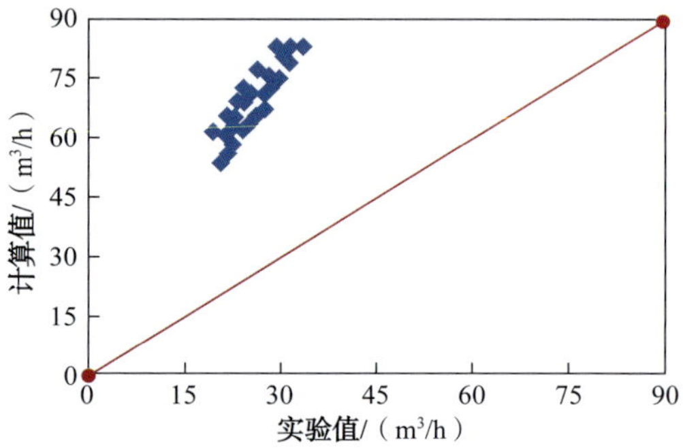

图 6-39　Belfroid 模型与实验值对比

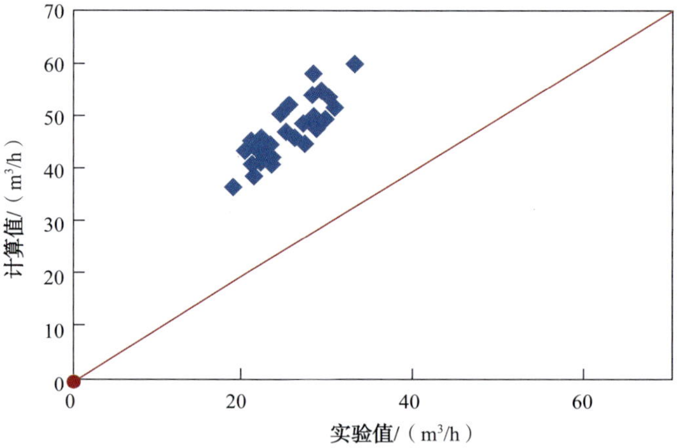

图 6-40　液膜模型与实验值对比

液滴模型修正为：

$$v_{cr} = 2.99\left[\frac{\sigma(\rho_l - \rho_g)}{\rho_g^2 \sin\theta}\right]^{0.25} \tag{6-10}$$

Belfroid 模型修正为

$$v_{cr} = 2.43\left[\frac{\sigma(\rho_l - \rho_g)}{\rho_g^2}\right]^{0.25} \frac{[\sin(1.7\theta)]^{0.38}}{0.74} \tag{6-11}$$

根据修正后的模型，与实验值进行对比，如图 6-41 和图 6-42 所示。可以看出，修正后模型计算值与实验值偏差很小，精度较高。修正液滴模型和修正 Belfroid 模型的平均偏差分别为 6.31% 和 5.86%。

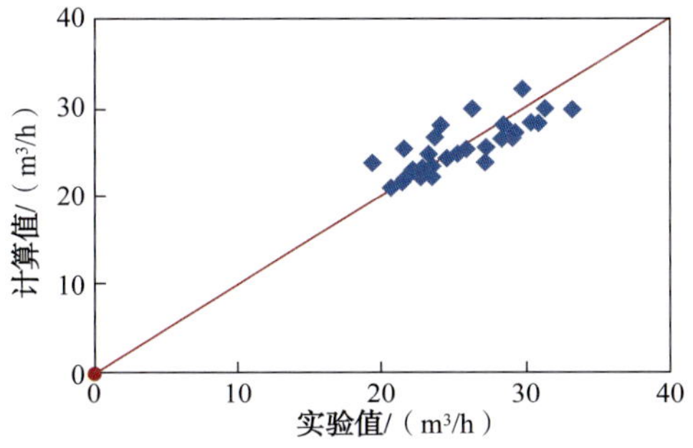

图 6-41　修正液滴模型与实验值对比

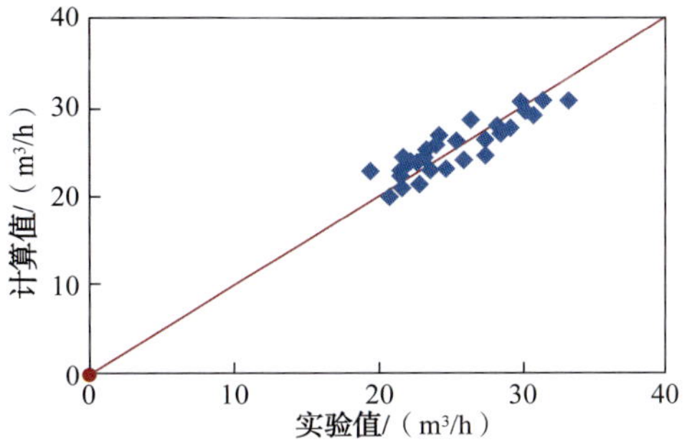

图 6-42　修正 Belfroid 模型与实验值对比

三、水平井积液判别方法

（一）临界携液流量法

长北区块产水量较少，最大水气比不超过 $1m^3/10^4m^3$，绝大部分气井的水气比只有 $10m^3/10^6m^3$。因此，长北区块的高产气井油管内是不存在积液的，其井筒的气液两相流型为环雾流，井筒压降由于气液两相所造成的摩阻也很小。故在采用临界携液流量作为井筒积液判断依据时，优选产量小且波动大的气井进行产量预测与筛选及敏感分析。

由于长北区块气井井口完全采用定压生产，而多分支水平井的产能非常高，因此外输压力的波动对产量的影响非常大，导致部分气井日产气变化明显。对于产气量较小气井而言，生产则更加不稳定。经过筛选，长北区块生产气井中产气量小于 $10\times10^4m^3/d$ 的气井有 10 口井左右。选取 CX-32 井和 CX-33 井两口产气量波动较大且产量较小的井来进行分析。

1. CX-32 井

CX-32 井于 2008 年投产，在定油压条件下生产产量为 $5\times10^4m^3/d$ 左右。产量波动较大。根据其生产测试结果可知（图 6-43），该井几乎不产水和油，其多次测量的平均水气比为 $0.68m^3/10^6m^3$，油气比为 $2.17m^3/10^6m^3$。

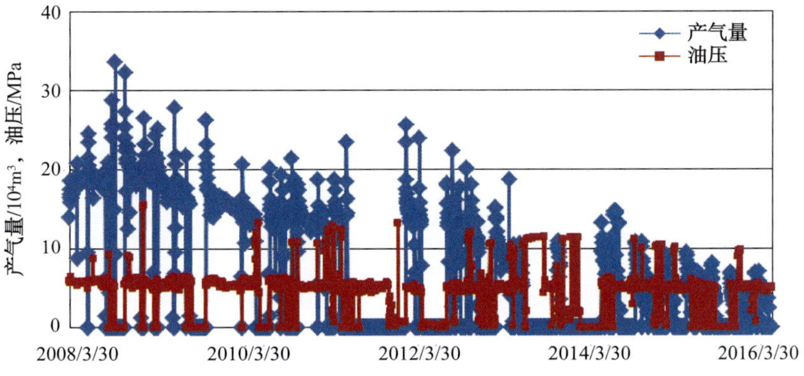

图 6-43　CX-32 井生产情况

采用Pipesim软件对其直井段和斜井段进行建模，并采用2014年生产测试数据对模型进行拟合和分析：油压5.44MPa，温度30.65℃，产气量$12\times10^4m^3/d$。图6-44为根据Pipesim软件所计算的井筒温度/压力剖面图，可以看出，井底流压计算值为6.84MPa，而计算井口温度为29.4℃，与实际井口温度相差仅1.25℃，误差仅4%，说明模型精度满足要求。

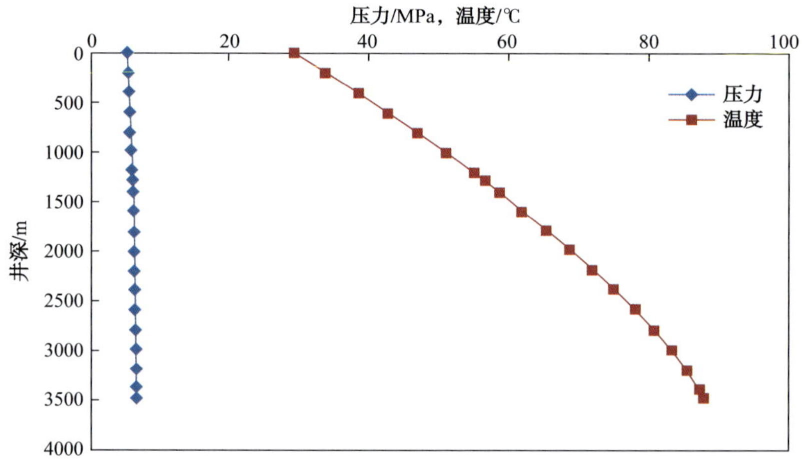

图6-44 CX-32井井筒温度/压力计算（2014年05月）

该井生产不稳定，产量波动较大。故选取2016年4月7日-12日生产较稳定的平均生产数据进行分析：油压4.94MPa，产气量$4.5\times10^4m^3/d$，井筒温度压力如图6-45所示。

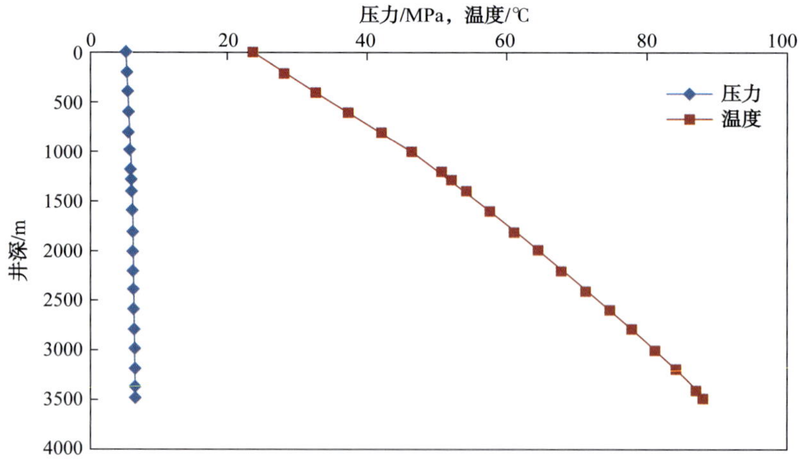

图6-45 CX-32井井筒温度/压力计算（2016年04月）

根据上节所建立的斜井段临界携液模型及垂直段采用李闽模型对井筒所需临界携液气量进行计算，计算结果如图6-46所示。从图中可以看出，以$4.5\times10^4m^3/d$进行生产，垂直段能够满足携液，而在倾斜段，携液所需的气量约为$5.5\times10^4m^3/d$。因此，在斜井段气体不足以将液体举升上去，可能会造成井筒积液。此外，从其生产曲线上看

（图 6–47），由于受到外输压力的影响，井口油压存在一定的波动，产气量在临界携液气量左右波动，说明该井可能已经积液。

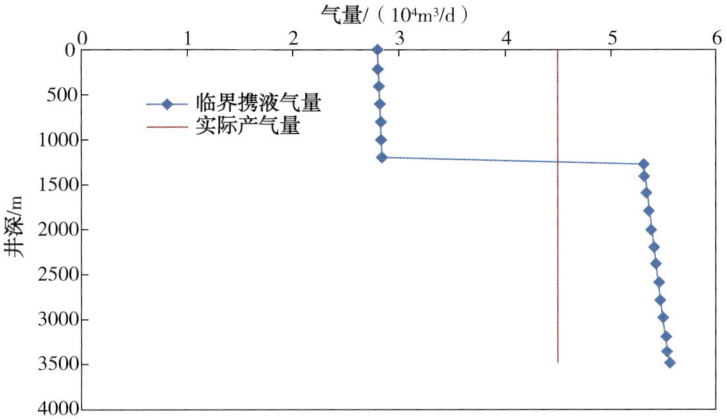

图 6–46　CX–32 井井筒临界携液气量计算结果

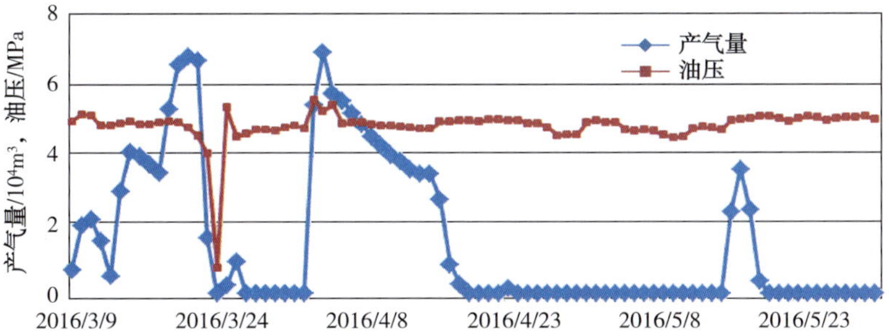

图 6–47　CX–32 井生产情况

2. CX–33 井

CX–33 井于 2012 年 10 月开井生产，在定油压条件下生产产量为 $5\times10^4m^3/d$ 左右。根据其生产测试结果可知，其多次测量的平均水气比为 $9.6m^3/10^6m^3$，油气比为 $7.5m^3/10^6m^3$（图 6–48）。

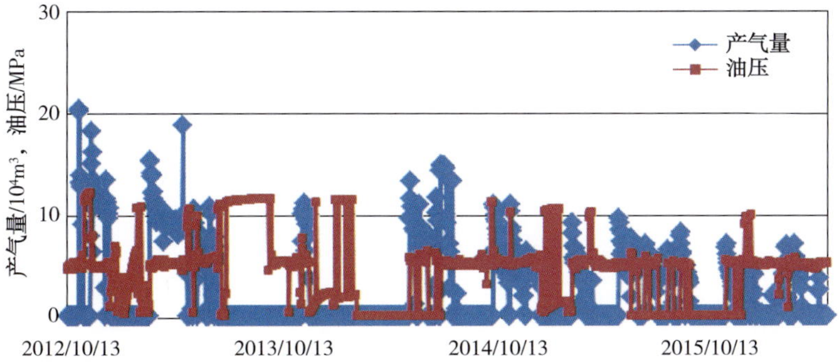

图 6–48　CX–33 井生产情况

该井生产不稳定，产量波动较大。故选取 2016 年 4 月 12~22 日生产较稳定的平均生产数据进行分析：油压 5.64MPa，产气量 $5.5\times10^4m^3/d$。井筒温度压力如图 6–49 所示。

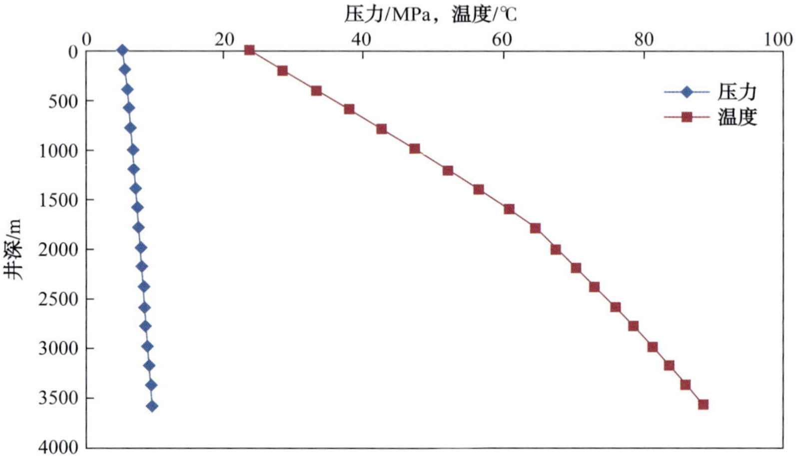

图 6–49　CX–33 井井筒温度 / 压力计算（2016 年 04 月）

临界携液流量计算结果如图 6–50 所示。从图中可以看，以 $5.5\times10^4m^3/d$ 进行生产，垂直段能够满足携液，而在倾斜段，携液所需的气量约为 $6.5\times10^4m^3/d$，因此，在斜井段以 $5.5\times10^4m^3/d$ 的气量难以将液体举升上去，可能会造成井筒积液。而从其生产曲线上看（图 6–51），由于受到外输压力的影响，井口油压存在一定的波动，造成产量的大幅度地波动。与 CX–32 井不同的是，该井产能更大，从其产量变化范围来看，外输压力波动时其产气量能够达到携液所需的 $6.5\times10^4m^3/d$ 以上，最大时产气量达到了 $13.4\times10^4m^3/d$ 以上，而该井水气比较低，因此该井能够携液，但存在积液的风险。

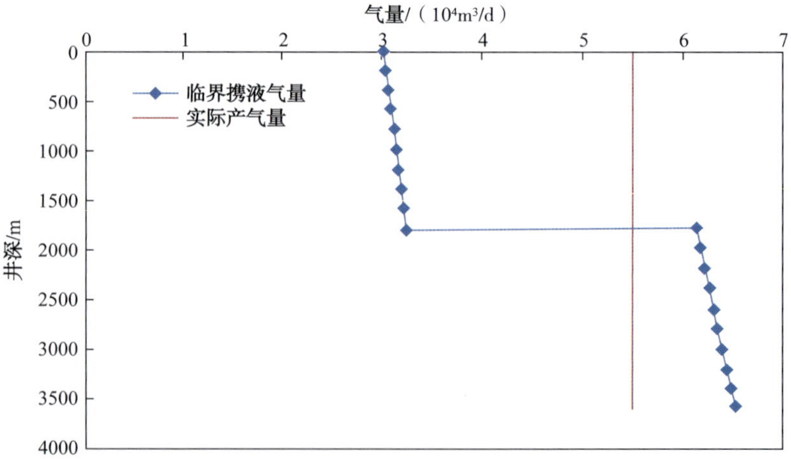

图 6–50　CX–33 井井筒临界携液气量计算结果

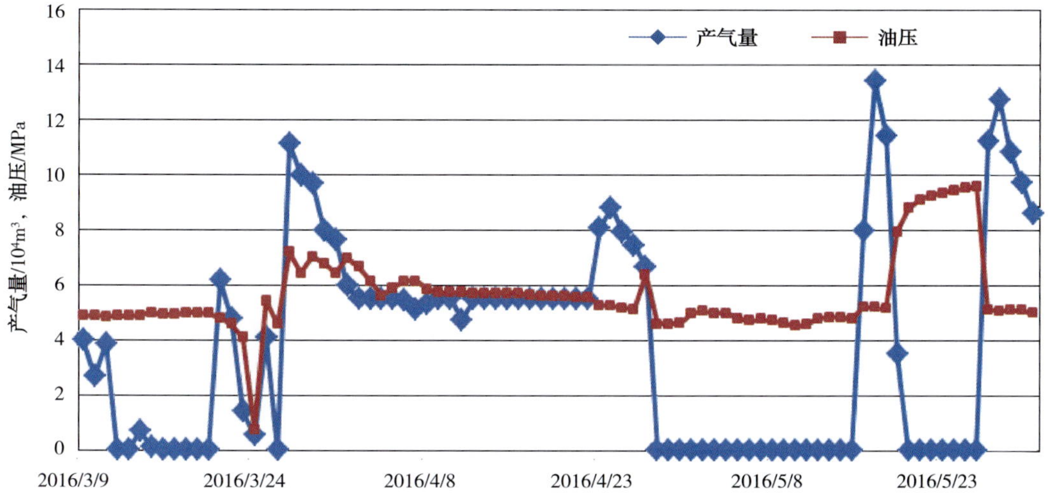

图 6–51　CX–33 井生产情况

（二）井筒压降和流型法

CX–122 井于 2009 年投产，在定油压条件下生产产量为 50 × $10^4m^3/d$ 左右。根据其生产测试结果可知，其多次测量的平均水气比为 2.35$m^3/10^6m^3$，油气比为 1.36$m^3/10^6m^3$（图 6–52）。

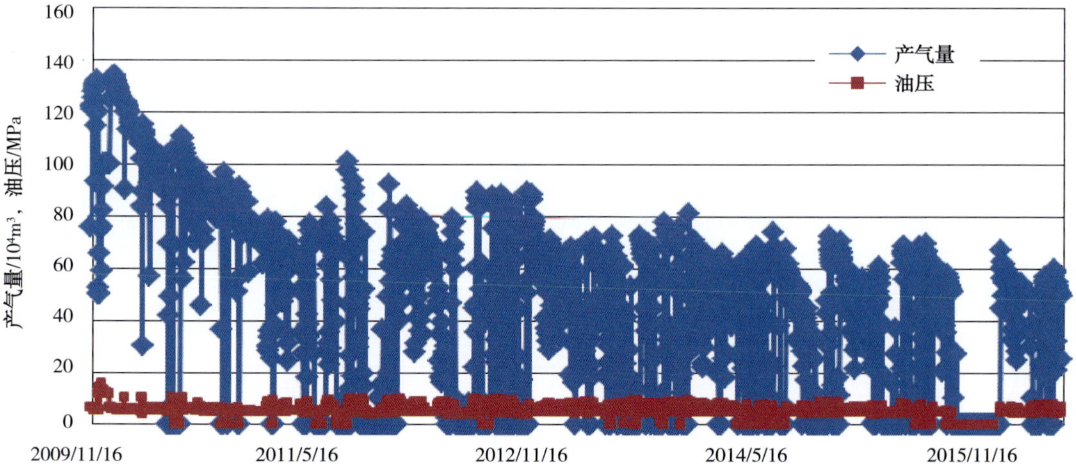

图 6–52　CX–122 井生产情况

该井生产较稳定，产量波动不大，选取 2016 年 5 月 24~30 日生产稳定的平均生产数据进行分析：油压 4.85MPa，产气量 50.3 × $10^4m^3/d$。井筒温度 / 压力剖面计算结果如图 6–53 所示。根据生产情况可以看出，该井的井底流压为 9.4MPa，井筒中的压力降仅仅为 2.29MPa。其中垂直段压降梯度为 0.12MPa/100m，斜井段压降梯度为 0.10MPa/100m。

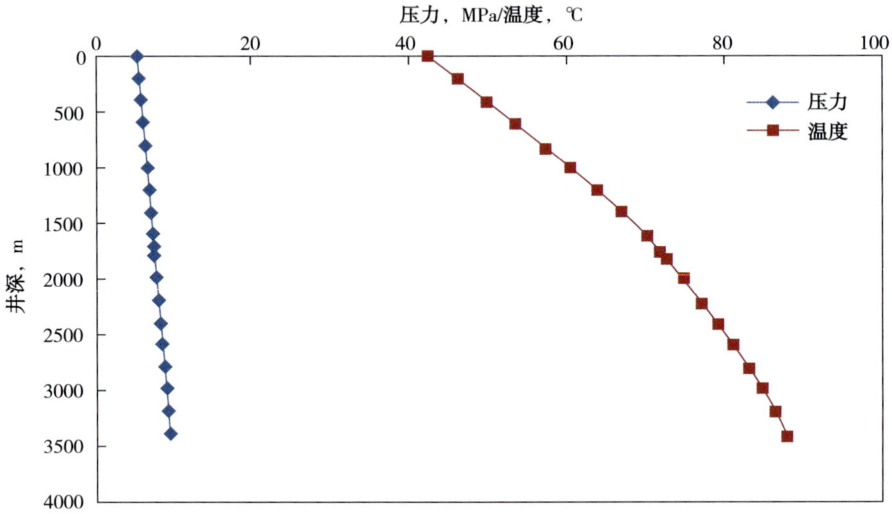

图 6-53　CX-122 井井筒温度 / 压力剖面

根据前面三口井的生产情况统计出了垂直段与倾斜段的压降情况，如表 6-4 所示。从表中可以看出，在产气量相近时，液气比对井筒压降的影响较大，液气比为 $17.1m^3/10^6m^3$ 的 CX-33 井的井筒压力降远大于液气比为 $2.85m^3/10^6m^3$ 的 CX-32 井的井筒压力降；而随着气量的大幅度增加，井筒摩阻项对井筒压力降有着较大影响。因此，对于产气量为 $50.3\times10^4m^3/d$ 的 CX-122 井而言，其井筒压降比小气量时更大。此时，摩阻项已经占据井筒压力降的主导，随着气量进一步增加，井筒压力降会进一步快速增加。

表 6-4　不同气井井筒压力降

井号	产气量 / （$10^4m^3/d$）	液气比 / （$m^3/10^6m^3$）	垂直段压降 / （MPa/100m）	倾斜段 / （MPa/100m）
CX-32 井	4.5	2.85	0.069	0.068
CX-33 井	5.5	17.1	0.102	0.101
CX-122 井	50.3	3.71	0.10	0.12

为了确定积液临界条件时的井筒压力剖面，有必要确定正常生产时最大井筒压力剖面。根据井筒积液的临界携液气量可以知道，在不同条件下，最大的临界携液气量最大不超过 $8\times10^4m^3/d$，而如果产气量低于 $5\times10^4m^3/d$ 则可以认为井筒已经积液。由 3.1 节可知不同条件下凝析水水气比最大为 $10m^3/10^6m^3$，而根据该区块所有生产测试数据可知，最小含水率考虑为 25%。因此，以 CX-33 井的井深结构为例采用水气比最大为 $40m^3/10^6m^3$，对产气量在（4~8）$\times10^4m^3/d$ 的井筒压降进行计算，得到其最大井筒压力剖面，就可以计算出临界井筒压力剖面。

图 6-54 为井口压力在 6MPa，液气比为 $40m^3/10^6m^3$ 时产气量的敏感分析，可以看出在产气量低于 $8\times10^4m^3/d$ 时，随着产气量的增加，井筒的压力降反而减小，最大压力降在产气量为 $4\times10^4m^3/d$ 时，井筒垂直段和倾斜段压力降差值分别为 0.113MPa/100m 和 0.147MPa/100m。因此，在产气量低于 $8\times10^4m^3/d$ 的气井中，如果其井筒中垂直段与倾斜段的压力梯度大于此界限，在不出水的情况下，井筒则可能发生积液。

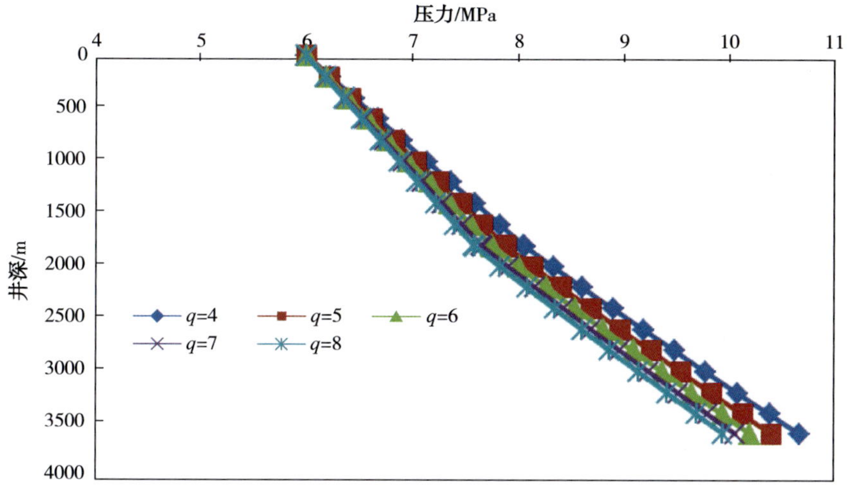

图 6-54　产气量敏感分析

（三）生产参数法

对于定压生产气井，随着地层压力降低，产气量逐渐降低，产量降低曲线在半对数坐标曲线上呈现线性关系。如果地层出水或者井筒积液，会造成井筒压降增加，从而使相同油压条件下产气量降低幅度增大。基于此，可根据产气量递减判断是否出水和积液。

1. 特高产井

CX-83 井是 2011 年 10 月 9 日开始生产的一口多分支水平井，2016 年该井可保持 $40\times10^4m^3/d$ 生产。如图 6-55 所示，产气量的对数与生产天数存在着明显的线性关系：

$$\ln Q=-0.0004T+4.8607 \tag{6-12}$$

式中　Q——产气量，$10^4m^3/d$；

T——生产天数。

如果发生积液的话，那么在定压生产的条件下，产气量下降的幅度会加大，这样产气量对数与生产天数的趋势线斜率会比 -0.0004 更小。从图中可以看出，当关井一段时间后重新开井，产气量会有一定幅度的增加，然后产气量更快地递减后趋于稳定，这是因为关井使得地层压力有一定恢复从而使产气量增加。除此之外，产气量降幅平稳，说明该井生产稳定，无积液现象。

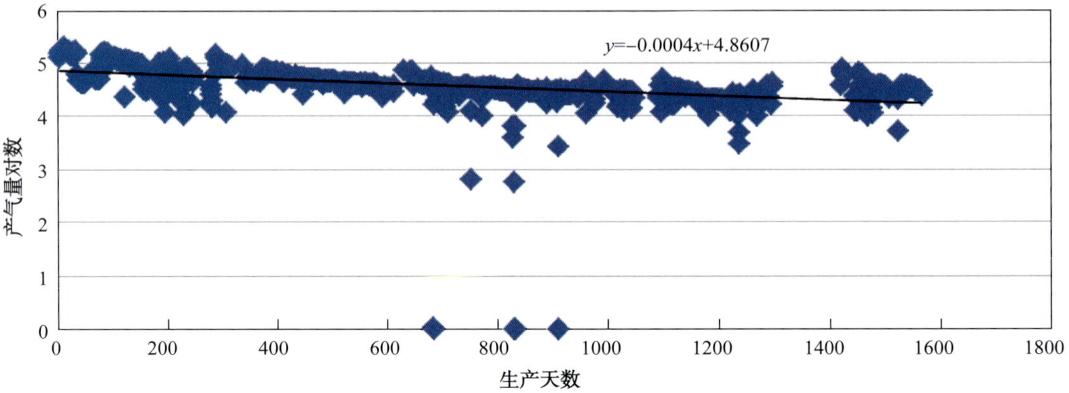

图 6–55　生产天数与产气量对数关系

2. 高产井

CX–141 井是 2008 年 8 月 26 日开始生产的一口多分支水平井，2016 年该井可保持 $30\times10^4m^3/d$ 生产。如图 6–56 所示，产气量的对数与生产天数存在着明显的线性关系，可以看出产气量对数随着时间生产并没有明显的下降或波动，可以判定并没有产水。产气量对数与生产天数的关系式可以表示为：

$$\ln Q=-0.0006T+4.7313 \quad (6\text{–}13)$$

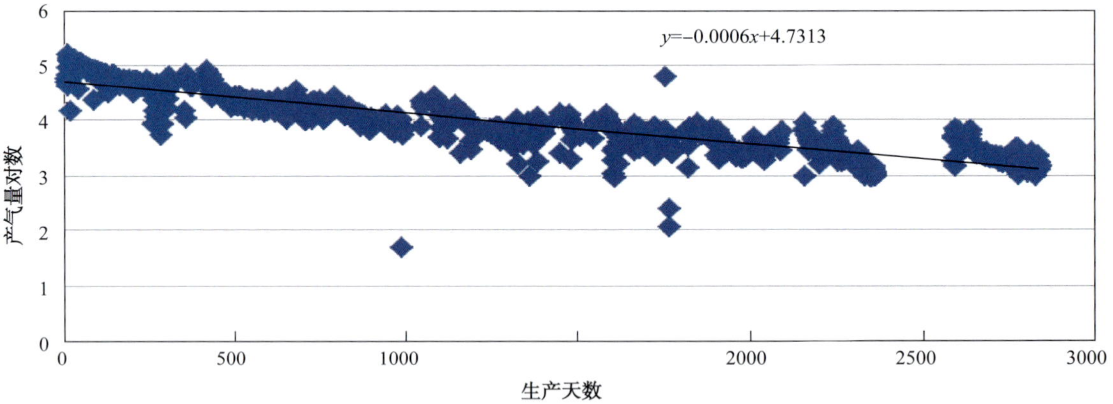

图 6–56　生产天数与产气量对数关系

3. 中产井

CX–213 井是 2011 年投产的一口多分支水平井，2016 年该井可保持 $19\times10^4m^3/d$ 生产。如图 6–57 所示，产气量的对数与生产天数依然是线性关系，但与特高产井和高产井相比，产量有明显的波动和起伏。但总体上讲，可以看出产气量对数随着时间变化的趋势和线性关系没有发生改变，可以判定并没有产水。产气量对数与生产天数的关系式可以表示为：

$$\ln Q=-0.0006T+3.8696 \quad (6\text{–}14)$$

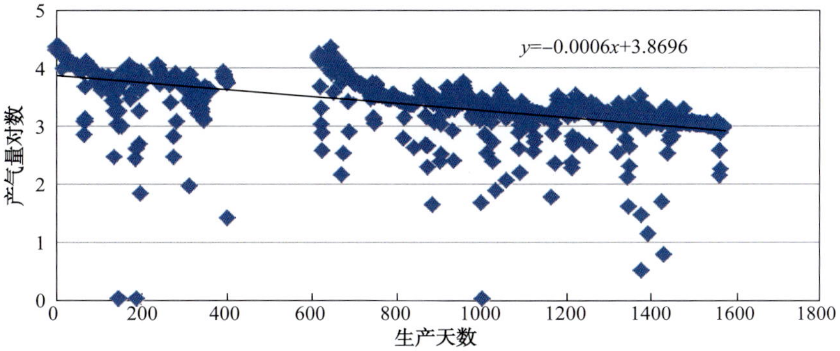

图 6–57　生产天数与产气量对数关系

4. 低产井

CX–32 井是 2008 年开始生产的一口多分支水平井，2016 年该井产量波动大，在 $1\sim8\times10^4m^3/d$ 之间波动生产。如图 6–58 所示，在生产早期，产气量较高，与中高产气井一样，生产相对稳定，产气量对数与生产时间关系曲线线性规律非常好，说明生产稳定；而随着生产地进行，地层压力降低，生产压降减小，产气量出现明显波动。随着产气量波动，其产气量对数与生产时间对应的线性斜率也发生了变化，产气量降幅增加，这说明该井可能有水产出或者井筒出现积液。产气量对数与生产天数的关系式可以分别表示为：

$$\ln Q=-0.0004T+2.9771 \tag{6-15}$$

$$\ln Q=-0.00015T+4.9906 \tag{6-16}$$

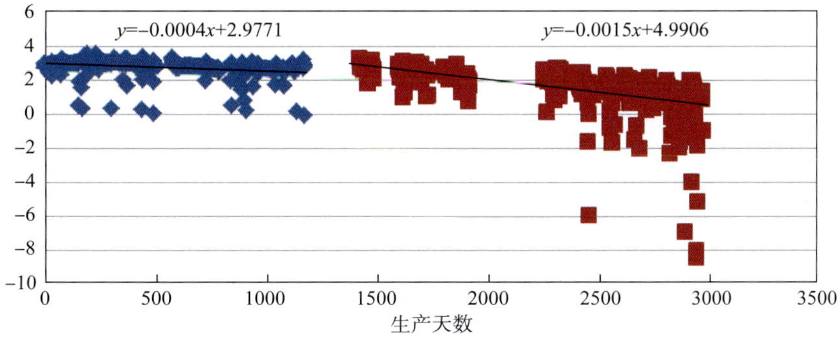

图 6–58　生产天数与产气量对数关系

（四）流压梯度测试法

流压梯度测试法是通过井筒下入压力计，测试不同深度的压力，根据压力梯度测试曲线确定油管气液界面深度和压力梯度，是最直观最准确判断井筒积液的方法。在压力梯度图上，压力梯度在 0.02psi/ft 的井段为气相段，压力梯度在 0.43psi/ft 的井段为液相段，在 0.02~0.43psi/ft 的井段为气液混合段，图 6–59 所示 CX153V 井流压梯度呈现明显三段式。

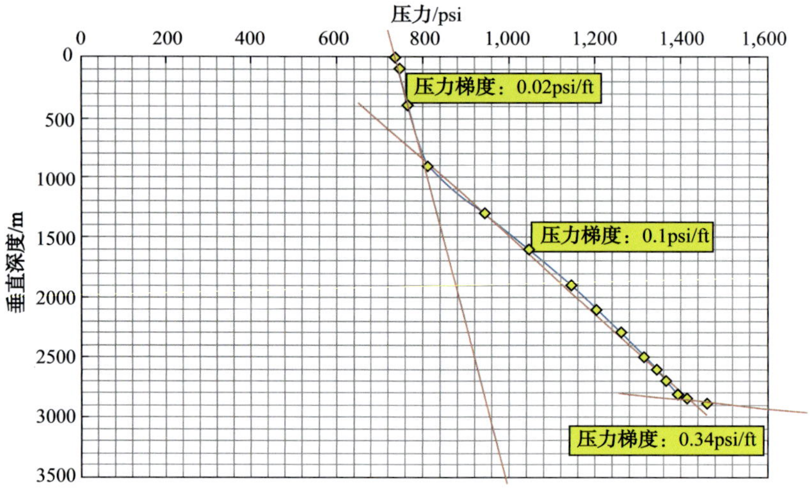

图 6–59　CX153V 井流压梯度图

第二节　气井开采全生命周期管理

一、气井开采历程

气田的开发过程可划分为放压稳产阶段、定压递减阶段。气井生产早期，地层能量充足，井口剩余压力大，采用放压模式生产，具有产量高、采气成本低的特点。放压稳产阶段生产压力递减至接近外输压力（外输压力即管压，稳产期结束时生产压力与外输压力的差值取决于气井井口至外输管道之间的管损压力）后转入产量递减阶段，放压稳产阶段也定义为稳产期，此阶段是消耗地层能量实现产量的稳定。稳产期结束后，生产压力已递减至接近外输压力，无进一步下降空间，随着地层压力进一步降低，气井生产压差即地层压力与井底流压的差值逐渐降低，气井产量下降，气井改为定压生产，以维持气井继续生产，此时气井进入产量递减阶段；当气井产量高于连续携液流量前为产量递减连续阶段，当产量低于临界携液流量时气井不能连续生产，需要间歇关井恢复压力实现周期性排液生产，当间开的生产时率低于 50% 或产量进一步降低水淹关井，只能借助排水采气工艺或增压开采工艺进一步降低生产压差维持生产。

二、气井开采全生命周期管理

气井开采“全生命周期”是在有机融合气藏地质、气藏工程、完井工艺、地面工程、生产管理等理论的基础上，通过前期研究、总体规划、综合分析、方案设计、动态监测、采气工艺配套等研究，将气井“生命”主要划分为 3 个阶段（图 6–60）。长北区块气井采取定压生产的开采模式，初期递减快，年递减率在30%~60%之间，持续1年左右；随后递减变小，年递减率在15%~30%之间，持续3~7年左右；根据生产情况，部分气井出现产量波动甚至携液困难，导致无法连续生产。此时采取移动计量撬放空、优选管柱等排水采气措施，递减变缓，可保持长时间稳定生产；后续开采中还可以通过井丛增压来进一步降低井口压力，从而提高气井采收率。气井的“全生命周期”管理有利于对各个阶段进行分析，而后制定方案。

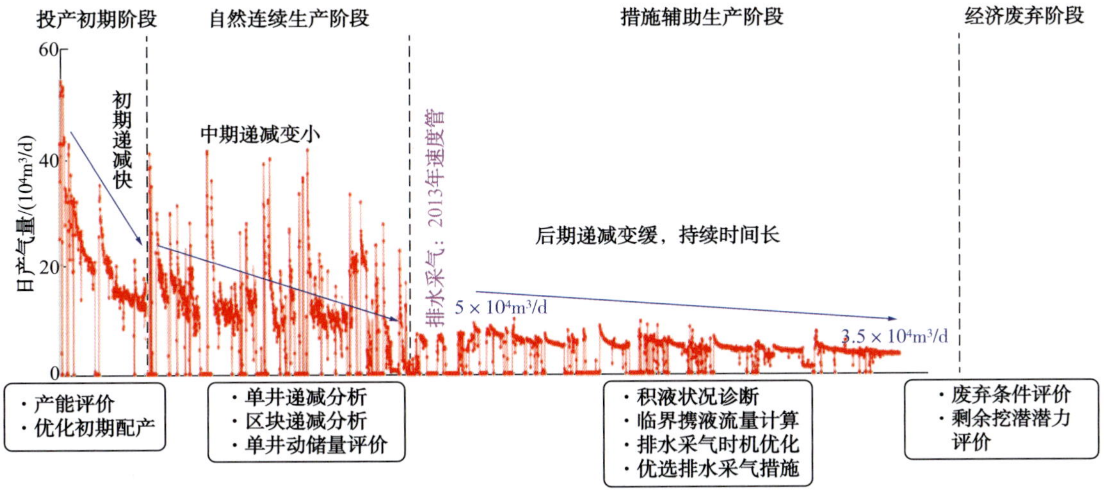

图 6–60　气井全生命周期管理示意图

1. 气井投产前的管理

井位优选以有效储层预测为目标，不断完善地震技术，实现“模拟到数字、二维到三维、叠后到叠前、砂层预测到气层预测”的转变。通过精细气藏描述，综合地质研究成果，开展筛选富集区，优选井位部署。

2. 气井投产初期阶段的管理

根据气藏特征、气质的多样性和地理环境的复杂性，为降低开发成本实现效益开发，长北区块形成“湿气集输、放压生产、井间接替、少井高产”的开发模式。气井分类管理以气井测试产量为分类依据，将气井分为动态Ⅰ、Ⅱ、Ⅲ类，生产井根据气井生产动态，及时调整配产；高产井作为调峰井，结合动态监测、清管、检修、动火等生产影响因素，制定高产气井“轮休”制度，低产井实施气井间歇生产制度。

3. 自然连续生产阶段的管理

长北储层非均质性强，区块及单井生产特征具有较强差异性，气井初期产量高、递减快，随着气田开发的深入、低产气井快速增加，气井管理难度加大。该阶段主要采取气井差异化管理对策，以实现气田的长期稳产。

（1）结合区块气井静、动态特征，将气井按产气量分为高产井、中产井、低产井，以“保护高产井、稳定中产井、优化低产井”为思路，推行气井精细化管理，根据气井产气量与临界携液流量关系将气井分为“连续带液井、间歇带液井、积液井”3类，提出差异化气井管理政策。

（2）气井精细化管理，以产量、套压、井筒工艺及液气比等参数作为分类指标，根据气井分类制度不同气井管理制度。量化措施实施参数，达到“一井一法一工艺”的目标。

4. 措施辅助生产阶段的管理

气井生产动态表明，在稳产期和递减期后经过一段时间的低压生产时间，出现明显产量和压力剧烈波动的积液特征，将进入排水采气生产阶段。该阶段在合理制定开发技术措施的同时，加大新工艺、新技术试验力度，拓宽综合治理手段，确保气井长期有效生产。

（1）间歇生产制度。在总结间歇生产作用机理的基础上开展现场长关井和短关井试验，同时利用数值模拟等技术手段，形成适合各井的有针对性的间歇生产制度。

（2）排水采气制度。形成以“移动计量撬放空和优选管柱”为代表的排水采气技术系列。基本涵盖的所有的低产井，年排水采气措施气量超过 $6000 \times 10^4 m^3$。

5. 气井报废阶段的管理

气田到了开发后期存在一批产能极低、排水采气无效果、周围无较好储层的气井，既增加气井管理风险，又增加运行管理成本。或者出现了井筒完整性问题，存在安全生产风险。针对该类井，在气井储层潜力分析的基础上，科学选取挖潜和废弃方式处理，降低气井管理难度，节约气田开发成本，同时减小气井生产安全隐患。

（1）储层挖潜。以深化气藏认识为基础，以气井潜力分析为主线，积极开展二次改造、查层补孔、侧钻等进攻型老井挖潜措施。长北区块已实施查层补孔一口，压裂后产量增加，开发效果良好。

（2）气井报废。通过全面排查全区满足报废条件气井，核实气井生产动态及地质特征，优选无气量且不具备后期挖潜潜力的气井申请报废，已审批报废井2口，降低气井管理难度，节约气田开发成本，同时减小气井生产安全隐患。

第三节　气井排水采气工艺

长北主力气藏为干气气藏，无边地水和层间水，因此气井中液体来源主要为烃类凝析液和凝析水。当气井产量高，井筒的气液两相流型为环雾流，油管内是不存在积液的；而当气井实际气量低于携液临界流量后，举升液体的能量变弱，由于滑脱效应井筒中将开始积液。积液的存在将增大对气层的回压，并限制其生产能力，甚至会将气层完全压死以至关井。排出气井中的积液，并使气井恢复正常生产的措施，称为排水采气。综合气井开采生命周期管理，通过排水采气工艺可以达到增产的目的。

一、排水采气工艺优选

排水采气的工艺有许多种方法，包括井口放空、优选管柱、泡沫排水、柱塞气举、连续气举、有杆泵、潜油电泵、水力活塞泵、射流泵等。但由于长北水平井油套被永久性封隔器所分隔，无循环通道，限制了泡沫排水、氮气气举等工艺的应用；液气比低，产液量非常小，有杆泵、潜油电泵、水力活塞泵、射流泵等泵抽工艺并不适用；油管柱上连接有井下安全阀、封隔器、工作坐落筒，管柱通径不一致，柱塞气举工艺不能直接应用，后期改变管柱结构后，该工艺得到了推广。基于长北特殊的井身结构和生产动态特征，开展了排水采气的研究及实践工作，选择“井口放空、优选管柱、柱塞气举”作为双分支水平井主体的排水采气工艺技术。

二、排水采气工艺实施流程

长北区块自 2013 年对首口气井开展优选管柱排水采气工艺以来，历经 5 年不断摸索和系统总结，积累了一套对积液井实施排水采气工艺流程，简称六步法，即采用“积液井判识—积液位置确定—工艺措施优选—工艺参数优化—工艺效果评价—生产制度制定”六步来组织实施排水采气工艺（图 6–61），具体实施步骤如下：

1. 积液井判识

通过气井临界携液产量法、井筒压降和流型法、生产参数法、流压梯度测试法等方法综合判识，初步确定出积液气井。

2. 积液位置确定

对需要进一步精准确定积液位置的气井，采用流压梯度测试法确定井筒积液位置，并根据井身结构初步计算井筒积液量。

3. 工艺措施优选

根据井筒积液位置、气井生产动态特征、地层压力、剩余可采储量等参数，结合气井井身结构特点综合考虑，优选出最合适的排水采气工艺措施。

4. 工艺参数优化

确定气井具体工艺措施后，利用井筒模型和数值模拟软件预测气井实施排水采气工艺后的日产气量、稳产期以及最终累产气量，并确定排水采气措施的工艺参数，例如优选管柱尺寸、优选管柱下入深度、柱塞底座下入深度以及涉及的井口采气树和地面管线的改造方案等方面，然后组织现场实施。

5. 工艺效果评价

实施排水采气工艺措施后，根据措施前后气井生产情况，评价气井措施效果，修正相关理论模型，总结经验。

6. 生产制度制定

实施排水采气措施后实现稳定生产的气井，前期保持连续生产排液，后期基于气田均衡开采的原则进行管理。对措施后仍然无法实现稳定生产的气井，需结合其他辅助措施排出井筒积液，并优化工艺参数，最终实现气井稳定生产，提高气井利用率。例如柱塞气井生产制度需定期优化、泡排时机及加注量需不断优化。

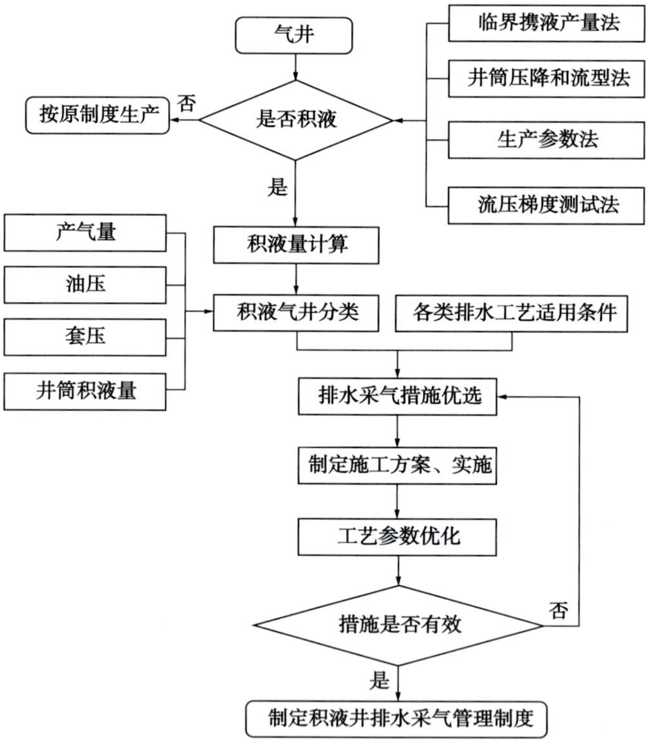

图 6-61 气井排水采气实施步骤流程图

三、主体排水采气工艺

（一）井口放空

1. 工艺原理

依次将采气井口、移动计量撬放空和井丛放空火炬相连接建立流程，整个流程导通后，井口压力相当于大气压，利用井底与井口的压差，有效提高气流的瞬时流速，促使井筒中气液流态发生转变，提高气相的带液能力，以排除井筒中的积液，恢复气井生产（图 6-62）。

2. 适用条件

（1）产能预测气井具有一定的生产能力；

（2）生产过程中因外输压力波动造成产量急剧下降或停喷；

（3）井筒诊断存在积液；

（4）泡沫排水、柱塞气举受限，优选管柱时机未到。

图 6–62　移动计量撬放空装置

3. 工艺方法

将移动计量撬入口接入井丛单井计量端，分离器出口连接井丛火炬，通过 FCV 阀调节开度至全开，通过分离器气液分离后，气体通过火炬燃烧，液体留在分离器储液罐内，当液位计显示分离器液位达到 2/3 时关井，利用邻井气将分离器内的液体推至外输管线内；重复多次后直至气井井口流压恢复至 2MPa 以上，生产稳定后，调整流程将分离器出口倒至外输管线，继续监测 8–10 小时直至生产稳定、产量恢复。

4. 现场应用

2019 年以来部分气井地层压力衰减，产量递减快，导致携液能力下降，出现产量突然急剧下降，甚至停喷的现象，且部分井在一年内反复发生这种现象，这类井利用移动放空撬排出少量积液后能恢复至正常产量。近 4 年通过移动计量撬放空排液累计实施 137 井次，累计增产天然气 $3\times10^8m^3$，措施效果显著，该工艺便于长北现场应用，操作简洁方便，经济性和安全性俱佳。

表 6–5　移动计量撬放空统计表（数据截至 2022 年 12 月 1 日）

年份	井次	井数（口）	措施前单井产量（万方 / 天）	措施后平均生产天数（天）	措施后平均单井累计产量（万方）	措施后平均单井产量（万方 / 天）	措施累计增产气量（万方）
2019	8	4	2.27	43	616	14.52	4005
2020	38	12	3.5	39	449	10.51	12560
2021	41	12	4.49	24	327	11.76	7948
2022	50	17	3.32	19	215	10.77	7372

典型井：CX–31 井于 2007 年 8 月 23 日投产，水平段砂岩有效长度 2063m，采用 3.5in 油管完井，投产初期产量 $39\times10^4m^3/d$，2020 年开始出现产量突然急剧下降，甚至出现无产量停喷的现象。该井目前产量 $10\times10^4m^3/d$，2021 年开展移动计量撬放空排液 10 次，增产气量 $828\times10^4m^3/d$，历年累计采气 $5.4\times10^8m^3$（图 6–63）。

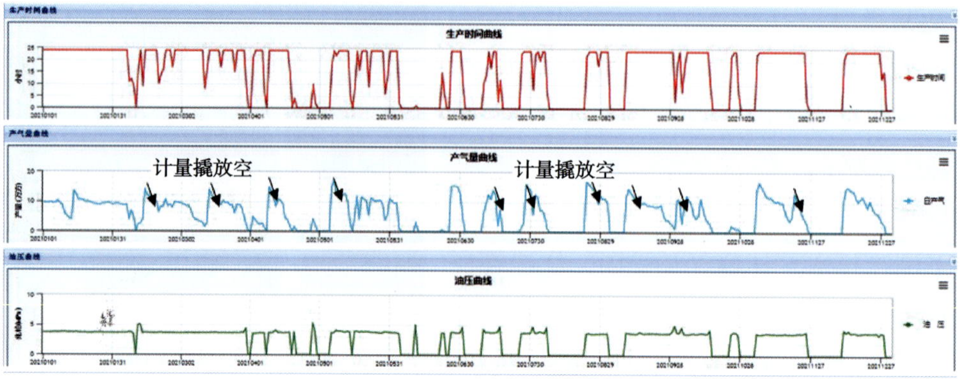

图 6-63 CX-31 井移动计量撬放空生产曲线

（二）优选管柱

1. 工艺原理

气井连续排液理论认为，气井存在一个临界携液流量，当实际气量高于这个流量时，气井能连续带液自喷生产；而低于这个流量时，气相不能连续携液，液相会滞留在井筒内甚至滑落到井底，使气井产量急剧下降甚至完全停喷。

根据本章第一节中的临界携液流速修正公式（6–11），可导出标况下气井临界携液流量公式：

$$q_c=10.7\times10^4\left[\frac{\sigma(\rho_l-\rho_g)}{{\rho_g}^2}\right]^{0.25}\frac{[\sin(1.7\theta)]^{0.38}}{0.74}\cdot P\,d^2/ZT \tag{6–17}$$

式中 q_c——临界携液流量，$10^4m^3/d$；

P——压力，MPa；

T——温度，K；

d——油管内径，m；

Z——天然气偏差系数，无因次；

σ——气液表面张力，N/m；

ρ_l——液体密度，kg/m^3；

ρ_g——气体密度，kg/m^3；

g——重力加速度，m/s^2；

θ——井筒与水平方向的夹角，°。

通过公式 6–17 可知，其他参数无法进行人为干预，唯有油管内径可以，因此当其他参数不变的情况下，通过采用更小尺寸的油管可降低所生产所需的临界携液流量，保持气井实际气量高于临界携液流量生产，使油管和气层的工作重新建立协调关系，这就是优选管柱的工艺原理。

根据公式 6–17，计算了长北区块不同压力、不同井筒尺寸条件下在井斜 50° 的临界携液流量，见表 6–6。气井实际产量低于对应临界携液气量，即可判断水平井积液并采取优选管柱排水采气措施。

表 6–6　不同尺寸油管水平井临界携液流量

油压 /MPa	油管 /in				
	$1^1/_2$	2	$2^3/_8$	$3^1/_2$	$4^1/_2$
2	0.5	1.5	2.3	3.2	5.2
4	0.8	2.1	3.2	4.9	7.9
6	1.0	2.6	4.0	6.1	10.0
8	1.2	3.1	4.7	7.0	11.8

2. 适用条件

（1）水平井和直、定向井均可应用；

（2）有一定自喷能力的小产水量气井；

（3）气井水气比 WGR ≤ $400m^3/10^3m^3$;

（4）气流的对比参数 $v_r=q_r<1$，井底有积液；

（5）井场满足修井或带压作业条件；

（6）如果必须加深油管下入深度，可采用复合油管柱，并进行强度核算。

3. 工艺设计参数

1）下入时机

优选管柱安装时机很重要，不能太早，否则下入优选管柱后因为摩阻增加，可能会限制气井产能发挥，降低气井产量。也不能安装太晚，否则井筒内积液较多，尤其是水平井，安装后可能会出现复产困难，因为优选管柱内径较小，内容积小，出现少量积液，在优选管柱内就可能形成较长的液柱，增加静液柱压力，可能形成水淹井，因此优选管柱必须在适当的时机下入。生产中常以临界携液流量作为优选管柱安装时机的指标，认为当气井实际产量 $Q_{实}$小于等于临界携液流量 $Q_{临}$时，便可下入优选管柱生产，即：$Q_{实} \leq Q_{临}$。

长北区块以大位移双分支水平井开发为主，对于采用 $3^1/_2$in 和 $4^1/_2$in 尺寸油管完井的水平井，原有的尺寸在气井生产的早期满足了高产的需求，适用于气井生产。随着生产时间延长，气井的产量会逐渐低于临界携液流量，出现不稳定生产和积液状况，此时原有的油管尺寸已无法利用气井自身能量自主排液，此时是比较合理的优选管柱下入时机。参考临界携液流量的理论计算结果，结合长北区块气井现场实际生产状况，当气井产量低于临界携液流量，出现较大波动、不能连续生产时，进行优选管柱安装。

由于长北区块采用定压生产的模式，所以现场选择生产不稳定，井口油压4MPa左右，产量降低到1500×$10^4m^3/a$的$3^1/_2$in油管目标气井和2700×$10^4m^3/a$的$4^1/_2$in油管目标气井进行优选管柱安装作业，气井有效生产天数按330天计，折算产量分别约为4.5×$10^4m^3/d$和7.5×$10^4m^3/d$，与刘永辉教授的修正模型［式（6–17）］计算的理论临界携液流量有较好的对应关系，见表6–7。

表6–7　不同尺寸油管水平井优选管柱下入时机参照表

油管尺寸/in	年产气量/（$10^4m^3/a$）	平均日产气量/（$10^4m^3/d$）	临界携液气量/（$10^4m^3/d$）	井口压力/MPa	下入时机
$3^1/_2$	1500	4.5	4.9	4	日产气量低于临界携液气量，且生产波动
$4^1/_2$	2700	7.5	7.9	4	日产气量低于临界携液气量，且生产波动

2）尺寸优选

研究认为油管的尺寸越小，所需要的携液气量越小，越有利于气井排液，但是越小尺寸的油管，虽然提高了气井携液能力，但同时也会造成油管摩阻增加，井筒的压力损失增大，井口压力降低，在特定的集输气模式下，有可能满足不了输气需要，制约气井的生产。

当原有生产管柱不能满足连续携液需求时，重新选择较小直径的油管，必须满足四个方面的条件：与气井当前产能匹配，不能造成严重限产；实际气量高于临界携液流量；井筒压力损失可控，井口压力高于输压；新选管柱的外径小于原管柱井下工具的内径，保证新的管柱下入不受限。长北区块由于井身结构、管柱结构和地面集气流程都有自身的特殊性，相应的优选管柱尺寸优选分四个步骤来完成：①采用与本气藏吻合度较高的RTA产能计算软件和Eclipse数值模拟软件综合预测当前气井的产能，预测表明，长北区块生产不稳定的气井产量相比投产初期下降幅度较大，但下入优选管柱前仍有（3~8）×$10^4m^3/d$的产能，现场根据这个重要依据进行合理配产；②根据配产需要，按照不同尺寸油管水平井临界携液流量数据，初选新管柱尺寸，原则上应保证新管柱气井排液后正常产量在其临界携液流量以上，$1^1/_2$in、2in油管可同时满足（3~5）×$10^4m^3/d$的配产和临界携液流量要求，$2^3/_8$in油管可满足（5~8）×$10^4m^3/d$的配产和临界携液流量要求；③核算气液两相流体沿着选定的生产管柱流出时产生的压力损失，并必须小于允许的最大压力损失，使井口有足够的能量，把气流输进集气流程。由于长北区块集气模式采取井丛“鱼刺型”汇集、一条干管通往中央处理厂的模式，受压缩机处理能力限制，中央处理厂入口压力高达3MPa，干管输气压力在3.2MPa左右，因此井口压力必须超过3.2MPa才能保证气井正常生产，将气流输进集气干管。依据长北区块与国内西南石油大学刘永辉教授根据流压梯度实测数据合作研究结果，在采用新的管柱生产情况下，管柱能连续携液，气液两相流态得到明显改善，井筒垂直段和倾斜段压力降分别为 0.113MPa/100m 和 0.147MPa/100m，油管沿程压力损失为 3.75MPa 左右，在井底流压 8MPa 的情况下，井口有足够的压力余量将气流输进集气干管，能保证气井正常生产；④长北区块原 $3^1/_2$in 生产管柱连接有井下安全阀、永久封隔器、工作筒等井下工具，最小内径为 2.635″，$2^3/_8$in（2.375in）油管无法下入，因此 $3^1/_2$in 生产管柱井，只能选择下入 $1^1/_2$in、2in 优选管柱。而 $4^1/_2$in 生产管柱内可以考虑下入 $2^3/_8$in 管柱作为新的生产管柱。

综合考虑气井产量与稳产时间的平衡关系，油管尺寸和气井产量不可能永远匹配，为了延长优选管柱稳产时间，避免后期作业，需要平衡优选管柱下入初期产量和气井全生命周期后续稳产的问题，优选管柱尺寸选择可以适当保守一点，一般采用 $1^1/_2$in 优选管柱。

3）下深优化

关于优选管柱下深，每个气田因具体井况不同，都有自己的经验做法。一般认为，优选管柱下深越深越好，越有利于排除井筒内的积液，但优选管柱的下深必须综合考虑以下几个因素：①解决井斜 50° 携液最为困难及井斜 50° 以下井筒段连续携液的问题；②井筒总流动压降最小，保证井口压力有足够的能量将天然气输送到集气干管；③防止井筒沉砂等杂质堵塞、气流直接喷射冲蚀油管等问题。将优选管柱下入水平段，可以最大限度将井筒积液排出，但是面临井筒沉砂等杂质堵塞、气流直接喷射冲蚀油管的问题，且没有考虑井筒总流动压降的影响，显然，这种方式是不可取的。西南油气分公司石油工程技术研究院杜洋等人建模计算表明，水平井井筒最小总压降发生在井斜 70° ~85°，认为是油管最优下入深度。

对于长北区块水平井而言，50° 井斜角对应的斜深一般在 2700m 左右，此处所需临界携液流量最大，理论上优选管柱下入到此深度即可；但 50° 井斜角以下位置为 $3^1/_2$in 和 $4^1/_2$in 的大尺寸油管，所需的临界携液气量大于优选管柱的临界携液流量，因此优选管柱以下位置 $3^1/_2$in 和 $4^1/_2$in 的原生产管柱依然存在不能连续携液的情况，出现积液的问题，所以优选管柱的下深必须超过该井段，为了进一步降低水平井井筒积液高度，减少井筒液柱压力，最大限度地排除水平段的积液，长北区块推荐优选管柱下入深度 3200~3600m，井斜角 82° 左右，见图 6–64。该处基本在原有生产油管引鞋的位置，最大限度地接近了水平段，既考虑了新的生产管柱连续携液的问题，减小了优选管柱压力损失的影响，也避免了井筒沉砂等杂质堵塞、气流直接喷射冲蚀油管的风险。

4）悬挂方式

优选管柱均采用传统的井口悬挂方式，在各大气田广泛应用。传统优选管柱柱工艺是将优选管柱通过悬挂器悬挂于井口采气树 1# 闸门之上的方式进行作业，优选管柱安装后，采气树 1# 阀门无法开关，失去了原有的功能，破坏了采气树原有的完整性；另外当 1# 阀门或者法兰发生泄漏时由于优选管柱的存在，无法进行维修处理，存在潜在的风险。由于长北双分支水平井采用的是整体式采气树，针对长北区块采气树的特点，如何在不破坏采气树原有完整性、避免 1# 阀泄漏无法维修处理的前提下，实现优选管柱的悬挂意义重大。因此，长北区块先后进行了优选管柱井下悬挂和井口悬挂的研究工作，优选管柱作业采用了两种悬挂方式，一种是井下悬挂见图 6–65，一种是井口悬挂见图 6–66，区别在于井下悬挂采用专业的优选管柱悬挂器将优选管柱悬挂在井口以下 20m 左右的油管壁上，不需改动井口采气树；而井口悬挂需要改造井口采气树，因此安装了与采气树匹配的井口悬挂器，实现了优选管柱安装的同时，保证了采气树 1# 阀门的功能性；两种方式各有优缺点。

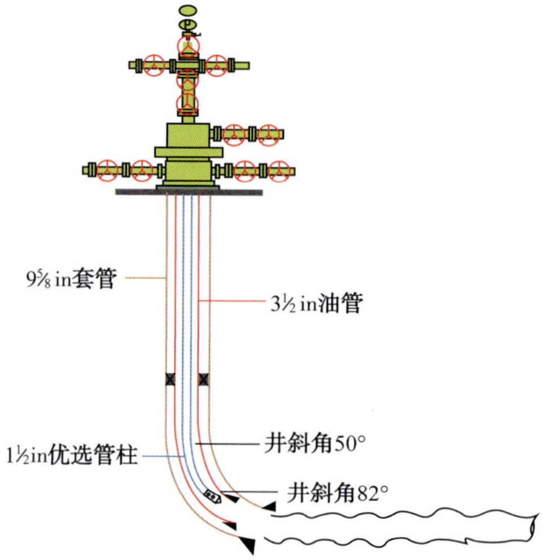

图 6–64　优选管柱下深优化示意图

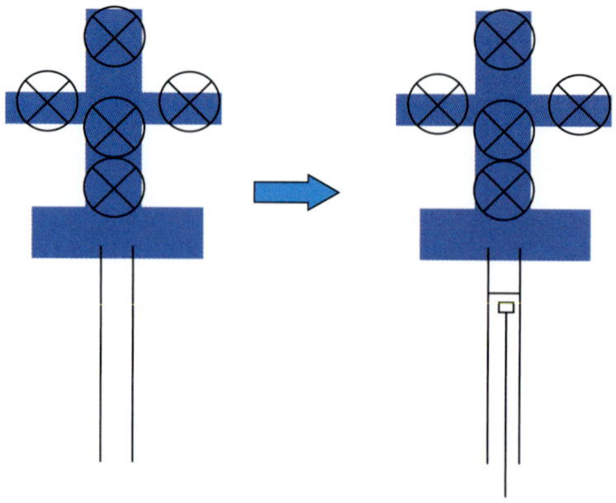

图 6–65　优选管柱井下悬挂示意图

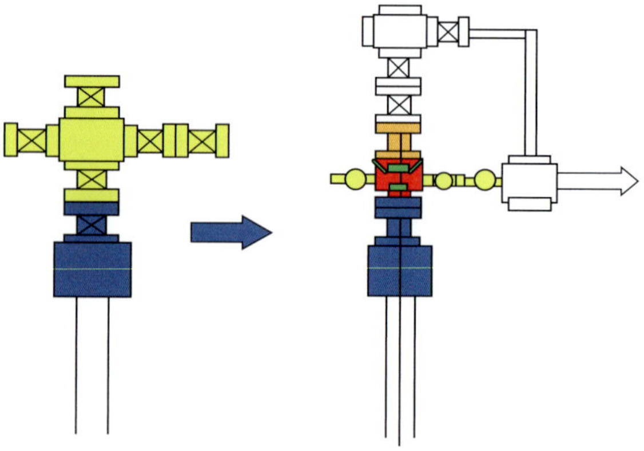

图 6–66 优选管柱井口悬挂示意图

2013 年为避免井口采气树改造，节省投资和施工周期，下入优选管柱的 5 口井，全部采用了井下悬挂的方式。但在优选管柱井下悬挂安装后，有 2 口井复产失败，经分析发现这2口气井水淹严重，1口井通过注入高压氮气诱导放喷的方式复产成功，1口井采用该方式仍不能正常生产；复产的失败，暴露了优选管柱井下悬挂方式存在的弊端，即下入优选管柱后，优选管柱和原有生产油管之间仍无循环通道，无法气举循环排液。因此，后期对复产失败的气井带压起出优选管柱，采用井口悬挂的方式重新下入了优选管柱，采用高压氮气循环排出了井筒内积液，成功恢复生产。

2018年开始采取了井口悬挂优选管柱的安装作业，优选管柱井口悬挂后在优选管柱和原油管间建立了环空通道，安装后可以使用高压氮气循环排出井筒内积液，复产水淹井。因此，考虑到气井井底压力会持续下降，全生命周期排水采气需求等因素，后期气井优选管柱均采用井口悬挂方式。

4. 现场应用

从2013年开始长北区块进行水平井优选管柱排水采气研究应用，截至2021年年底累计安装水平井优选管柱井7口，其中采用井下悬挂方式有5口，采用井口悬挂的水平井有2口，安装优选管柱后气井生产稳定，累计增产气量$3.2\times10^8m^3$，排水采气效果显著。优选管柱安装作业前，这些气井均无法连续生产，主要采取间歇的方式生产，优选管柱安装后均实现连续稳定生产，排水采气效果明显，见表6-8。

表6-8 长北区块优选管柱排水采气效果统计表

序号	井号	优选管柱尺寸/in	悬挂方式	下深/m	对应井斜角/(°)	措施前产量/($10^4m^3/d$)	措施后产量/($10^4m^3/d$)	措施时间/年	增产气量/($10^4m^3/d$)
1	CX-53	2	井下悬挂	3398	84	2.8	3.2	2013	2166
2	CX-22	2	井下悬挂	3479	85	4.5	6.0	2013	2811
3	CX-33	$1^1/_2$	井下悬挂	3615	84	2.7	3.5	2017	1353
4	CX-32	$1^1/_2$	井下悬挂	3500	85	2.5	3.2	2017	1150
5	CX-1	$1^1/_2$	井下悬挂	2970	87	2.4	2.9	2017	957
6	CX-152	$1^1/_2$	井口悬挂	3200	82	3.6	4.2	2019	1114
7	CX-151	$1^1/_2$	井口悬挂	3219	82	2.5	3.2	2020	280

典型井如CX-32，该井于2008年3月30日投产，采用$4^1/_2$in油管完井，初期产量$25\times10^4m^3/d$，2016年初该井已不能连续稳定生产，后以关井复压间开模式生产，2016年10月进行流压梯度测试，测得井筒有积液，积液在井深2300m处，积液垂深高度约630m。2017年8月安装$1^1/_2$in优选管柱柱，安装前平均日产量$2.5\times10^4m^3/d$，安装优选管柱后产量增加至$3.6\times10^4m^3/d$，2021年底产量稳定在$2.0\times10^4m^3/d$，已经稳定生产6年，累计增产气量$0.12\times10^8m^3$。优选管柱安装前后生产对比见图6-67。

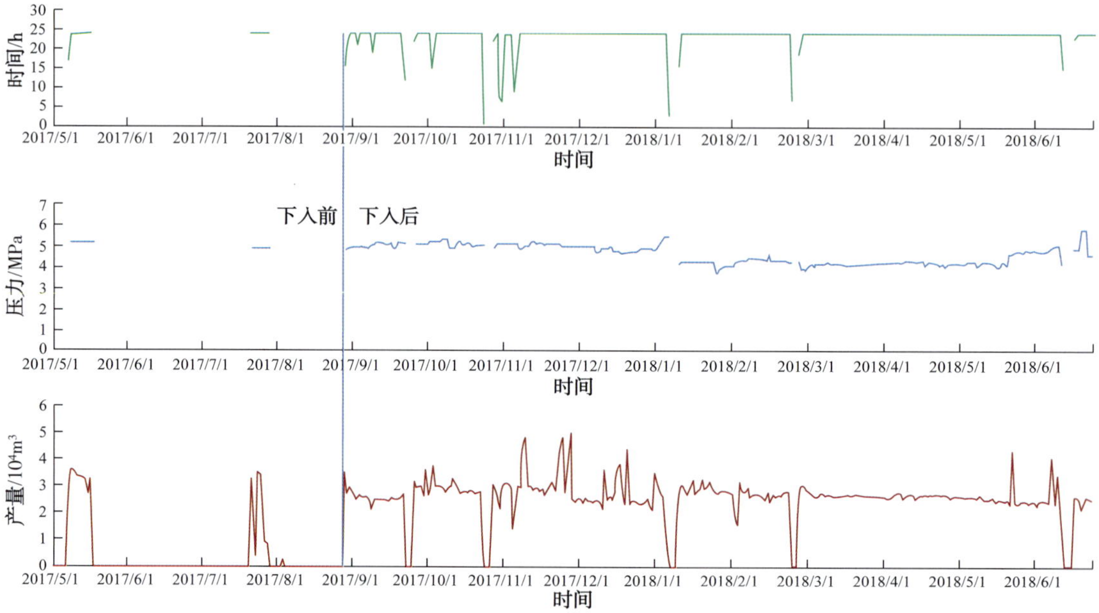

图 6-67 优选管柱前后生产对比图

（三）柱塞气举

1. 工艺原理

长北水平井完井管柱上井下安全阀、永久性封隔器和工作坐落筒筒径不一致，柱塞气举工艺不能直接使用，但在原 $4^1/_2$in 和 $5^1/_2$in 油管内下入 $2^3/_8$in 小油管后，柱塞气举工艺得以应用。其工艺原理如图 6-68 所示。

利用柱塞在举升气和采出液之间形成机械界面，从而有效防止气体上窜和液体滑脱，增加举升效率。柱塞气举相当于冲程很长的气动泵，即把整个油管作为泵筒，柱塞作为活塞，利用本井气源把柱塞连同液柱一起从井底举升到地面。柱塞气举工艺自动化程度高，一次性安装后，通过地面控制自动举液，当气井生产动态发生改变，可通过调整开关井时间和控制压力、流量等参数，实现对柱塞气举工作状态的调整，保证柱塞气举排水采气效果，排液后至井筒积液到一定程度后再次排液，可以通过自动控制，使井筒处在积液最少状态，最大程度上实现优化生产，有效节约生产管理成本。

2. 适用条件

（1）油管尺寸为 $4^1/_2$in 或者 $5^1/_2$in，井筒条件满足下入 $2^3/_8$in 小油管；

（2）间喷井，产量不稳定，产量急剧下降甚至停喷，井筒积液严重；

（3）多次采用移动计量撬放空，但是放空后生产持续时间较短；

（4）生产气液比大于 $230m^3/(m^3 \cdot km)$；

（5）下入井斜≤ 80°，油管内径一致且光滑畅通。

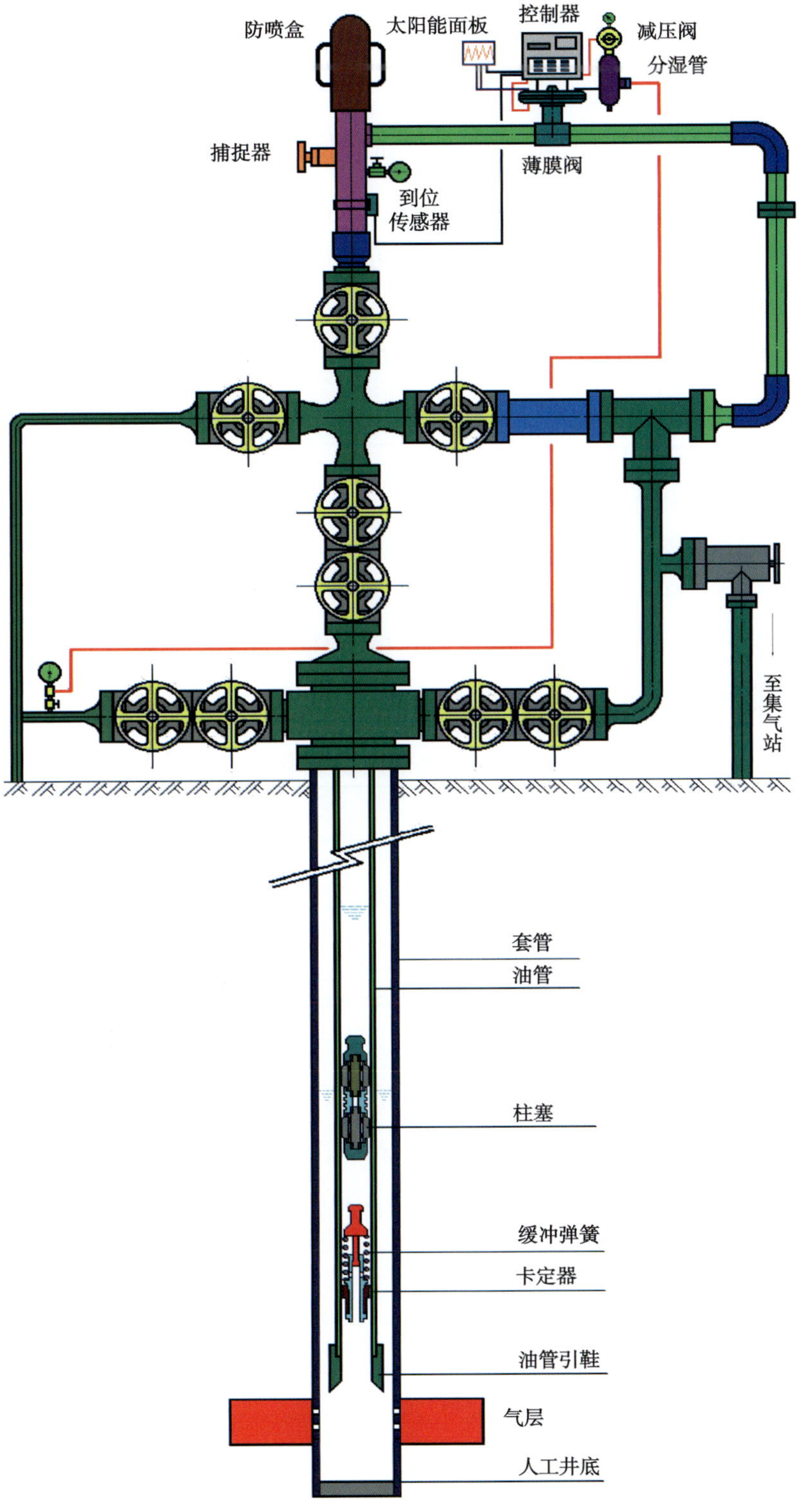

图 6-68　柱塞气举排水采气工艺示意图

3. 工艺设计参数

1）最小井口套压计算

$$P_{cmin}=[P_p+P_{tmin}+P_a+(P_{LH}+P_{LF})\times q_L]\times\left(1+\frac{H_z}{K}\right) \tag{6-18}$$

式中 P_{cmin}——最小井口套压，柱塞到达井口时的套压，MPa；

P_p——举升柱塞本身所需压力（Pp= 柱塞重量 / 柱塞截面积，推荐柱塞质量 5kg），MPa；

P_{LH}——举升每方液体所需压力，MPa/m^3；

P_{LF}——举升每方液体产生的摩阻，MPa/m^3；

P_L——单循环举升液量，m^3；

P_{tmin}——柱塞到达井口后的油压，MPa；

P_a——当地大气压力，MPa；

H_z——井下限位器位置，m；

K——与油管尺寸有关的常数。

计算时，通常假定流体温度和流速都是恒定的，对于一定尺寸的油管和液体类型，（$P_{LH}+P_{LF}$）是恒定的。（$P_{LH}+P_{LF}$）取值参见表 6-9。

表 6-9 柱塞设计相关参数取值参考表

油管外径 /mm	$P_{LH}+P_{LF}$	K	C
60.3	7.157	10210.8	0.0260526
73	4.424	13716	0.0391192
88.9	2.733	17556.48	0.058598

2）最大井口套压和平均井口套压计算

$$P_{cmax}=[（A_t+A_a）/A_a\times P_{cmin}] \tag{6-19}$$

$$P_{cavg}=[（1+A_t/2A_a）\times P_{cmin}] \tag{6-20}$$

式中 P_{cmax}——最大井口套压（通常取气井开井时的套压），MPa；

A_t——油管截面积，m^2；

A_a——环空面积，m^2；

P_{cavg}——平均井口套压，MPa。

3）单循环举升所需气量及气液比计算

$$q_{gcyc}=C\times H_Z\times P_{cavg} \tag{6-21}$$

$$R=q_{gcyc}/q_L \tag{6-22}$$

式中 q_{gcyc}——单循环举升所需气量，m^3；

C——与油管尺寸有关的常数；

R——举升气液比，m^3/m^3。

4）柱塞循环次数计算

$$C_y=\frac{1440}{t_{dg}+t_{dl}+t_{up}+t_{fl}+t_{cb}} \tag{6-23}$$

$$Q_L=C_y\times q_L \tag{6-24}$$

$$t_{dl}=\frac{H_z-H_f}{V_{fl}} \tag{6-25}$$

$$t_{dg}=\frac{H_f}{V_{fg}} \tag{6-26}$$

$$t_{up}=\frac{H_z}{V_r} \tag{6-27}$$

式中 C_y——柱塞每天循环次数，次 /d；

Q_L——油井日产液量，m^3/d；

t_{dg}——柱塞在气体中的下落时间，min；

t_{dl}——柱塞在液体中的下落时间，min；

t_{up}——柱塞上行时间，min；

t_{fl}——续流时间，即柱塞到达井口后继续开井生产时间（外加气源时为零），min；

t_{cb}——套管恢复压力时间（外加气源时为零），min；

H_f——关井时液面恢复深度，m；

V_{fg}——柱塞在气体中的下落速度，m/min，经验值 60~150m/min；

V_{fl}——柱塞在液体中的下落速度，m/min，经验值 15~40m/min；

V_r——柱塞平均上升速度，m/min，经验值 150~300m/min。

5）井底流压计算（流出曲线）

$$P_{wf}=P_{cavg}\times(1+f)+\rho\times g\times(H-H_Z)/1000 \tag{6-28}$$

式中 P_{wf}——井底流压，MPa；

ρ——产出混合液体密度（常采用加权平均法计算），$10^3kg/m^3$；

H——气藏中深，m；

g——重力系数，9.8kg/N；

f——井下限位器深度条件下气井产出气柱压力系数。

4. 现场应用

2022 年完成一口 $2^3/_8$in 小油管井现场施工，下入管柱时，管柱预留工作筒，后期方便安装柱塞底座；换小管柱后排水采气效果良好，生产稳定，后期根据生产情况，适时投放柱塞，进行水平井柱塞排水采气，进一步延长稳产时间，提高累计产量和采收率。

四、排水采气工艺对比

在气井不同生产阶段，根据气井生产动态特征和不同排水采气措施的选井原则，选择合适的排水采气措施，充分利用天然气气驱能量，尽量延长气井带水自喷稳产期，提高最终采收率。每一种工艺都有相应的优缺点，没有哪种工艺最优，需要从工艺适应性、生命周期、费用投入和安全环保性等综合考虑，长北区块主体排水采气工艺对比见表 6–10。

表 6–10　长北区块排水采气工艺分析对比表

序号	井口放空	优选管柱	柱塞气举
适应性	适用于尚有一定产能，有自喷能力的积液气井	适用于气量低于原管柱携液临界流量、有一定自喷能力的小产水量气井	适用于管柱优化后间歇自喷、小产水量气井
生命周期	10d 左右	至少 8 年	可维持至气井废弃期
工艺设备	需要搬迁移动计量撬到井场，安装、拆卸设备	需要 1.5in 或 2in 连续油管，动员连续油管安装设备	需要 $2^3/_8$in 油管，动员带压作业安装设备
机动性	作业简单，单井作业耗时 1~2 天，可多次重复作业	作业复杂，单井作业耗时 7d，一次性作业，后期不需要维护	作业复杂，单井作业耗时 10d，一次性作业，后期维护管理方便
操作费用	单井操作费用 2.8 万元，成本低	单井操作费用 96 万元，成本高	单井操作费用 150 万元，成本较高
安全环保	放空天然气燃烧会产生二氧化碳，消耗天然气，增加碳排放	作业风险较高，涉及短时间高处作业、吊装作业等	作业风险高，涉及长时间带压作业、高处作业、吊装作业等

第七章

天然气集输及处理工艺

天然气作为一种清洁高效能源，在世界各地得到迅速开发利用，逐渐成为全球主要能源之一。21世纪以来，中国天然气开采步入快速发展期，形成了以川渝产气区、鄂尔多斯产气区、青海产气区、新疆产气区为主的4大产气区，2020年全国天然气产量达到$1925 \times 10^8 m^3$。在整个天然气供应体系中，天然气集输工艺可为天然气的连续供应提供相对可靠的解决方案，并同步控制整体工程成本，有着极高应用价值。长北区块地面工程设计从工艺技术的适用性、安全性、先进性和经济性出发，广泛借鉴和采用中国石油的工程实践经验和生产作业理念，使地面工程建设具有明显的技术特色和较高的管理作业水准。

根据长北区块地理形态，结合地貌、井丛分布、商品气输出等情况，经方案优选，天然气处理厂厂址位于区块中南部，商品气就近输送到陕京线榆林增压气站。针对井丛分布状况，地面集气工程采用“辐射与枝状相结合”的集气管网系统，流程简洁顺畅。集气干线沿长北区块南、北两端延伸，靠近井丛敷设，集气支线就近接入干线，井口来的天然气分别由南北集气干线输送到天然气处理厂集中低温脱水、脱烃处理。为了有效清理管线中的液体，在天然气处理厂设置清管器接收装置，在管线起始端设有清管器发射装置，进行定期清管作业。长北区块总体布局见图7-1。

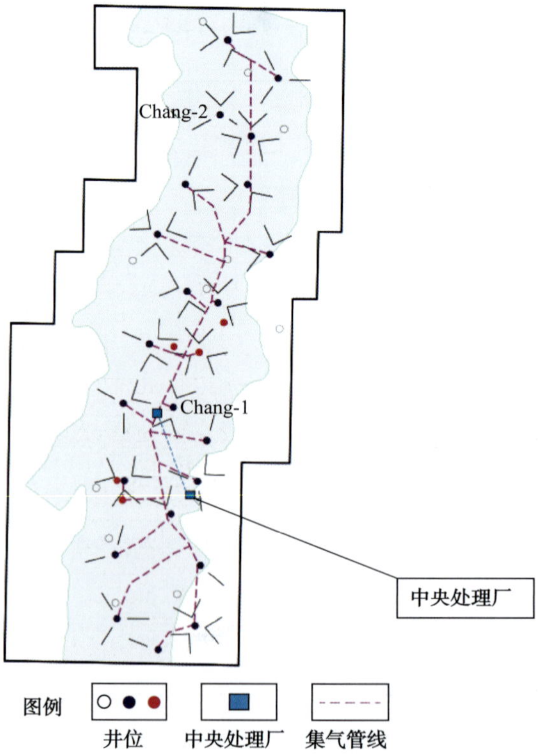

图7-1 长北区块地面建设总体布置示意图

长北区块天然气集输及地面工艺采用了“单井节流降压、井口注醇、移动计量、湿气集输、集中脱水脱烃处理、超声波计量外输”的地面工艺方案，具有“技术综合性高、自动化程度高、安全系数高、环保标准高”的四大特点，开创了“数字化管理、自动化远程监控、无人值守、安全节能、运转高效”的生产模式，大大降低生产操作成本，提高了长北区块地面工程的技术完整性和安全可靠性。

第一节　天然气集输工艺

当前，中国能源行业在实施天然气集输工艺时，已经拥有很多效果较好的手段与方案，但是，面对天然气集输过程所存在的各类问题，依旧需要在原有的工艺之上做出进一步的发展与创新，进一步提高天然气集输工艺的实际效率与安全性。天然气集输工艺需要与当前天然气生产工艺完美匹配，满足能源运输与使用指标，并针对天然气压力进行精准计算，确保输送压力与运输需求之间科学平衡。在实际工作中，建立更为科学有效的集输监督检测机制，可有效提高整体工作安全性与可靠性，确保运输过程的每一个环节都能在实际监控之中，避免出现失控问题。

一、天然气集输工艺

天然气集输工艺控制过程中，需要注重对天然气温度与流量的有效掌控，并使用合理的手段，确保天然气压力维持在规定范围之内。当前较为常用的天然气集输工艺可分为：井口加热节流地面工艺模式、井口注醇高压集输模式、井下节流井口不加热不注醇集输模式。

1. 井口加热节流地面工艺模式

天然气开采后，其自身的运输效能较差，如果不能加以良好的处理与控制，将会给运输环节带来很大的安全隐患。井口加热节流地面工艺模式需要强化对天然气温度与流量的控制，天然气在开采后，需要使用指定设备对其进行加热，提高天然气的整体流动效能，随后配备相对完善的节流控制手段，实现对天然气输送流量的控制，确保天然气集输过程控制效果。井口加热节流地面工艺模式中，需要着重强调对高压力天然气输送的特殊处理，高压力天然气加热过程不能一次完成，而是分次进行。当天然气从地下开采出来后，利用气液分离模式，完成对天然气实际流量与压力的计算，天然气井配合使用多井式加热炉，有效完成对高压力天然气井内部天然气体的加热与流量控制，并提高实际的输送效率，确保天然气集输过程的安全可靠。

2. 井口注醇高压集输模式

井口注醇高压集输模式需要在井口位置注醇，完成对天然气的压缩，随后统一运送至指定的天然气处理地点，再进行天然气的加热与节流过程，最后统一将其输送至目的地（图 7–2）。在这种模式中，天然气加压过程与加热节流过程被分割成两个不同的环节，其有效利用集气站所现有的天然气处理能力，大幅度提高整个控制工作的实际能力，降低天然气井位置的实际配属设备，降低工艺复杂度。但是，井口注醇高压集输模式的核心在于注醇，而这一过程会额外产生高昂的注醇费用，天然气集输过程成本显著提升。在实际应用过程中，工程技术人员为了降低此项工艺的实际成本，往往会采用多井段同时注醇的优化方式，提高注醇效率，降低注醇消耗，提高了整体工艺的应用难度与运输成本。

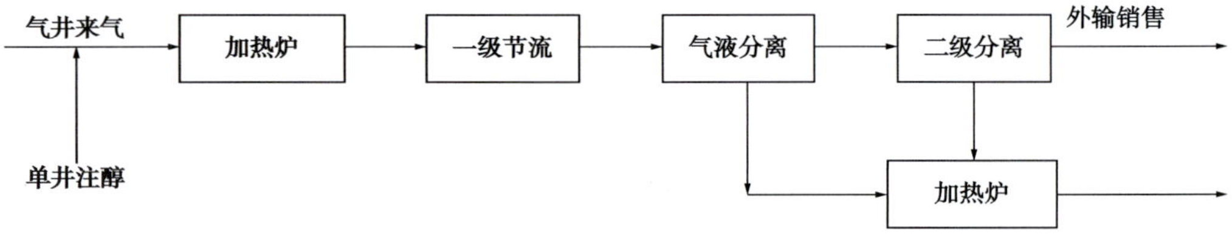

图 7–2　高压集输工艺流程

3. 井下节流井口不加热不注醇技术模式

井下节流井口不加热不注醇技术模式应用过程中，工作人员需要将节流器安装在天然气井下侧的油管之中，并利用地下温度，完成对天然气的加热过程，无需使用额外的加热设备，而天然气井下侧油管内部所安装的节流器，亦可有效满足天然气集输过程在节流层面的需求。井下节流井口不加热不注醇技术模式充分利用地下热能，避免因天然气加热而需要实施的额外投入，节约设备消耗，并有效提高相关企业生产效益。另外，天然气井在油气开采过程中，水合物与液态烃有着很好的流动性，确保了天然气集输效率。但是，这种工艺对天然气井所处地质环境有着很高要求，只有在一些低孔、低渗透且产能较低的天然气井中有所使用。

二、天然气集输工艺所存在的主要问题以及对应的处理手段

当前，从实际应用角度分析，天然气集输工艺的应用依旧存在众多问题，很多工艺并没有起到应有的工程效果，例如输入压力控制不足、流量控制效能低下、温度控制不好等等，这些问题不仅让天然气集输过程效率变得较为低下，也让整个集输过程的安全可靠性受到一定威胁。现代能源企业以经济利益为首要目标，因此，天然气集输过程需要同时考虑到工程成本，不能单纯为了提高集输效果而无限制应用各类工艺。另外，天然气自身含有大量有害物质，这些物质不仅会造成设备的腐蚀，也对整个集输过程带来很大的安全威胁，因此需要辅以有害物质分离工序，并同时注重对天然气的防爆处理。

1. 气层气底顶集输工艺

气层气底顶集输工艺主要应用于自喷枯竭式天然气井。自喷枯竭式天然气井在实施集输工艺时，通常会选择利用地底压力对天然气进行输送，而这种输送方式可有效降低天然气开采与输送成本。但是，随着天然气的不断开采，地底压力将会慢慢下滑，地底压力低于集气管压力时，天然气集输过程就无法依靠地底压力独自完成。针对这一状况，天然气开采企业可将油气井分为高压井与低压井，其中，高压井内天然气压力较高，拥有较好的集输效率，可将其输送至较远区域，而低压井内气体压力不足，可将其输送至加工地点附近的生活或工业生产之中，满足周边区域社会活动与日常生活所需。另外，为了提高天然气集输过程的可靠性，可考虑配合使用注醇高压集输工艺以及井口加热节流手段，提高天然气集输过程在流量与温度层面的控制效果，满足指定区域在天然气使用层面的需求。

2. 井间串联工艺

井间串联工艺对天然气井实际布局以及区域内的实际天然气产能有着很高要求，不同天然气井之间的距离不能过大，每一个井的实际产量需要保持在较低水平，此时，可将这些产能较低的天然气井通过合理的工程手段串联到一起，最终形成一体式集输流程，形成规模优势，进而提高天然气的加工效率。井间串联工艺在实施前，工程技术人员需要对每一个天然气井的实际流量与压力进行全面考察，并使用必要的监控设备，实时掌控区域内所有井的实际流量，并对其进行有效计算。井间串联管网的最终流量受每一个井的实际流量影响，工程人员通常会采用旋进漩涡流量计，完成整个区域的流量监控与计算。

3. 天然气集输脱水工艺

天然气内部含有大量的有毒有害物质，这些物质不仅会对人体和环境带来很大的影响，也会严重削减集输设备的使用寿命，因此需要对其进行分离处理，尤其是天然气内部所含有的硫化物的时候。天然气集输脱水工艺实施过程中，工程人员需同时利用分离器、压缩机、泵送设备以及各类安全阀门，精准计算每一个环节的具体目标与实现过程。其中，安全阀需要根据集输过程天然气内部气体的具体组成成分进行选择，通常情况下，如果天然气内部含水量较低，需要选用全启式的安全阀，避免脱水过程出现泄漏（图 7–3）。

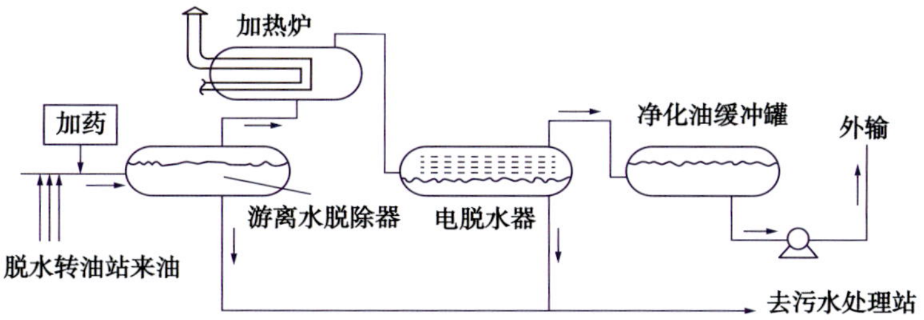

图 7–3　天然气集输脱水工艺

4. 管网优化工艺

天然气管网运行优化问题求解难度非常大，从物理模型上看，其包括管网、管道、站场 3 个层级的优化问题；从数学模型上看，其是典型的非线性混合整数最优化问题，优化变量既包括工艺运行参数等连续变量，又包括压缩机启停和联络线流向等整数变量。解决天然气管网运行优化问题的途径主要包括仿真与优化两种方法。仿真是应用仿真软件计算得到有限个管网运行方案，从中选出一个较优的方案，该方法便于实现，但方案优化程度依赖于人工经验，并且已有的商业仿真软件都存在求解规模限制，不适应未来大规模管网发展要求。优化是建立专门的优化模型，应用最优化方法求解得到管网最优运行方案，该方法通用性较强，能够实现全局最优，但求解计算量巨大，应用效果受限于优化算法和计算能力的提升。目前，国内外管道运营公司主要以应用仿真方法为主，个别公司应用过优化方法，但应用规模和应用效果有限。综合考虑仿真方法和优化方法的优缺点，未来能够适用于“全国一张网”规模和结构的天然气管网的运行优化方法一定是仿真和优化相结合的方法。

5. 集输过程的防火防爆

天然气集输过程的防火防爆问题始终是困扰工程人员的首要难点，集输防火防爆的应对重点为轻质烃，因为轻质烃极易燃烧，且有着极高的爆燃效果。如果区域内天气出现变化，如雷雨天气等，需要停止轻质烃液化气相关的处理工作，并同步做好接地防雷处理，避免集输设备内部出现火花，接地电阻不能大于 10Ω，并做好防静电处理。天然气集输现场不能存在任何明火，相关设备在控制试运、试压过程中，也要全面控制管道内部的氧气含量，降低爆燃发生的可能性。对于进入运行使用状态的天然气，如果在集输设备维护过程中，必须进行焊接等。高危险操作，则需严格按照指定的工程顺序来进行。操作前，集输管道内气体需要彻底排空，并利用高压水蒸气对管道内进行清扫，清扫完成后需进行取样检查，样本数量需满足整体覆盖，并做好爆炸安全测试。另外，焊接动火设备需要与整个集输管道现场进行隔离，设置好隔离盲板，一旦因操作失误而出现火灾，亦可有效控制火情范围与危害程度。隔离盲板通常为钢质绝缘板，并需要具备极高的耐火性，其实际厚度也要满足应用需求，可应对一定时间的火焰燃烧与高压冲击。

第二节　井丛采集

长北区块天然气集输地面工程的布站模式为“二级布站”，即井丛、天然气处理厂二级布站。井丛具有紧急关断、开井加热、节流降压、间歇计量、药剂注入、清管发球、自动控制等功能及设施，具有气田集输“前段”的内部功能，为气田的“一级站场”；位于集气支线和集气干线上的支线阀室、干线紧急截断阀室和干线清管站，大都是安全方面的保障设施或间歇作业使用设施，为气田内部集输管网上的附属设施；天然气处理厂包括多组合天然气净化处理装置、集气管网分散清管后的统一收球装置、生产运行集中监控设施，为气田集输“后段”的中心，实现天然气集中处理和外输，为气田的“二级站场”。井丛和天然气处理厂与集输管网系统共同构成一套完整的地面集输和处理工艺系统。

一、井丛采集工艺流程

长北区块共布有23座井丛，沿气田南北轴线两侧均匀分布。各井丛最多按3口井设计，按照1~3口水平井或直井实施（图7-4），从气井采出的高压湿气经孔板流量计连续计量后，通过节流阀调产降压，汇集后进入集气支线，就近通过阀室输入南北干线，气液混输至长北天然气处理厂。部分井丛因位置接近天然气处理厂可不经集气干线而是直接通过支线输送至天然气处理厂。

图7-4 C1井丛工艺流程简图

井丛包括以下设施及系统：天然气井口、夹带式换热器、孔板流量计、节流阀、发球阀、注抑制剂系统、自动控制系统和安全保护系统。主要采用“集中注醇、节流降压、远程控制、自动关断、气液混输”的采气工艺。集成了“井口多级保护、开井临时蒸汽加热、孔板流量计湿气连续计量、缓蚀剂连续注入，J-T阀降压远程调产、计量撬间歇准确测试、在线清管作业、井丛远程监视控制”等功能。

各气井装有井下安全阀、井口紧急切断阀、井口温度传感器及紧急停车系统（ESD）、工业电视监控系统（CCTV）、防爆对讲等系统，保证气井安全生产。通过分散控制（DCS）进行远程控制，实现了无人值守。气井多级安全保护与井丛采集工艺流程见图7-5。

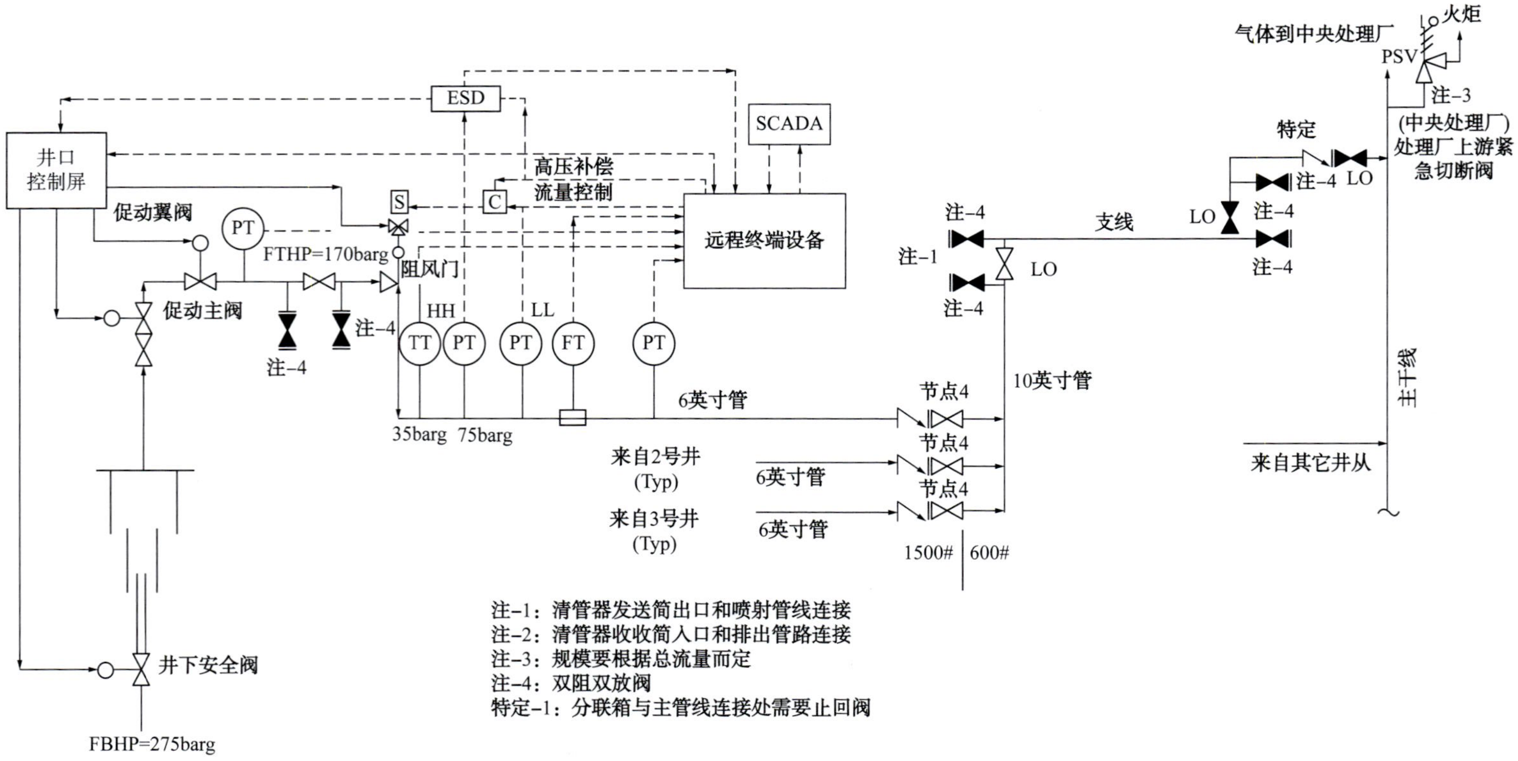

注-1：清管器发送筒出口和喷射管线连接
注-2：清管器收收筒入口和排出管路连接
注-3：规模要根据总流量而定
注-4：双阻双放阀
特定-1：分联箱与主管线连接处需要止回阀

图 7-5　气井多级安全保护与井丛采集工艺流程图

二、井丛采集工艺的主要特点

1. 井丛集中注醇

由于地面集气工程在井丛采用“单井节流降压、井丛多井集气”的集气工艺，天然气自井口至天然气处理厂将产生较大的压降。在正常生产工况下，根据长北区块天然气组分，对不同压力下井口天然气水合物的形成温度进行计算，气井井口节流一般不会形成水合物，但在一些特殊工况条件下，如：在环境温度较低时，在气井投产前或停产后的靠近地面部分的井筒内和在部分集气管网中，天然气的温度和压力均将会进入相图中水合物的形成区域，详见天然气相图 7–6。为了防止天然气在集输过程中形成水合物，设计考虑在各井丛设置集中注醇泵房，向井筒内及地面集气管网中注入甲醇，以保证集气工艺过程正常运行。

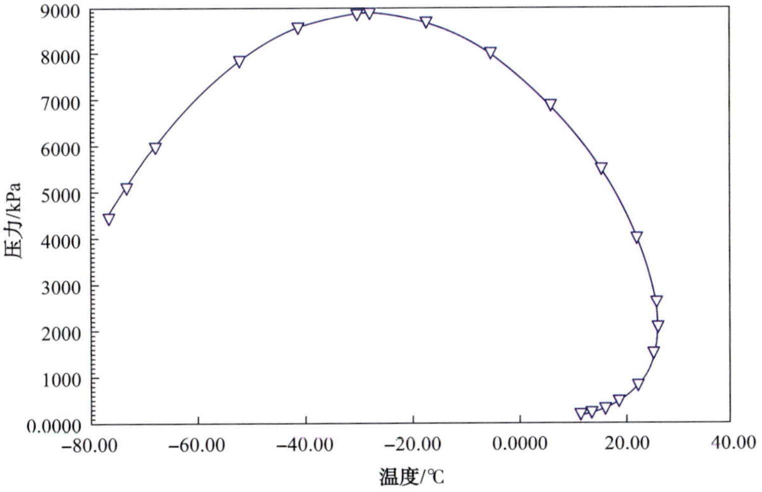

图 7–6　长北天然气处理厂进厂天然气相包络图

2. 单井节流降压

长北区块气井的采气管线上安装有 J–T 节流阀，以实现“单井节流降压”。该区块在开发生产初期，气井井口关井压力为 22MPa，初期流动压力大多在 11~17MPa，但随着生产期的延长，气井压力将逐渐下降，大部分气井井口维持高压的时间较短，大约在半月至三个月左右，随后压力将降至 4~6MPa，只有部分气井的井口流动压力维持在 10MPa 以上。各井丛产出的天然气在单井节流降压至所需集输压力后，再汇入相应集气支线。

在开发生产初期，天然气处理厂采用“J–T 阀节流膨胀低温分离工艺”进行天然气脱水脱烃处理，进厂压力为 7.1MPa，此阶段单井在节流阀后压力应为 7.1~8.3MPa。进入稳产期后，天然气处理厂将采用“丙烷制冷低温分离处理工艺”以替代“J–T 阀节流膨胀低温分离工艺”，进行天然气脱水脱烃处理，进厂压力降为3.5MPa，此阶段单井丛节流后压力应为3.5~5.6MPa。

3. 远程监控调产

为确保区块实现安全生产和优化运行，设置了SCADA系统，该系统利用先进的计算机及通信网络技术对气田进行集中监视控制和调度管理，具有数据采集及传输、气体泄漏及火灾监测、仪表保护等功能，可实现高度的自动化控制和管理。井丛配备了CCTV系统用于远程监视，实现井丛无人值守、定期巡查作业。

气井井口安装有在线的气体计量和节流装置，通过J–T节流阀与气田自动化控制系统联接，可自动关井，还可实施远程气井调产作业。

4. 开井临时加热

长北区块井口采气管线上设置有套管式换热器，可利用车载移动式蒸汽加热炉对井口流体进行节流降压前的加热，预防水合物的形成。针对单井初次投产或停产再开井时的工况，应根据气井压力及环境温度来确定开井方案：当气井压力高且环境温度低，开井时须向井筒内及地面集气管网中注入水合物抑制剂（甲醇），同时还要采用移动式蒸汽加热炉来提高井口天然气节流前的温度；为避免天然气的加热温度过高，可采用“加热和建立背压相结合”的方法预防水合物的形成；当气井压力低且环境温度高，可直接采取建立背压措施来开井生产。

5. 单井间歇计量

长北区块天然气的“水气比”为12m^3水/10^6m^3气，“油气比”为0.63m^3油/10^6m^3气，“水气比”与“油气比”均相对较小且较稳定，因此在井口节流阀前采用在线孔板直接湿气进行连续计量，未设置在线分离计量设施。为了满足气藏管理对单井一年一次或半年一次的测试要求，设置了一定数量的移动式测试分离器，定期对单井的产气量及产液量进行较为准确的间歇计量。在平时的生产过程中，用间歇计量的数据对在线数据进行比对修正。

三、井丛多级安全保护

1. 井下及井口安全关井

气井井下都安装有井下安全阀，可在气井井口超压、失控及火灾等事故状态时，实现井下紧急自动安全关井。气井安全系统在井口安装有控制盘，采用液—电联动传动系统，可在现场手动操作或在气田控制中心远程控制。该安全系统极大地提高了气井的安全性，降低了气井造成灾难性破坏的可能性。

每口气井在井口装置上安装有井口主阀、翼阀及相应液—电联动控制系统，可实现正常开井、正常井关、事故关停井等作业。

2. 支线阀室关断

针对集气干线、集气支线、井丛等集气工程设施是分期建成的特点，为便于各集气支线分期接入集气干线，在靠近集气干线端设置有阀室。集气支线阀室可实现事故状态下的紧急关断，同时可为集气管网实现通球清管作业提供一些帮助及保障。

3. 干线紧急截断

北集气干线长约 43.4km，承担了大部分的集气量。为提高集气安全保障及事故状态下的天然气泄放量，在北集气干线的“中间点”设置有紧急截断阀室，以将其分成事故状态下的南、北两段。

第三节　管网气液混输工艺技术

目前现有国内天然气集气管网设计都采用“井→站→厂三级模式，产出水在站级脱除，厂级处理”的设计方案。长北区块考虑到区块面积大（60km × 25km）、气井分散、采出的天然气水气比（$12m^3/10^6m^3$）和油气比（$6.8m^3/10^6m^3$）低等因素，从经济角度出发，提出了“一个天然气处理厂及一个气液混输的集气管网”的天然气集气管网设计方案。

根据软件模拟结果得出，采用相同规格的集气管网，气液混输要求的输送压力只比气体单相输送时高 0.18MPa。这说明气液混输并不会严重影响管输效率，同时，气体单相输送也并不能明显缩小管道设计口径，通过两方案的对比（见表 7–1），最终选择一个天然气处理厂及一个气液混输的集气管网集输模式，另气液混输集气管网持液量较大，应注意防腐。

表 7–1　气液分输与气液混输方案对比表

项目　　方案	气液混输方案		气液分输方案
集气干线	Φ610	41.15km	41.15km
	Φ457	16.6km	16.6km
集气支线	Φ323.9	11.63km	11.63km
	Φ273	72.58km	72.58km
液塞捕集器	$200m^3$ 1 台		无
井丛分离设施	无		42 套
井丛液体储罐	无		23 套
天然气处理厂液体储罐	无		$150m^3$ 1 台
液体拉运罐车	无		6 辆

续表

项目　方案	气液混输方案	气液分输方案
主要优点	流程简单，管理方便，总费用低，环保保证率非常高，接近零	管道中持液量少
主要缺点	管道中持液量较大	管理不便，操作维护成本高，环保保证率低

使用气液混输工艺减少了井丛分离设备及液体运输系统，简化了流程与操作维护工作量，节省了项目费用。

一、低温工况处理方案优选

为了处理生产初期在节流阀下游出现的低温工况，研究人员通过对三个预备方案分析对比，最终优选出“采用井口加热器及注水合物抑制剂”作为低温工况处理最佳方案。

二、水露点及烃露点控制工艺方案优选

由于天然气处理厂处理的是气液混输的气体和液体，同时气体外输要达到商品气质要求（表 7–2），为此，天然气处理厂要满足以下功能要求的基础上还要考虑优选为达到所要求露点的工艺方案。

（1）从气体里分离液体；

（2）按需要提供压缩设施；

（3）处理分离出来的气体，使其满足水露点及烃露点要求；

（4）稳定分离出来的凝析油；

（5）水合物抑制剂可重复利用；

（6）设置所需的公用工程，辅助性生产设施。

表 7–2　外输天然气设计技术指标

外输气 H_2S 最大允许含量	≤ 20mg/m^3（“Ⅱ级”）
总热值	>31.4MJ/m^3
CO_2 含量	≤ 3.0%（摩尔）
水露点	−13℃管线工作压力在 4.5~8.5MPa 之间
烃露点	−11℃临界凝析温度，1% 积液含量，这样临界凝析温度可以上升 3℃，即 −8℃

为了达到所要求露点，长北区块考虑了多种工艺方案，由于部分方案成本高、技术不成熟、工艺复杂或达不到外输气气质要求等原因，在方案中没做进一步研究。综合考虑其投资、可靠性、易操作性以及技术的成熟性等因素，最终选择了低温分离工艺方案。

长北区块低温分离工艺方案设计是基于第二代低温分离装置设计的，允许 1% 的液相夹带量从低温分离器气相带出，制冷温度比第一代低 3°C。

三、水合物抑制剂的优选

长北区块天然气集气流程中重点关注水合物的形成主要在两个工段，一是集气管网；一是换热器和低温分离器。

水合物抑制剂的最低有效抑制温度：乙二醇（MEG）为 –30℃，而甲醇（MeOH）则为 –60~–50℃。在正常操作情况下，两种化学剂均适合于集气管网及低温分离装置（最小预期温度分别为 –5℃及 –17℃）。两种抑制剂依赖再生系统，因此“经济”的选择要根据化学剂消耗成本与再生设备的投资来评估。通过乙二醇（MEG）和甲醇（MeOH）两种抑制剂的注入量、消耗量、成本进行对比（见表 7–3、表 7–4），对两种工艺的投资成本做了初步估算，经过技术和经济比较后，采用甲醇（MeOH）作为水合物抑制剂。单井加注甲醇工艺采用罐车分别将水合物抑制剂和缓蚀剂运至井丛，储存于罐内，由设在井丛的注入泵注入井口。根据各井口的压力、温度条件，结合产量大小，可以在天然气处理厂中央控室远程关闭或手动调节注入量。

表 7–3　MEG 和 MeOH 的注入量比较

化学剂	集气管网冬季 /（kg/d）	集气管网夏季 /（kg/d）	LTS 装置 /（kg/d）
甲醇（MeOH）	51300	13700	4000
乙二醇（MEG）	84000	28000	6200

注：按 MEG 浓度为 90%（质量），MeOH 浓度以 90%（质量）计。MEG 和 MeOH 两种化学剂均可再生重复利用。

表 7–4　水合物抑制剂消耗量

化学剂	化学剂损失 /（t/a）	来源
甲醇（MeOH）	1360	Campbell
乙二醇（MEG）	140	DEP

注：水合物抑制剂消耗量指由于平衡蒸汽汽相损失、雾末夹带造成的化学剂损失量。及相关的成本。

四、集气管网分散清管与集中回收

1. 清管方式优选

因长北区块自然地貌“北高南低”，加之大量沙丘的存在，导致了集气管网具有一定的起伏，清管时液量过多，故可通过“分片、分区，先支线后干线；先上游后下游”的方法分区清管，统一收球进行。

由于长北区块采用的是气液混输工艺，因此，在清管时会出现液体量大，处理厂来不及处理的情况，为解决此问题，可通过天然气处理厂入口分离器前的流量控制阀控制流量和清管器在管线中的运行速度来适应处理厂的处理能力。

北区清管，各集气支线的清管球与北集气干线北段的清管器，均在小纪汉清管站集中回收；中区清管，集气支线的清管球与北集气干线南段的清管器，均在天然气处理厂集中回收；南区清管，集气支线的清管球与南集气干线的清管器，均在天然气处理厂集中回收。

2. 清管作业特点

（1）使用清管阀代替井丛清管器发射筒。在施工图设计阶段采用清管阀代替传统的井丛清管器发射筒，以简化工艺过程、施工安装、生产操作和管理维护作业。

（2）支线用清管球代替清管器。在地面工程原设计方案中，使用智能清管器来实现集气干线及部分集气支线的智能清管及腐蚀监测，而在其余集气支线上使用普通清管器实现清管作业。智能清管器价格比较昂贵，长北区块在实施“分区清管作业、清管集中回收”的作业方式后，清管器在集气管网中更易导致“卡住”事故。因此，现有设计中已将支线智能清管器和普通清管器更换为普通清管球，干线仍采用智能清管器。

（3）增加北集气干线中间清管站，实现其两段式清管作业。由于北集气干线较长，管线沿途地形起伏大、穿越点较多，管线在正常生产状况下易产生大量积液。若整条北集气干线采用一次性清管作业，将导致天然气处理厂清管装置区一次性接收液量较大，导致入口储存及分离设施的在线负荷较大、设备设计及安装难度大、工程投资较高。为简化工艺过程、减小设备规模及降低工程造价，北集气干线最终采用分两段的清管作业方式，降低清管时的一次排出液量。因此，在北集气干线“中间点”增设一座中间清管站。

采用“分散清管作业与集中回收”工艺，这样既简化了清管作业流程，减少了一次清管作业劳动强度，还减少了投资。

五、管网多重保护方案

长北区块产出的天然气中 CO_2 含量为 1.8% 左右，存在 CO_2 对碳钢集气管网的“轻中度”的腐蚀；气田产出水中 Cl^- 浓度最高达到 21800g/m^3，因此还存在一定程度的 Cl^- 对碳钢集气管网的腐蚀；长北区块所处区域的地表水较浅，大部分管网敷设在“地表水层”内。

由于集气管网采用气液两相混输工艺，为了提高碳钢管材管网的抗腐蚀性能，在各井丛采用了连续加注缓蚀剂的方法，并在集气管网的适当位置设置了腐蚀监测设施。

集气管网采用外防腐涂层外加阴极保护的联合保护方案。外防腐层选用三层结构聚乙烯加强级；阴极保护采用强制电流法，阴极保护站设于天然气处理厂控制中心内；清管站及截断阀室的埋地管道防腐材料采用三层结构聚乙烯加强级和聚乙烯胶粘带加强级；露空管道设备外表面采用氟碳涂料防腐。

第四节　天然气处理技术

天然气处理厂流程设计充分考虑到开发不同阶段产能和压力变化以及可能出现的其他操作条件，工艺设计采用“可灵活组合变化”的模式，可灵活运用“节流制冷低温分离、丙烷制冷低温分离、增压机组 + 丙烷制冷低温分离”等工艺进行生产，这种工艺的设计特性既适应分区开发的特点，同时也满足不同时期天然气进厂压力变化的特征，增加了分区开发的适应性，提供了天然气处理灵活多变的操作模式。

一、天然气处理工艺简介

（一）中央处理厂处理工艺

中央处理厂设有两套处理装置（单套最大处理量 $600\times10^4m^3/d$），主要对南北干线的湿天然气进行处理，将原料气分离为气态湿天然气和液态凝析油 / 甲醇水溶液。湿天然气经 J–T 阀或 MR 系统冷却后在低温分离器中分离，变为干气，计量后外输至陕京增压站。凝析油 / 甲醇水溶液通过三相分离器，分离出的凝析油将进入凝析油稳定系统，而甲醇水溶液将进入甲醇再生系统。在中央处理厂还设有生产水处理系统，对生产、生活污水进行处理，处理后的生产水回注地层，生活污水进行厂区绿化或外运。

中央处理厂工艺系统由以下主要设备组成：

（1）清管接收装置，用于接收普通清管器和智能清管器。

（2）预处理装置，接收集气干线的湿天然气，进行初步气液两相分离。

（3）增压站，设有 4 套燃气驱动的往复式压缩机组，用于降低集气干线压力，天然气增压后进入下游装置处理。脱水脱烃装置，利用低温分离器脱去湿气中的液体，使天然气达到外贸销售的标准。三相分离器可进行三相分离，去除液相中的天然气 / 蒸汽，同时将液态的凝析油相和甲醇 / 水相分离。

（4）凝析油稳定装置，处理来自预处理装置及脱水脱烃装置分离出的凝析油。

（5）甲醇再生装置，采用精馏方法提浓再生来自预处理装置和脱水脱烃装置分离出来的甲醇富液，产品为甲醇贫液（质量分数≥ 95.0%）。

（6）罐区、装车及注醇设施，设有 1 具 $500m^3$ 甲醇贫液罐，用于储存从甲醇再生装置来的甲醇贫液，并用泵送至脱水脱烃装置；2 具 $500m^3$ 甲醇富液罐，用于储存从脱水脱烃装置来的甲醇富液，甲醇再生装置运转时，再将所储存的甲醇富液用泵送至甲醇再生装置处理；1 具 $400m^3$ 甲醇富液沉降除油罐，用于沉降甲醇富液中的杂质，除去富液中的凝析油；1 具 $200m^3$ 未稳定凝析油罐，用于储存未稳定凝析油；1 具 $500m^3$ 稳定凝析油罐，用于储存销售的稳定凝析油。注醇设施有 4 台计量式泵，向脱水脱烃装置的预冷换热器注入甲醇，防止水合物生成。

（7）外输计量装置，利用超声波流量计精准计量商品气，计量后外输至下游。

（8）燃料气系统，为了满足厂内增压站、供热站、火炬及放空系统和甲醇再生装置在正常生产时的燃料气需求。

（9）仪表风系统，为全厂各装置提供正常生产使用的净化空气、非净化空气。

（10）氮气系统，为全厂各装置提供保护用氮气及吹扫用的氮气。

（11）供热站，提供中央处理厂工艺装置所需的热油。

（12）换热站，供给中央处理厂厂区生产建筑及其辅助用房冬季采暖、冬季污水防冻加热。

（13）生产水处理系统，通过 BOT 等设备的处理，使生产水中的 TSS 和 OIW 达标，最终回注地层。

（二）榆总站处理工艺

榆总站位主要是对 C1、C6 井丛及榆二、榆三、榆四站来气进行脱水脱烃处理，日处理能力最大可达 $150 \times 10^4 m^3/d$，合格的天然气经过超声波计量后通过陕京一线输送到北京增压站。榆总站主要设备包括入口分离器、低温分离器、J–T 阀、放空分液罐、超声波流量计、甲醇注入系统。榆总站基本工艺可概括为："小压差节流制冷、大面积预冷换热、低温分离脱水脱烃"（图 7–7）。

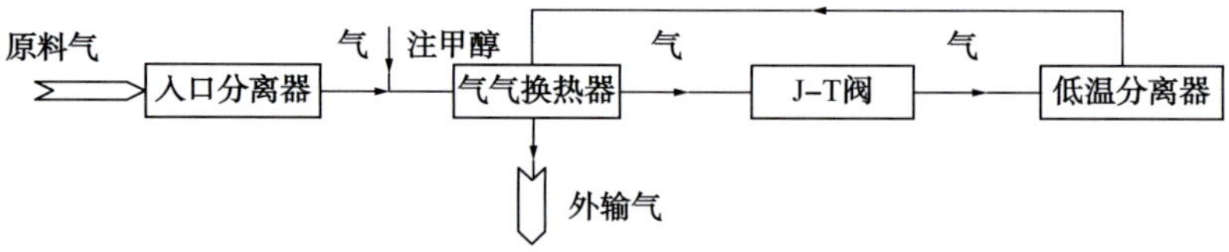

图 7–7 榆总站天然气处理工艺流程框图

二、多组合净化处理流程简介

长北区块开发初期，原料天然气的进厂压力可达 7.0MPa；区块开发中后期，原料天然气的进厂压力将降至 3.5MPa，为满足产品气的外输要求，必须进行增压。因此，对投产初期和稳产期的脱水脱烃工艺分别进行选择。

根据产品气要求的技术指标，天然气处理厂采用丙烷制冷、J–T 阀节流制冷或膨胀机制冷都能满足产品气烃露点的要求。膨胀机制冷法效率比 J–T 阀节流制冷法高，但装置投资高于 J–T 阀节流制冷法，并且为满足膨胀机对入口天然气含水量的要求，还需要采用分子筛脱水，投资和运行费用均较高，根据原料气条件及投资成本，不推荐采用膨胀机制冷法。认为采用 J–T 阀节流制冷工艺和外制冷工艺控制天然气的水露点和烃露点是最适合本工程特点的两种脱水脱烃的方法，同时设计出了天然气净化工艺流程。该工艺总流程的特点是可灵活组合出多种天然气净化工艺流程。图 7–8 为天然气处理厂多组合净化处理流程示意图。图 7–9 是天然气处理厂部分天然气净化装置安装图。进入天然气处理厂的天然气压力控制是通过设在入口分离器前的调节阀来实现的。当出现任何异常情况时，入口分离器前的紧急切断阀将自动关闭。

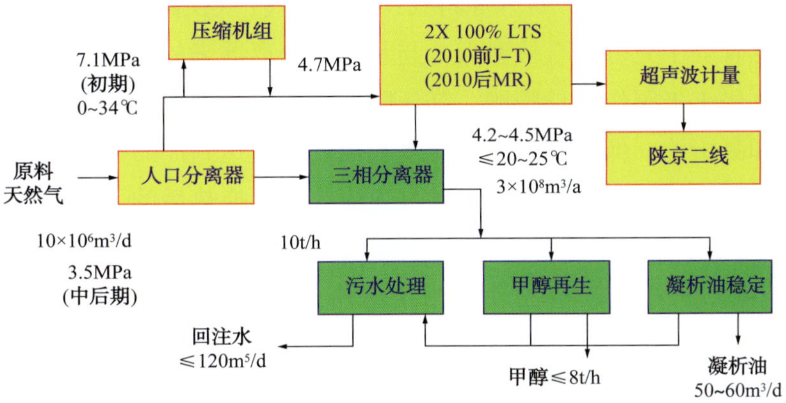

图 7–8　天然气处理厂多组合净化处理流程示意图

(a)天然气处理厂节流制冷工艺J–T阀安装图

(b)天然气处理厂天然气压缩机组安装图

(c)天然气处理厂丙烷制冷工艺压缩机组安装图

(d)天然气处理厂丙烷制冷装置冷凝塔

图 7–9　天然气净化装置安装图

1. J–T 阀节流制冷低温分离流程

节流制冷低温分离流程优点是：①设备简单，占地面积小；②投资低，装置操作费用低。缺点是：①只适用于高压天然气且有足够压力降可利用的天然气处理，对于压降小的天然气，达不到足够的水露点要求；②如果没有足够的压力降可利用而必须采用增压时，装置的投资和运行费用将会较高。

当原料天然气压力较高时，天然气处理厂工艺总流程可采用 J–T 阀节流膨胀制冷法。从入口分离器来的原料天然气，进入原料气预冷器（气 / 气换热器）降温，与从注醇装置来的甲醇贫液在管程中充分混合接触后，与从低温分离器来的冷干气进行换热，预冷后的原料天然气再经 J–T 阀作等焓膨胀，降压降温后，再进入低温分离器进行分离，以分出液态含醇液和凝析油。低温分离装置脱水脱烃处理后达到产品气水露点和烃露点要求的干气进入原料气预冷器壳程与原料天然气逆流换热，换热后的干气经计量调压后外输（图 7–7）。

J–T 阀节流制冷低温分离流程，用于长北区块开发初期原料天然气压力较高时，极大地降低了开发初期的投资成本。

2. 丙烷制冷低温分离流程

当原料气压力较小，没有充足的压力降可以利用时，可采用丙烷制冷低温分离。

原料天然气经入口分离器分离后出自入口分离器的原料天然气，从管程上部进入原料气预冷器（气 / 气换热器），自注醇装置来的甲醇贫液通过雾化喷头成雾状喷射入原料气预冷器的管板处，和原料气在管程中充分混合接触后，与自低温分离器来的冷干气进行换冷，预冷后的原料天然气再从中部进入低温分离器进行分离，以分出液态含醇液和凝析油。低温分离装置脱水脱烃处理后达到产品气水露点和烃露点要求的干气进入原料气预冷器壳程与原料天然气逆流换热，换热后的干气经计量调压后出天然气处理厂。

3. 增压机组 + 丙烷制冷低温分离

当原料天然气压力较低达不到天然气处理厂工艺要求的压力时，可对天然气进行增压再经入口分离器分离后经丙烷制冷装置制冷进入低温分离装置脱水脱烃处理，达到产品气水露点和烃露点要求后的干气，经计量调压后作为产品气外输。

三、低温分离装置简介

低温分离器在采用行业的 SMSM 专利技术，同时根据使用情况对其进行了优化改造，以满足长北处理厂的需要，单套装置处理量最大可达 $600 \times 10^4 m^3/d$。

SMSM 具有过滤式分离器、涡流管除沫器、立式分离器的优点。其特点为：

（1）结构紧凑，占地面积少；

（2）气体处理能力强（最大允许容器负载系数为 0.25m/s）；

（3）效率高（气液分离达 99%）；

（4）对结垢敏感；

（5）极限负荷比高。

经过优化改造后的 SMSM 低温分离器在长北运行稳定，满足处理厂的日处理能力。

SMSM 低温分离器由 4 部分组成：入口分布器、除沫器、涡流板、次级除沫器，其结构如图 7–10 所示。

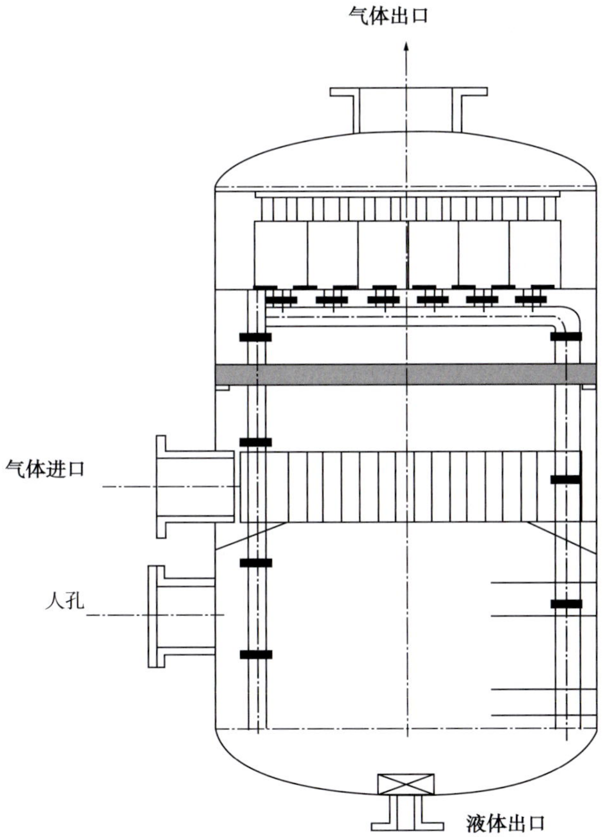

图 7–10　SMSM 低温分离器结构示意图

1. 入口分布器

SMSM 低温分离器的入口叶片形进料分布器对进气体和液体进行初级分离。

2. 除沫器

SMSM 低温分离器的除沫器类似丝网捕集器，安装在入口分布器和涡流板之间，当气体负载系数为 0.25m/s 时，丝网垫将会被淹没，具有聚结器的作用，增加通过丝网垫的液滴尺寸，促进涡流管中的气液分离；当气体负载系数小于 0.01m/s 时，涡流管的分离效率降低，丝网垫则具有过滤器的作用。

3. 涡流板

涡流板是分离器的核心，由涡流盘组成，涡流盘由接液盒组成，每个接液盒由4个涡流管和1个排水管组成，结构如图7–11所示。

涡流管是一种轴向旋风分离器，可对气、液进行分离。涡流管是内径0.11m的不锈钢管，其进口有涡旋式喷嘴，管壁具有纵向切口，气液通过喷嘴撞击在管壁上，再通过漩涡气流产生的离心力，液体被分离，通过切口排放到涡流管外部的液体聚集室里，可以防止液体的再飞散。为了确保涡流管的正常运行，让一些气体也通过这些切口渗出，这些气体通过顶部的二次出口离开液体聚集室后还将通过次级除沫器，气体的主要部分通过顶部的一次出口离开涡流管。排水管引导聚集在涡流管与涡流板上表面之间的液体流到液面下。

4. 次级除沫器

次级除沫器用于二次气体的除沫，进一步提高了气液分离效率，其结构如图7–12所示。

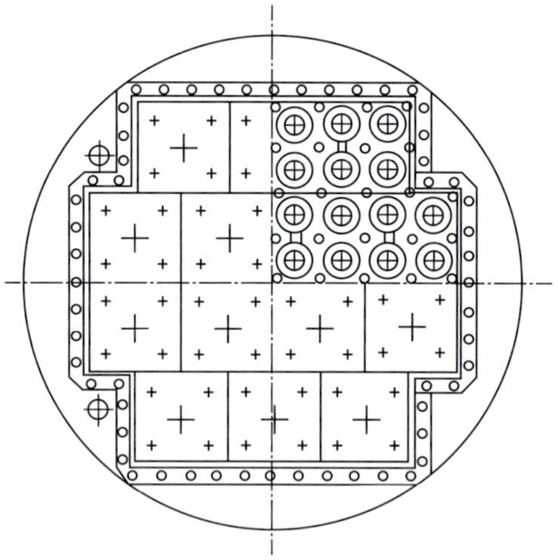

图7–11　涡流板结构横截面示意图

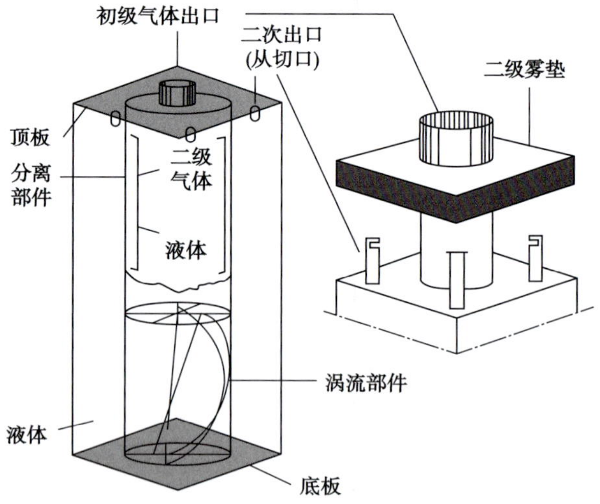

图7–12　次级除沫器结构示意图

四、变工况条件下地面集输工艺

根据长北历年月度产量可看出，在每年11月～次年3月，日产气量一直维持在（1000~1300）$\times 10^4 m^3/d$的高位运行，在极端天气情况下，日产气量$1300 \times 10^4 m^3/d$经常要维持生产2个月；在每年5~9月，下游客户需求低，日产气量只有（400~800）$\times 10^4 m^3/d$，气井产能无法充分利用，管网设施设备不能满负荷运行（图7–13）。

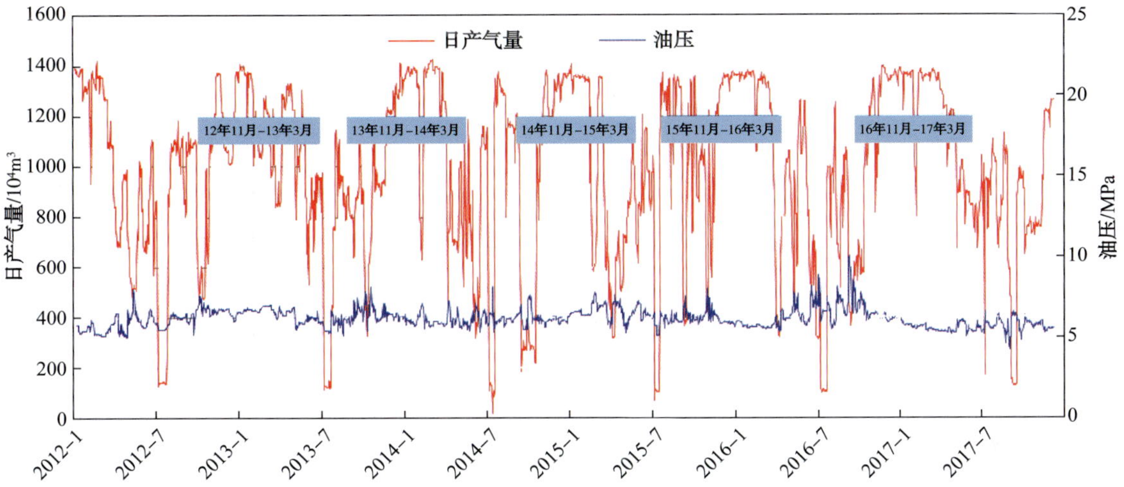

图 7-13 长北历年产量曲线图

天然气供应峰谷差的特点给气田管理也带来挑战，长北天然气处理厂（中央处理厂）建厂时考虑了 J-T 阀节流制冷低温分离和丙烷制冷低温分离两种生产模式，J-T 阀节流制冷低温分离极大地降低了开发初期的投资成本。J-T 阀节流制冷模式下中央处理厂入口压力约 5.5MPa，丙烷制冷模式下中央处理厂入口压力约 4.7MPa，显然整个气田在丙烷制冷模式下生产能力更高。

长北区块夏季一般采用 J-T 阀节流制冷生产模式，冬季采用丙烷制冷生产模式，实际数据表明中央处理厂在采用 J-T 阀节流制冷模式比丙烷制冷模式每天节省电量 39852KW·h，J-T 阀节流制冷模式也能降低员工的劳动强度，延长丙烷制冷装置使用寿命，大大降低安全风险。由于气田产能不断递减，冬季在丙烷制冷生产模式下已不能满足 $1300 \times 10^4m^3/d$ 生产任务，长北启动增压机组 + 丙烷制冷低温分离模式。多组合净化处理模式提供了天然气处理灵活多变的操作模式，既适应气田分区开发的特点，满足了天然气峰谷差的需求特点，也符合中石油开源节流，降本增效的目标。

为了使生产系统适应气田开发后期的生产变化，长北区块在近几年对生产工艺系统优化方面进行了积极尝试，通过理论研究论证，实施了一些成功案例。通过对预冷换热器管线排布改造降低了压降损失，有力保障了压缩机平稳运行；对 C2/C3 支线切换改造提升了长北区块在冬季的调峰提产能力；压缩机扩容改造提高了中央处理厂天然气日处理能力，提升了气田在冬季的调峰提产能力，也满足了未来长北新井投产对处理能力的要求。

（一）预冷换热器管线排布改造

前面已介绍长北组合净化处理系统，而在实际运行中发现在“增压机组 + 丙烷制冷”低温分离生产模式下，当天然气处理厂外输压力高于 4.3MPa，同时处理厂总处理量大于

$950\times10^4m^3/d$ 时，天然气压缩机会因为排气压力（4.9MPa）高而故障停机。在冬季供气高峰期间，处理厂出口压力持续高于 4.30MPa，最高达到 4.35MPa（图 7–14）。天然气压缩机不能稳定投运对天然气集输系统的稳定、高效运行带来挑战。

为了保障天然气压缩机的平稳运行，保证天然气集输系统的输送能力，需要降低压缩机出口背压，减小下游系统的摩阻压降。通过脱水脱烃装置主要设备压降对比，预冷换热器压降 272kPa，丙烷蒸发器压降 27kPa，低温分离器压降 8kPa。发现天然气压缩机下游的预冷换热器存在较大压降，是造成天然气压缩机出口压力高的主要因素。

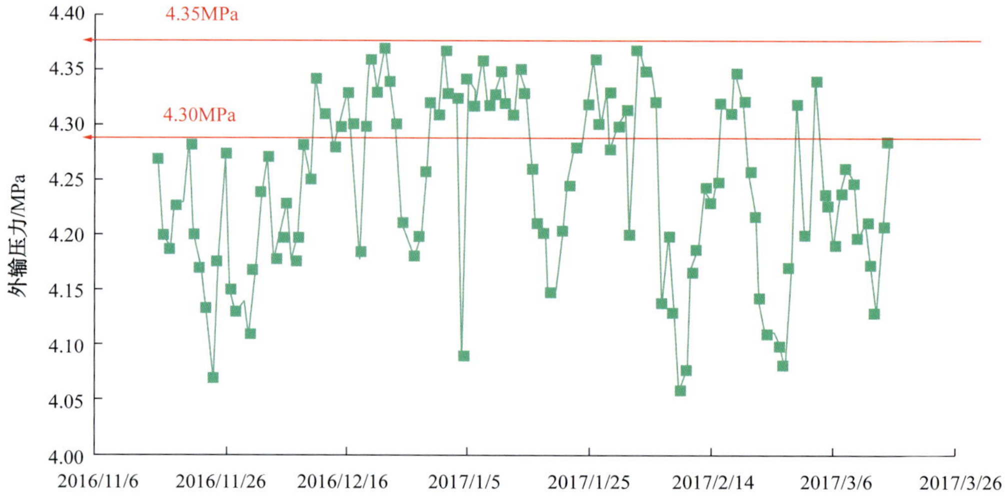

图 7–14 长北天然气处理厂外输压力曲线图

处理厂预冷换热器为管壳式换热器，分为管程和壳程，原料天然气从管程进入预冷换热器后，与壳程的产品天然气进行换热。处理厂共有脱烃脱水装置 2 列，每列装置有预冷换热器 4 台，采用 2 台 1 组，2 组串联的方式排布（图 7–15）。

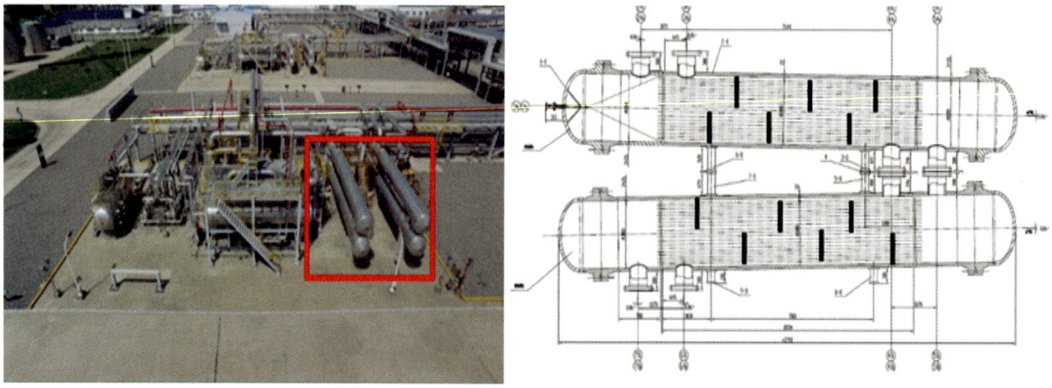

图 7–15 天然气处理厂预冷换热器示意图

为了降低压降，减小震动和噪声，考虑将预冷换热器的排布方式改造成 2 台 1 组，2 组并联的架构，从而确保长北天然气处理厂的处理能力和效率，保证天然气处理厂安全、稳定、高效的生产运行（图 7–16）。

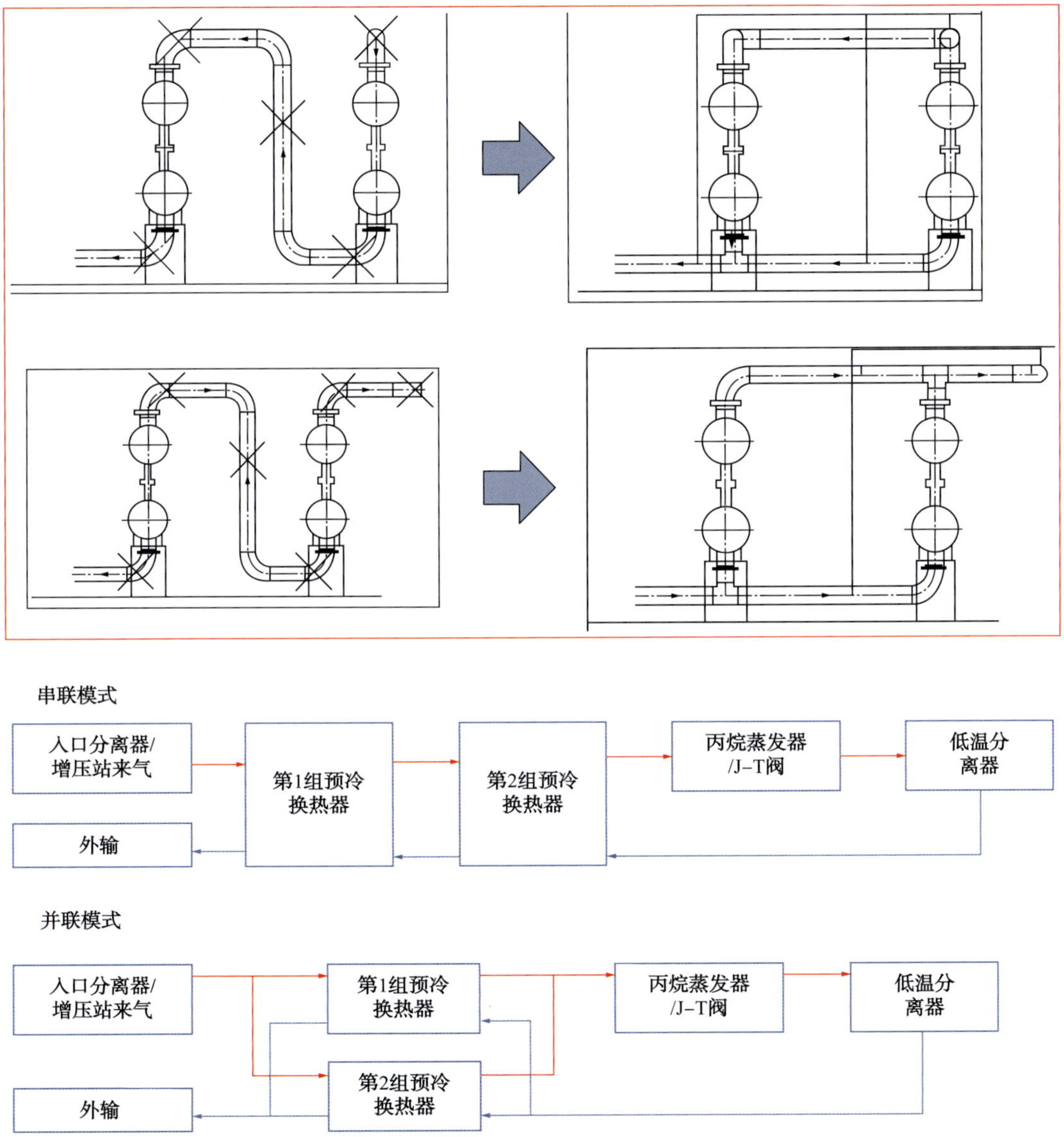

图 7–16　预冷换热器串联与并联模式对比

通过现场改造，有效降低了天然气压缩机出口压力，保证了天然气压缩机的正常运行（图 7–17）。运用换热器计算软件 HTRI XChanger Suite v6.0 对处理厂预冷换热器进行模拟计算，改造后仍具有 15.75% 的余量，换热余量依旧充足，并联排布的预冷换热器能处理最高进气温度为 34.0℃，不需要增加丙烷制冷的负荷。

图 7–17　预冷换热器排布改造现场图

在现场改造完成后，提取改造后现场实际生产数据，与预冷换热器改造前的实际生产数据进行对比，分别对改造前后的管程压降、壳程压降、管壳程总压降、换热余量、压缩机出口压力、最大进气温度进行深入分析和研究。预冷换热器的管程压降降低平均降低 103.60kPa，相比串联时降低了 91.10%；壳程压降降低 85.91kPa，比串联时降低了 54.19%；总压降降低 189.51kPa，比串联时降低了 69.60%；预冷换热器的排布方式从串联改成并联后，改造效果达到预期（表 7–5）。

表 7–5　改造前后效果对比表

项目	串联	并联	HTRI 模拟并联
平均管程压降 /kPa	113.73	10.13	10.70~24.19
平均壳程压降 /kPa	158.55	72.64	72.98~88.58
平均总压降 /kPa	272.28	82.77	83.68~112.77
平均换热余量 /%	81.98	15.75	10.19~36.29

（二）C2/C3 支线切换改造

长北区块有中央处理厂和榆总站两套天然气处理装置，中央处理厂设计处理能力为 $1200 \times 10^4 m^3/d$，榆总站设计处理能力为 $150 \times 10^4 m^3/d$，两套处理装置入口压力不同，其中榆总站入口压力为 4.5MPa，中央处理厂在不同生产模式入口压力不同，在启动压缩机条件下入口压力为 3.5MPa。

随着气田产能不断递减，接入榆总站气井生产能力低于 $130 \times 10^4 m^3/d$，而中央处理厂在运行压缩机后天然气处理能力将下降，在入口压力 3.5MPa 条件下约为 $1000 \times 10^4 m^3/d$，而接入中央处理厂气井生产能力高于 $1000 \times 10^4 m^3/d$，这就存在榆总站处理能力闲置，而中央处理厂处理能力不够的矛盾。通过讨论井丛井连入榆总站生产的可行性，进一步利用榆总站产能，满足冬季天然气需求。对比下来，实施 C2/C3 两个井丛改造可行性最高，主要优势有两点：① C2/C3 支线距离榆总站试生产作业北干线分别只有 20m、30m，只需在 C2/C3 阀室旁新建一座阀室，增加 C2/C3 支线到试生产作业北干线的管线，施工难度较小。② C2/C3 井丛产能分别为 $40\times10^4m^3/d$、$20\times10^4m^3/d$，C2/C3 井丛连入榆总站生产不会造成气井产能闲置太多。

在 C2/C3 阀室旁新建一座阀室，其设计图与施工图分别见图 7–18、图 7–19，分别增加从 C2/C3 到试生产作业北干线的支线（图 7–20），在补充榆总站产能的同时，也实现了 C2/C3 井丛在中央处理厂管网和试生产作业管网系统两者之间灵活切换，其中 C2/C3 两个井丛有 4 种生产模式，可分别单独或同时切换至中央处理厂或榆总站生产（图 7–21）。

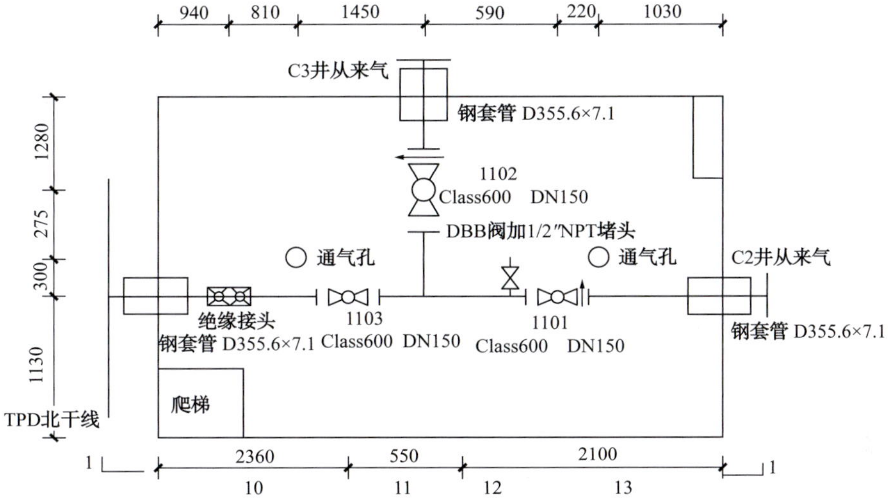

图 7–18 新阀室设计图（单位：mm）

图 7–19 新阀室施工图

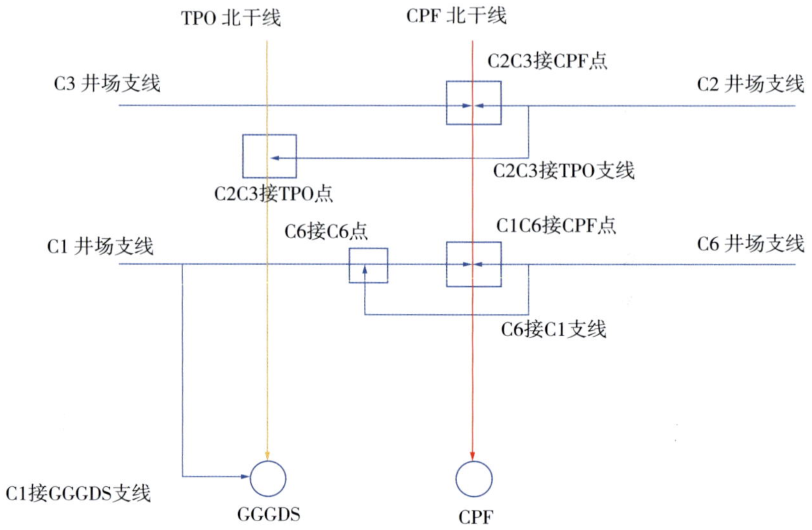

图 7-20　新支线设计图

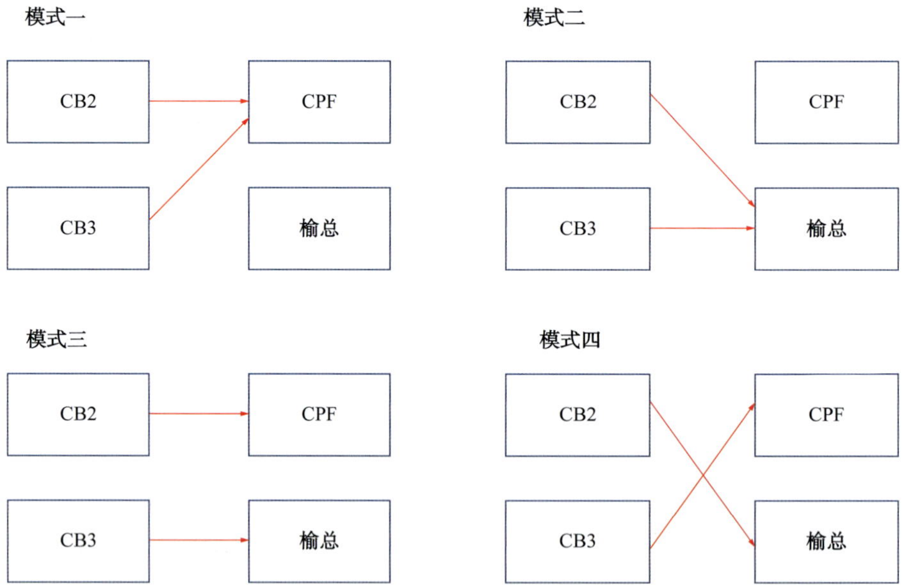

图 7-21　C2/C3 井切换模式

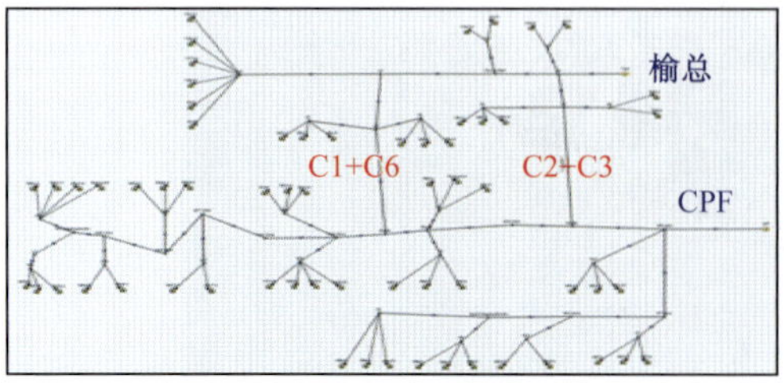

图 7-22　长北地面管网模型图

长北有两套集输管网包括中央处理厂和榆总站，榆总站通过陕京一线外输，中央处理厂通过陕京二线外输，长北区块的 C1、C2、C3、C6 四个井丛的 11 口井已经实现在两套管网之间灵活切换生产，在综合模拟系统中实现了两套管网的有效结合，形成一套整体管网（图 7-22）。

在整体管网中有 C1、C2、C3、C6 四个井丛共 11 口井可以在两套管网间切换生产。因两套管网的背压不同，中央处理厂与榆总站的处理能力不同，对气井生产会有一定影响。为充分发挥气井产能，冬季高峰供气期通过多套方案预测，预测 C1/C2/C3/C6 四个井丛在冬季切换至榆总站生产，能最大化发挥气田产能。在冬季高峰供气期，长北区块日产气量最高达 $1330\times10^4m^3/d$，C2/C3 支线切换改造对冬季调峰起到重要作用，充分发挥了两个处理厂处理量和气井产能，能够圆满完成冬季供气生产任务。

（三）压缩机扩容改造

中央处理厂在运行“节流制冷低温分离”和“丙烷制冷低温分离”生产模式下最大日处理量为 $1200\times10^4m^3/d$，而运行“增压机组 + 丙烷制冷低温分离”生产模式后，随着中央处理厂入口压力下降，中央处理厂处理能力将不断下降。中央处理厂压缩机日处理量与入口压力、外输压力的关系见表 7–6。

表 7–6　压缩机日处理量与入口压力、外输压力的关系

入口压力 / MPa	外输压力 / MPa	压缩机处理量 / （$10^6m^3/d$）	外输压力 / MPa	压缩机处理量 / （$10^6m^3/d$）	外输压力 / MPa	压缩机处理量 / （$10^6m^3/d$）
2.58	4.23	6.9	4.33	6.84	4.43	6.8
2.69	4.22	7.28	4.32	7.23	4.42	7.18
2.79	4.22	7.67	4.32	7.62	4.42	7.57
2.89	4.21	8.06	4.31	8.01	4.41	7.96
2.99	4.2	8.46	4.3	8.4	4.4	8.35
3.09	4.19	8.85	4.29	8.8	4.39	8.74
3.2	4.18	9.25	4.28	9.2	4.38	9.14
3.3	4.15	9.65	4.25	9.6	4.35	9.54
3.4	4.14	10.06	4.24	9.99	4.34	9.93
3.5	4.13	10.46	4.23	10.4	4.33	10.35
3.61	4.12	10.87	4.23	10.81	4.33	10.76
3.75	4.11	11.28	4.21	11.23	4.31	11.16
3.88	4.1	11.7	4.2	11.64	4.3	11.58

根据表 7–6，在中央处理厂入口压力 3.5MPa 时，压缩机的日处理量约 $1000\times10^4m^3/d$，此时中央处理厂气井产能大于 $1000\times10^4m^3/d$，这将限制气井产能发挥。此外，从 2019 年开始，每年有新井接入中央处理厂生产，$1000\times10^4m^3/d$ 的压缩机处理量限制了长北在冬季调峰供气能力。

因中央处理厂两列入口分离器的最大处理量为 $1200\times10^4m^3/d$，研究表明将中央处理厂压缩机气缸从原来 11in 调整为 12in 高效气缸（图 7–23），在外输压力 4.25MPa，入口压

力 3.5MPa 条件下，中央处理厂压缩机日处理量能达到 $1200\times10^4m^3/d$，见表 7-7（中央处理厂压缩机设置为 4 台，3 用 1 备）。

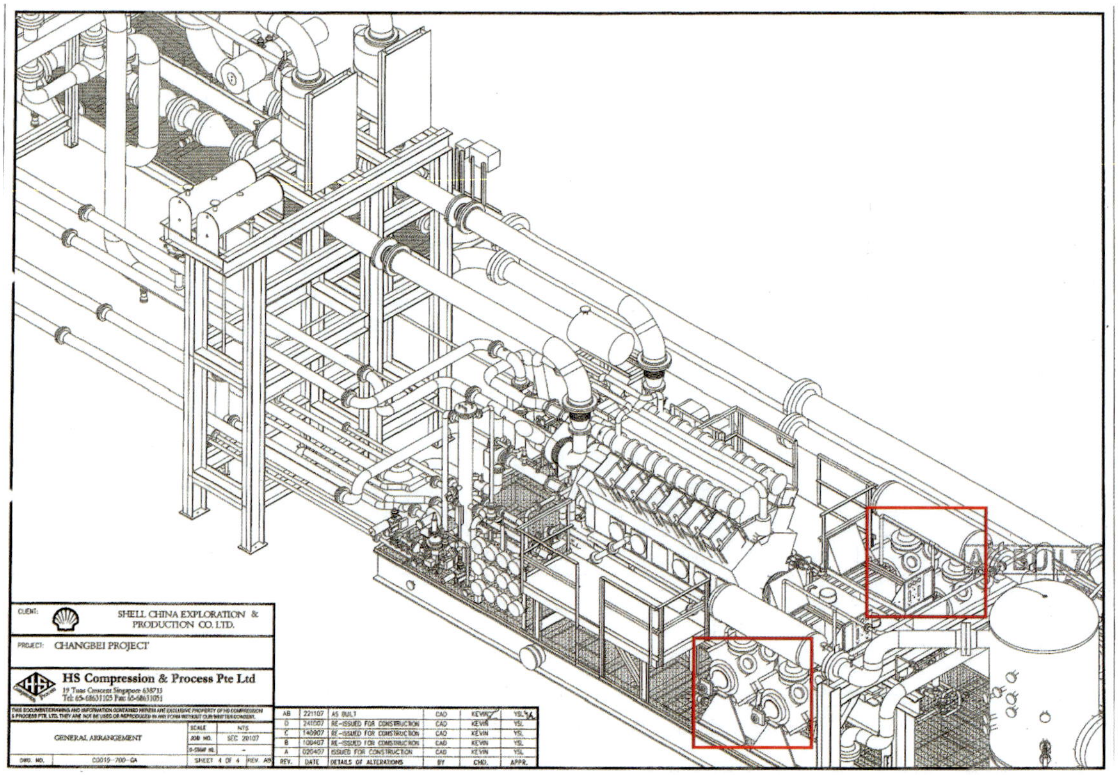

图 7-23　压缩机气缸示意图

表 7-7　压缩机处理量与入口压力的关系（外输压力 4.25MPa）

中央处理厂入口压力 / MPa	单台压缩机处理量 / （$10^4m^3/d$）	3 台压缩机处理量 / （$10^4m^3/d$）
2.95	308	924
3.05	325	975
3.15	341	1023
3.25	358	1074
3.35	375	1125
3.45	392	1176
3.5	400	1200
3.55	409	1227
3.65	425	1275
3.75	443	1329

图 7–24　压缩机扩容改造现场图

2018 年 6~7 月实施了现场改造，将中央处理厂压缩机气缸从原来 11in 调整为 12in 高效气缸，同时对气缸进出口管线、入口缓冲罐和出口缓冲罐都进行配套更换，并重新调配气缸支撑和电线走向（图 7–24）。改造后中央处理厂单台压缩机功率提升为 1971.9kW，单台压缩机的处理能力从 $333\times10^4m^3/d$ 提升为 $400\times10^4m^3/d$，中央处理厂压缩机日处理能力在入口压力 3.5MPa 条件下提升至 $1200\times10^4m^3/d$，提高了整个中央处理厂天然气处理能力，有效地满足了未来长北新井投产对处理能力的要求。

第五节　产出水处理及回注

在长北区块生产期内，预计每天最多会产出 $120m^3$ 的地层水 / 凝结水（预计初期每天产水约 $20m^3$）。地层水会有不同的矿化度，最高总溶解盐量（TDS）可达 50000mg/L。必须确定合适的水处理方案，并将其包括在地下和地面开发方案中。

一、水处理总体运行工艺

CPF 在役生产水处理系统包括一套完整的工艺流程，气液通过管道混输到 CPF 后，在三相分离器进行气，油和水分离，水则进入 V2501 缓冲罐进一步闪蒸除油，油进入凝析油处理单元，并首先在 V2301 缓冲罐进一步气，油和水分离，上述 2 座缓冲罐的水随后进入 T0620 除油沉降罐进一步除油，然后进入甲醇富液罐 T–0602A/B 静置，并通过加药进行混凝絮凝沉降预处理，然后在经过过滤单元后进入甲醇再生单元对水中甲醇进行回收处理，水则进入生产水处理单元，依次经过斜板除油器、核桃壳、纤维球、石英砂和精细过滤器后回注地下。

CPF 水处理工艺示意图见图 7–25。

甲醇富液沉降除油罐（T0620）体积 $400m^3$，用于沉降甲醇富液中的杂质，除去富液中的凝析油。甲醇富液罐（T–0602A/B），体积 $500m^3$，内浮顶式储罐，采用复合硅酸盐保温，且罐底设有加热盘管，加热介质为热水，并设有呼吸阀及氮封保护；T–0602A/B 内未分离干净的凝析油可通过改造后的流程通过 P0603 泵转入未稳定凝析油罐（T0604）进行处理。2019 年建设 $500m^3$ 储罐 T–2701 一具及配套设施用于接收预处理生产污水和 TPO 站的生产污水。以上储罐包括 40 单元的储罐，每年全厂停产检修期间清罐一次，清出的污泥装桶后按危废外运由第三方处理。

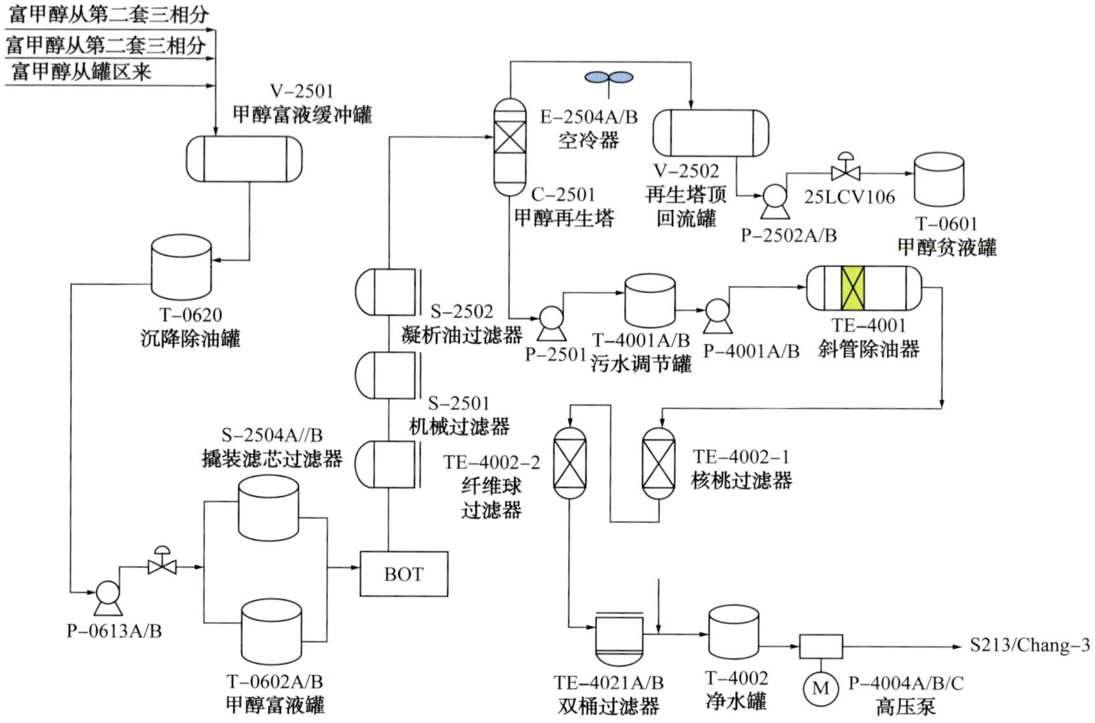

图 7-25　CPF 水处理工艺（含规划）示意图

目前长北生产水日平均量 65m³/d，凝析油日平均量 40m³/d，峰值生产油水合计约 170m³/d 左右；每年包括南干线 13km，北干线 20km，北北干线 20km 需要分别清管 3~4 次，清管来液 500~1000m³ 不等，由于没有收集大量来液的段塞流捕集器，为了减少对生产的影响，加快收液，可将来液从三相分离器直接进入 T0620 或 T-0602A/B；为了加快处理，T-0602A/B 的静置时间也少于 24h，大量含油和机械杂质超标水进入甲醇回收单元以及回注入水单元；同时正常生产调配产特别是提产，也会造成大量来液，对生产水处理系统造成冲击。

（一）水处理现有工艺运行评价

根据现场调研和交流，现有采出水处理系统工艺主要存在以下主要几个问题：

（1）长北 CPF 采出水属于含醇含油采出水，其特点是乳化严重、甲醇含量高（可达 20% 含量）、凝析油含量高（6000~20000mg/L），悬浮物含量高，水质波动大。而现有工艺未采用任何的加药混凝工艺，也未进行有效破乳，仅靠物理原理进行沉降除油、过滤除杂。其乳化特性、凝析油以及甲醇的存在造成了采出水中所含的油分大部分为水包油型，亦或与甲醇和油分形成相似相容的乳状液，从而导致传统的重力除油、斜管除油难以有效分离水中的油分。另外，气田采出水的悬浮物粒径值小，主要集中在 4μm 范围，属于悬浮物粒径细小水质，机械过滤装置不能有效拦截。因此，整体工艺对悬浮物和油分的去除效率低。

（2）甲醇再生单元容易结垢堵塞，甲醇再生单元前置预处理系统为重力除油、三级机械过滤，加之采出水主要为氯化钙型水，硬度高。进入甲醇再生单元的采出水未进行有效的悬浮物、油分和碱性金属离子的去除，导致精馏塔在加热过程中结垢严重。

（3）污泥未能有效从现有系统中进行分离并减量化处理，天然气处理厂采出水处理工艺主要采用“立式除油罐 + 斜板除油器 + 过滤”。污泥来源主要分为两个部分：一是功能罐排污，目前采出水主要通过自然沉降和各类设备除油除杂，从而满足回注水质要求。由于生产水携带大量杂质，在沉降和化学絮凝处理过程中会产生大量沉积于罐底的污泥。二是过滤器反洗排污，过滤器通过滤料对通过其腔体的生产水进行精细过滤，频繁的处理，会在过滤器中积攒大量的杂质，通过反吹洗将杂质连同污水集中汇入污泥池。

由于除油罐除油工艺与污泥干化处理工艺不完善，严重制约采出水的处理及回注工作。由于污泥来自各功能罐底以及化学絮凝产生的絮凝物中含有大量的油，成分复杂，属于多相体系，一般为水包油或者油包水以及固体物质组成，充分乳化黏度较大，固相难以沉淀，无法有效排出，系统恶性循环，影响最终处理效果，因此需要进行工艺优化。

（二）工艺优化方案

（1）引入新的破乳及混凝工艺，针对气田采出水的乳化和悬浮物特点，选取合适加药方案和配套的分离工艺，实现对采出水的油、悬浮物的有效分离；

（2）在进入甲醇再生系统前保证采出水的水质能够满足进入条件，避免出现严重的结垢现象，所以新增处理工艺应设置在甲醇再生系统前端；

（3）针对甲醇再生系统后端采出水进行工艺优化，利用现有设备进行重组或再利用；

（4）针对厂区检修、冲洗以及初期雨水等生产废水，设置一套稳定的预处理系统，主要去除水中的大颗粒物质和浮油，然后再进入采出水处理系统；

（5）针对功能罐设置顶部排渣系统，利用真空排渣系统辅以检测仪表进行全自动排渣，保证水处理系统能够及时的进行泥、水、油的分离，避免长期的滞留导致水质持续恶化；

（6）为有效剔除污泥系统中含油污泥，抑制恶性循环，同时从安全环保方面考虑，需引入污泥压滤系统，对污泥池污泥进行固化回收，但针对前端处理工艺的不同，污泥后续处理工艺也具有不同的适应性，污泥处理效果也会影响系统水质处理效果。

二、甲醇回收工艺

预处理装置和 2 套脱水脱烃装置分离出来的甲醇富液，先进入 BOT 进行处理，通过破乳及混凝工艺，选取合适加药方案和配套的分离工艺，实现对采出水的油、悬浮物的有效分离。处理后进入甲醇再生装置甲醇富液缓冲罐，从缓冲罐出来的富液经泵加压进入甲醇富液过滤器，以除去富液中可能存在的杂质。过滤后的富液经甲醇富液废水换热器换热至约 72℃ 再进入甲醇富液加热器加热约 90℃ 后，进入甲醇再生塔。塔顶出来的甲醇蒸气经再生塔顶空冷器冷却，然后进入再生塔顶回流罐。经再生塔顶回流泵部分回流至塔顶，另一部分到罐区甲醇贫液罐储存，重新用作注入系统的抑制剂。塔底醇水液（约 109℃）进入再生塔底重沸器，加热至约 109℃，沸腾后的蒸气回到塔的下部。从重沸器出来的废水经甲醇富液废水换热器换热到约 5℃ 后，由废水泵送入生产水处理装置。

三、回注系统

生产水回注系统于 2007 年在长北区块中心处理厂启动，它由以下几个部分组成：位于中心处理厂的泵站、连接中心处理厂和 S213 井的管道以及 S213 井的井丛设施（图 7–26）。自 2007 年以来，回注系统总体上工作良好，但是由于伴随着钻井进度，不断有新的气井接入天然气生产系统，发现回注的生产水中的悬浮固体含量两项指标仍然很高，需要采取措施进行降低以免引起天然气储层的堵塞。2009 年，为了降低生产水的这两项指标，开展了一项改进计划，从操作的角度而言，希望能够将回注的生产水的悬浮固体含量降低到令人满意的程度。

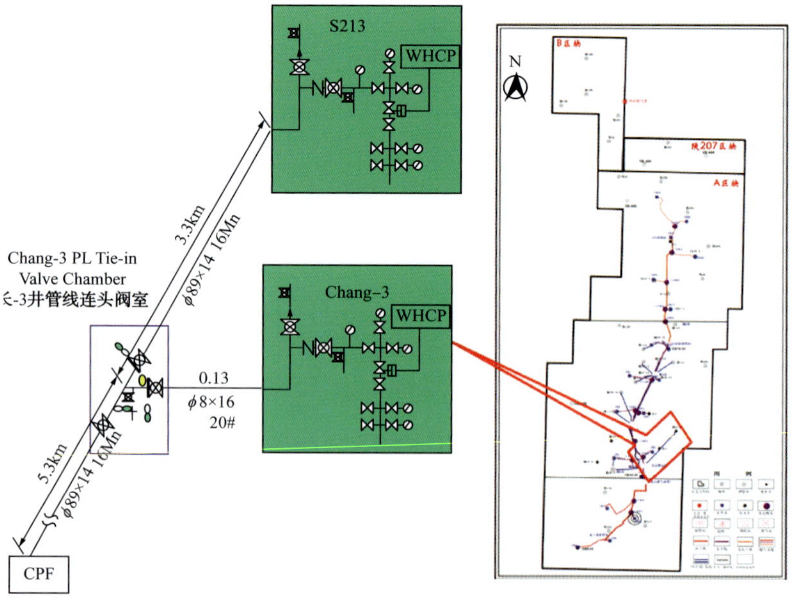

图 7–26　长北采出水回注系统

目前长北回注系统包括 3 台回注泵、两口回注井（S213 井、Chang3 井），年平均回注量 $2.0\times10^4m^3$，日平均回注 $55m^3$，历年累积回注 $24.5\times10^4m^3$。

（一）Chang3 回注井

1. Chang3 井（C3）压降试井

C3 井回注地层为二叠系山西组，C3 井作为 S213 井备用井（图 7–27），自建成以来，在 2013 年 5 月至 2018 年 3 月期间注水 55 次，日均回注水量为 $82m^3/d$，回注压力为 20~28MPa，历年累计注水量达 $9043m^3$。基于目前评估，备用注水井 C3 井为裂缝注入，因其距生产井 C6 水平段距离较近（仅 2km），C3 裂缝增长状况及其与 C6 的连通性直接影响该井的注入能力，有必要对其行系统评估，以对 C3 井的长期注水策略提供支持。

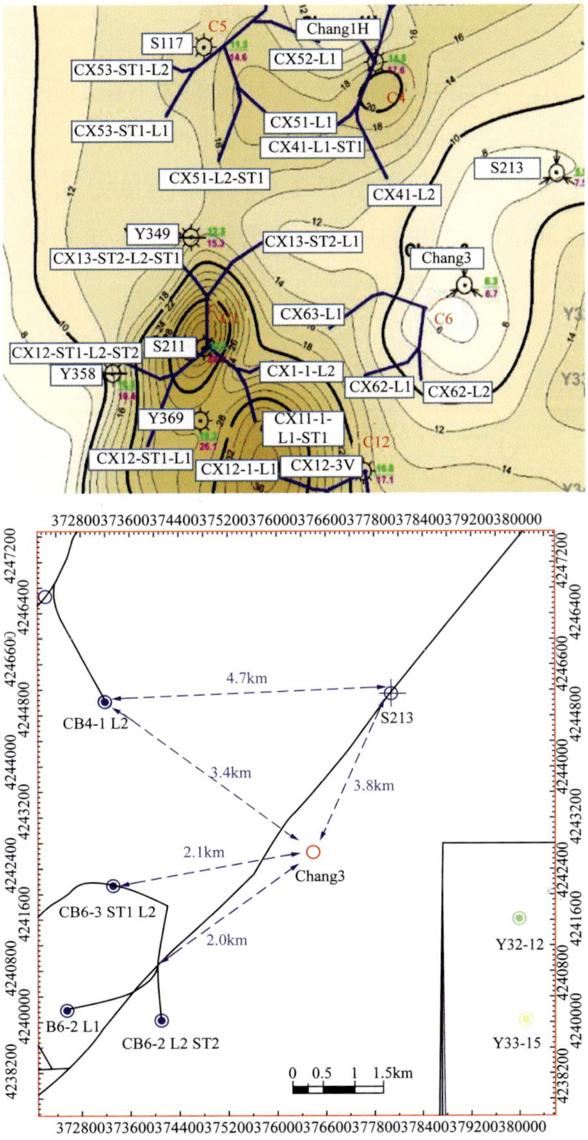

图 7–27　S213 井及 C3 井平面位置分布图

2018 年 4 月至 7 月在 C3 井实施了压力降落试井，主要测试目的：

系统评估 C3 井裂缝形态，包括裂缝导流能力、缝长等；

评估 C3 区域的 *kh* 值及表皮信息；

尽可能评估 C3 区域注水前缘位置；

尽可能对 C3 与 C6 之间是否有不渗透边界，是否存在井间干扰进行评估。

1）C3 压降试井流程及测试数据

2018 年 2 月 22 日 ~2018 年 4 月 26 日：往 C3 井回注，同时为压降试井做准备，比如：测试注入泵稳定性，测试 PI 系统排量、回注压力记录的稳定性及提前在回注水罐中备水等；

2018 年 4 月 26 日 10：45~2018 年 4 月 29 日：下井下压力计，继续往 C3 井以稳定流速不间断回注，同时每天取注入水水样，测试水样物性参数；

2018 年 4 月 29 日 14：27~2018 年 8 月 1 日：瞬时关井，井下压力计记录压力降落，提出压力计时完成 SGS 测试。C3 井的压降测试数据如图 7–28 所示，表明井下压力数据及流量注入数据平稳有效，满足设计要求。

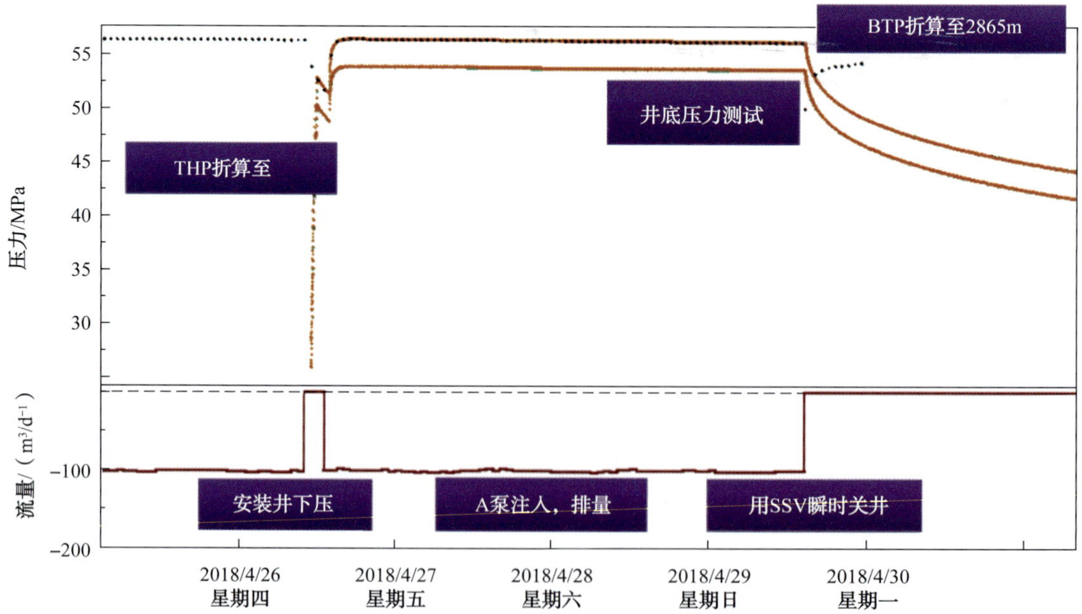

图 7–28 C3 井压降测试井下压力计测试数据

表 7–8 为稳定注入阶段现场水样物性测试结果。表中显示回注水的黏度约为 1.2mPa·s（26℃下），略高于纯水相的黏度，考虑到回注水物性对压降测试的影响，采用回注水的实测数据对解释模型进行修正。

表 7-8 回注水样物性测试结果

回注水样测试 Disposal Water PVT test						
取样时间 Date	取样地点 Sampling Point	PH 值 PH	机杂 /（mg/L） TSS	黏度 /mPa·s Visc osity	含油 /（mg/L） OIW	密度 /（g/mL） Density
2018.4.27	P4004	5.91@26℃	200	1.2318	3633.99	0.9900
2018.4.28	P4004	5.8@26.7℃	200	1.2408	2249.77	0.9895（25℃）
2018.4.29	P4004	5.88@26.8℃	160	1.17432	1822.57	0.9900（23℃）

2）假设条件及解释思路

基于现场测试数据，采用 Ecrin v.4.3 直井 + 无限导流裂缝模型进行压降试井数据解释。由于软件及模型本身限制，通过对流体效率，温度（黏度），缝高的敏感性分析，对模型进行了简化。

基本假设条件：假设回注水为牛顿流体；回注水为单一水相，但其密度及黏度用实测数据进行了校正；在整个注水过程中，不考虑注入水在储层中逐步加热对 C3 井裂缝延展的影响，储层温度为原始地层温度（91℃）；由于 C3 井注入量较小，假设注入量全部进入 QA 储层，裂缝延展主要发生在 QA，缝高为 C3 井 QA 有效厚度（6.7m）；C3 井筒两侧裂缝半长相等。

解释思路：首先采用单一水相模型初步得到储层流度及裂缝半长的范围，然后采用气水两相流模型，通过拟合气水两相相渗曲线及 C6 井从压力衰减的影响，得到更切合实际的储层物性范围。拟合得到的气水两相相渗曲线如图 7-29 所示。为简化拟合，假设束缚水饱和度下气相渗透率等于岩石的绝对渗透率，即 K_{rg}（S_{wi}）=1。拟合结果显示 C3 井注入水流经区域为亲水气藏，水相相对渗透率很低，且水的存在导致两相渗透率急剧下降。

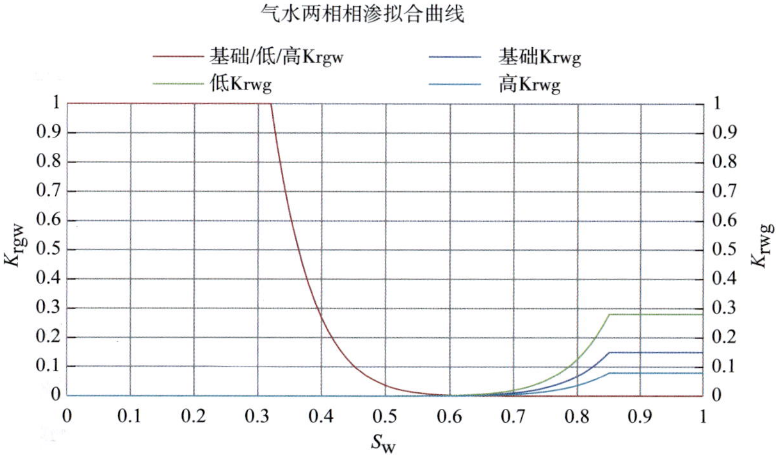

图 7-29 气水两相相渗拟合曲线（低值、中值、高值）

3）解释结果

C3 井模型解释结果如图 7–30 所示，主要结论为：

（1）当前 C3 井为裂缝注入，双对数图中显示 C3 井筒附近存在长裂缝；两相流模型解释的有效裂缝半长解释结果为 90~150~220m；

（2）2012 年压裂分析报告显示，C3 主压后 QA 上部 21m 及下部 14m 的盖层被压开；而此次压降试井数据显示，由于压裂缝的存在掩盖了储层 G–function 图中的大部分信息，裂缝是否存在垂向延伸具有不确定性。因此在长期注入过程中需要对其进行持续监测；

（3）C3 井压降测试证实 C3 与 C6 之间为连通的，C6 的压力衰减已经波及到了 C3 附近：压降解释模型分析 2018 年 C3 井 2018 年注水前储层压力为 22.5MPa，关井 3 个月后（2018 年 7 月 31 日）井底实测压力为 25MPa，均低于 QA 储层的原始地层压力 27.3MPa，该压力衰减由 C6 生产造成。

（4）模型解释气相渗透率中值为 $1.02 \times 10^{-3}\mu m^2$（假设 K_{rg}=1）。由于相渗影响，注水后两相渗透率急剧下降，水锁效应明显。

（5）当前解释的储层表皮较低（~0.01），受固体颗粒造成的储层污染较为有限，暂时不需要酸化作业。

（6）截至 2018 年 7 月 31 日，水驱前缘解释范围为：150~220~270m。

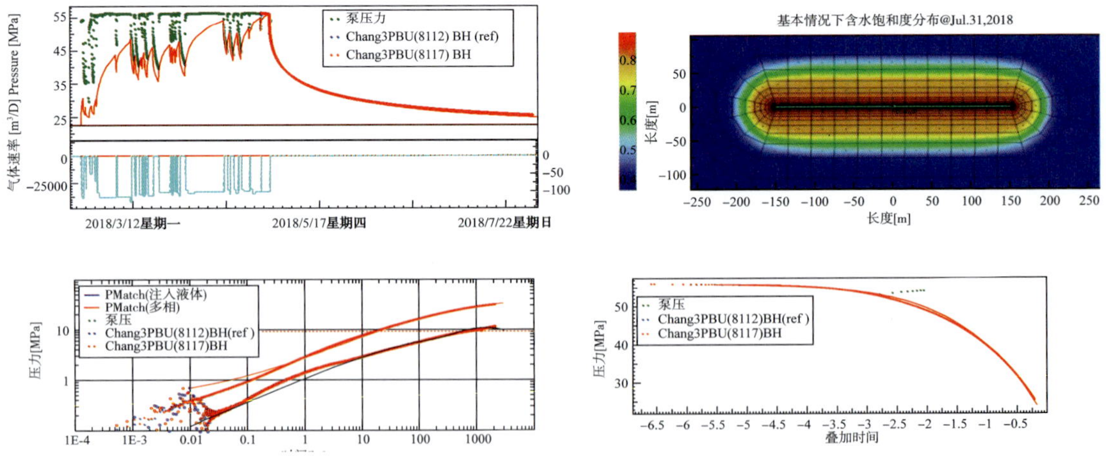

图 7–30　气水两相流模型解释结果（中值模型）

4）解释结果 QA/QC

Eclipse 模型和 RTA 模型均对 C6 长期生产数据进行了历史拟合，拟合结果显示 C6 东部区域连通性好，未发现不渗透边界，且 C3 附近存在压力降落，与 C3 压降试井解释结果一致（图 7–31）。

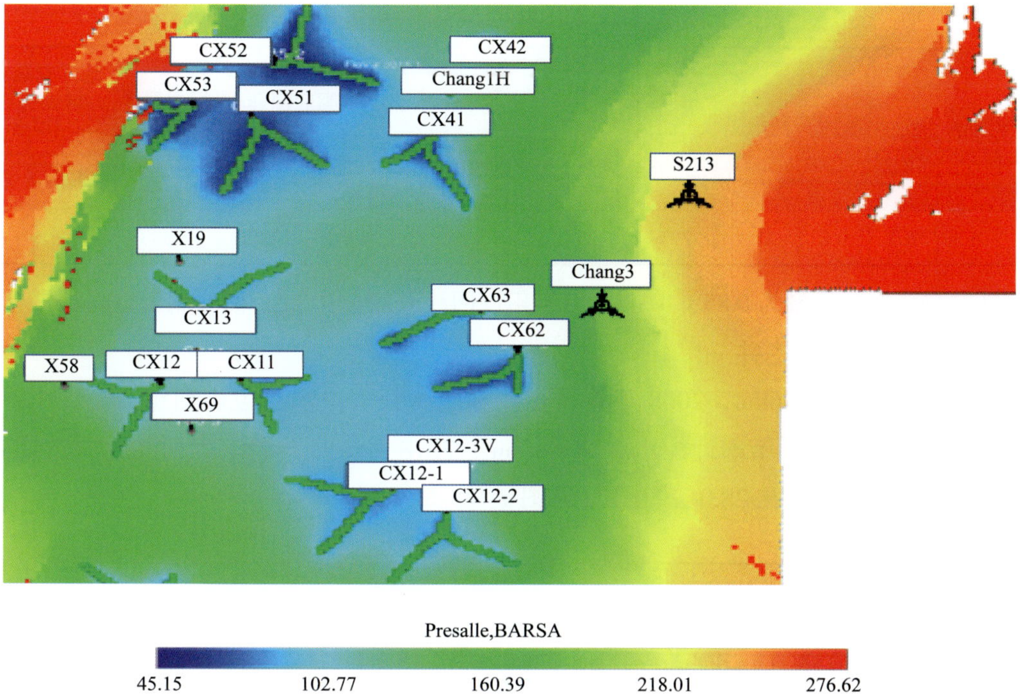

图 7–31　2018 年 2 月 QA 压力分布图（Eclipse 模型）

2012 年 C3 压裂分析报告中显示：C3 井 QA 层最大裂缝半长范围为 230m，C3 压降试井解释的裂缝半长范围与其相当。

2. 回注能力评估

回注井回注能力主要考虑回注层位物性所影响的回注容积的大小，考虑有效厚度、孔隙度、渗透率、饱和度、地层压力等因素，结合实际的压力测试所得到的裂缝半长等数据，采用容积法进行评估，其关键的参数在于目前水驱前缘以及压力波及范围内的面积，平面上为椭圆面。

容积法：

$$G = 0.01A \cdot h \cdot \Phi Sgi \frac{P_i \cdot T_{sc}}{P_{sc} \cdot T \cdot Z_i}$$

表 7–9　C3 井回注层位物性参数表

井名	顶深 /m	底深 /m	砂岩厚度 /m	有效砂岩厚度 /m	净毛比	孔隙度	渗透率 / $10^{-3}\mu m^2$	含水饱和度
C3	2862.00	2869.00	7.00	6.30	0.90	5.80	1.02	0.20

表 7–10　C3 井回注能力评估表

井名	h/m	Φ/%	S_g/%	P_i/Mpa	T_{sc}/°C	P_{sc}/Mpa	T/°C	Z_i	水驱前缘 /km		目前累计回注量 / 10^4m^3	地下空隙容积常规算法 / 10^4m^3	
									最小	最大		最小	最大
C3	6.3	6.3	0.8	27.3	293	25	364.4	0.9297	0.15	0.27	0.888	0.85	1.3

C3 井最小回注容量为 $0.85 \times 10^4m^3$，历年累计回注 $0.89 \times 10^4m^3$，回注剩余空间非常有限。

（二）S213 回注井

S213 井距离 CPF8.6km，2008 年 6 月 6 日射开油管，注水层位山西组，至 2012 年共进行 7 次酸化作业，历年累计注水 $23.4 \times 10^4m^3$。2018 年 1 月开始，因回注水中含油量偏高，导致回注压力长期在 28.0~29.0MPa 见图 7–32。

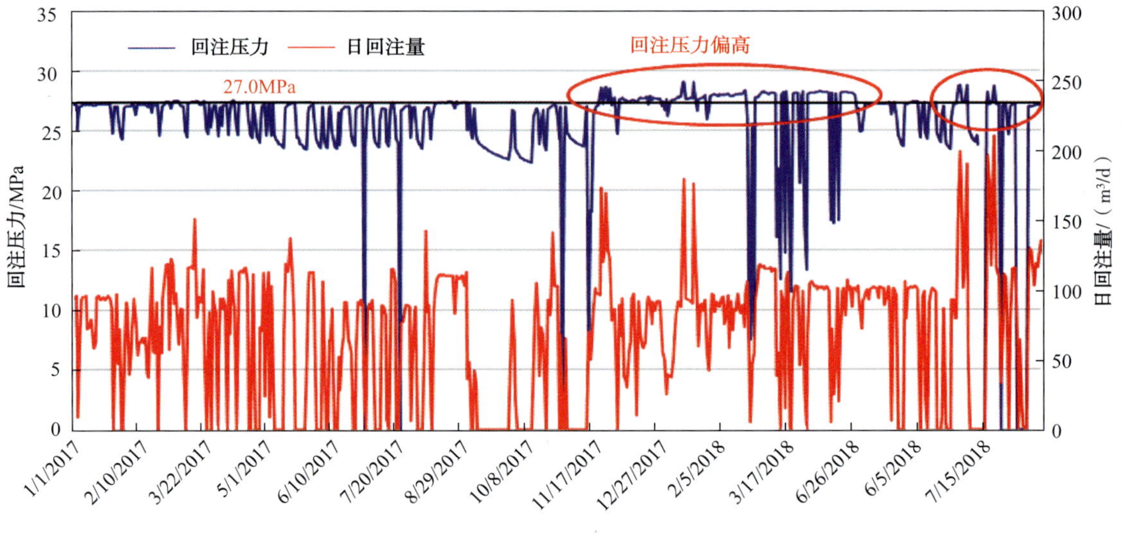

图 7–32　S213 井回注压力曲线图

由于 S213 井暂无进行过相关的压力测试，采用类比的思想，考虑 C3 井试井结果以及生产直井控制范围，同样采用容积法对 S213 井回注能力进行评估。

首先获取 S213 井压力数据，主要在停泵后 THP23.6MPa，采用垂直管流法，取水的密度 $1.0kg/m^3$，计算得到 P_r 为 32.5MPa。利用容积法反推目前注入量 $23.4 \times 10^4m^3$ 水的水驱前缘为 605m（图 7–33）。

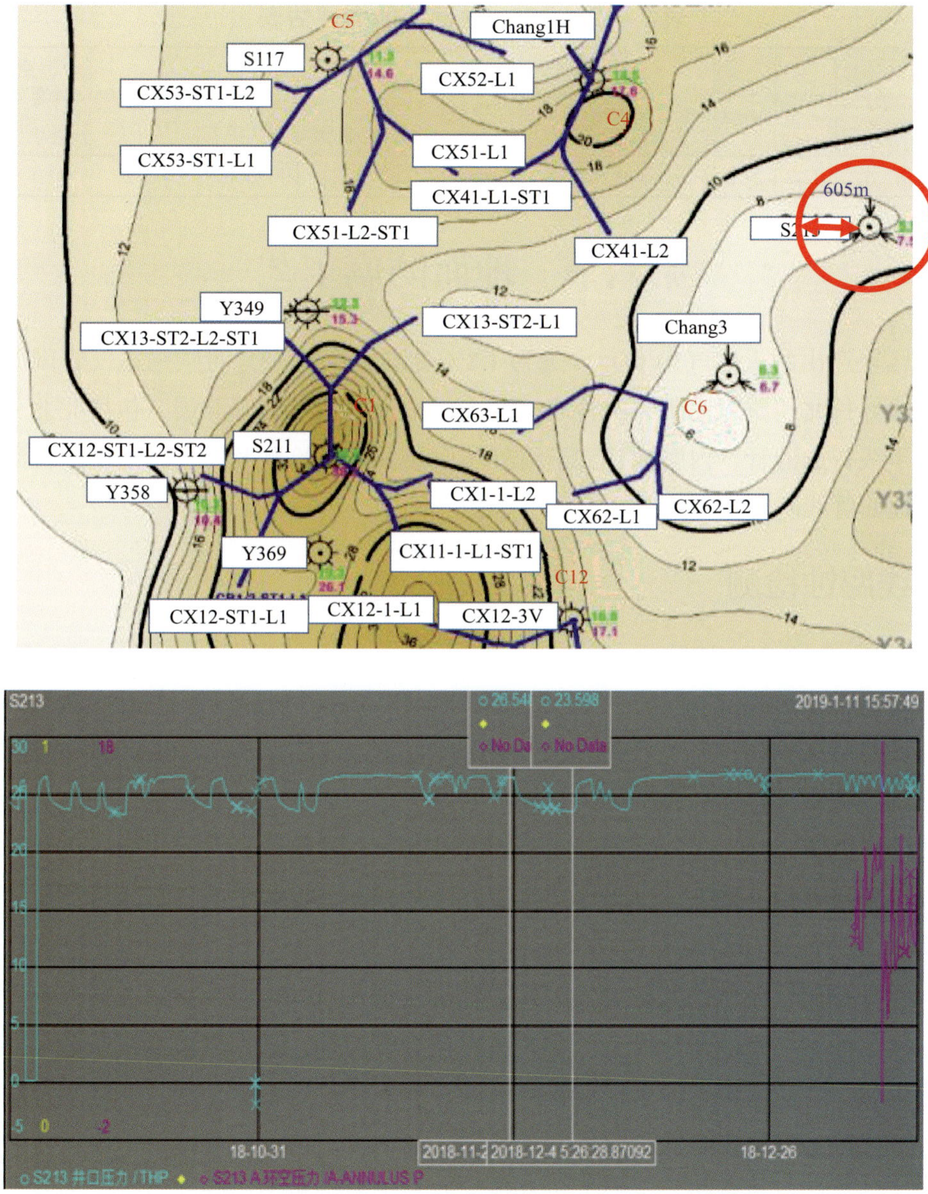

图 7–33　S213 井位置图及井口压力曲线

结合 C3 井解释结果，类比评估 S213 井最小回注容量为 $31.1\times10^4m^3$，历年累计回注 $23.4\times10^4m^3$，占回注井地下容积空间 75.2%，回注剩余空间有限。

表 7–11　S213 井回注层位物性参数表

井名	顶深 /m	底深 /m	砂岩厚度 /m	有效砂岩厚度 /m	净毛比	孔隙度	渗透率 / 10^{-3} μm^2	含水饱和度
S213	2818.00	2825.00	7.00	7.00	1.00	0.06	1.32	0.33

表 7-12　S213 井回注能力评估表

井名	h/m	Φ/%	S_g/%	P_i/MPa	T_{sc}/°C	P_{sc}/MPa	T/°C	Z_i	水驱前缘 /km		目前累计回注量 / 10^4m^3	占比重 /%	地下空隙容积常规算法 /10^4m^3	
									最小	最大			最小	最大
S213	7.0	6	0.67	27.3	293	32.5	364.4	0.9297	1.1	1.7	23.4	75.2	31.1	74.21

第六节　地面防腐工艺

长北区块产出的天然气中 CO_2 含量为 1.8% 左右，存在 CO_2 对碳钢集气管网的“轻中度”的腐蚀。长北地质工艺研究所管线检测工作按计划逐年有序开展，包括北北干线智能清管、南干线智能清管、内腐蚀、支干线外防腐层及阴保检测及站场管道壁厚检测，本节主要阐述地面管线防腐相关工艺。

一、管线腐蚀检测

1. 管道内腐蚀直接评价

直接评价（Direct Assessment）技术是一种结构方法，它是在内检测（ILI）不适用的情况下，通过将流态模拟和管道倾角分布相结合，确定管道中最有可能发生腐蚀的位置，进而判断管段完整性的一种评价方法。该技术基于工艺、流动和腐蚀数据的完备性和准确性，无清管条件限制，不需停输，可大大节省直接检查工作量。

内腐蚀直接评价是在外腐蚀直接评价研究的基础上发展起来的，是通过收集和整合风险因素数据，考虑流体状态和流速、温度、CO_2 和 / 或 H_2S 分压、溶液 pH 值、介质成分等力学 - 化学作用以及原油的影响等因素，针对所选管道的内腐蚀威胁，通过筛选和建立科学的多相流模型、腐蚀评估模型、腐蚀速率预测模型等，进行模拟分析获取可能存在腐蚀风险的区域，对油气田管线生产期间的腐蚀发展规律进行模拟预测，并利用详细检查及后评价等方式确定管道完整性状况所开展的一系列活动。内腐蚀直接评价需运用大量管道相关参数，如结构材料参数、生产工艺参数、介质工况参数等，能够对管道现有的事故隐患进行准确而有效的预报，以便及时采取合理的维护、修补措施，为后续管道的腐蚀控制提供科学指导。

内腐蚀直接评价包括四个关键步骤：预评估、间接检测、详细检查、后评价。预评估阶段：进行数据收集，判断内腐蚀直接评价可行性以及进行内腐蚀直接评价区域识别；间接检测阶段：主要是利用模型进行分析以及开挖点选择；详细检查阶段：进行开挖和壁厚直接检测；后评价阶段：评价内腐蚀直接评价的有效性，进行腐蚀根源分析以及确定再评估周期。

长北区块管道内腐蚀直接评价工作量为6条支线，包括5条集气支线（CX1支线、CX18支线、CX23支线、S141支线、YX28-12支线）和1条回注管线（S213支线），详细信息见表7-13。根据内腐蚀评估标准要求，对6条管线进行了详细检查，共开挖12处，利用超声波测厚技术对开挖位置进行直接壁厚测量。实际开挖结果显示，目前6条管道面临的腐蚀风险主要是CO_2控制的腐蚀。

表7-13 管道内腐蚀直接评价支线

支线名称	分类	长度/km	尺寸/mm	外防腐层类型	评价原因
CX1支线	Ⅱ类	4.64	273	3PE	投运最久管道，材质为L245
CX18支线	Ⅱ类	4.05	273	3PE	Pipesim模型预测积液严重
CX23支线	Ⅱ类	8.38	273	3PE	最北支线，产量最高
S141支线	Ⅱ类	3.53	114	环氧粉末	Ⅲ类管道，产量最高
YX28-12支线	Ⅲ类	1.08	89	环氧粉末	Ⅲ类管道，产量最高
S213支线	Ⅱ类	8.57	89	3PE	回注管道，内腐蚀情况不明
合计		30.25	/	/	

结合内腐蚀直接评估详细检查数据分析，针对6条管道进行剩余寿命评估，评估结果显示管线的剩余寿命分布在11.9~20年（表7-14）。根据前期研究建议，如果在今后运行中输送工艺不发生显著的变化，内腐蚀直接评估再评估时间间隔均为5年。

表7-14 管道进行剩余寿命评估

管线名称	缺陷长度/mm	最大缺陷长度/mm	失效压力/MPa	考虑间歇输送的局部风险点腐蚀发展速率/(mm/a)	剩余寿命/a
CX1支线	150	0.96	20.1	0.11	20
CX18支线	300	0.5	17.3	0.29	11.91
CX23支线	100	0.61	19.8	0.11	20
S141支线	200	0.57	45.5	0.06	20
YX28-12支线	450	0.51	52.1	0.05	20
S213支线	450	0.35	93.4	0.03	20

2. 支干线外防腐层及阴保检测

集气支线外腐蚀检测评价项目对北北干线、北干线、南干线、TPO支线、S213支线、CX26-10支线进行检测，管线详细信息如表7-15。主要检测内容包括宏观检查、管道外防腐层检测、阴极保护有效性检测、管道外防腐层破损点开挖及修复、管道壁厚开挖检测、土壤腐蚀性检测以及杂散电流测试等（表7-16）。

表 7-15 集气支线外腐蚀检测评价

序号	服务内容	数量	单位	外防腐层类型	阴保方式
1	北干线	22.3	km	3PE	强加电流
2	北北干线	18.11	km	3PE	强加电流
3	南干线	12.87	km	3PE	强加电流
4	TPO 支线	4.34	km	3PE	强加电流
5	S213 支线	8.57	km	3PE	强加电流
6	CX26-10 支线	3.98	km	3PE	强加电流

表 7-16 现场完成工作量

序号	工作内容	工作量
1	宏观检查	66.884km
2	管道外防腐层检测	66.884km
3	阴极保护有效性检测	47.193km
4	管道外防腐层破损点开挖及修复	55 处
5	杂散电流测试	10 处

3. 站场管道壁厚检测

对井丛地面管线、CPF 厂区管线、CPF 厂区容器进行了 UT A-SCAN 检测，利用超声波测厚仪对弯头、三通、变径、直管段母材、容器本体等关键位置进行了 UT A-SCAN 检测（表 7-17）。站场总数 26 个，本次检测 19 个，检测覆盖率 83%。

表 7-17 站场管道壁厚检测工作量

序号	服务内容	数量	单位
1	设备壁厚超声波 A- 扫描检测	21000	点
2	设备壁厚超声波 C- 扫描检测	35	处
3	焊缝缺陷 PT 检测	70	m
4	焊缝缺陷 MT 检测	70	m
5	焊缝缺陷 RT 检测	70	张（底片）
6	焊缝缺陷 UT 检测	70	m
合计			

检测结果表明：CX2-3FCV 下游第一个弯头壁厚整体偏薄，最薄点约为 7.22mm，2021 年检测结果和 2020 年数据比较，壁厚递减不明显。CX8-3 采气树下游 Z 形弯中的第一个弯头壁厚偏薄，最薄点为 7.53mm。2021 年检测结果和 2020 年数据比较，壁厚递减明显。C21 井丛地面管线整体壁厚递减率较高，2020 年数据比较，壁厚递减率为 2.02%。

对 CPF 厂区内的 29 单元、20 单元、22 单元、24 单元、23 单元、25 单元、06 单元、40 单元、60 单元、03 单元、63 单元、59 单元、26 单元、51 单元等 14 个单元的指定部分管线进行了 UT A-SCAN 检测，检测了 18148 个点，发现了 8 处管线有局部内部减薄、保温层下腐蚀及支撑位置腐蚀等问题。

06 单元的 PL-0604 管线的 T1 和 T2 三通处发现了腐蚀减薄点。40 单元的 WW-4003 管线的 E3 弯头处发现了腐蚀减薄点。29 单元的 1R-2900 管线的三通表面有轻微的锈蚀。22 单元一系列的 WW-22102 和 HO-22101 管线的弯头和三通表面有锈蚀麻点；22 单元二系列的 HO-22201 管线的弯头处表面有锈蚀麻点。23 单元的 HO-2302 管线的弯头和变径处表面有锈蚀。51 单元的热水进出口管线表面油漆完好无任何锈蚀、腐蚀，导热油进出口管线表面有锈蚀、麻点。25 单元的 PL-2518 管线吊点的位置腐蚀穿孔。并对 CPF 厂区内的指定部分容器进行了 UT A-SCAN 检测，检测了 1088 个点，未发现问题。

二、地面防腐工艺

针对管线腐蚀检测结果，长北区块采取了多种防腐工艺。

1. 管道防腐

除采气管线、站内管道、设备只采用防腐层保护外，其余站外埋地管道全部采用防腐层加阴极保护的联合保护。埋地集气干线、集气支线管道采用聚乙烯三层 PE 防腐层，一般地段采用普通级防腐，重要的、特殊地段采用加强级防腐，防腐层厚度根据管径和防腐等级不同，为 1.8~3.2mm 厚。现场环焊缝补口、热煨弯头防腐采用聚乙烯热收缩套（带）。站外埋地管道阴极保护采用强制电流阴极保护，阴极保护站设在中央处理厂。

2. 集气工程——管线材质及防腐

长北区块含 1.8%CO_2，不含 H_2S，从实际生产数据得到，凝析油气比和水气比分别为 $7m^3/10^6m^3$ 和 $12m^3/10^6m^3$。由于 CO_2 和水会对油管产生腐蚀，因此开展了长北区块评价井油管材料潜在腐蚀的研究。理论上预测的腐蚀率为 12mm/a，这个腐蚀速度不符合标准。在 YX27-11 井中进行油管的腐蚀调查，表明经过七个月生产后腐蚀达到壁厚的 10%，这个速度大致相当于生产三年后壁厚腐蚀达到 50%，此时应进行修井，以避免出现井下落鱼。

为保证工程 20 年生产使用寿命，根据 3.5mm/a 的腐蚀速率对不加抑制剂的碳钢集气系统将需要约 70mm 的腐蚀余量。

设计对比的方案为：

（1）碳钢管道系统 + 缓蚀剂；

（2）玻璃钢管道系统；

（3）抗腐蚀合金管道系统。

抗腐蚀合金管道非常昂贵，而这样口径及压力的玻璃钢管道系统已超出目前的经验范围。碳钢加缓蚀剂则提供一个经济有效且成熟的方案。

本文设计了 1mm 腐蚀余量的碳钢集气干线和集气支线。为确保集气系统具有恰当的腐蚀余量，还应该满足下面的额外规定：

（1）缓蚀系统的可靠性要达到 98%；

（2）实施腐蚀监测；

（3）采用智能清管器检验管线状况。

如果部分集气干线施工后静置较长时间才投产，则必须采取措施维护这些管线以保证其不受内外腐蚀，即将其清洁、做水压实验、脱水干燥、加缓蚀剂并密封。

3. 井丛—抑制水合物及减缓腐蚀

由于节流阀后的温降以及集气管道内流体在冬季因土壤温度降至 0.5℃时而使天然气处于可形成水化物的低温，使用水合物抑制剂是必要的。由于井口流体中 CO_2 及水的存在，缓蚀剂的注入也非常有必要。水合物抑制剂与防腐剂的混合物将根据气井流量的比例注入节流阀上游。

为确定井的产出水量，将采用移动式测试分离器。可考虑使用紧凑的橇装装置，如 Gasunie 旋风分离器，它比传统的分离器小得多。对长北区块来讲，水合物抑制剂与缓蚀剂以恒定比率注入是可行的。所需要的化学剂注入速率是与产出水速率相联系的，因此产出水越多，需要的水合物抑制剂和缓蚀剂将以同样的比例增多。

真正的腐蚀速率无法确定。长北区块已经开展了一项研究来计算使用 13 铬油管或碳钢的成本差别。如果使用碳钢油管，需要向井内注入腐蚀抑制剂。因此控制管线，或偏心工作筒需随完井管柱一同下入井内。这些设备需要定期进行维护。而且在整个开发阶段需要进行多次腐蚀调查。考虑一些井需要修井作业，以及腐蚀问题或井下腐蚀抑制剂注入设备的影响，13 铬油管在经济上更可行，并且已经列入基本开发方案中。但是由于腐蚀有可能和自由水有关，自由水仅在油管中凝析，所以井下设备从封隔器以下的油管可采用碳钢油管。

第八章

储层—井筒—地面一体化技术

长北区块开发理念:“丛式双分支水平井开发、稀井高产、井间接替、分区分期”,与国内外其他非常规气田的开发特征有所不同。针对特殊的地质条件与开发模式,长北提出以价值为导向的储层—井筒—地面一体化协同工作模式,实现以最小投资达到开发效益最大化的目的。

第一节 储层—井筒—地面一体化

一、一体化的理念

储层—井筒—地面一体化(Well and Reservoir Facility Management,简称 WRFM)是一种油气田协同管理方法,即通过有效的人力资源配置,以最小化投资实现油气田开发效益最大化为目的,其始于开发方案优化制定,终于油气田生命周期的结束,贯穿于油气田开发过程始终。WRFM 把整个开发生产系统视为一个整体,在四维空间(三维的油气藏及生产设施与时间的结合)里通过不同专业及各个环节的不断优化,以实现高效开发的目的。

储层—井筒—地面一体化管理通过跨专业地把地下油气藏、井和地面设施整合为一个综合生产系统(图 8-1),使各自部分的管理发挥到极致。从资源配置来看,WRFM 根据生产系统的约束,从全局出发充分协调,进行资源分配,尽可能消除生产系统中存在的资源和生产能力的浪费。

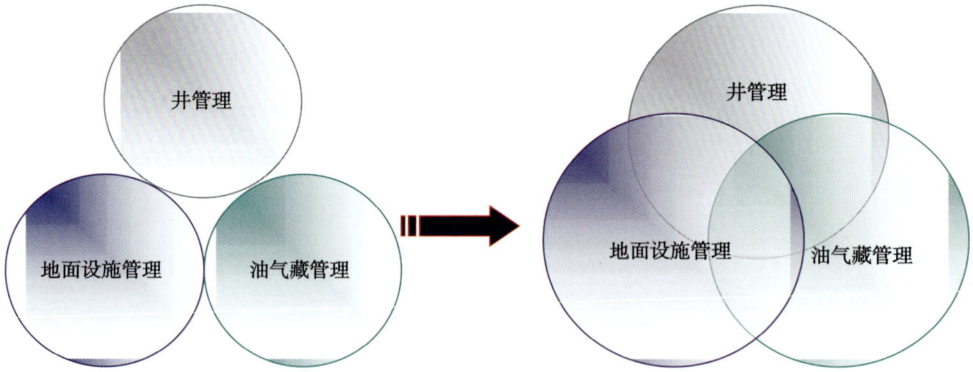

图 8-1 WRFM 一体化管理

WRFM 是一种综合一体化的管理体系,其特征主要体现在三个方面。

1. 专业职能一体化,多个专业组协调管理

对于 WRFM 流程中发现的问题,油气藏管理、井管理、地面工艺管理等多个专业组均参与讨论,分析根本原因,由操作组、油藏组、生产工艺组、井服务组等地下各专业组

和地面专业组之间共同决策，实时沟通信息，共同解决生产过程中的问题，保证以最小成本实现最有效率的管理，尽可能避免部门、专业组之间目标不一致的问题（图 8–2）。

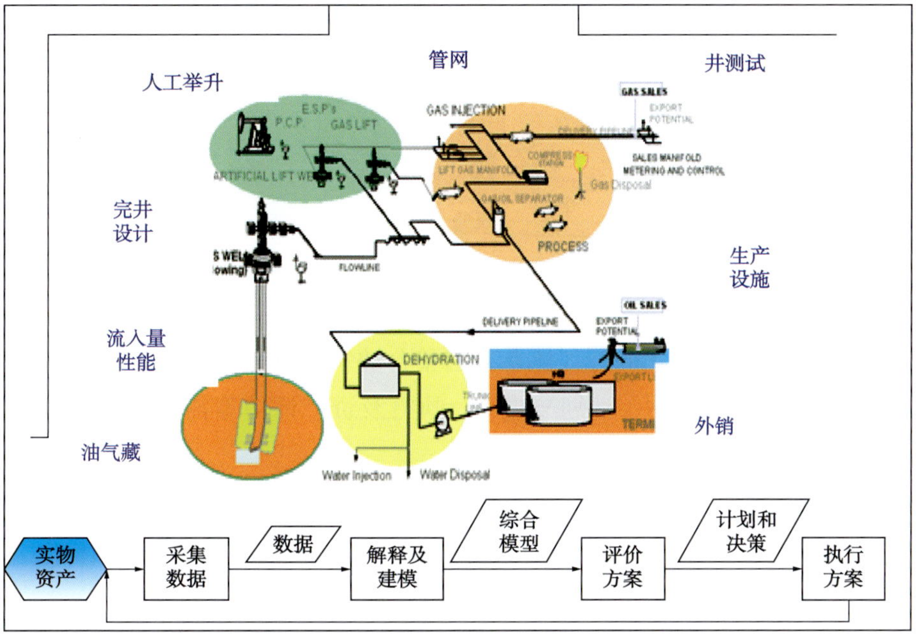

图 8–2 WRFM 一体化管理范围

2. 时间一体化，短期、中期、长期目标具有一致性

从管理的周期来看，WRFM 管理体系强调短期、中期和长期目标的协调统一。一般而言，短期、中期目标与长期目标总会存在冲突，短到中期目标主要强调当前产量最大化、成本最小化，而长期目标强调未来乃至整个项目寿命周期的产量最大化。

3. 高度一致的价值观

以整体资产作为管理对象，以市场需求为出发点，充分协调外销系统、地面管网、井产能、油气藏的性能等，确保全部资产在整个寿命周期内的各项指标最优。

WRFM 是基于对油气储量和市场需求的预测，统一协调、制定和执行生产计划，实时监控生产系统的性能状况，及时发现并解决问题，以实现油气生产寿命周期内生产效率的持续改进，确保实现整个项目寿命周期内油气生产价值的最大化。WRFM 是从整个生产系统出发，完成价值循环、实现持续改进的管理方法。WRFM 以整体生产系统为出发点，通过对实物资产的监控，降低生产经营的不确定性，实现资产的性能、成果（主要包括已实现的价值—产量、储量、成本等）等；通过实际数据所提供的反馈信息，建立或校正模型，预测不确定条件下的产量、储量、成本等，从而形成新的计划并付诸执行，实现了从实物资产到实物资产优化的闭合价值循环（图 8–3）。

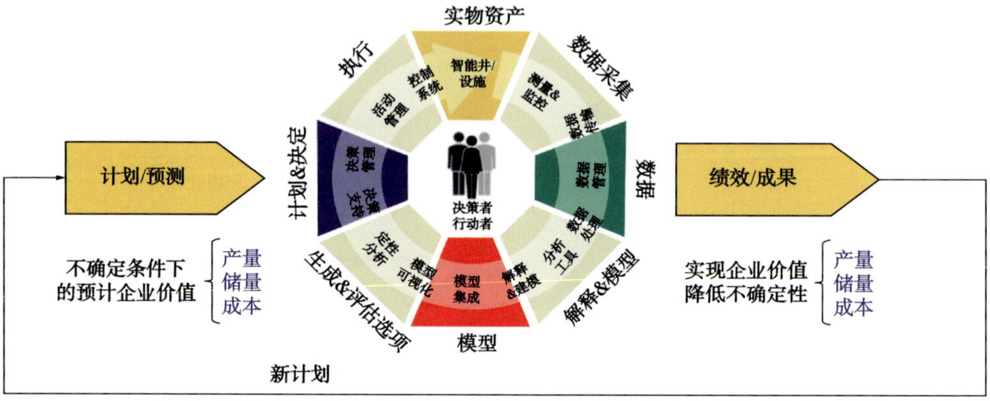

图 8-3 WRFM 的价值循环

WRFM 是一种综合一体化的管理体系，它整合油气藏资料采集、管理、油藏分析、油藏建模、不确定性分析与评估、计划与决策、执行及资产评估等各个方面一体，实现油气藏的综合管理。

WRFM 的管理目标、价值循环、基本要素以及实现价值循环所必需的 WRFM 组织、流程和步骤，以及各部分之间的动态协调，构成了完整的 WRFM 一体化管理体系，WRFM 一体化管理体系的主要组成部分如图 8-4 所示。

图 8-4 WRFM 一体化管理组成

WRFM 是一个将油气生产系统的资产和作业进行综合管理的价值循环过程，在价值循环过程中，首先收集实物资产（气藏、井、生产设施）的相关数据，然后对数据进行分析，调整 / 更新各类专业模型，从而更好地预测未来的储量、产量，为制定准确的 WRFM 计划提供了基础保证，完成了价值循环。在这一过程中，不仅实现对资产的管理，而且达成了知识管理的目标，其最终结果是实现了整体资产价值最大化。

WRFM 从全局出发充分协调，进行资源分配，尽可能消除生产系统中存在的资源和生产能力的浪费，使各自部分的性能发挥到极致，达到提质增效精细管理的目的。WRFM 目的在于实现整体价值最大化，其主要目标具体体现为提高采收率，即提高储量或产量。

从 WRFM 的系统构成看，其主要解决以年为周期的长期油气藏管理和以月为周期的生产系统优化。

1. 长期油气藏管理

长期油气藏管理（Long-term Reservoir Management），也可称作闭环油气藏管理，是一种近乎持续的油气藏管理过程，融合了基于模型的优化和数据同化（计算机辅助历史匹配），因此也可称作实时气藏管理、智能气藏管理或闭环优化管理。

作为"智能油田""自学油气藏管理""一体化操作"等的一部分，闭环方法或实时方法应用于油气资源生产管理不断受到人们的关注，形成了闭环油气藏管理。与大多数管理方法主要聚焦于短期生产不同，闭环油气藏管理强调通过计量可验证的、与可控参数（如井位、生产参数设定）相关模型要素，根据数值模拟模型，同时通过数据同化不断地更新模型，实现天然气储层管理优化。闭环油气藏管理的假设是：通过将油气藏管理从批量式转变为近似持续的基于模型的控制活动，能显著地提高油气藏寿命周期价值。

长期油气藏管理的目标在于安全地实现产量和最终采收率最大化，同时降低操作成本，实现油气藏在整个寿命周期性能的最大化。主要通过以下措施改进 WRFM 价值循环：在气田寿命周期早期采集关键数据，了解气藏的特性（如特殊岩心分析）；建立基本监测数据采集程序，运用例外监测思想（Exception Based Surveillance Concept）进一步优化数据采集；确定恰当的建模复杂性，定期地进行多学科审查（井、区块储层评估），制定标准的操作程序、工作流程改进数据管理。

2. 中期井及设施管理—生产系统优化

生产系统优化（Production SystemOptimization，PSO）是 WRFM 的组成部分之一，通过常规监测清晰地了解生产系统的各要素及其如何以一体化的方式进行运作，识别优化机会以最大化生产系统的价值。执行 PSO 机会将引起生产系统构成的变动，通常在几天到几月内发生，同时不会超越能实现最大化寿命周期价值的操作约束。这里所说的"生产系统"，至少包括从油气藏开始到销售点的整个资产及其构成的相互联系的过程。

二、一体化工作模式

随着长北区块产能不断递减，井筒积液、井和设备完整性问题日益增多，如何充分发挥气井产能，延长气田稳产期，WRFM 一体化管理模式尤为重要。通过跨专业把地下储层、井筒和地面设施整合为一个综合生产系统，使各自部分的性能发挥到极致，以达到提质增效精细管理目的。

1. 智能化的软件平台

WRFM 一体化管理贯彻了智能化气井、气田的思想，它不单局限于自动化生产的理念，其主要涉及实现一体化管理智能化的三个关键要素：可靠的数据来源、将数据转化为信息和实施方案的综合工具、使用信息做出正确决策的专业技能人才。

首先，自动化获得可靠的数据来源。目前长北区块各种动态数据均由 DCS 系统自动读取，读取的生产数据可自动生成报表，并且可以上传以及数据转换。另外技术人员使用 PI 系统可以实时读取生产数据，以满足生产研究以及对气井、气田设备的实时监控，实时地监控整个生产系统的状况，及时发现存在的问题并迅速解决，实现生产过程优化。

其次，自动获取的数据需要转化为信息和实施方案。这个过程必须使用专业的综合工具。WRFM 一体化精细管理是多个专业职能一体化，由多个专业组协调管理。因此，油气藏管理、井管理、地面工艺管理等多个专业，对应得需要各专业的专业处理工具软件，比如油气藏管理需要数值模拟软件、试井软件；地质研究人员需要专业的地质建模软件；各专业通过软件把自动获取的数据处理后得到各种可应用的信息，给予各种方案支持（图 8–5）。

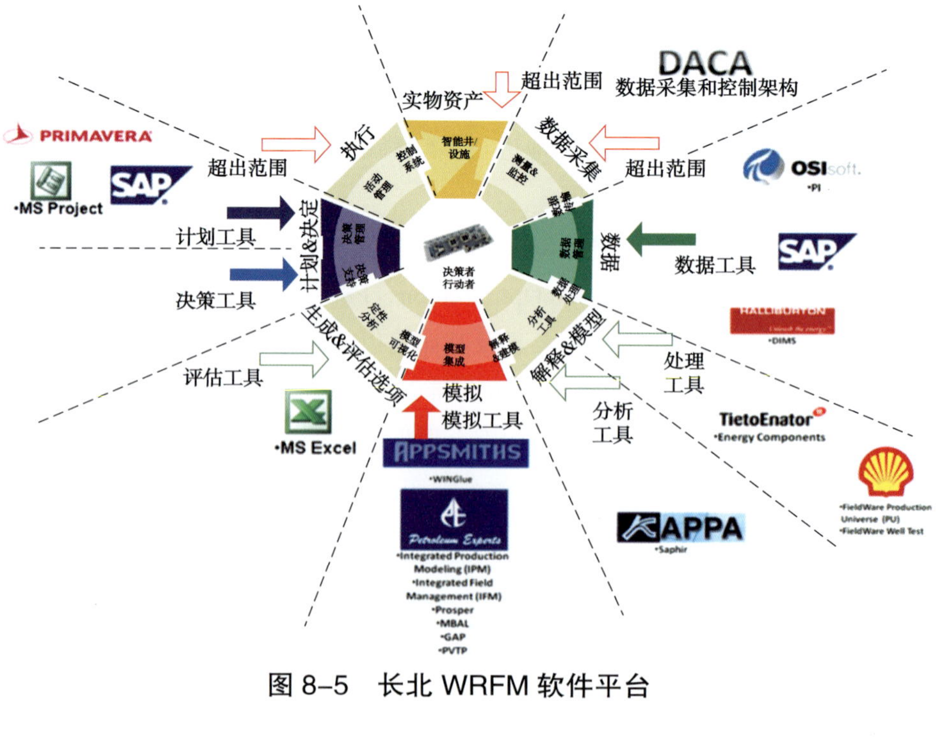

图 8–5　长北 WRFM 软件平台

最后，虽然有了获取的各种信息，但是数据繁多，而且专业性较强，这时就需要针对信息做出正确决策的专业技能人才，这就是 WRFM 一体化管理的专业技术团队。

2. 制度化的考核指标

长北区块紧密围绕 WRFM 考核指标，用制度去约束一体化的高效运行。2016 作业权移交后对考核指标重新进行评估，筛选 5 大项 15 小项考核指标（表 8–1）。考核指标主要围绕年度工作计划、生产指标、动态监测、绩效管理等项目提出，同时各项指标也对应具体到落实人，确保各项考核指标有效落实；指标落实后，在具体实施的过程中通过定期的审核制度，确保长北区块管理按照计划实施。

表 8–1　长北 WRFM 考核指标表

序号	类别	内容
1	工作计划	WRFMPLAN 工作计划
2	职责要求	Accountabilities 岗位职责
3		staffing requirements 人员要求
4	数据监控	data acquisition 数据采集
5		Rate measurements 流量监测
6		Downhole pressure requirements 井底压力要求
7		Surveillance 监测
8		data managment 数据管理
9		Operating envelopes 操作范围
10	模型更新	Models strategy 模型策略
11		IPSM 一体化模型
12	绩效管理	WRFMPractice Table Implementation WRFM 工作计划执行管理
13		Opportunity Management 机会管理
14		Performance Management 绩效管理
15		Deviation/Moc 偏差 / 变更管理

3. 一体化管理流程

WRFM 一体化管理从实物资产出发，实施过程包括数据采集与分析管理、决策方案的制定管理、一体化作业计划管理、执行与跟踪管理、评估保障机制管理等五个管理流程。长北区块 WRFM 管理的具体工作流程如图 8–6 所示。

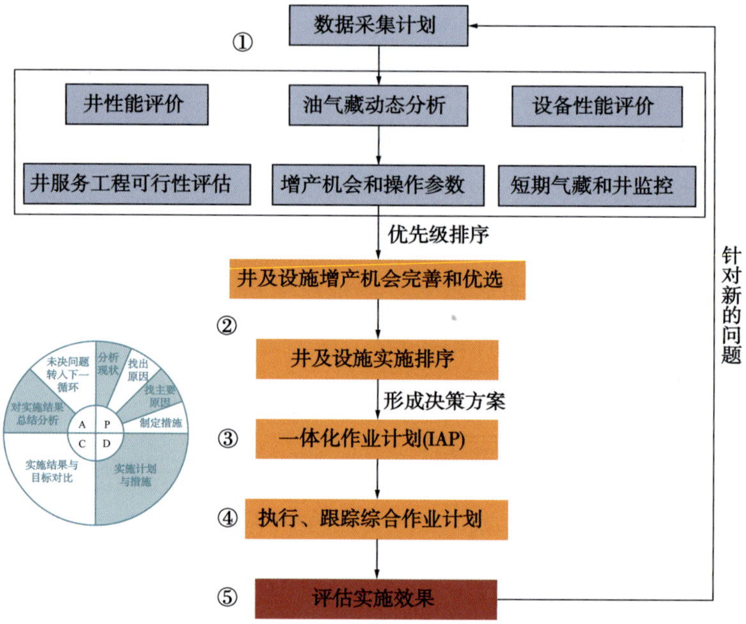

图 8-6 长北 WRFM 一体化管理体系流程图

工作管理流程是将技术与人融合的黏合剂。工作管理流程有助于组织在合适的时间、适当的可视化环境下，通过为不同专业团队成员提供恰当的信息，来实现组织的目标，如提高采收率，降低经营成本，提高生产速度等。一旦完成了对工作管理流程的一体化和定制化，则全部决策信息可通过一个入口，应用标准化的可视界面呈现，以方便管理人员使用、学习和传播。另外，所有需要的支持性的背景资料，如工程图、说明书、维护维修计划等也可以通过链接提供给相关成员迅速做出正确决策。

建立这样的管理流程能便于在出现非正常情况时向工程师发送例外情况警报，以及相关的生产数据及其他数据；便于能集中大部分时间用于数据分析和生产经营优化。这样的管理流程能使作业人员间协作共享，报告事件、提供相关建议，为专家进一步分析和决策提供支持数据。此外工作流程有助于组成远程管理团队，按不同专业方式一起在同一平台上协同工作，不同层次的专业知识可用于实时解决与生产相关的问题，集中监控和诊断。而且同一专家组可同时管理多个生产设备，其知识和能力可跨资产项目发挥杠杆作用。基础工作流程及数据还可用来为高层管理者提供资产绩效的总体情况。

第二节 地面集输管网仿真模型

Pipesim 软件是集单井分析、诊断、优化设计及集输管网一体化综合软件平台，可以单一模拟从气井到地面处理站的整个生产系统。

长北地面设施包括 23 个井丛、3 座集气站、2 座处理厂（中央处理厂和榆总站）、北北干线、北干线、南干线各支线以及相关设备参数等。早期地面管网采用行业的油气田规划工具（HFPT）来创建，并与地下模拟器（MoRes）耦合进行一体化的生产预测，从井口到中央处理厂入口的压降损失与实际的压降损失进行了对比校正。HFPT 所建立的地面管网较为单一并与地下模型进行了耦合，但对后期地面管网的实时优化具有一定的挑战性。因此采用了 Pipesim 软件对长北的地面管网系统进行重新建模，实现单井及地面管网数值化。

一、建立单井模型

Pipesim 软件为垂直管流和水平管流分别提供了多种流动相关式，若油管与水平面夹角为 0°~45°，系统自动默认油管内为水平管流，若油管与垂直面夹角为 0°~45°，系统自动默认油管内为垂直管流。

软件中垂直管流包含 Beggs & Brill Revised、Duns & Ros、Gray（modified）、Hagedorn & Brown、Ansari、Mukherjee & Brill 等多种多相管流压降模型。长北通过 15 口井实测流压梯度数据与多种管流压降模型对比分析，用 Gray（Modified）计算压降梯度与实测流压数据均具有较好的一致性。如图 8-7 所示，紫色线为实测值，绿色线为 Gray（Modified）计算值。HE Gray of Oil Company 所开发的 Gray（Modified）相关式用于研究压降以及持液率，基于主要为气相流动的含凝析液垂直管道流动，因此适用于类似长北区块的干气气藏。

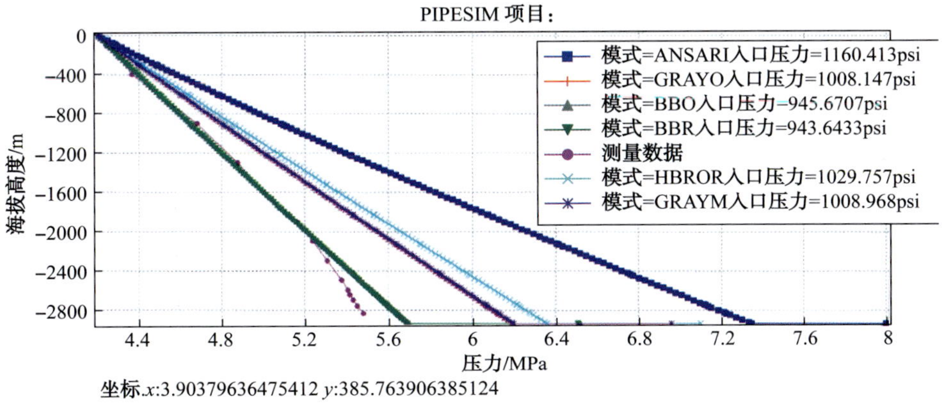

图 8-7　CX-2、CB15-2、CB9-3V 井相关式拟合图

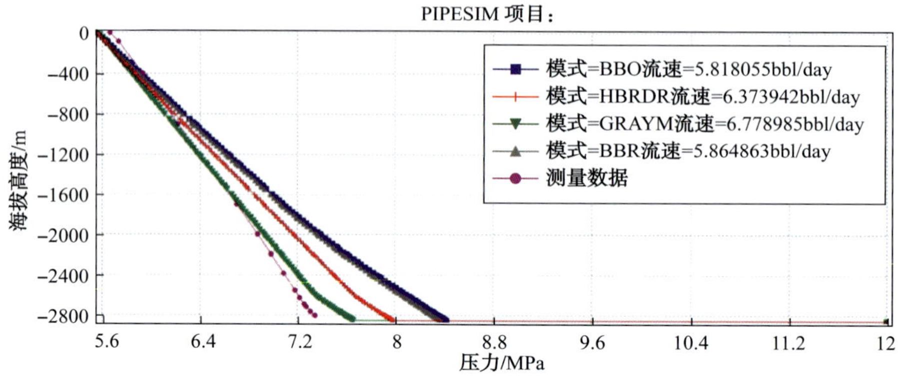

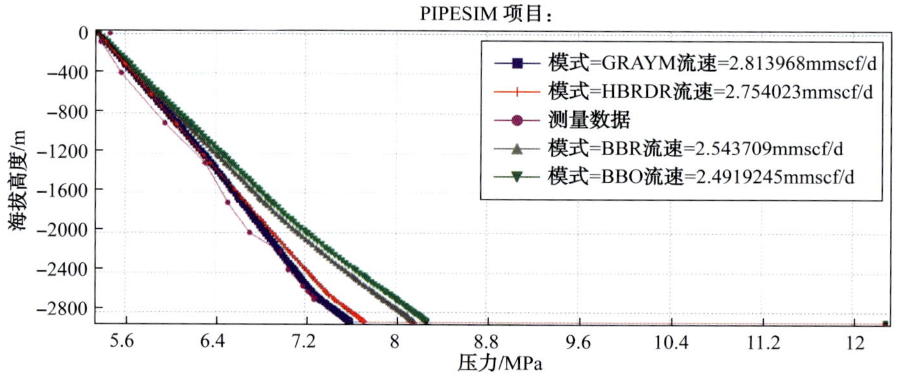

图 8-7　CX-2、CB15-2、CB9-3V 井相关式拟合图（续）

利用 Pipesim 软件根据钻井、完井等参数建立从气藏—油管—井口的 62 口单井井筒模型，节点设计在井底。其中油管模型包含井斜数据、地温梯度、油套管结构、井下设备等参数（图 8-8），气藏模型包含地层压力、温度、流入动态模型、流体模型等参数。

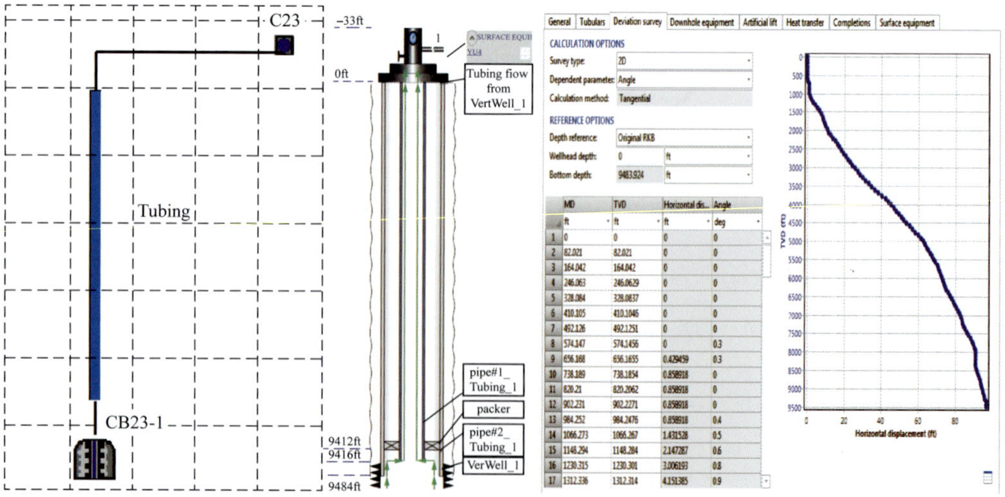

图 8-8　长北单井模型示意图

二、建立地面管网模型

利用 Pipesim 将井丛、集气站、各干线、支线以及处理厂各节点参数根据实际数据进行数值化运算连接，形成一体化综合模拟的地面管网图形界面（图 8–9）。

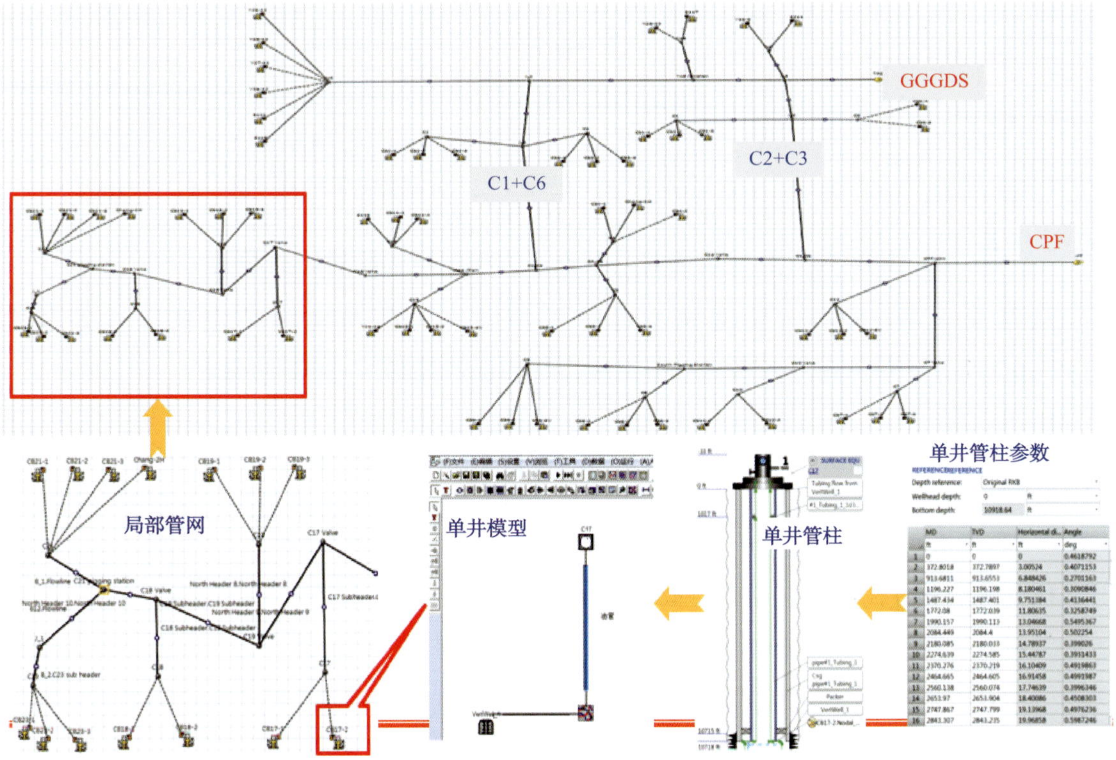

图 8–9　长北地面管网图

水平管流提供了包含 Beggs & Brill Original、Beggs & Brill Revised、Baker Jardine Revised、Dukler、AGA & Flanagan 等多种多相管流压降模型，多相流管路的工艺参数计算如流型判别、持液率确定、压降计算等等，大都采用半理论半经验关系式，其中 Beggs & Brill Revised 适用于低水气比的压降模型，长北区块液气比在 0.1m^3/10^{4}m^3，实际管网模型也证明利用 Beggs & Brill Revised 计算的下游节点压力值与实际值相近，误差在 10% 以内，适用于长北地面管网的压降计算。

三、模型与实际参数对比验证

本次模拟计算中以中央处理厂和榆总入口压力为最终节点，通过 Pipesim 中单井产量设置来计算各模拟节点背压与实际节点背压进行对比（图 8–10）。

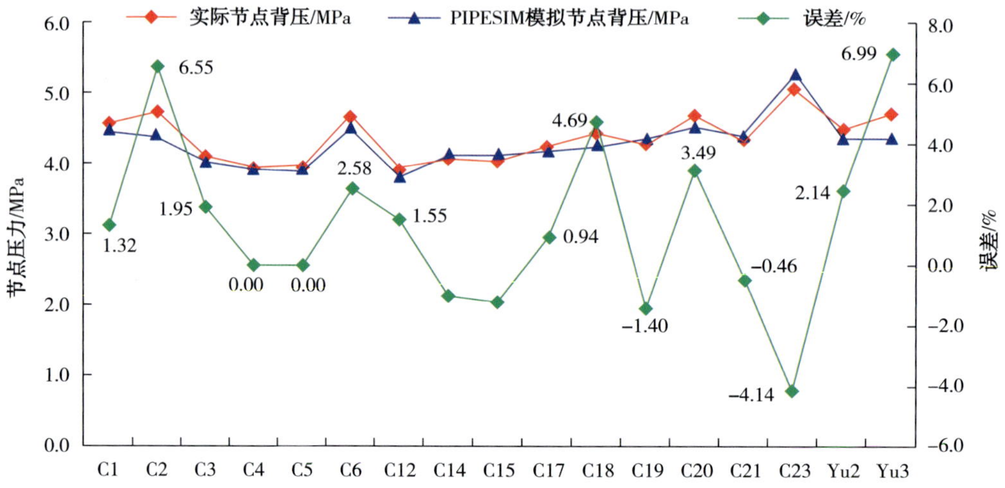

图 8-10 长北地面管网节点压力模拟与实际对比曲线图

从结果来看，Pipesim 管网模型计算模拟节点背压与实际节点背压误差范围 4.14%~6.99%，满足气田开发管理对节点压力预测误差控制 +/−10% 的要求。

第三节 基于 IAM 平台的储层—井筒—管网系统整体耦合技术

IAM 储层—井筒—地面综合模拟系统注重油藏、井筒、地面的一体化协同管理，与传统油气藏管理相比具有“注重现代技术的应用、多学科领域的协作”的特点。不难发现传统油气藏管理存在一定的局限性：管理的重点在于油气开采，注重地下资产的管理，较少地关注地面生产设施管理，未实现油气资产的一体化管理，更强调油气开采过程的效率，学科之间的协作以油气生产相关学科为核心，以及油气生产过程中信息的可视性差，忽视了管理过程不同信息的获取以及将这些信息转化为综合对策应用于整个开发管理中。而长北区块 IAM 储层—井筒—地面一体化综合模拟系统整合不同专业、管理方式来实现气田生命周期内开发程度的最大化。

一、技术思路与原理

长北开展“储层—井筒—地面一体化”模拟技术是借助 IAM 软件平台将 Petrel+Eclipse 静动态模型与 Pipesim 单井及地面管网模型耦合成一个整体，其核心理论基础就是动态 IPR 模型耦合技术。

（一）流入流出曲线（IPR 曲线）

耦合井筒模型与储层模型的新技术中，储层对井底流压变化的响应特征并非通过数值方法获得，而是采用傅立叶变换求解扩散方程获得。该数学方法建立了随时间变化的动态IPR方程，无论压力变化快慢，该方程均可求得任意压力变化的储层响应特征。假设储层为均质、各向同性、圆形的储层，生产井位于储层中心，考虑同等条件下IPR模型不同的流动状态：非稳态、拟稳态、稳态。储层—井筒的耦合模拟是储层—井筒模拟非稳态效应的唯一选择，但计算成本高，且在生产井开发周期内应用有限。

动态IPR模型与依赖代数表达式的常规IPR模型的不同在于：其采用线性常微分方程来获得储层的动态特征。与常规储层模拟不同，动态IPR模型并不是偏微分方程，没有明确的空间依赖。与常规稳态IPR模型相比，动态IPR模型与非稳态井筒模型更容易耦合并得到可靠结果。动态IPR模型还可用于防堵塞控制系统的设计。通常计算控制系统参数采用的是简化的单井模型，而动态IPR模型可以生成适用于控制系统应用的格式：转换函数。不过仍然有一些更复杂的情况未考虑，如：储层中的多相流、水锥的形成。从原理上来讲，动态IPR模型是适用于这些情况的（图8-11）。

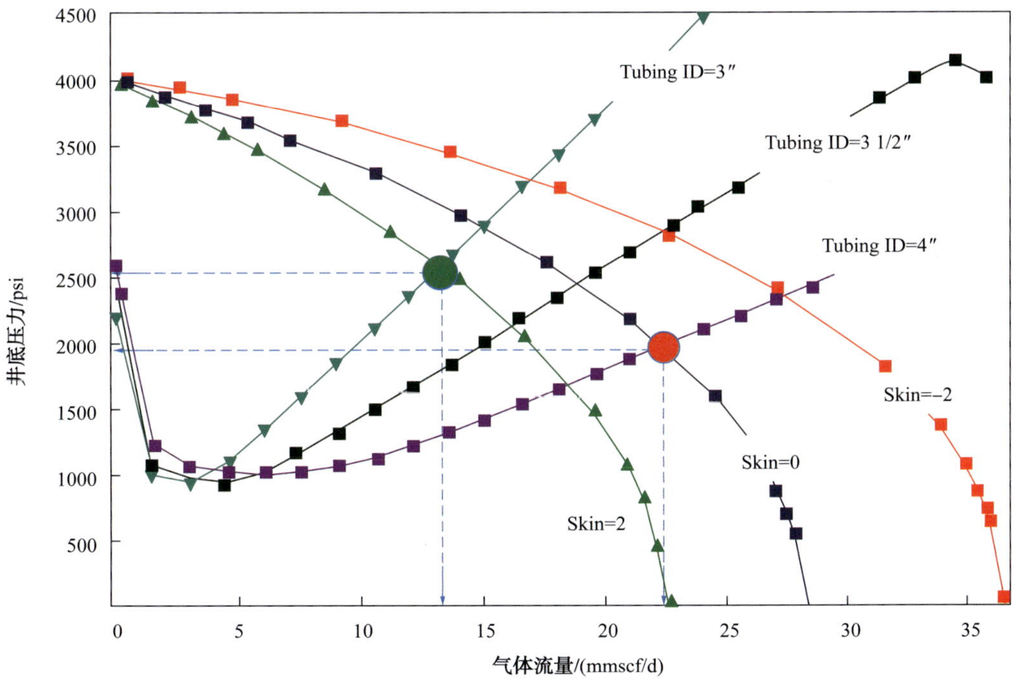

图8-11 动态IPR曲线图

（二）耦合的原理及方法

1. 动态IPR模型耦合原理

即在储层与井筒、地面管网之间不同压力、产量通过多次迭代计算使流入流出曲线达到平衡输出，得到气井最佳生产产量（图8-12）。

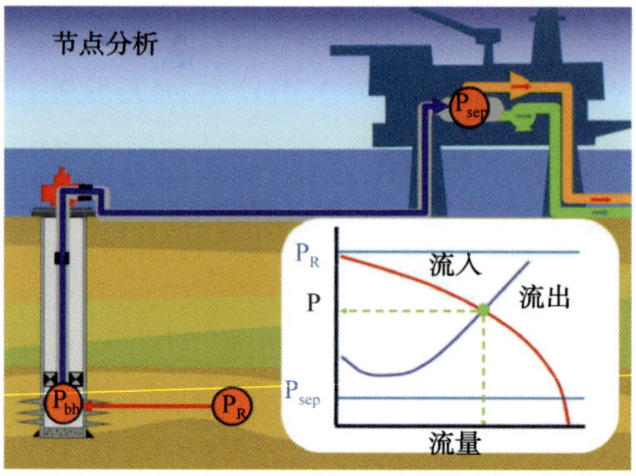

图 8–12　IPR 曲线与一体化示意图

2. 动态 IPR 模型的约束条件

包括井底压力、井口压力、日产油量、日产气量、日产水量、日产液量、储量数据等参数，但每次耦合只能选择一个参数进行迭代耦合。

3. 动态 IPR 模型耦合的主要类型及方法

一种是基于流量耦合，也就是基于 ECLIPSE 动态模型耦合。地下流量传到管网，对比分析压力变化，特点耦合速度较快，也是目前常用的耦合方法，推荐在大型油气田区块使用（图 8–13、图 8–14）。

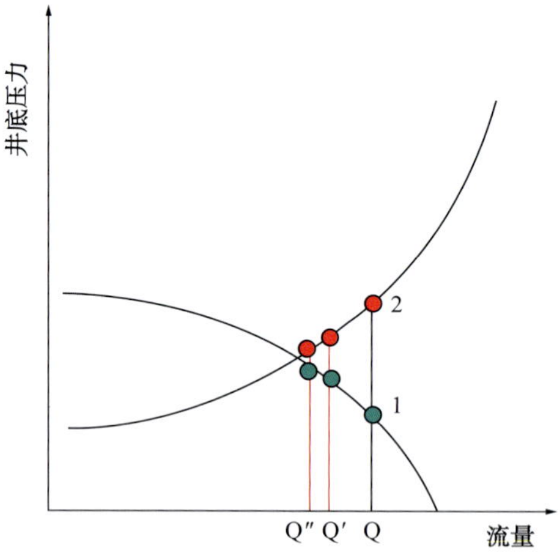

图 8–13　地层条件约束

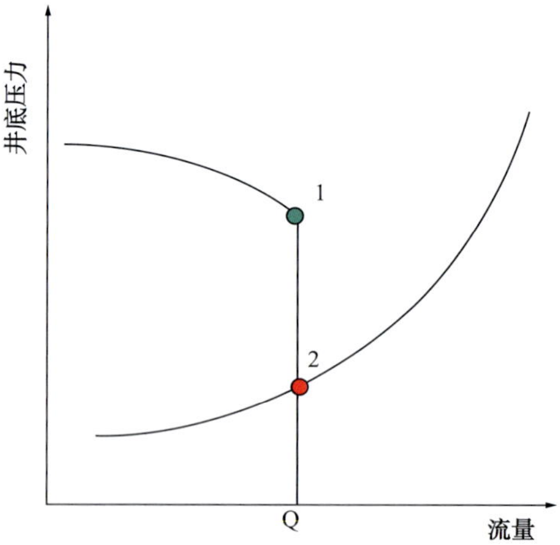

图 8–14　管网条件约束

第二种是基于 IPR 曲线，IPR 曲线数据传到管网进行耦合，对比分析压力和产量之间的变化，包括 Fast PI 和 Full PI 两种耦合方式。

1）Fast PI 单井生产指数快速耦合

该方法对单一模型耦合速度快且相对可靠，但不能与地层约束条件相匹配。IPR 呈线性关系，井底耦合仅考虑了单井生产指数 PI，无法全面反映地层情况（图 8–15）。

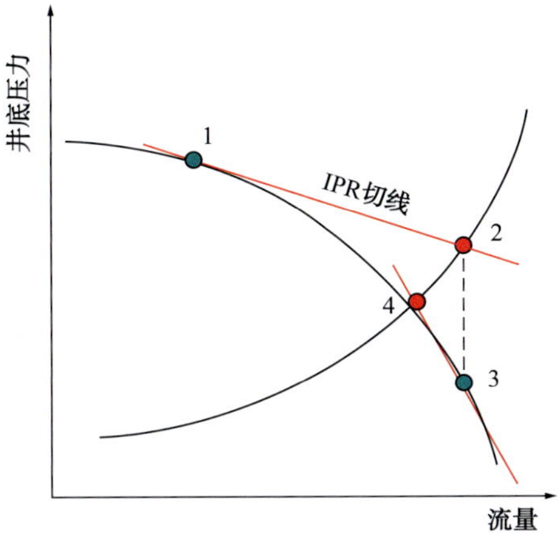

图 8-15　Fast PI 耦合示意图

2）Full PI IPR

该方法是在 Fast PI 基础上进行扩展，耦合速度快且较为精确。用多点 IPR 曲线生成单井在 ECLIPSE 中的基本模型，耦合不仅考虑井底情况，且追寻气井生产制度的约束（图 8-16、图 8-17）。

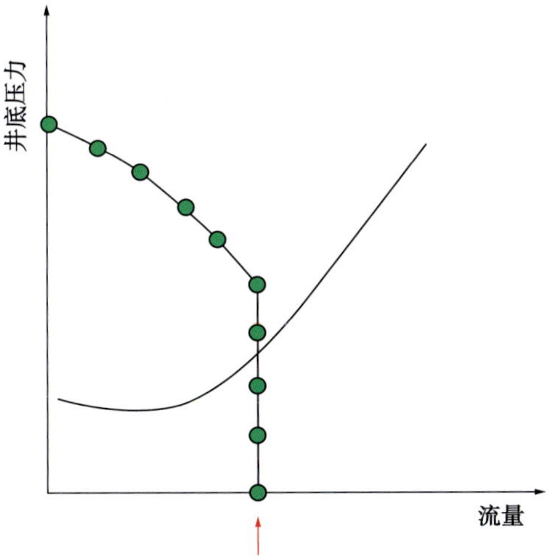

图 8-16　地层条件约束

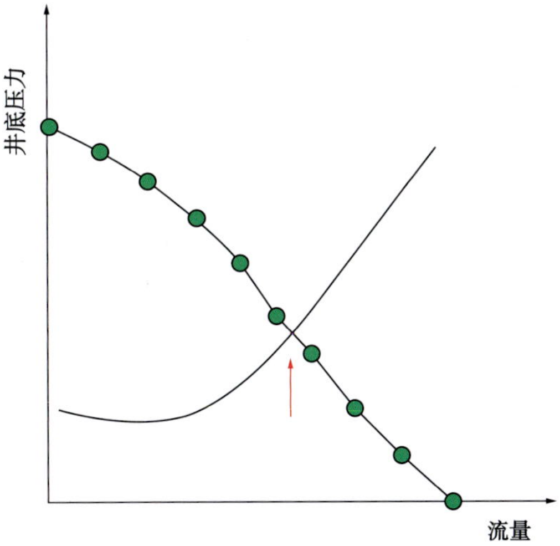

图 8-17　管网条件约束

以上两者混合分析，若要采用 IPR 曲线或者流量其中之一数据传到管网进行耦合取决于约束条件的限制。特点是耦合速度较慢，但较为精确，同时考虑了 ECLIPSE 和管网约束条件。

储层、井筒、地面管网的耦合取决于约束条件的限制（图 8-18、图 8-19）。将以上方法进行对比，长北区块目前主要采用了 Obey-ECLIPSE 方法，考虑井底压力等进行耦合，全区块气井耦合出错率低于 5%，实现了长北储层—井筒—地面管网的成功耦合。

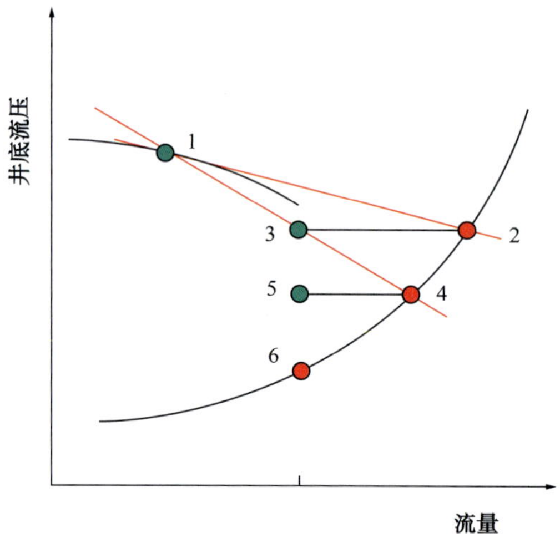

图 8-18 地层条件约束

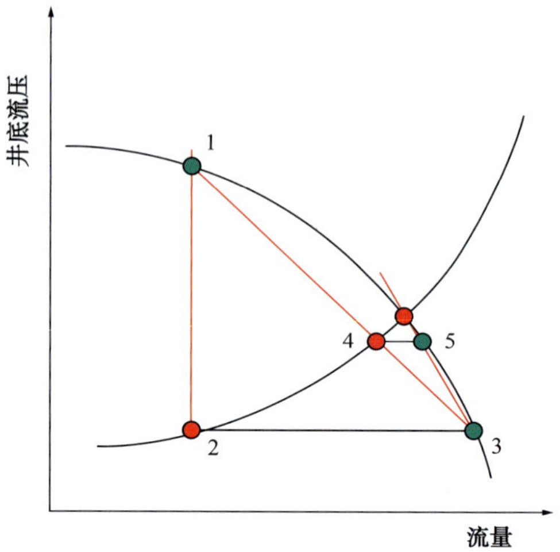

图 8-19 管网条件约束

二、一体化综合模拟

长北 IAM 综合模拟系统注重储层、井筒、地面设备的有机结合，通过生成 IPR、VFP 曲线达到储层和井筒之间的流动平衡，基于 Beggs & Brill Revised 水平管流相关式建立地面管网系统，耦合两者形成储层—井筒—地面一体化综合模拟系统，该系统包含三维精细地质模型、高精度动态数值模拟模型、数值化地面管网模型等重要板块。综合模拟系统基于 Petrel 建立静态地质模型，通过 Eclipse 加载压力、产量等生产历史以及相关基础参数，建立动态模型，利用 Pipesim 建立单井及地面管网模型，再通过 IAM 平台耦合静动态模型和井筒及管网模型，通过给定产量目标，进行联合配产分析，自动给出多套开关井次序及配产方案，快速智能诊断气井的间歇生产、积液等异常情况，及时制定相应对策，突破了气田常规配产和动态分析方法（图 8-20）。

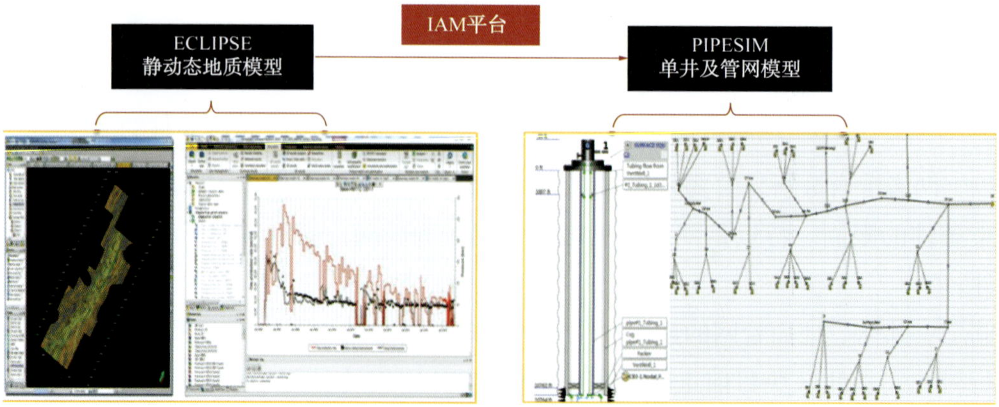

图 8-20 IAM 一体化综合模拟平台

以井底压力为连接点，利用 IAM 软件平台将高精度数值模拟模型和地面管网模型进行耦合，建立气田 IAM 综合模拟系统（图 8–21）。

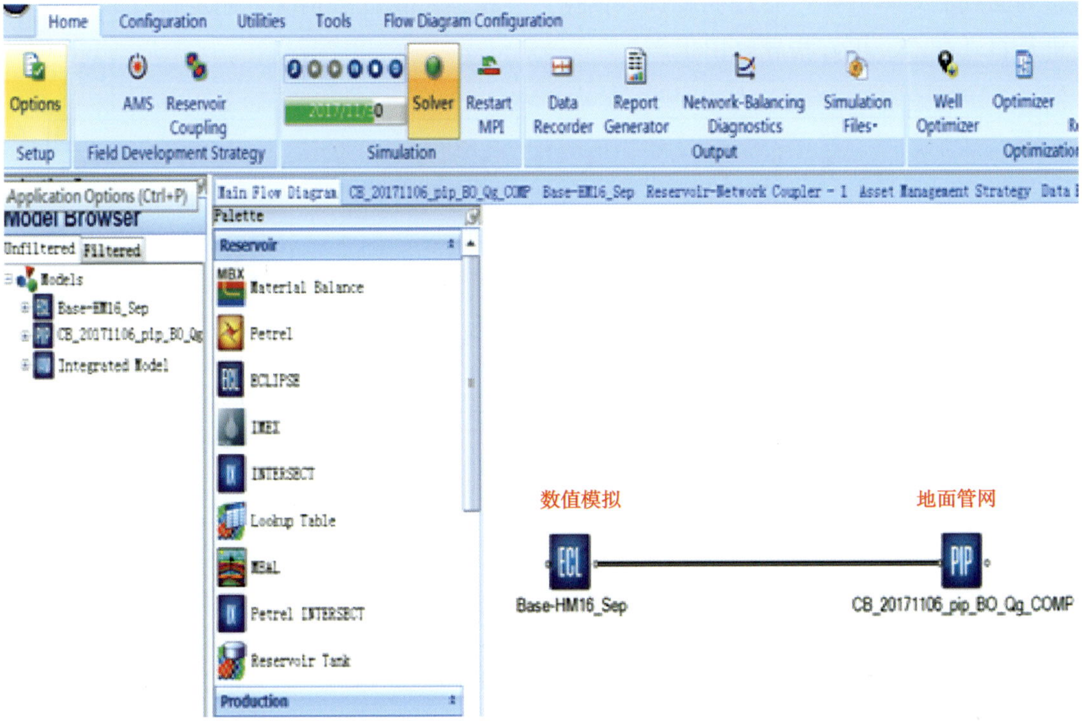

图 8–21　一体化综合模拟界面

第四节　快速自动配产和气井积液智能诊断

基于 IAM 平台建立综合模拟系统形成大量的研究成果指导气田开发生产管理，已开展气井临界携液流量诊断、小油管尺寸优化；通过给定产量目标，进行联合配产分析，例如节点压力预测及优化、不同方案下产量目标及优化、地面管网系统优化、压缩机改造优化、大井眼单通道排水采气等方面的研究。

一、快速自动配产

基于节点压力分析，重点针对地面管网中各节点以及井底等，可根据不同的生产条件对各节点的压力变化进行预测，从而对生产过程中需要优化的节点提供依据。

1. 地面管网节点压力预测

地面管网中的节点压力从井口、支干线连接点、阀室等，在 IAM 平台实现了各节点的压力、产量、温度、流量等数据的预测，形成了一个数值化的管网（图 8–22）。

2. 井底压力预测及配产

基于中央处理厂入口压力以及月度产量限制，在整个管网条件下对单井产量进行调控，为后期制定单井生产管理制度提供依据，并根据产量任务情况，制定每月的开关顺序表进行自动配产，更好指导气田生产。

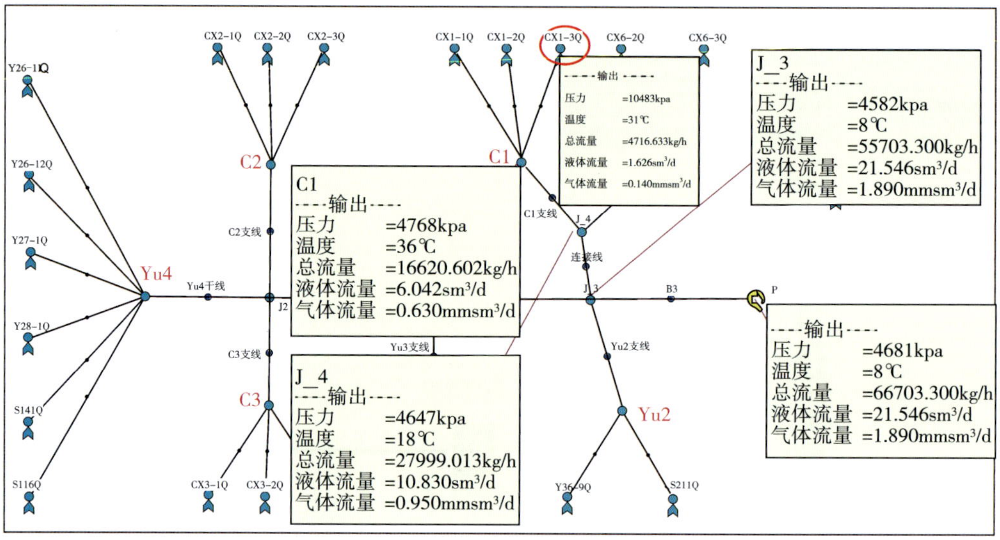

图 8-22　长北地面管网节点图

二、气井积液智能诊断

随着气田持续开发，储量动用的提高，气井井筒积液和出水影响正常生产等问题逐步显现，气井出水使单相气体渗流转变为气水两相渗流，不仅造成气相渗透率降低，同时大量消耗地层能量，井筒内不能携带的积液降低了生产压差，造成气井生产不稳定甚至停产。长北区块气井均采用大尺寸油管（3.5in/4.5in/5.5in）完井，目前井筒积液已成为制约气井产能的重要因素，预测气井临界携液流量是气田管理中后期较为重要的开发指标，它决定气井下一步管理对策。

针对部分不稳定生产气井，利用 Pipesim 软件可以预测出临界携液流量，将气井产量控制在临界携液产量以上生产可实现一定时间内连续稳定生产，带出井底积液，延迟配套排水采气工艺的时间。Pipesim 单井模型预测 CX–2、CX–5 井临界携液流量均为 $4.8\times10^4m^3/d$（图 8–23、图 8–24），在气井生产中通过控制针阀（FCV）开度，保持气井 $5\times10^4m^3/d$ 生产，当产量低于 $5\times10^4m^3/d$ 则恢复地层压力，关井 10~15d 再开井生产，实际效果证明效果较好，能维持气井较长时间稳定生产（图 8–25、图 8–26），气井年产气量也高于往年。

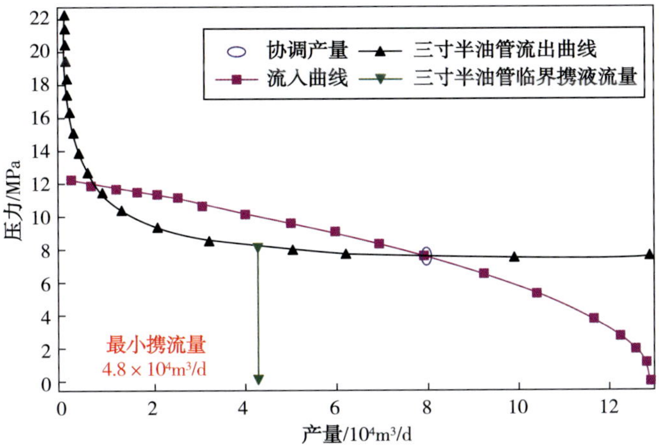

图 8-23　CX-2 井 IPR/VLP 曲线

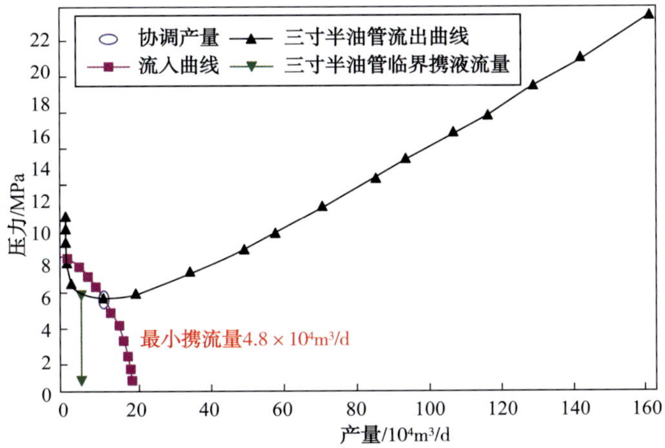

图 8-24　CX-5 井 IPR/VLP 曲线

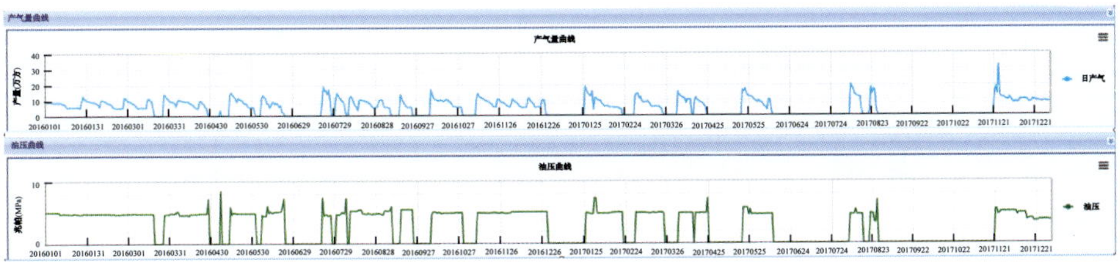

图 8-25　CX-2 井生产曲线

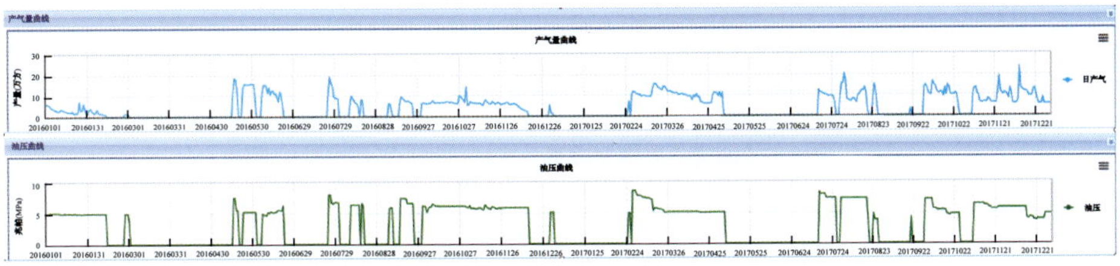

图 8-26　CX-5 井生产曲线

小油管为最常见的排水采气工艺，尺寸优选至关重要，油管尺寸优选决定安装后气井的生产能力和最终采收率。Pipesim 软件可预测气井在不同尺寸油管下的产量和临界携液产量，例如对积液井 CX-32、CX-33 优选连续油管尺寸，两口井均为 4.5in 油管，气井无法连续稳定生产，流压梯度也证实井筒积液严重。根据 CX-32 和 CX-33 井 IPR/VLP 曲线，两口井安装 1.5in 或 2.0in 油管后均能实现气井稳定生产，CX-32 安装后产量分别为 $3.6\times10^4m^3/d$、$5.0\times10^4m^3/d$（图 8-27），CX-33 安装后产量分别为 $3.8\times10^4m^3/d$、$5.5\times10^4m^3/d$（图 8-28），均高于对应油管尺寸临界携液产量。

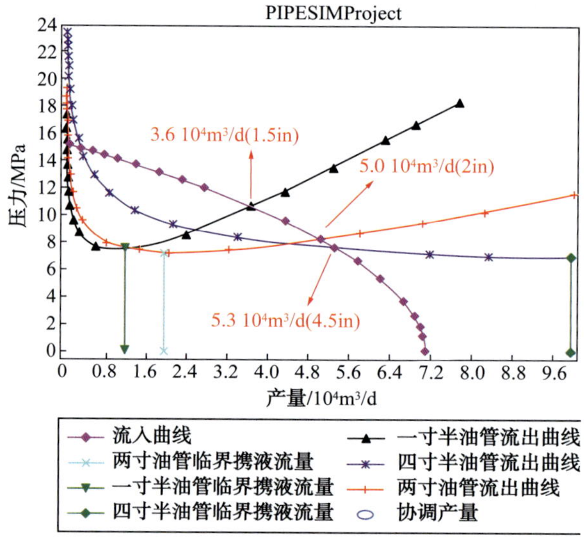

图 8-27 CX-32 井 IPR/VLP 曲线（5.0MPa）

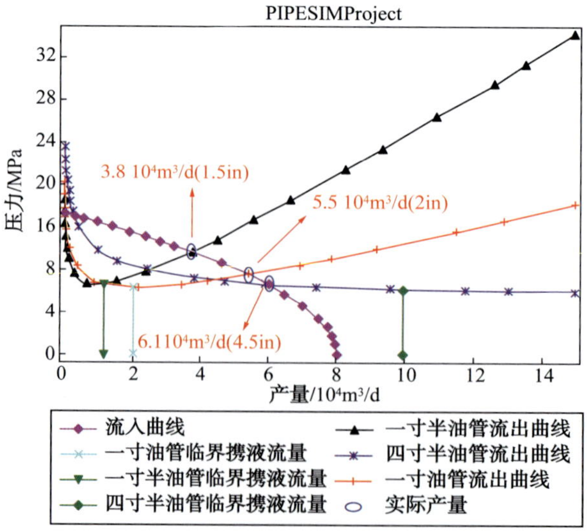

图 8-28 CX-33 井 IPR/VLP 曲线（5.0MPa）

为了使两口井拥有更长的稳定生产期，最终选取安装 1.5in 连续油管，数值模拟预测 CX-32 和 CX-33 安装 1.5in 小油管后在 PSC 合同期末将分别累产气量 $2.9\times10^8m^3$、$1.8\times10^8m^3$（图 8-29、图 8-30）。

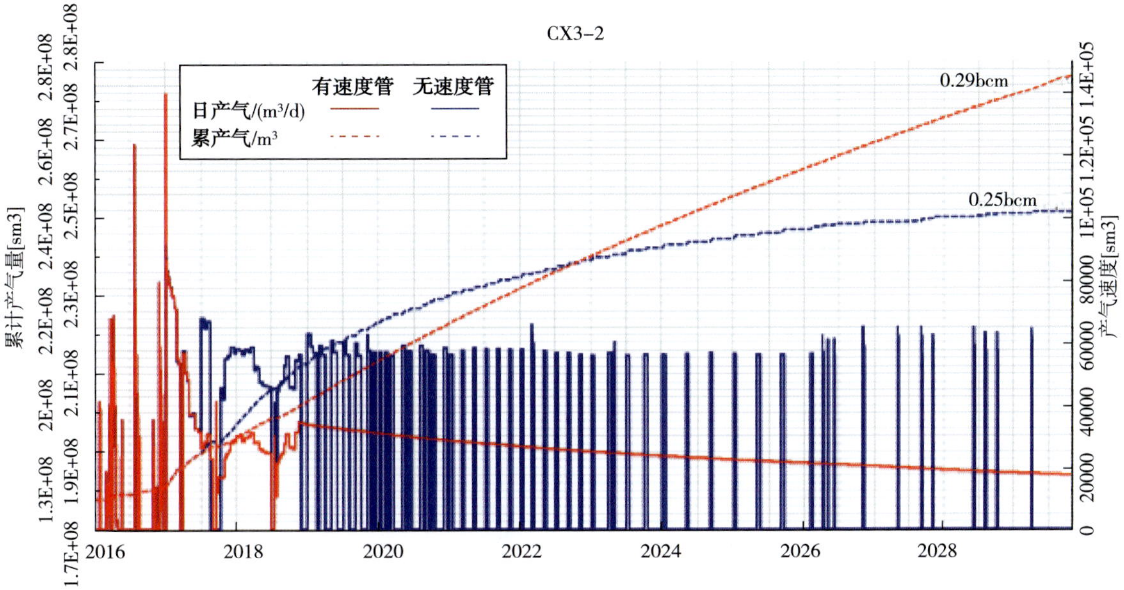

图 8-29　CX-32 井数值模拟预测图

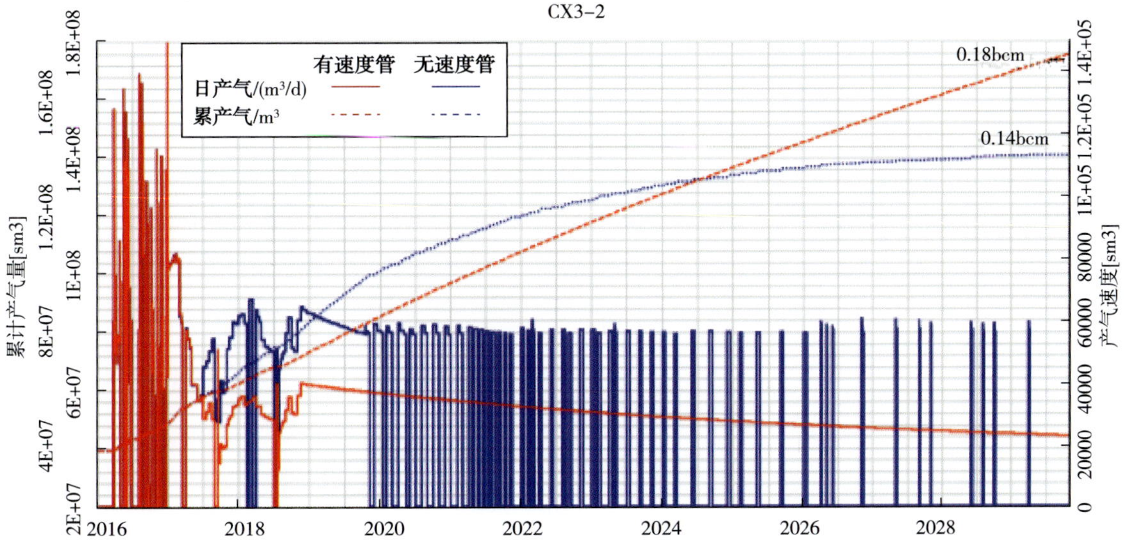

图 8-30　CX-33 井数值模拟预测图

对 CX-32、CX-33 安装 1.5in 小油管后实现了气井稳定生产，安装后 CX-32、CX-33 产量分别稳定在 $3.0\times10^4m^3/d$、$3.3\times10^4m^3/d$，与安装前预测值基本保持一致（图 8-31、图 8-32）。

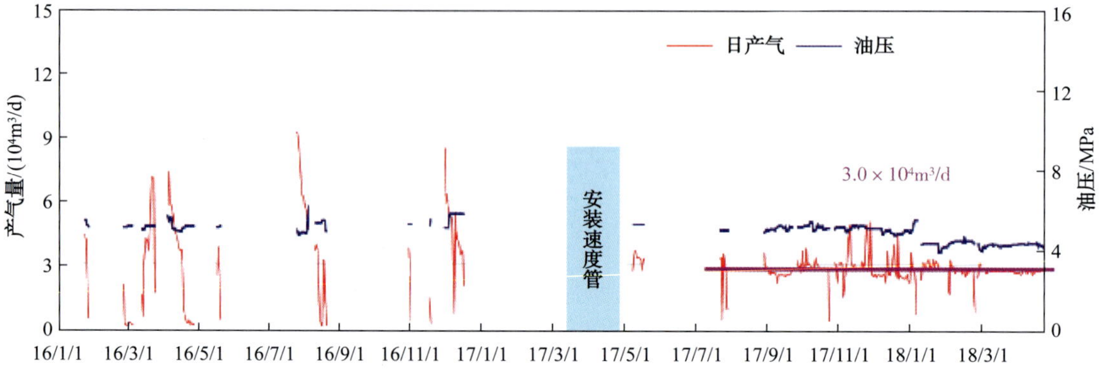

图 8-31　CX-32 井速度管安装前后生产曲线

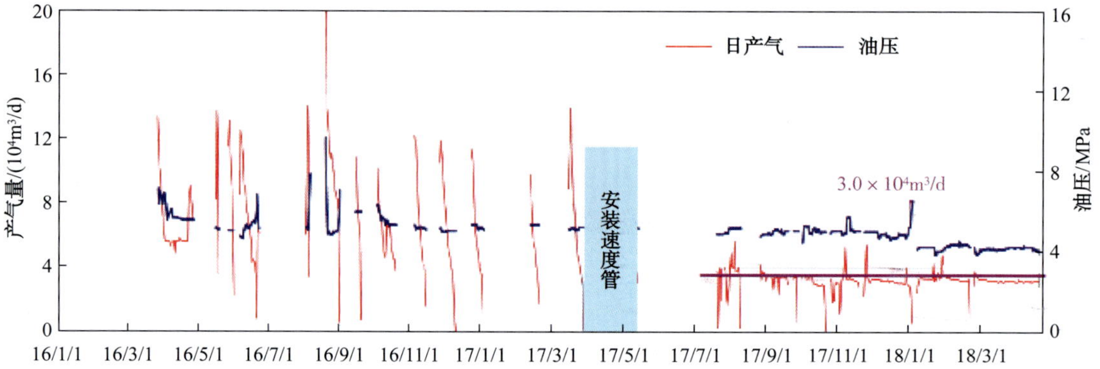

图 8-32　CX-33 井速度管安装前后生产曲线

第九章

智能化气田建设及应用

以数字化、信息化和自动化技术为支撑、加强自主创新，建设智能化气田，是油气田企业提高核心竞争力的有效途径，是发展过程中遇到突出矛盾最直接、最有效的破解手段。长北区块紧跟时代步伐，按照油田公司高质量发展战略部署，全面开展“可视化、自动化、数字化、信息化”的智能化气田建设。

第一节 数字化本质安全设计

一、数字化系统设计的基本原则

长北数字化系统以确保人员安全、资产完整性等 HSE 管理为实施目标，结合国内外相关建设标准及合作双方的管理要求，通过本质安全化设计、全周期管理（MIE）和全员标准化操作（OI），达到了流程、人员、设备及生产（4P）的闭环管理。数字化系统设计遵循本质安全原则，其充分的前期论证和大量的安全资金投入，使数字化系统建设在本质安全方面做到了最低、合理、可行。其设计指导以设计完整性为依据，运用科学的工具从设计和建造的层面保证了工艺系统的安全。

1. 最低合理可行原则

长北区块在设计阶段，运用的是最低合理可行（ALARP）原则。ALARP 是一个用于平衡投资和风险管理的技术，它要求在尽最大可能将风险降到最低，同时用于风险削减的费用是合理的（图 9–1）。

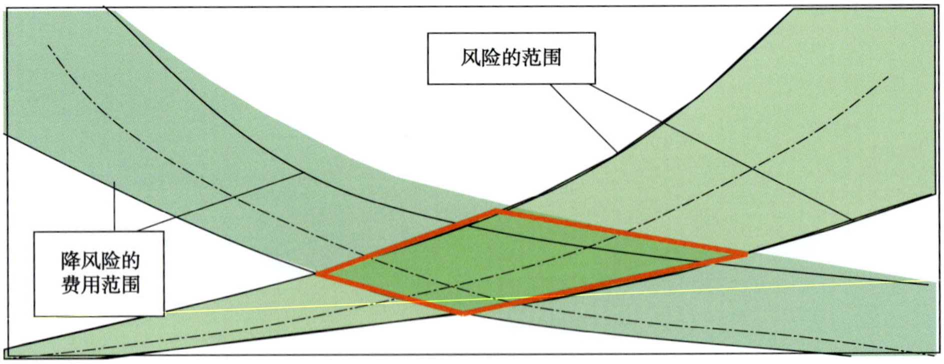

图 9–1 ALARP 模型图

2. 专项评估

在概念设计、初步设计和施工图设计阶段，先后开展了一系列由第三方完成的专项评估和 HAZOP 分析，如电器安全性操作分析、仪表保护功能研究、价值工程研究、安全工程研究、噪音研究、危险性分析、危险及可操作性分析、消防分析、火灾爆炸性分析等。

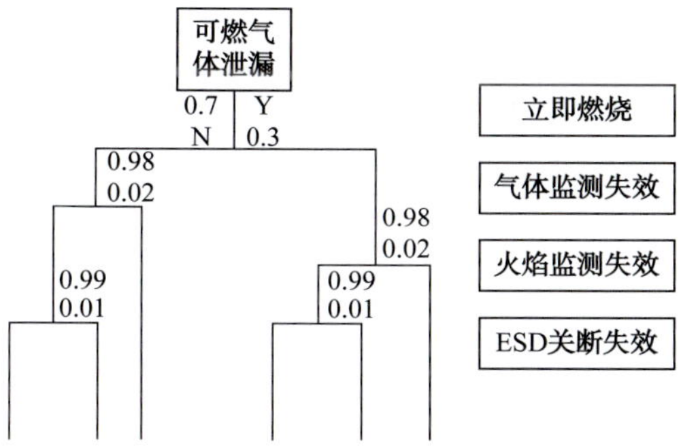

图 9-2　事件数模型图

通过前期专题论证，对确定合理的工艺模式和设备选型提供了可靠的依据，提高了整个工程的安全性、可靠性、经济性、实用性。

3. 采用双重标准

长北从工程的实用性、安全性和先进性出发，在设计时除了遵循中国国家和行业标准外，同时还满足了行业 DEP（设计与工程实践）的最低要求标准，两者比较按规定严格者执行。

4. 定量风险评估

在设计场站布局时采用定量风险评估（QRA–Quantitative Risk Analysis），其是评估潜在风险及其发生的可能性和后果。通过对比标准的定义，确定出一个量化的风险。它强调了由于故障导致操作员、环境或资产受损的可能性，为设计和操作提供决策。定量风险评估使用的工具有：事件树、事故树、物理模型、QRA 数据库及计算机软件等。

二、安全关键要素

长北地面工艺安全设计遵循以上四项基本原则，通过分析论证得出工艺系统安全设计需要满足的八个方面并配套建设相应的数字化设备设施（表 9–1）。

表 9–1　安全关键要素及包含内容

安全关键要素	包含的内容
结构完整性	支架 / 地面构架；大型吊车 & 机械吊装设备
工艺流程系统	压力容器、换热器、旋转设备、管件系统、管线、油罐车装卸系统、泄压系统、井口防泄漏系统
点火控制系统	危险操作区域通风、认证的电器设备、接地线、燃气吹扫、各种点火控制设施、火炬顶部点火系统
火焰检查系统	火灾和天然气检测、含水测试
仪表保护系统	消防水泵、消防水环形干线、固定式泡沫系统、防火涂料、化学剂注入系统
紧急关断系统	紧急关断系统、防空系统、封井、管线封隔阀、工艺紧急关断阀
应急响应系统	集合区域（首选、备选）、应急 / 撤离照明、撤离及疏散路径、通信系统、不间断电源、危险品排污系统、
紧急救生救护	人员救护设备、呼吸器、反光背心、隔热服、防火服、救护箱、安全绳、隔离标桩、进口安全帽、消防器材、可燃气体检测仪等

根据安全要素建立了一个多层联动式安全防护系统（图 9–3），八重硬件屏障是根据设备故障特点以及将故障消灭在萌芽状态设计的，每一项被放置在最合适的 SCE 安全关键设备组中，从技术上和功能上确保关键安全设备安全系数最大化。

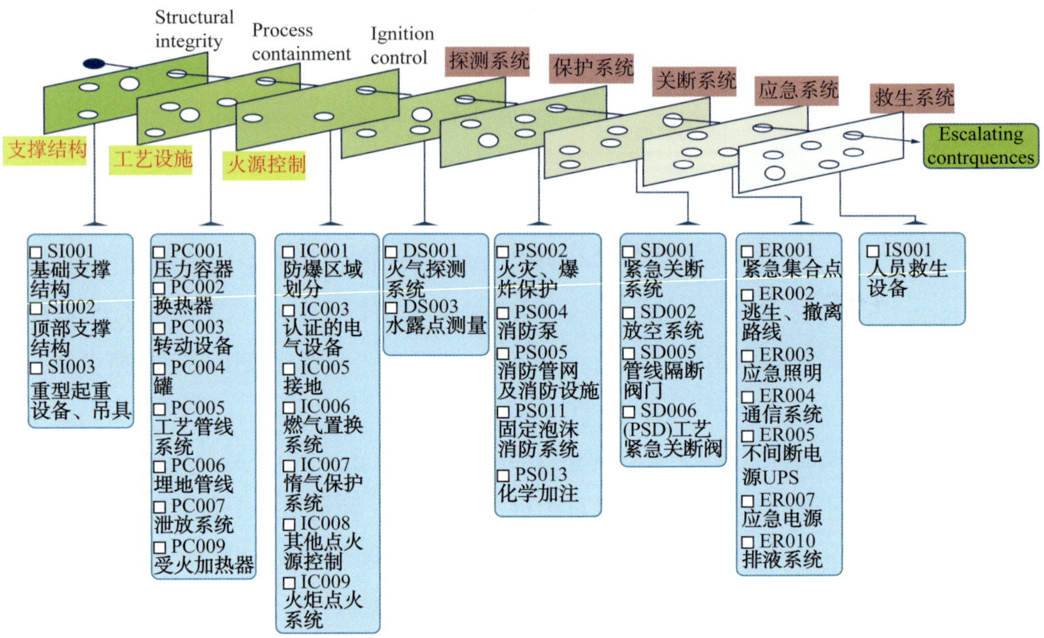

图 9-3　SCE 安全关键设备

三、关键数字化设计

1. 联锁保护

长北所采用的安全仪表系统，主要应用于紧急停车系统（ESD）、过程停车系统（PSD）、火气系统（F&G）和燃烧管理系统（BMS）等领域，将安全联锁保护功能彻底地从 DCS 中分离出来，不仅减轻了 DCS 的负荷，也大大提高了生产现场的本质安全，实现了对操作人员和设备的有效保护（图 9-4）。

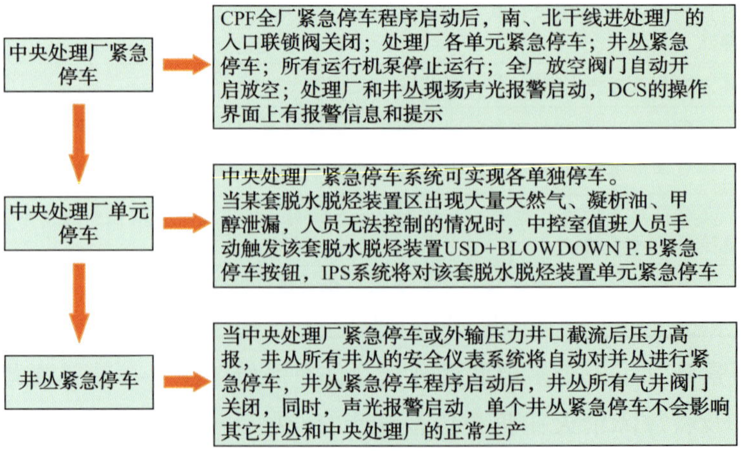

图 9-4　长北联锁保护设计

2. 冗余设计

数字化系统从硬件备份到功能应用广泛采用了冗余设计，数字化前端各类输入输出设备、网络通信、数据处理以及保障单元提供多样化的监测、预警和控制手段，有效提高了系统本质安全化水平（表 9–2）。

表 9–2　冗余设计

层级	备份冗余	功能冗余
LEVEL0	撬装设备	FF\HART\MODBUS 总线仪表 控制阀及关断阀
LEVEL1	CPU、I/O、通讯卡、电源	DCS+IPS+FGS 系统协同
LEVEL2	HIS 工作站、数据服务器	UPS 供电保障
通讯	光缆通信链路及交换机等网络设备	PA/GA 及无线对讲系统 有线及无线链路

3. 失效安全设计

数字化前端控制设备广泛采取失效安全设计（Fail Safe），为了提高系统可靠性，设计结合了不对称检测、票选等多种控制策略（图 9–5）。

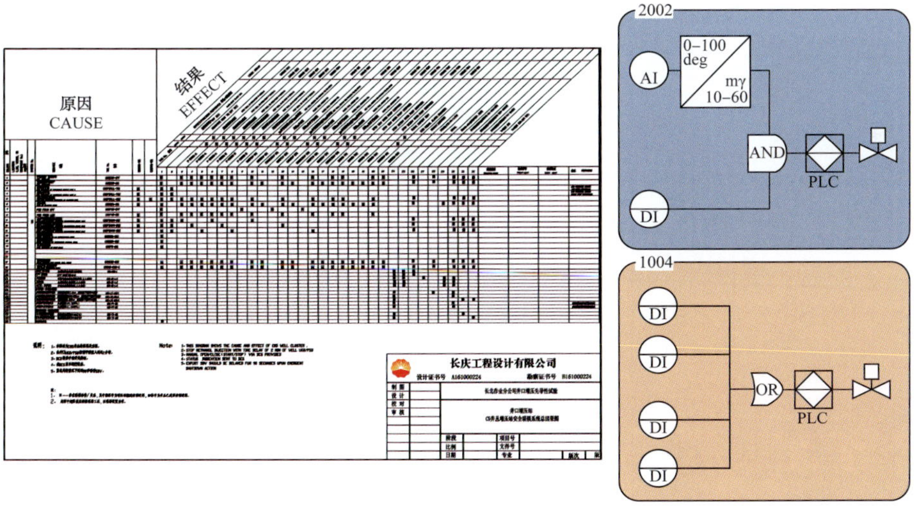

图 9–5　失效安全设计

第二节　数字化建设应用

长北数字化系统遵循本质安全化设计（DI）操作完整性（OI）和设备完整性管理（MIE）程序，建设形成了“远程操控、一键调产、联锁保护、自动关停，高清可视、远程喊话，语音报警、集群对讲”的智能远程控制模式。

一、网络系统

1. 办公网络

长北办公网的发展经过了三个阶段的发展，第一阶段为：2016 年之前依附于兄弟单位核心办公网；第二阶段为：2016 年 1 月 1 日中石油接管作业权，长北办公网随之从兄弟单位办公网中分离出来，通过独立光纤链路及数据核心交换设备分别接入长庆通信处西安核心路由及靖边核心路由，实现了长北西安、榆林两地通过两个网络出口接入油田公司网络的功能；第三阶段为：2019 年通过长北西安办公室机房至长北天然气处理厂长距离光纤链路及传输设备的调试实现了西安、榆林两地城域网建设的目标，形成了一个网络出口、一台数据核心交换设备、一套网络管理策略的网络架构，同时实现了“一人一机一 IP”，满足了公司管理要求。

在长北办公网内部通过上网行为管控设备、防火墙及 Vlan 划分等软硬件技术应用（图 9-6），对员工进行办公网络行为管控，确保员工对中石油集团公司、长庆油田各类统建系统以及长北自建系统的即时访问。

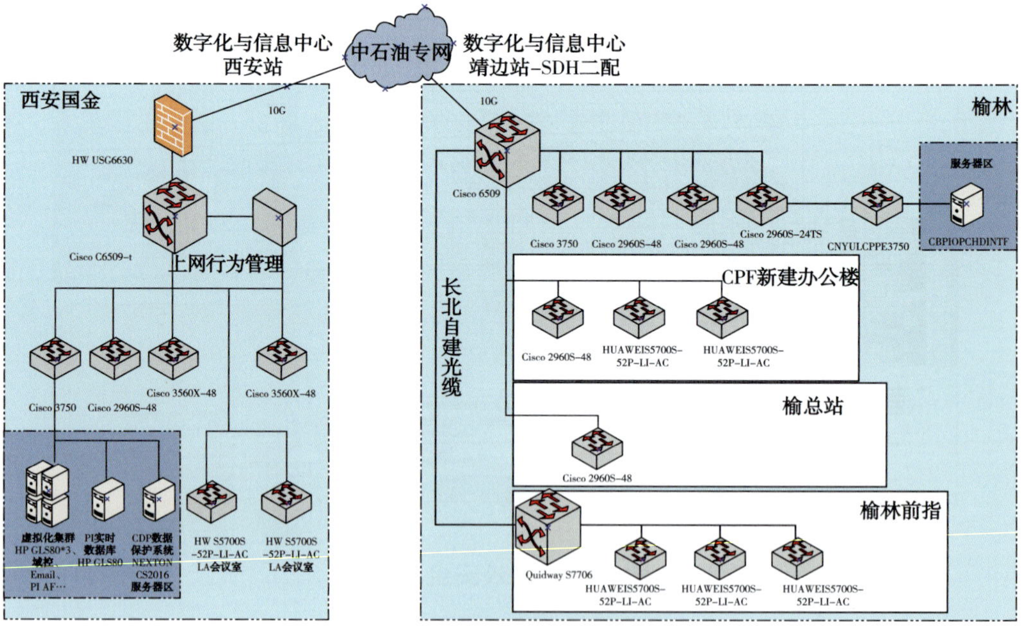

图 9-6　办公网络拓扑图

2. 生产网络

长北生产网是指以长北工业控制网络（PCD 网络）为基础，以生产数据过程监控系统、工业电视监控系统等为应用建立起来的为长北天然气生产提供数字化服务的网络系统（图 9-7）。

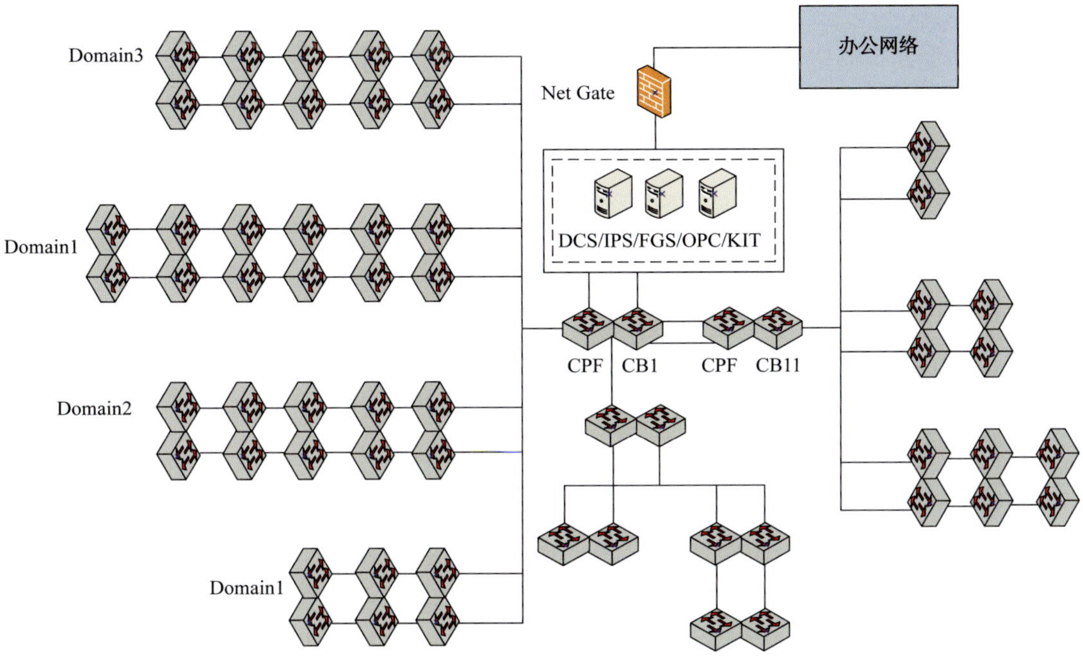

图 9–7　生产网络拓扑图

沿气区输气干线及支线，与双回路供电线路同杆架设了 200km 以上的生产专线光纤，光纤星链结构对纤心资源利用率高，并从光纤与生产网络设备冗余设计，并从分域管理，同时通过强化维修管理，生产网络系统可靠性在 99.9% 以上。

3. 生产无线专网

长北在生产区域内选取四处位置利用铁塔及单管塔，通过应用华为工业级无线微波应用，建设生产无线专网，主要用于单井、偏远探评井等区域生产监控及视频监控数据传输（图 9–8）。

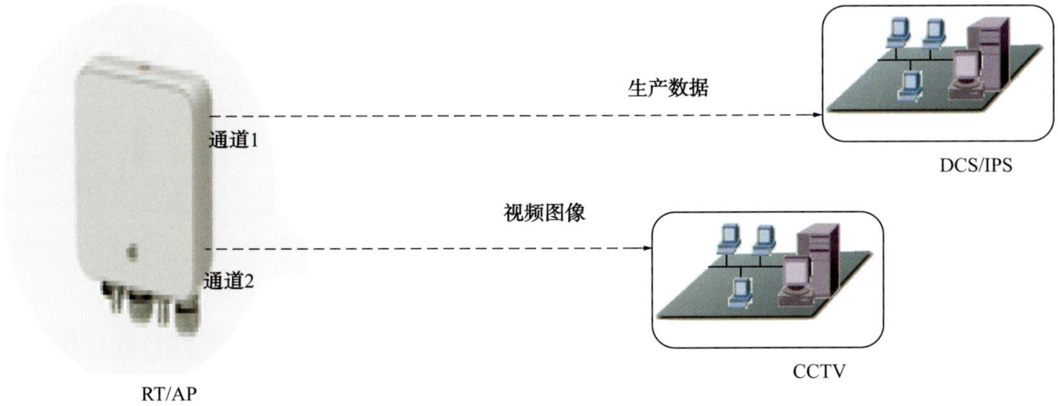

图 9–8　无线生产专网

4. 社区网

社区网主要指通过长庆社区网访问 Internet 的网络访问应用，长北区块在西安办公区、榆林办公区及中央处理厂分别接入了长庆社区网，为长北区块的中石油员工提供非办公性质的 Internet 访问服务及无纸化办公业务网络服务。

西安、榆林办公区及 CPF 社区网通过独立光纤链路分别接入长庆社区网，在社区网覆盖区域内安装了若干无线 AP，由公司 AC 统一管理，网络 IP 地址采用自动获取的方式分配。

二、通信系统

1. 扩音对讲（PA）系统

扩音对讲系统是根据企业现代化管理要求应运而生，集信息数字化、业务综合化为一体的调度通信联络设备（图 9–9）。系统分无主机和有主机两种通信方式，无主机通信方式，应用于长北处理厂，由 12 个 HJ–3 防爆电话站和 6 个独立扩音点组成，具有 1 条呼叫通道，5 条通话通道，通过扩音对讲电话上的按键选择通话通道。同一通话通道可满足高于 5 个话站同时工作，通过专用电缆把电源传输到每个话站。各终端话站以并联方式相互衔接，通过广播呼叫，迅速找到查询对象，继而进行调度与联络，并可同时应答多个话站的呼入与监听等功能。

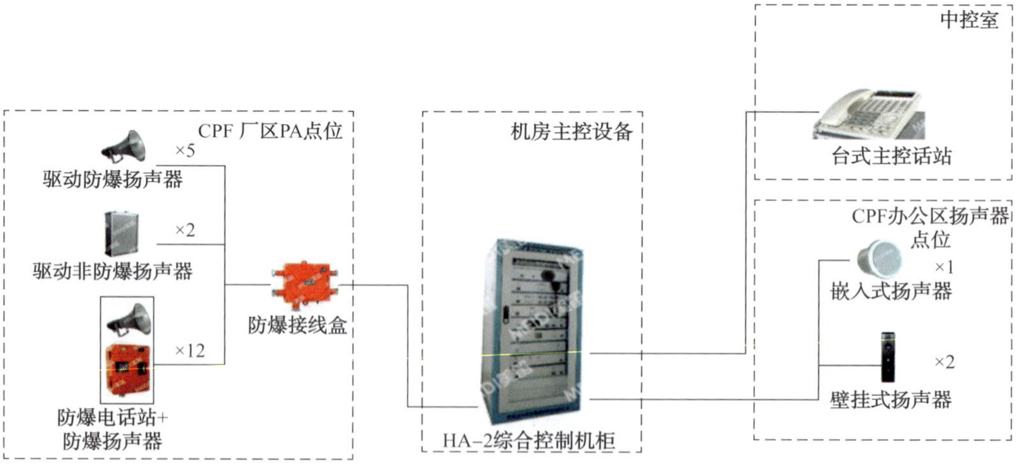

图 9–9　CPF 厂区 PA 系统拓扑图

有主机通信方式，应用于井丛和 TPO 站，CPF 布置数字程控调度机一台，用于为各个终端话站进行数据传输，语音处理。每个井丛布置防爆电话站一台，用于实现语音通话、扩音报警功能（图 9–10）。

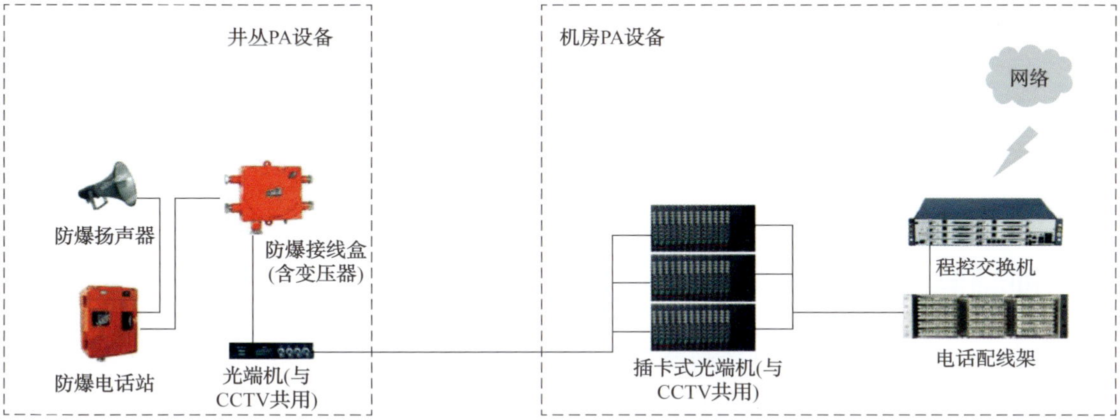

图 9–10　CPF– 井丛 PA 系统拓扑图

2. 集群通讯

集群多信道通信系统用于生产区域的通信联络，调度指挥，并在紧急突发事件时，能够以最快、最安全有效地方式进行应急指挥和撤离。系统由 3 个基站组成，基站之间通过有线连接，终端设备既可以独立通信，也可以全网呼叫，终端实现漫游覆盖（图 9–11）。

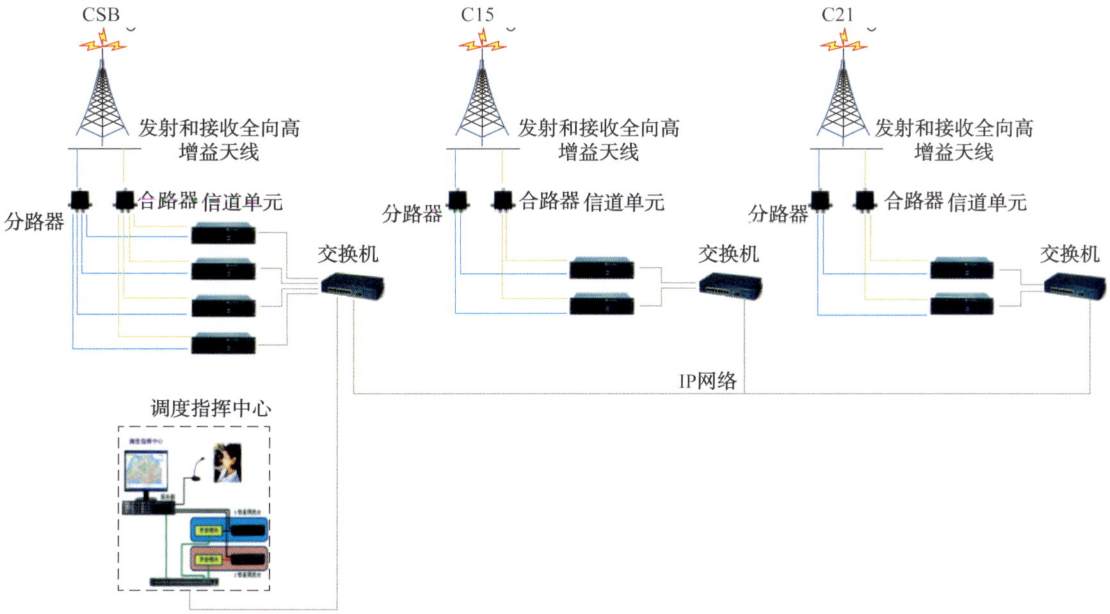

图 9–11　集群通信拓扑图

基站主设备采用信道机、合路器、分路器、网络接口设备、电源设备构成。信道机输出功率 20~48W 连续可调，出厂设置 25W，设备安全稳定，在 –30~60℃、220V 供电条件下 24h 连续工作。本系统采用集群功能，可以有效共享信道，达到最佳信道利用率。

系统具备故障弱化功能，系统关键硬件设备部件可采用冗余备份机制。任何一台、或几台信道机出现故障后均不影响集群方式工作、不影响集群系统的全部功能，直至最后一个信道机仍然保持集群方式工作；当一台信道机出故障时另一台马上投入工作，转换过程中不中断所有话务信道的通话。

三、视频监控系统

长北工业视频监控采用网络高清视频监控系统，服务于生产现场的全天候监控职能，并为油田公司生产指挥系统提供数据，系统由前端子系统和监控中心两大部分组成，其中前端子系统在各个点位部署高清网络摄像机及相应配套设备（图 9–12）。监控中心主要部署存储设备、显示大屏、视频综合管理一体机、核心交换机、平台服务器、流媒体服务器等设备。此外，传输网络为前端子系统与监控中心的信息传输提供通道，主要包括光纤收发器、EPON 设备、无线网桥和接入交换机等。

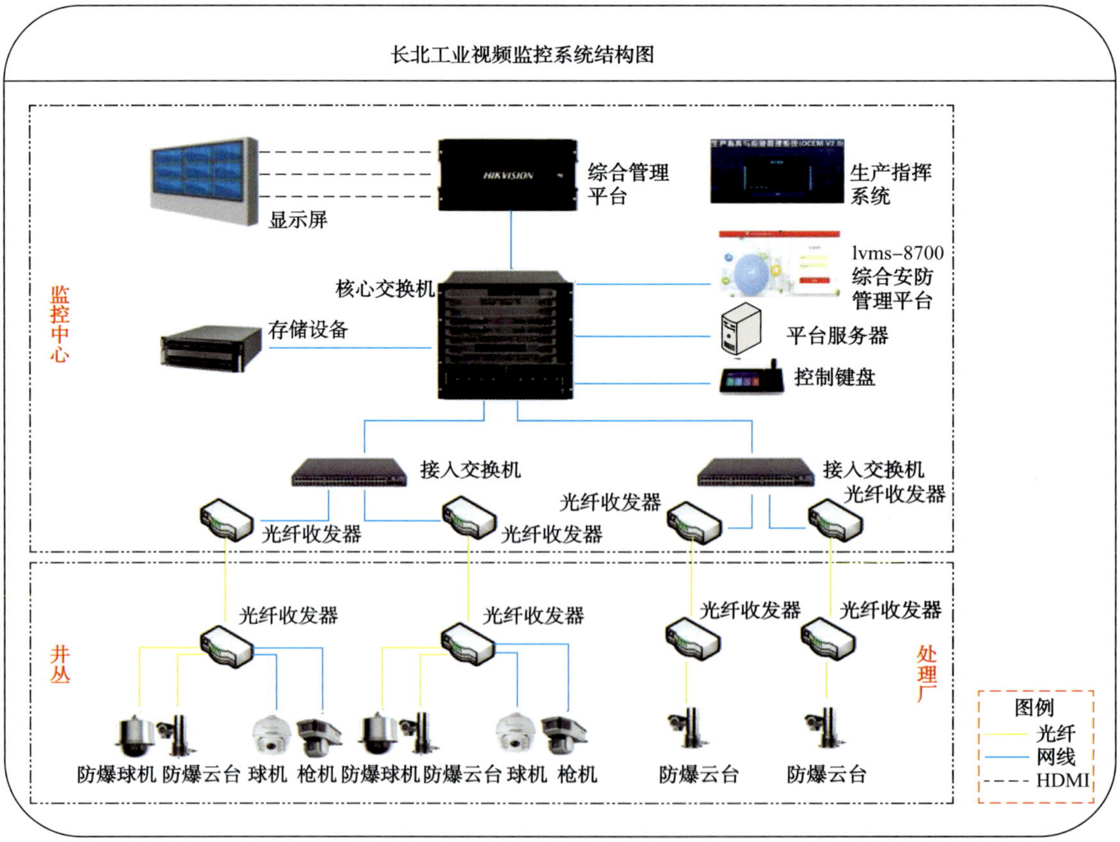

图 9–12 视频监控系统结构图

四、工控系统

长北工控系统采用横河公司 Yokogawa 系列产品，分别建设应用了 DCS、IPS 及 FGS 系统，通过 SCADA 系统在中央处理厂集中监视控制，并延伸至所有井丛与单井，实现井丛前端无人值守的目标。

1. 工控系统架构

DCS、IPS 及 FGS 三重工控系统软硬件独立运行，功能各有侧重又互为补充，叠加效应极大地提高了系统安全可靠性能，本质安全化水平从硬件安全上升到控制体系安全。工控系统通过 OPC 服务器向办公网络固定 IP 服务器以固定端口传输生产数据（图 9–13）。

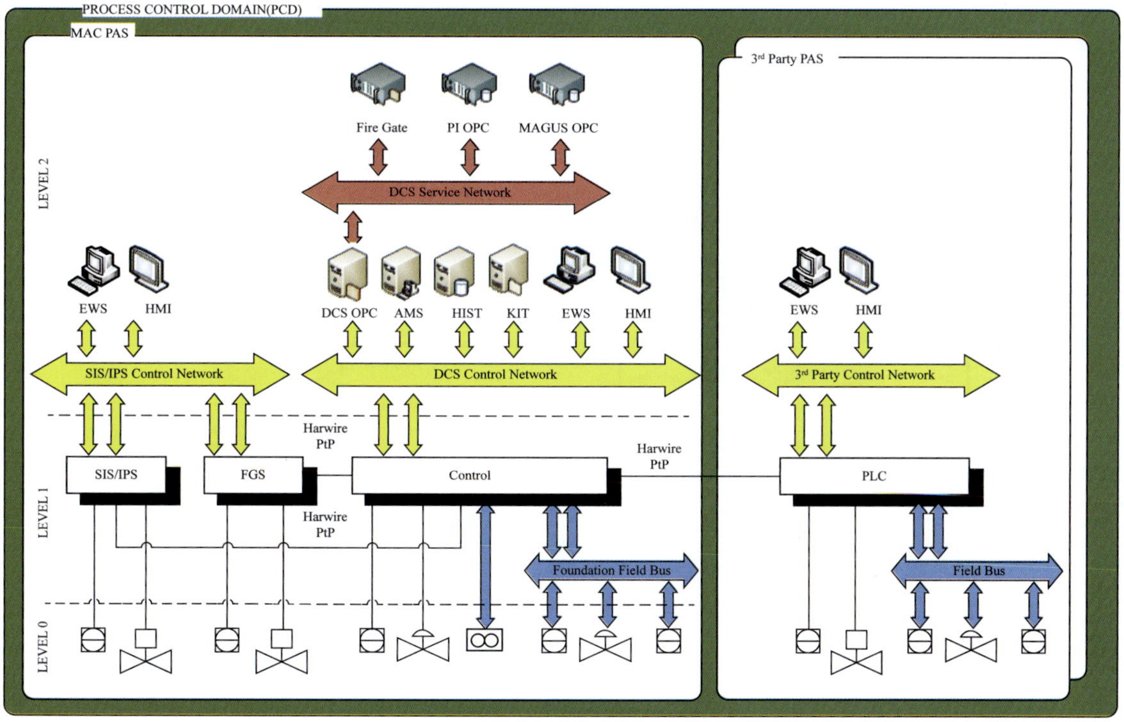

图 9–13 工控系统架构

2. 工控信息安全

物理隔离：生产网与办公网之间采用网闸进行物理隔离，仅允许办公网固定 IP 务器通过固定端口与生产网 OPC 服务器进行数据交互，其他端口默认关闭。

病毒补丁：生产网内部部署防病毒软件以及操作系统补丁推送软件，向横河公司获取经过其认证的系统补丁，利用 KIT Server 服务器进行推送。

终端管理：使用移动存储管理软件对工控服务器及工作站进行 USB 口管理、访问控制、权限控制、外发控制、日志审计以及文件操作审计等管理。

备份恢复：应用备份还原软件，定期对井丛、CPF 服务器 / 操作站进行数据备份工作，出现灾难宕机时第一时间进行恢复工作。

变更管理：生产域拓扑、上下位机程序等工程文件的变更严格执行 MOC 变更管理程序。

3. 井丛自动化管控

井口自动保护：以 IPS 系统及井口液压控制系统为核心，实现对井口上主阀、下主阀、井口节流阀及外输截断阀四级防护实施有效控制，将作业区远程生产管理直接由中央处理厂延伸至气井井口。

气量调节自动化：通过优化调整流量调节阀开度参数，实现智能调参、自动调节平衡及远程控制等功能，达到了无人值守的目标。

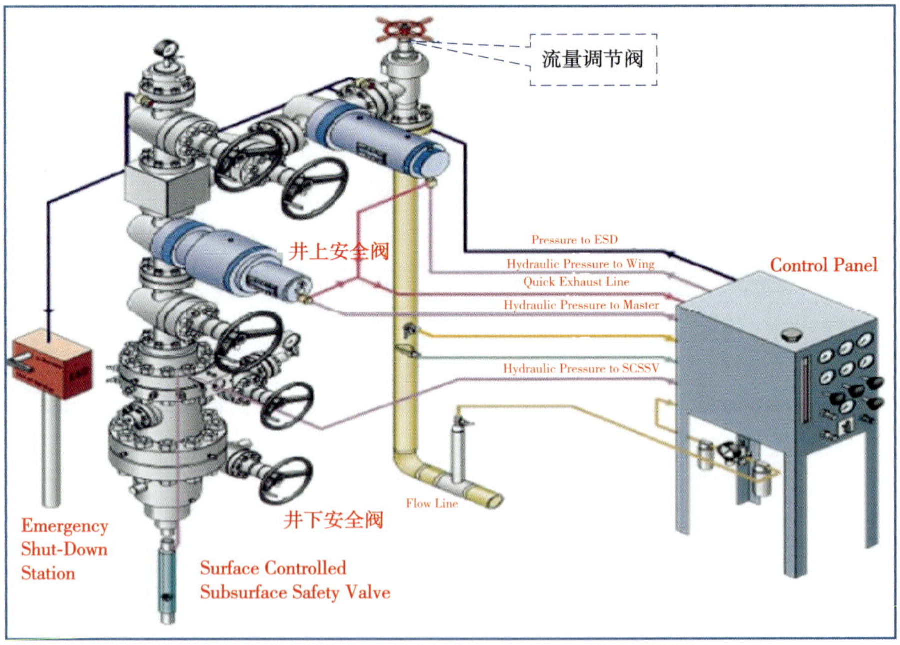

图 9-14 仪表保护 + 液压控制实现井口自动保护、远程开关

4. 智能报警分析

应用报警信息分析系统（AAM）全面收集、统计、分析故障报警信息，支持工程师对任意点位任意时段的报警信息追溯分析，对工艺系统中的不安全、不稳定因素及时采取处置措施；结合 SOE 可视化管理工具可完成故障即时定位，无缝支持、强化应急响应操作管理，为工艺优化与持续改进提供数据支持（图 9-15）。

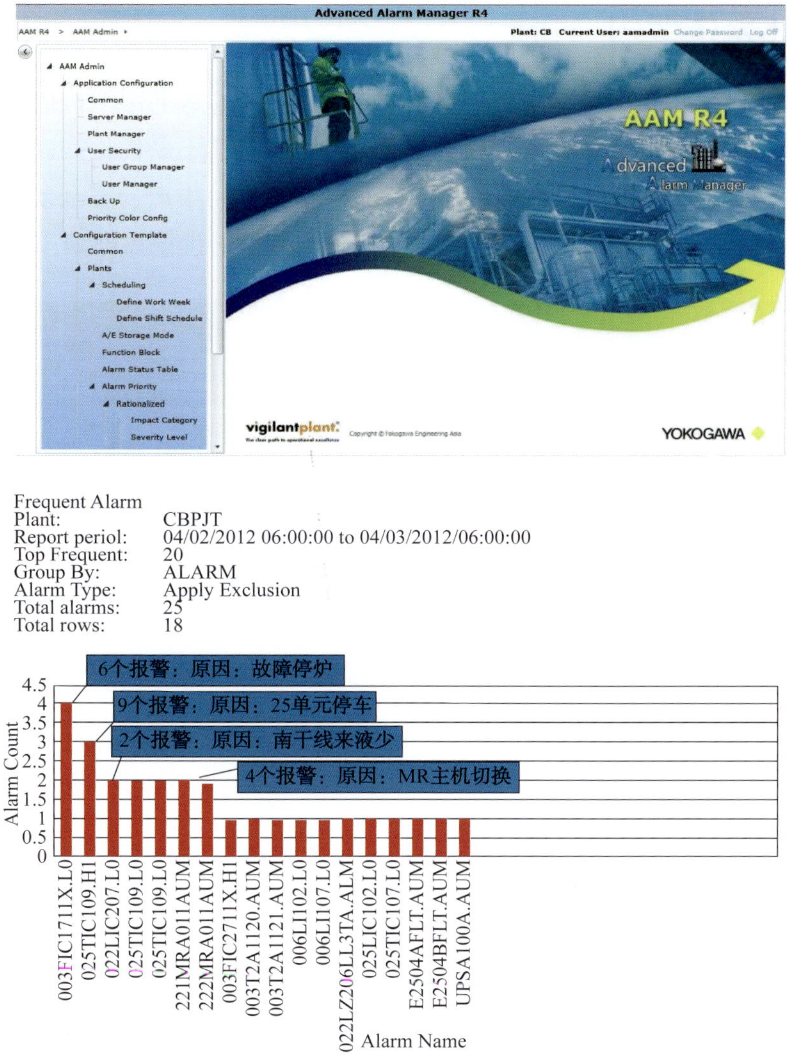

图 9–15　可视化智能报警分析

第三节　信息智能化建设应用

长北区块紧紧围绕集团公司“数字化转型、智能化发展”重大战略部署，以油田公司“326”智能化油气田发展蓝图为引领，以提高生产组织效率和办公高度协同为目标，紧盯气田开发建设关键领域和关键行政业务流，按照“统筹规划、分步实施”的原则制定发展规划，大力推进系统集成，聚焦生产组织、设备运维、气井管理、合同管理等核心业务，不断推动互联网、大数据、人工智能等与业务融合的应用，打造组织架构扁平、管理高效、低成本的管理模式，推动气田生产自动化、运营集约化、分析智能化、组织扁平化。

一、信息化整体架构

随着生产井丛及设备设施不断增加和企业大部制改革，长北组织机构更加扁平化、各类人员零增加，为了更高质量推进各项生产业务管理，长北不断优化完善生产数字化设备设施，对信息应用进行智能化开发。提出了建设“信息化＋生产、安全、经营、技术、办公”的一体化、智能化应用平台框架，为新型采气管理区提供支撑保障，如图 9-16 所示。

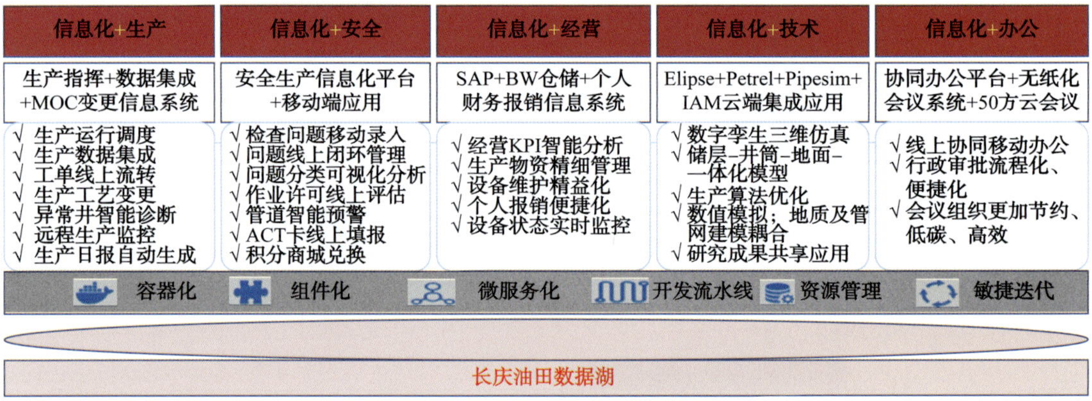

图 9-16 长北信息化框架

二、生产安全管理类

1. 生产管理系统

生产管理系统是长北自主开发的一套用于日常天然气生产运行管理的综合系统（图 9-17），包括基础数据管理、生产数据录入与审核、报表管理、地质工艺管理、MOC 变更管理、机会管理、A2 数据接口以及系统管理等几大模块，系统采取虚拟云平台部署，数据库服务器与 Web 应用服务器进行分离，确保系统性能稳定，适应并发访问，负载均衡。

生产管理系统通过数据采集、数据提交、数据审核、报表自动生成，逐步完善了资料录入规定。规范了数据入库流程，确保了数据的真实、及时、准确；将地质工艺生产指标、开发指标、动态监测、工艺措施、井完整性、井作业记录、图件等纳入统一的管理。结合动静态资料，自动生成各种采气曲线，工艺报表，方便地质工艺技术人员使用，有助于动态监测分析、系统利用 PI 实时数据库提供的数据接口。实现了数据自动采集，A2 系统数据一键录入，减轻了员工的工作量，避免了数据的重复录入；同时，MOC 管理实现了流程在线办理，可灵活自定义 MOC 审批流程，添加审批节点，在微小变更和设备工艺变更发起、审批过程中，进行消息推送，各级审批人员有权限的控制访问，从而规范了 MOC 在线变更业务流程，提升工作效率。

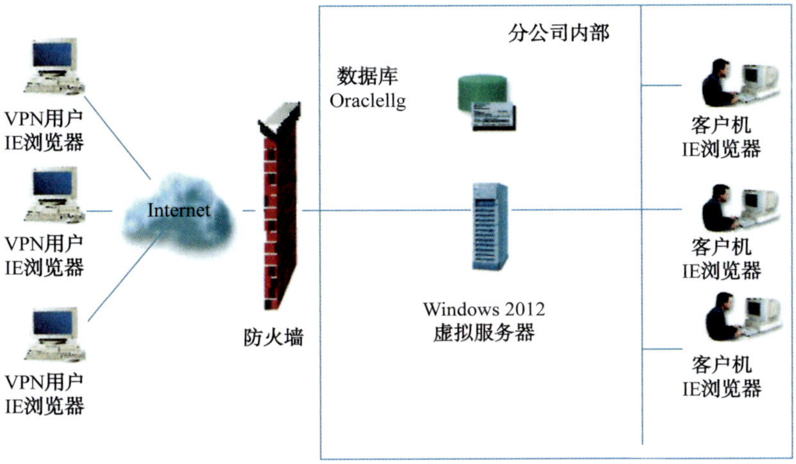

图 9-17　生产管理系统架构图

2. 生产指挥系统

生产指挥平台（OCEM）是由长庆油田公司统建的重要信息系统，集生产运行调控、安全环保监控、应急抢险指挥、开发动态监控等功能模块为一体，其中天然气生产子系统是生产指挥平台的核心内容，系统总体结构采用分布式方式进行搭建，通过对管理数据和实时数据的集中管理向各个业务模块提供服务。

系统安全架构按照服务层、接口层、数据层、网络层、物理层逐层设计充分保证系统信息安全（图 9-18）。

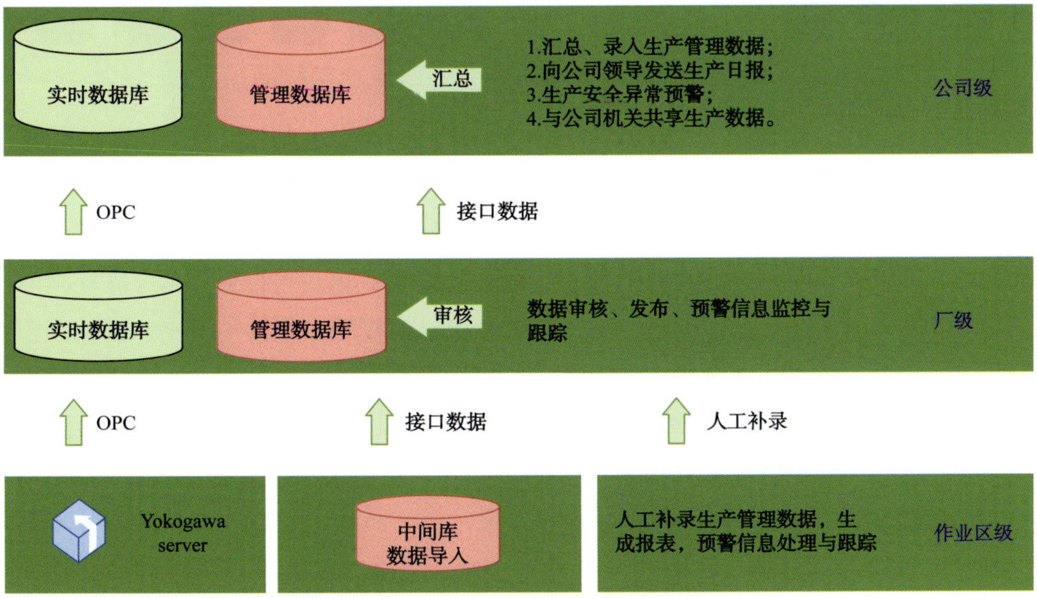

图 9-18　生产指挥系统框图

整个系统架构按照用户通过 IE 或者移动终端浏览器访问进行访问的模式进行构建。采用 Apache Http Server/Tomcat 模式构建 Web 集群服务器，调度策略采用百分比的方式配置 Web 应用的权重。通过集群方式可有效地增加吞吐量，提高数据处理能力，同时又可以避免单点故障。

系统数据提取和转发按照标准接口的方式完成，同时预留云服务及移动客户端交互服务接口。

数字化生产指挥平台涵盖了生产运行调度系统、视频监控系统、应急抢险指挥系统、调度日志四大模块（图 9–19）。

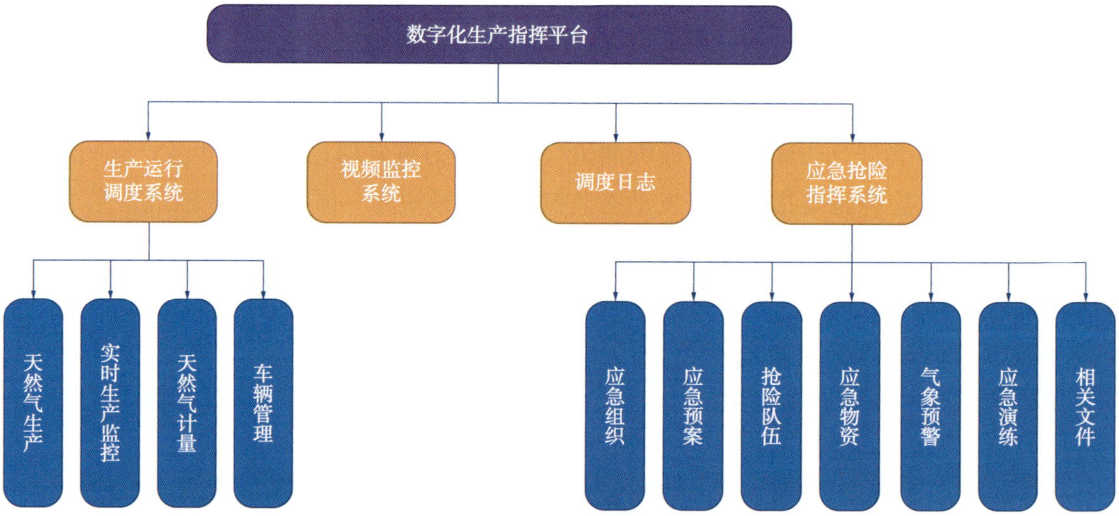

图 9–19　数字化生产指挥系统平台架构图

3. PI 数据库系统

PI 系统是一套基于 B/S，C/S 架构的计算机软件，用于自动采集、存储和显示生产实时数据（图 9–20）。PI 流程画面文件放置在本地用户的 PC 机中，数据从服务器中读取，减少了网络的通讯流量。数据刷新频率由用户自己设置，最快可以到 1ms。流程画面可实现分级管理，系统管理员通过设置，给用户赋予相应的权限，这样用户浏览到的画面将随着权限的不同而不同。PI 系统建设前，只能在生产网络的 HIS 站实现对生产数据的实时监控，系统建设后，处于办公网络的用户利用 PI 系统可随时查看现场生产设备设施的温度、压力、生产气量等数据及其历史运行趋势，从而实现了对现场工艺数据的实时监控，并达到远程提前预警、应急时快速决策等安全生产管理职能。

同时 PI 系统每天自动生产日报，日报采用整点取值，对井丛、处理厂的运行情况每天固定时间节点采集并记录相关数据。在没有自动采集的条件时，采用手动定期采集。将时间标签和标签名分别放于固定的 Excel 单元格中，调用 PI-DataLink 的函数 PITimeDat，此函数返回指定服务器上指定标签指定时间的值。每次生成报表时只需更改时间标签，即可重新取值。

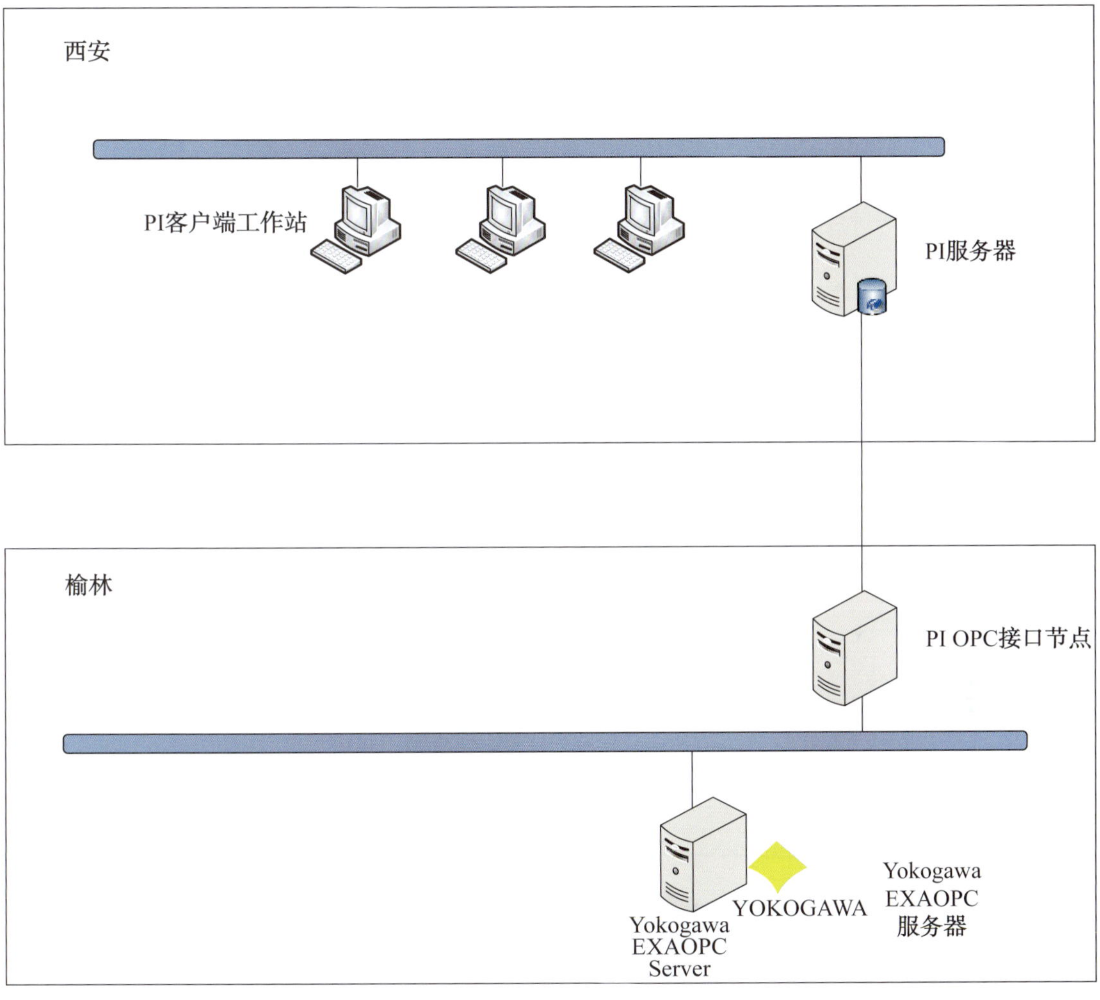

图 9-20　PI 系统架构图

4. 安全生产数字化平台

长北安全生产数字化平台主要包含了 ACT 卡管理、作业许可评估管理、安全检查、问题管理、QHSE 资讯管理、积分管理、工单管理、CM 报告管理、系统管理等功能，其中 ACT 卡管理、积分管理、安全检查、问题管理为全员参与使用模块；安全检查、问题管理、QHSE 资讯管理、积分管理、系统管理主要针对质量安全环保部使用，作业许可评估、安全检查、问题管理、工单管理、CM 报告管理在作业区应用较多，同时系统支持对角色的增删改功能，系统可以灵活配置角色，以满足现场使用需求（图 9-21~ 图 9-22）。

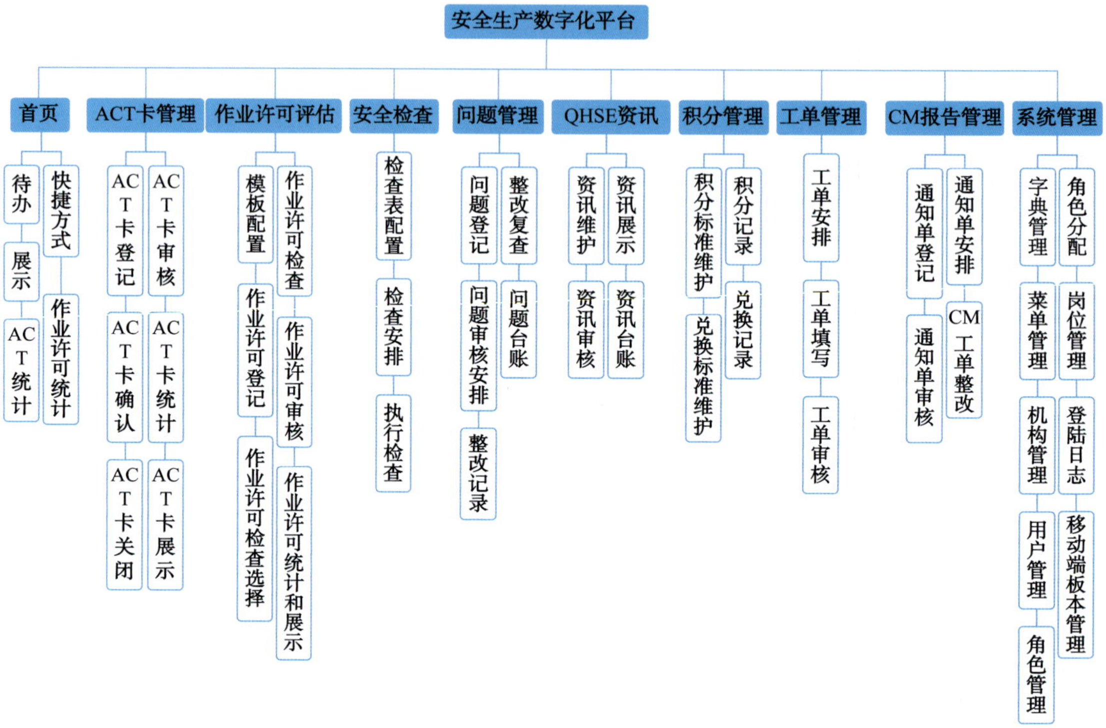

图 9-21　安全生产数字化平台模块

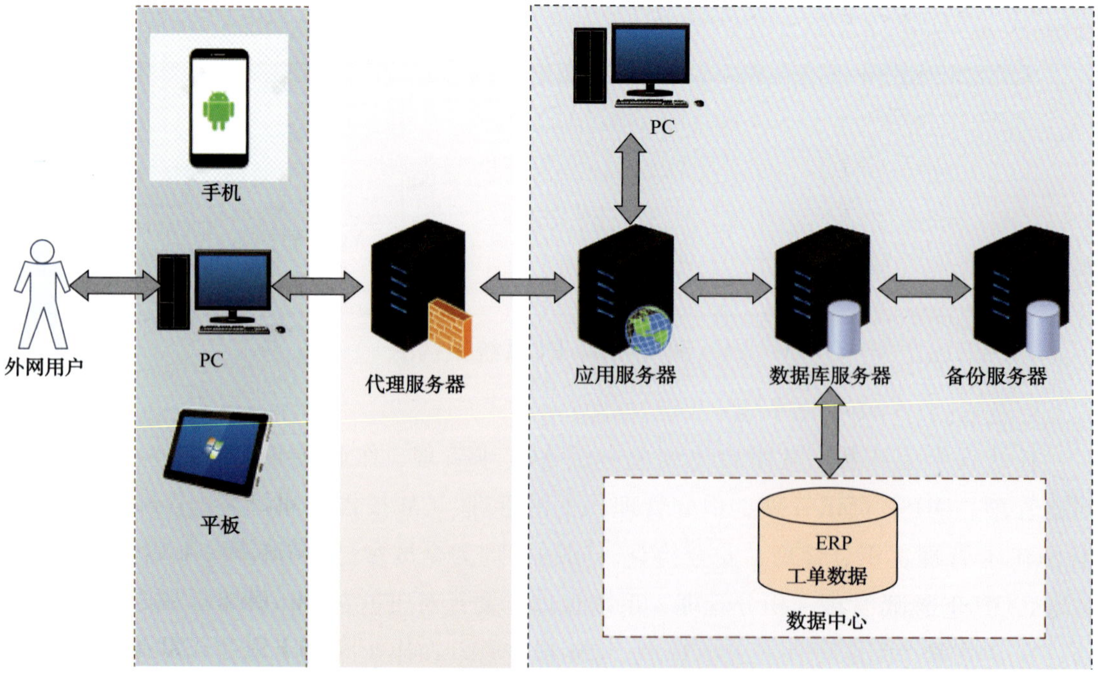

图 9-22　安全生产数字化平台架构图

三、经营办公管理类

1. 协同平台

长北区块利用长庆油田公司统建协同平台为基础进行定制化开发，以合规性、精细化、数据共享、移动办公、统计分析为工作目标，在岗位、部门、基层单位三个层面开展需求梳理及实施建设，利用协同平台搭建各业务模块及应用。主要应用了合同管理、车辆管理、员工请销假、电子类办公用品管理、财务结算管理、预算管理、物资管理、IT 信息管理、制度管理、培训管理、会议管理、药品发放管理、生产维修改造余料电子化管理等模块（图 9–23）。

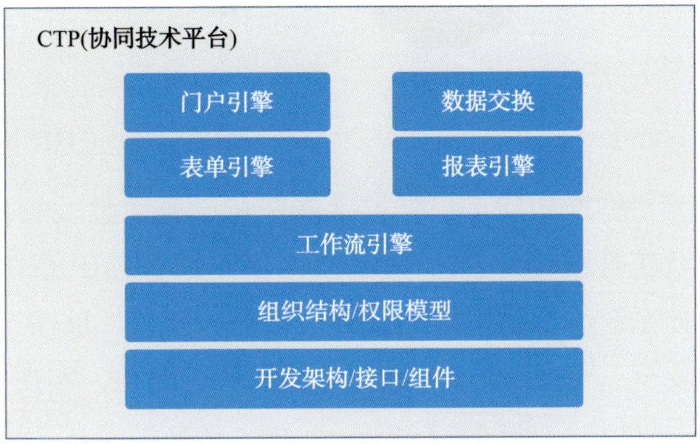

图 9–23　CTP 系统架构图

系统利用协同平台移动建模引擎整合内部的各项功能模块，通过一个手机终端享受到信息一体化的便捷，扁平化、跨地域、大范围的沟通及业务协作让管理和业务真正一体化。同时，每项业务都有搭建对应查询统计报表，业务人员可通过筛选条件筛选出符合对应条件内的数据，同时可穿透打开数据来源表单，实现数据有理可依，有据可查。

2. ERP 系统

长北 ERP 系统是长北自主开发的用于经营管理的综合应用平台，结合长北合作项目运行现状，参考了原有 ERP 系统功能，结合接管作业权后业务管理模式变革，建设内容涉及：财务会计模块（FI）、管理会计模块（CO）、资产会计模块（AM）、合资企业会计（JVA）、产品分成会计（PSA）、设备管理（PM）、项目模块（PS）、物料模块（MM）及人力资源管理（HR）。目前 ERP 系统中运行的数据源、财务、计划、采办、后勤、设备、人力等经营管理业务运转大大提高了长北经营工作效率。

系统采用了开发、测试、生产的三系统架构，通过 SAP 传输管理系统（TMS）保持三套系统开发、配置一致性。在系统安全性方面采取了核心系统与 Internet 隔离，在 DMZ 区放置服务器，安装 SAP router 和 SAP Webdispatcher 进行访问，SAP router 上启用 SNC 安全通讯；在 SAP Webdispatcher 上启用 https，为保障安全性，外网用户使用 SNC 安全连接方式，通过 SAP GUI 访问 ERP 系统；使用浏览器通过 https 方式访问 BO（图 9–24）。

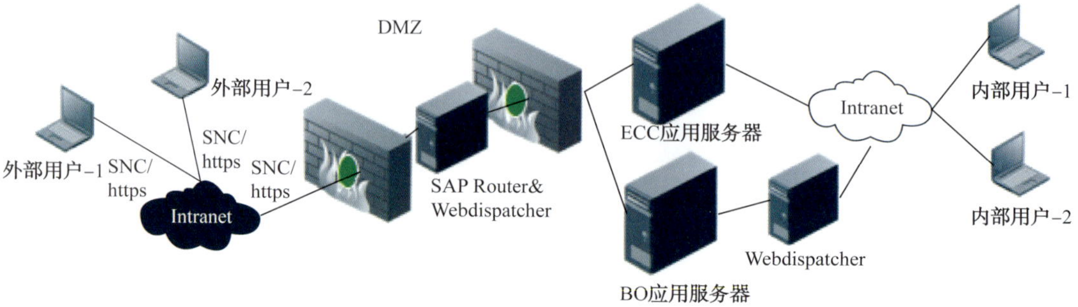

图 9-24 ERP 系统架构图

特殊功能 1：维护维修坚持设备完整性管理（MIE）体系，以预防性维护（PM）和矫正性维修（CM）为手段，建立基于 ERP 系统为核心的知识库管理模式，全面覆盖监控系统、设备设施的计划、维护、检查、反馈（PDCA）闭环管理，从而实现“可感知的安全”，确保设备设施的完整性和可靠性，实现生产设施“零事故”安全运行和维修成本“最低化”（图 9-25）。

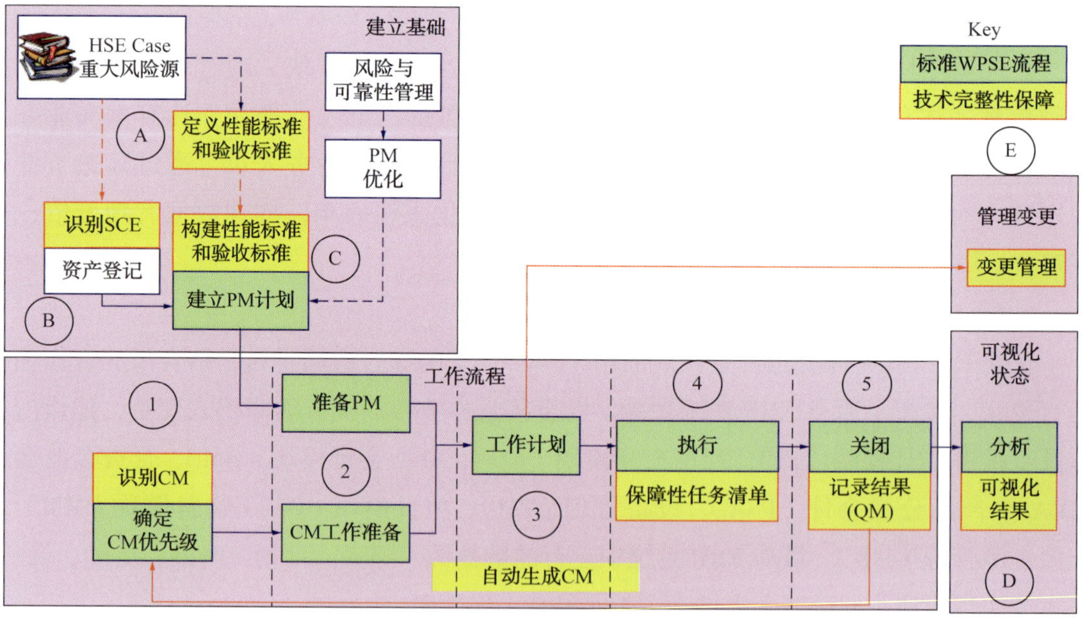

图 9-25 PM 及 CM 维护维修管理

特色功能 2：长北依托 ERP 信息平台将设备、设施资产台账细化为 5 级（小至单个零部件），实现了台账在线登记、更新、共享。同时以维修工单提交、审批、执行、跟踪为主线，将计划、采购、库存、财务、项目等集成管理，提高了维修效率、降低了维修成本。通过设备状态监控（FSR）系统，实时了解维护维修计划执行状态，及时干预，确保按时完成（图 9-26）。

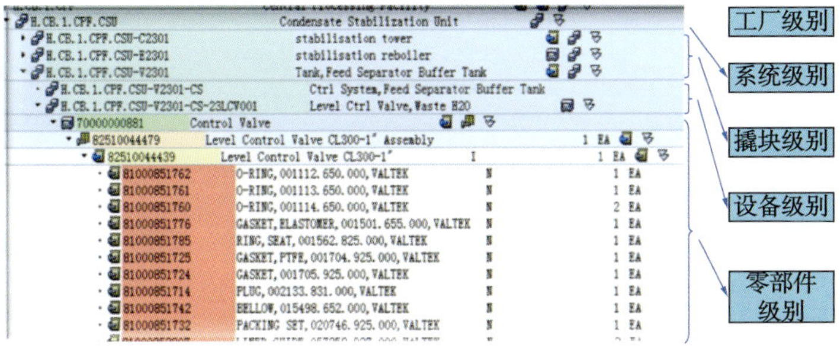

图 9-26　设备功能位置主数据框图

特色功能 3：借助 SAP-BW 资源信息管理系统，定期生成 MIE 执行 KPI 指标（图 9-27）。将 MIE 实际完成指标与目标值进行对标分析，形成绩效评估报告。对设备维修执行情况进行检验和评价，针对问题制定对策，持续改进提高

MIE关键绩效指标描述	单位	长北目标值	长北实际值
PM完成率	%	>90	100
关键安全设备PM完成率	%	≥98	100
CM完成率	%	>90	96.8
关键安全设备CM完成率	%	≥95	100
积压的CM占用周时	周	2<&<8	1.2
计划完成率(PM+CM)	%	>80	92
紧急维修工作(PM+CM)	%	<5	0.2
计划外维修工作(PM+CM)	%	<20	2.8

图 9-27　KPI 指标

3. 敏感信息监控系统

长北敏感信息监控系统采用分级管理，单位、部门可以设置相关管理人员进行敏感信息审计和保密检查工作；客户端支持最新的操作系统，非检查状态下，不占用超过 15% 的系统资源，兼容常用安全软件，如 360 安全软件、VRV 等，并兼容常用打印机和 USB 驱动；支持图片检查和监控，支持邮件文件和虚拟磁盘文件等；能即时或定时地对辖区内的各个单位、部门的非涉密终端进行保密安全检查；能对各非涉密终端进行敏感关键词的文档监控，触发关键词的文档或调取包含关键词文件的应用时，可以采取报警和断开其互联网络；能对每台非涉密终端或每个单位、部门进行保密检查报告审计，不同时段或不同检查任务的保密检查报告能对比进行分析，查看其保密工作的落实情况；能通过报警信息和检查报告对该区域内保密态势情况进行分析。

通过该系统的实施部署，能够在保密工作中对机关单位互联网计算机终端进行有效管控，杜绝互联网计算机终端敏感信息泄露，从而达到“控”“查”“审”“速”等保密工作要求（图 9-28）。

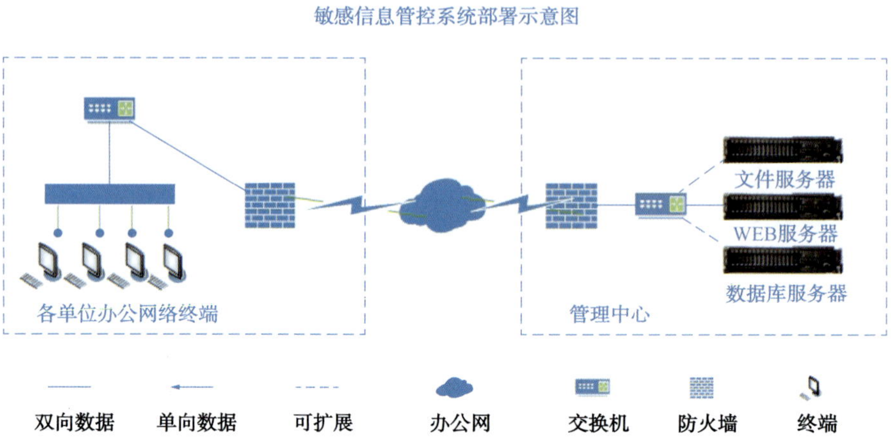

图 9-28 敏感信息监控系统架构图

第四节 网络和信息安全

一、长北区块网络安全管理体系构建

1. 构建思路

长北区块网络安全管理整体构建是自 2005 年起参考国际多个网络安全管理体系建设的具有其特色的网络安全管理体系，2016 年中石油成为作业方以后，依照国内相关法律法规，以及中石油和长庆油田的网络安全管理制度，在交接之后对网络安全体系进行优化，构建出现有的网络安全管理体系。

2. 构建原则

长北区块网络安全管理体系的构建原则根据设计完整性、技术完整性、操作完整性三个完整性的角度来构建。

（1）设计完整性指在网络架构的设计阶段至少要依据包括标准性原则、规范性原则、可控性原则、整体性原则、影响最小性原则。

标准性原则：支持国际上通用标准的网络协议、国际标准的大型的动态路由协议等开放协议，有利于保证与其他网络之间平滑连接互通。

规范性原则：由于网络中往往存储了大量的重要数据，因此，一定要保证网络系统的安全，在设计网络时，应采用具有良好网络安全性的网络设备和网络操作系统和规范的操作方法、具有较小误码率和较好抗干扰能力的通信线路，采用一定的加密措施等。同时，还要对网络管理员进行指导和培训，使其能够管理好网络安全账户及网络通信，保证数据和服务器的安全。

可控性原则：网络安全的可控性是网络设计中需要考虑的一个主要原则，作为信息系统应用的依赖和基础，要求系统连续安全可靠地运行，所以在系统结构设计中，选用高可用性网络产品，合理设计网络架构，尽可能利用成熟技术，网络关键部分要制定可靠的网络备份策略，对于重要的网络节点应采用先进可靠的容错技术，以保证网络系统具有故障自愈能力，最大限度地支持专网内各业务系统的正常运行。

整体性原则：强调安全防护、监测和应急恢复。要求在网络发生被攻击、破坏事件的情况下，必须尽可能快地恢复网络服务，减少损失。所以网络安全系统应该包括 3 种机制：安全防护机制、安全监测机制、安全恢复机制。安全防护机制是根据具体系统存在的各种安全漏洞和安全威胁采取的相应防护措施，避免非法攻击的进行；安全监测机制是监测系统的运行情况，及时发现和制止对系统进行的各种攻击；安全恢复机制是在安全防护机制失效的情况下，进行应急处理和尽量、及时地恢复信息，减少攻击的破坏程度。

影响最小原则性：要求的是在企业网络安全管理中，为员工仅提供完成其本职工作所需要的信息访问权限，而不提供其他额外的权限。要保证企业网络应用的安全性，就一定要坚持“最小权限”的原则，而不能因为管理上的便利，而采取“最大权限”的原则。

（2）技术完整性指在网络架构阶段要采取完整必要的网络安全防护技术。依照《网络安全等级保护 2.0》中的相关要求及中石油集团公司、油田公司相关的网络安全防护规定，并结合长北区块网络基本架构及应用现状，采取了以下的网络安全防护手段：

其一，机房及网络设备的物理防护。长北区块机房均采用电子锁及门禁卡实现出入管理，门禁系统后台记录出入机房人员信息，同时机房安装了 CCTV 视频监控系统来记录机房内部的事件信息；机房内的机柜、设备均通过接地系统实现安全接地，强弱电电缆独立隐蔽布放实现电磁隔离，同时部署了七佛丙烷自动喷淋装置以及手持二氧化碳灭火器来实现机房的消防防护；通过部署 UPS 不间断供电系统、机房专用精密空调等来保障机房的供电、温湿度等控制。

其二，网络边界防护。由长北的网络架构及应用特性决定了长北网络中存在的网络边界包括长北办公局域网到长庆骨干网网络路由的边界和长北生产网到办公网的网络边界。在长北办公局域网到长庆骨干网的网络边界中，通过部署防火墙及 DLP 设备来实现网络边界的技术防护；在生产网到办公网的网络边界中则部署了安全网闸。

其三，访问控制，入侵防范。通过网络边界防护部署的防火墙及网络核心路由器，并结合长北的网络应用特性，制定了一系列的访问控制策略，包括不同子网之间的访问，不同子网对长北内部服务应用、集团及油田公司服务应用的网络访问，IP 到 IP 的访问以及禁止特定端口等访问控制策略；同时通过防火墙的部署，实现了对大部分网络入侵事件的防范。

其四，安全审计。通过 DLP 设备的部署并配置相关审计策略，详细记录了网络用户的上网行为和网络安全事件，并形成相应的审计记录。

（3）操作完整性指在网络运行过程中对网络及其应用的操作、维护、变更等行为要执行统一的标准程序。操作完整性主要体现在分公司在网络安全层面的管理流程，包括运维的管理、资产管理、安全管理和响应机制。操作完整性是基于项目规划阶段的设计完整性和技术完整性的补充和优化，设计完整性和技术完整性在网络安全整体的防护上起着举足轻重的作用，而操作完整性则主要偏重于网络安全的监测和响应，因此操作完整性在办公网络和生产网络中都是值得非常重视的。

首先，在生产网络中，其控制管理流程是不但把人员和组织进行了详细的划分，还将所有的管理流程和步骤进行了书面的规定，包括系统访问权限的申请和审批流程、生产数据的管理流程（数据识别和定级、数据存储和访问、数据传输和分发的安全、数据保存期限、数据销毁等）、外部存储设备的控制、L3 层访问互联网的申请和审批流程以及生产网络外部关系人对生产系统进行访问的控制流程以及生产系统个人行为规范准则等。

其次，办公网络中的操作完整管控相对生产网络虽然没有如此的严格，但是其管理和控制也是全方位的，比如网络划分和隔离管理、网络设备管理规范、文件传输管理、邮件管理、无线网络管理、远程接入和第三方网络接入网络管理、网络行为管理、用户口令管理规范、用户权限管理、终端计算机设备安全管理、IP 地址的申请、使用和管理。

二、长北网络安全管理理论

长北区块在办公网的安全管理上，以往将更多的重点放在终端用户的计算机安全管理上，如终端用户必须插入 ID 认证卡才能使用个人计算机，计算机在发放到个人用户之前已经安装了标准的办公软件，个人用户没有权限安装其他软件等，而在网络传输链路方面，一直通过租用运营商的专用 VPN 通道来实现数据传输。现在长北的网络安全管理重心则由终端用户转变到链路安全、网络防护等层面，当然，这是由网络架构的转变带来的网络安全工作重心转变，而在个人终端层面，按照中石油集团公司网络安全管理相关规定，需要安装“360 天擎”防病毒软件及“VRV”认证系统，通过这两套工具，将个人终端的安全管理提升到了中石油集团网络安全管理日常工作当中。同时，长北区块成为单独二级单位之后，办公网也从兄弟单位网络中分离出来，拥有了独立的网络核心、独立的传输链路，因此在网络安全架构及网络安全管理理论上也需要制定一套符合长北区块网络应用的制度策略。长北区块在接管作业权之后，不断摸索，逐步完善，严格遵守中石油集团公司及长庆油田公司网络安全相关管理规定，形成了一套完整的网络安全管理策略，并通过制定管理细则使其贯穿于整个网络安全管理活动中。

参 考 文 献

[1] 付金华，魏新善，任军峰，等. 鄂尔多斯盆地天然气勘探形势与发展前景 [J]. 石油学报，2006（06）：1–4，13.

[2] 付金华，段晓文，姜英昆. 鄂尔多斯盆地上古生界天然气成藏地质特征及勘探方法 [J]. 中国石油勘探，2001（04）：68–75.

[3] 杨华，刘新社，闫小雄. 鄂尔多斯盆地晚古生代以来构造 – 沉积演化与致密砂岩气成藏 [J]. 地学前缘，2015，22（03）：174–183.

[4] 张满郎，李熙喆，谷江锐，等. 鄂尔多斯盆地上古生界层序地层划分及演化 [J]. 沉积学报，2009，27（02）：289–298.

[5] 席胜利，王怀厂，秦伯平. 鄂尔多斯盆地北部山西组、下石盒子组物源分析 [J]. 天然气工业，2002（02）：21–24，10.

[6] 陈洪德，李洁，张成弓，等. 鄂尔多斯盆地山西组沉积环境讨论及其地质启示 [J]. 岩石学报，2011，27（08）：2213–2229.

[7] 刘建章，陈红汉，李剑，等. 鄂尔多斯盆地伊 – 陕斜坡山西组 2 段包裹体古流体压力分布及演化 [J]. 石油学报，2008（02）：226–230，234.

[8] 崔璀，郑荣才，张建武，等. 鄂尔多斯盆地榆林气田山二段沉积微相及砂体展布规律 [J]. 成都理工大学学报（自然科学版），2013，40（01）：25–33.

[9] 郑荣才，周祺，王华，等. 鄂尔多斯盆地长北气田山西组 2 段高分辨率层序构型与砂体预测 [J]. 高校地质学报，2009，15（01）：69–79.

[10] 刘锐娥，黄月明，卫孝锋，等. 鄂尔多斯盆地北部晚古生代物源区分析及其地质意义 [J]. 矿物岩石，2003（03）：82–86.

[11] 李明瑞，窦伟坦，蔺宏斌，等. 鄂尔多斯盆地东部上古生界致密岩性气藏成藏模式 [J]. 石油勘探与开发，2009，36（01）：56–61.

[12] 赵林，夏新宇，戴金星，等. 鄂尔多斯盆地上古生界天然气富集的主要控制因素 [J]. 石油实验地质，2000（02）：136–139，166.

[13] 邢厚松，肖红平，孙粉锦，等. 鄂尔多斯盆地中东部下二叠统山西组二段沉积相 [J]. 石油实验地质，2008（04）：345–351.

[14] 孙海涛，钟大康，张湘宁，等. 鄂尔多斯盆地长北气田山西组二段低孔低渗储层特征及形成机理 [J]. 沉积学报，2011，29（04）：724–733.

[15] 季汉成，杨潇. 鄂尔多斯盆地东部山西组山 2 段储层孔隙类型及成因分析 [J]. 高校地质学报，2008（02）：181–190.

[16] 周祺，郑荣才，王杰，等. 长北气田山 2 段小层砂体三维建模 [J]. 西南石油大学学报

（自然科学版），2009，31（06）：21-26，204，205.
[17] 周祺，郑荣才，王华，等.长北气田辫状河三角洲单砂体时空建模[J].大庆石油地质与开发，2008（05）：10-13.
[18] 周祺.鄂尔多斯盆地长北气田山西组二段高分辨率层序地层和储集砂体综合研究[D].成都理工大学，2009.
[19] 刘子威.鄂尔多斯盆地榆林北部地区山2段储层成岩作用研究[D].成都理工大学，2013.
[20] 王华，郑荣才，周祺，等.鄂尔多斯盆地长北气田山2段三角洲沉积体系和砂体展布特征[J].岩性油气藏，2008（02）：22-28.
[21] 赵宏波.鄂尔多斯盆地榆林地区煤系地层山2段致密石英砂岩储集层特征及形成机理[J].岩性油气藏，2010，22（04）：57-63.
[22] 刘子威，郑荣才，张建武，等.鄂尔多斯盆地榆北气田山2段砂岩储层特征[J].矿物岩石，2012，32（04）：108-116.
[23] 黄秋磊.鄂尔多斯盆地长北气田储层特征研究[J].中国石油和化工标准与质量，2013，33（23）：164.
[24] 李勇，岳砚华，杨佐英，等.长庆低渗透油气田分支井钻完井技术综述[J].钻采工艺，2014，37（04）：12-14，22.
[25] 杨松松.长北区块水平井钻井技术研究[D].东北石油大学，2017.
[26] 李文庆.长北区块双分支水平井钻井技术研究[D].东北石油大学，2012.
[27] 赵向阳，林海，陈磊，等.长北气田CB21-2井长水平段煤层防塌钻井液技术实践与认识[J].天然气工业，2012，32（03）：81-85，131-132.
[28] 王长宁，长北气田长分支水平井钻井（完井）液技术.陕西省，长庆石油勘探局工程技术研究院，2007-01-27.
[29] 董宏伟，吴满祥，崔贵涛，等.CB3-3井低产分析及对策[J].钻采工艺，2015，38（05）：38-40，8.
[30] 董海东，林海，张振活，等.长北气田CB3-3双分支水平井钻井液技术[J].石油地质与工程，2013，27（05）：104-106，111.
[31] 王建平，李朋，罗磊，等.长北双分支水平井钻井技术突破与应用[J].石油化工应用，2014，33（08）：39-41，52.
[32] 凡帆，刘伟，贾俊.长北区块无土相防水锁低伤害钻井液技术[J].石油钻探技术，2019，47（05）：34-39.
[33] 金祥哲，王长宁，杨斌.长北气田水平井钻井液润滑剂的优选与应用[J].天然气工

业，2009，29（04）：61–63，137–138.

［34］石崇东，王万庆，谌建祁，等 . CB3–1 双分支水平井钻井工艺 [J]. 石油钻采工艺，2009，31（02）：27–31.

［35］王伟 . 长北气田第 11 口双分支水平井创中国陆上钻井 3 项纪录 [J]. 石油钻采工艺，2008（04）：49.

［36］徐利鸽，丁鹏 . 套管侧钻井技术在长庆长北区块的应用 [J]. 辽宁化工，2012，41（09）：980–982.

［37］林海，陈磊，郭康，等 . 长北气田钻具腐蚀控制技术 [J]. 钻井液与完井液，2013，30（04）：37–40，94.

［38］黎金明，杨斌，金祥哲 . 低渗透气田水平井钻井（完井）液技术 [J]. 钻采工艺，2010，33（S1）：15–21，7.

［39］黄耀琴，郑千军，赵卫 . 鄂尔多斯盆地长北气田钻井工程项目后评价 [J]. 石油钻探技术，2011，39（05）：110–114.

［40］陈在君，黎金明，杨斌，等 . 长北气田长水平井段裸眼钻井（完井）液技术 [J]. 天然气工业，2007（11）：49–51，135.

［41］寿铉成，何光怀，Nick Fest. 榆林气田长北区块山西组下段主力储集层建模及水平井地质设计 [J]. 石油勘探与开发，2003（04）：117–121.

［42］张振活，陈磊，凡帆 . 长北大井眼大斜度井段钻井液体系改进与实践 [J]. 石油化工应用，2020，39（03）：57–61.

［43］赵向阳，林海，张振活，等 . 长北气田钻井液回收重复利用实践与认识 [J]. 钻井液与完井液，2013，30（01）：80–82，96.

［44］易刚，黄建松，张宏亮，等 . 长北区块 CX 井丛储层地质特征及井轨迹调整措施 [J]. 石油化工应用，2012，31（12）：44–47，59.

［45］黄建松，郑杰，宋翔，等 . 鄂尔多斯盆地北岔沟砂岩沉积特征及其对天然气成藏的控制作用 [J]. 古地理学报，2022，24（04）：680–696.

［46］赵宏波，李新宝，王冲，等 . 废弃钻井液固液分离—化学处理技术在长北气田的应用 [J]. 石油钻探技术，2017，45（03）：48–56.

［47］黎金明，杨斌，陈在君，等 . 鄂尔多斯盆地长北气田储层保护技术 [J]. 天然气工业，2009，29（03）：68–70，138–139.

［48］董海东，林海，陈磊，等 . 长北气田储层保护钻井液技术研究与应用 [J]. 西部探矿工程，2014，26（08）：29–32，36.

［49］董海东，林海，张振活，等 . 长北气田山西组 2 段储层保护钻井液技术 [J]. 天然气勘

探与开发，2014，37（03）：70–74，77，9–10.
［50］杨小龙，李战平，李富生 . 长北气田地面工程技术 [J]. 天然气工业，2007（10）：106–108，144.
［51］崔贵涛，林海，董海东，等 . NDW 无土相低伤害储层钻井液在 CB8–3 井的应用 [J]. 石油钻采工艺，2012，34（06）：39–41，52.
［52］杨华，刘新社，杨勇 . 鄂尔多斯盆地致密气勘探开发形势与未来发展展望 [J]. 中国工程科学，2012，14（06）：40–48.
［53］何江川，余浩杰，何光怀，等 . 鄂尔多斯盆地长庆气区天然气开发前景 [J]. 天然气工业，2021，41（08）：23–33.
［54］赵靖舟，王力，孙兵华，等 . 鄂尔多斯盆地东部构造演化对上古生界大气田形成的控制作用 [J]. 天然气地球科学，2010，21（06）：875–881.
［55］李士祥，胡明毅，李霞，等 . 鄂尔多斯盆地榆林气田山西组 2 段砂岩成岩作用及孔隙演化 [J]. 海相油气地质，2005（02）：31–36.
［56］王怀厂，魏新善，白海峰 . 鄂尔多斯盆地榆林地区山西组 2 段高效储集层形成的地质条件 [J]. 天然气地球科学，2005（03）：319–323.
［57］黄培培 . 鄂尔多斯盆地榆林地区山西组二段砂岩储层成岩作用研究 [D]. 成都理工大学，2010.
［58］王震亮，陈荷立 . 神木 – 榆林地区上古生界流体压力分布演化及对天然气成藏的影响 [J]. 中国科学（D 辑：地球科学），2007（S1）：49–61.
［59］赵虹，党犇，李文厚 . 鄂尔多斯盆地中东部上古生界三角洲沉积特征 [J]. 天然气工业，2006（01）：26–29，157.
［60］季汉成，翁庆萍，杨潇 . 鄂尔多斯盆地东部下二叠统山西组山 2 段成岩相划分及展布 [J]. 古地理学报，2008（04）：409–418.
［61］孙明亮，管红 . 鄂尔多斯盆地榆林气田上古生界成藏动力与油气分布 [J]. 科技导报，2013，31（35）：39–43.
［62］陈全红 . 鄂尔多斯盆地上古生界沉积体系及油气富集规律研究 [D]. 西北大学，2007.
［63］刘锐娥，龙利平，肖红平，等 . 鄂尔多斯盆地中东部下二叠统山西组 2 段优质储层主控因素探讨 [J]. 西安石油大学学报（自然科学版），2010，25（02）：26–29，109.
［64］张文忠 . 榆林气田储层成岩作用与烃类充注期次研究 [J]. 特种油气藏，2010，17（01）：49–53，123.
［65］冯强汉 . 榆林气田山西组砂岩储层发育与天然气成藏特征 [D]. 西北大学，2006.
［66］孟旺才，李云，付国民，等 . 榆林北部气田山 2 段地层水化学特征与天然气聚集关

系 [J]. 西北地质，2018，51（02）：203–208.

［67］白亚萍，杨亚涛，王雪芹．长北合作区气井生产动态分析 [J]. 石油化工应用，2011，30（02）：56–60.

［68］杨勇，杨振军，魏爱霞，等．榆林长北气田双分支水平井配产方案研究 [J]. 辽宁化工，2010，39（10）：1082–1085.

［69］任超峰，王雪芹，赵文军，等．长庆榆林气田分支水平井试井资料解释方法 [J]. 油气井测试，2020，29（01）：67–73.

［70］刘为付，朱筱敏，杜业波，等．鄂尔多斯盆地二叠系天然气储层特征及有利区预测 [J]. 西安石油大学学报（自然科学版），2006（05）：6–12，89.

［71］薛岗，姜勇，赵志刚，等．中国石油与壳牌公司长北合作区块天然气地面集输工艺 [J]. 天然气工业，2011，31（10）：78–82，123.

［72］赵向阳，张小平，陈磊，等．甲酸盐钻井液在长北区块的应用 [J]. 石油钻探技术，2013，41（01）：40–44.

［73］赵宏波，贾进孝，李兴宝，等．长北气田水平井双密封台肩钻杆接头失效分析及预防措施 [J]. 石油化工应用，2016，35（08）：52–58，62.

［74］赵宏波，王建平，王定峰，等．速度管柱在长北山 2 气田的应用及效果分析 [J]. 石油化工应用，2014，33（01）：39–45，53.

［75］丁鹏．钻头在长北区块的优化与研究 [J]. 辽宁化工，2015，44（06）：686–689.

［76］王雪芹，白亚萍，杨亚涛，等．长北合作区水平井地质储量初步评价 [J]. 石油化工应用，2011，30（03）：67–70.

［77］吴满祥，王海燕，杨斌，等．CB5–2 井钻井液技术 [J]. 钻井液与完井液，2010，27（01）：79–81，94.

［78］吴刚．长北气田大位移水平井断具事故原因分析 [J]. 石油工业技术监督，2011，27（12）：8–11.

［79］李少辉，杨荣锋，李骏函．旋转导向系统在 CB19–5 井的应用 [J]. 中国石油和化工标准与质量，2020，40（01）：163–165.

［80］董宏伟，凡帆，高洁．新型固体润滑剂在长庆分支水平井超长水平段的应用 [J]. 精细石油化工进展，2018，19（02）：12–15.

［81］赵宏波，季伟，王冲，等．榆林气田标志层法和沉积旋回法水平井导向技术 [J]. 石油钻探技术，2018，46（06）：39–46.

［82］刘宝珺．沉积岩石学 [M]. 地质出版社，1980.

［83］曾允孚，夏文杰．沉积岩石学 [M]. 地质出版社，1986.

[84] 郎兆新，张丽华，程林松．压裂水平井产能研究 [J]. 石油大学学报（自然科学版），1994（02）：43–46.

[85] 魏俊杰，康安琪．分析天然气集输及净化处理工艺技术 [J]. 中国石油和化工标准与质量，2021，41（08）：189–190.

[86] 林红娇．国内天然气集输工艺技术研究现状 [J]. 石化技术，2019，26（03）：177.

[87] 许洁，卢昱帆，陈国伟．靖边气田天然气管道腐蚀机理与防腐工艺探讨 [J]. 清洗世界，2019，35（02）：25–26.

[88] 王超．天然气集输工艺研究现状和主要问题 [J]. 化工管理，2021（03）：175–176.

[89] 郑雯文．油田天然气集气与处理加工工艺 [J]. 化学工程与装备，2020（12）：75–76.

[90] 张孝栋，王定峰，魏宏斌，等．速度管井口悬挂技术在长北区块的应用 [C]//. 第十五届宁夏青年科学家论坛石化专题论坛论文集．，2019：450–452.

[91] 王定峰，刘磊，张孝栋，等．清洁放喷和天然气回收工艺在长北气井试气中的应用 [C]//. 第十五届宁夏青年科学家论坛石化专题论坛论文集．，2019：446–449，452.

[92] 李旭日，田伟，李耀德，等．柱塞气举排水采气远程控制系统 [J]. 石油钻采工艺，2015，37（03）：76–79.

[93] 黄建松，郑杰，宋翔，等．鄂尔多斯盆地下二叠统山西组北岔沟砂岩沉积特征及其对天然气成藏的控制作用 [C]//. 第十六届全国古地理学及沉积学学术会议论文摘要集．2021：231–232.

[94] 唐建荣，张鹏，吴洪波，等．天然气增压开采工艺技术在气田开发后期的应用 [J]. 钻采工艺，2009，32（02）：95–96.

[95] 郭伟鹏．天然气增压开采工艺技术在气田开发后期的应用 [J]. 化工管理，2021（13）：163–164.

[96] 宁梅，郝冠中，刘洋，等．天然气气井井口增压开采工艺评价 [J]. 石油化工应用，2020，39（10）：72–74.

[97] 张建国，艾芳，刘锦华．低渗非均质气藏增压开采合理生产规模研究 [J]. 天然气勘探与开发，2013，36（01）：43–45，84.

[98] 文昌玉，苏鹏，王磊，等．低压气井井口增压开采技术 [J]. 石油钻采工艺，2015，37（05）：124–125.

[99] 杨光，胡建国，李朋江，等．长北二期前期评价地面工艺技术研究与应用 [J]. 油气田地面工程，2017，36（02）：29–33.

[100] 刘银春，王莉华，李卫，等．苏里格气田南区块天然气集输工艺技术 [J]. 天然气工业，2012，32（06）：69–72，112.

[101] 杨亚聪，穆谦益，田伟，等 . 苏里格气田自然间喷气井采气技术 [J]. 石油钻采工艺，2012，34（01）：82–84.

[102] 温庆，张理，占天慧，等 . 开发中后期气田地面集输系统调整优化模式与策略 [J]. 天然气勘探与开发，2021，44（03）：79–86.

[103] 任东，董家辛，王志平，等 . 火山岩气藏气井生产动态规律及预测方法 [J]. 天然气地球科学，2016，27（11）：2037–2042，2053.

[104] 陈晓刚，苗成，何蕾，等 . 气井远程控压开关技术在神木气田的探索与试验 [J]. 油气田地面工程，2020，39（11）：11–17.

[105] 韩红旭，贾建鹏，白建文，等 . 苏里格气田快速排液技术 [J]. 油气井测试，2020，29（01）：35–42.

[106] 刘永辉，艾先婷，罗程程，等 . 预测水平井携液临界气流速的新模型 [J]. 深圳大学学报（理工版），2018，35（06）：551–557.

[107] 杜洋，倪杰，雷炜，等 . 威荣深层页岩气井油管最优参数设计研究 [J]. 油气藏评价与开发，2022，12（03）：526–533.

[108] 徐广军，周艳杰，李东升，等 . 靖边气田增压开采工艺技术研究 [J]. 石油工程建设，2013，39（03）：55–58，26.

[109] 刘争芬，赵宝利 . 大牛地气田两级增压阶段集气站工艺优化研究 [J]. 油气田地面工程，2018，37（05）：44–47.

[110] 晏宁平 . 以智能化建设促进气田高质量发展 [J]. 北京石油管理干部学院学报，2021，28（02）：37–40，49.

[111] Luo S，Kelkar M，Pereyra E，et al. A new comprehensive model for predicting liquid loading in gaswells[J]. SPE Production & Operations，2014，29（4）：337–349

[112] Veeken K，Hu B，Schifer W. Gas–well liquidloading–field–data analysis and multiphase–flow modeling[J]. SPE Production & Operations，2010，25（3）：275–284

[113] Egozi R，Ashmore P. Experimental analysis of braided channel pattern response to increased discharge[J]. Journal of Geophysical Research：Earth Surface，2009，114（F2）.

[114] Godin P D. Fining–upward cycles in the sandy braided–river deposits of the Westwater Canyon Member（Upper Jurassic），Morrison Formation，New Mexico[J]. Sedimentary Geology，1991，70（1）：61–82.

[115] Jones J A，Hartley A J. Reservoir characteristics of a braid–plain depositional system：the Upper Carboniferous Pennant Sandstone of South Wales[J]. Geological Society，London，Special Publications，1993，73（1）：143–156.

[116] Giger F, Reiss L, Jourdan A. The reservoir engineering aspects of horizontal drilling[C]// SPE Annual Technical Conference and Exhibition. OnePetro, 1984.

[117] Joshi S. Augmentation of well productivity with slant and horizontal wells (includes associated papers 24547 and 25308) [J]. Journal of Petroleum Technology, 1988, 40 (06): 729–739.

[118] Renard G, Dupuy J. Formation damage effects on horizontal–well flow efficiency (includes associated papers 23526 and 23833 and 23839) [J]. Journal of Petroleum Technology, 1991, 43 (07): 786–869.

[119] Keuning A. The onset of liquid loading in inclined tubes[D]. Eindhoven Netherlands University of Technology, 1998.

[120] Liu Y, Luo C, Zhang L, et al. Experimental and modeling studies on the prediction of liquid loading onset in gas wells [J]. Journal of Natural Gas Science and Engineering, 2018, 57, 349–358.

[121] Maguire, K. Changbei Field Sedimentological Studies 2008 Close–Out Report.

[122] PanTerra. Petrography and reservoir quality of Carboniferous C2b, C3t and Permian P1s2, Well Chang–2 and comparison to other wells in the Changbei Field, China. 2001. Confidential report prepared for Shell China, by C.P.J. van Dijk and I.M. Billing. PanTerra Report no G387.